接地参数计算与测量

张占龙　旦乙画　著

科学出版社
北　京

内容简介

全书共九章，主要围绕接地参数计算和接地参数测量两方面内容展开。主要内容包括：接地的基本概念、水平分层土壤介质格林函数的数值计算、水平分层土壤电阻率测量及其参数计算、接地网的接地参数计算、土壤中接地极的腐蚀过程、腐蚀接地网接地参数数值计算方法、工频接地电阻的测量方法、杆塔冲击接地电阻的测量方法、杆塔接地网的腐蚀诊断方法。

本书可供输变电接地系统领域的设计、运维和科学研究人员参考，也可作为高等院校相关专业的教学参考书。

图书在版编目(CIP)数据

接地参数计算与测量 / 张占龙，旦乙画著. —北京:科学出版社，2023.8

ISBN 978-7-03-075521-6

Ⅰ.①接… Ⅱ.①张… ②旦… Ⅲ.①电力系统-接地网-参数测量 Ⅳ.①TM7

中国国家版本馆 CIP 数据核字 (2023) 第 083926 号

责任编辑：孟 锐 / 责任校对：彭 映

责任印制：罗 科 / 封面设计：墨创文化

科学出版社出版

北京东黄城根北街16号

邮政编码：100717

http://www.sciencep.com

成都锦瑞印刷有限责任公司印刷

科学出版社发行 各地新华书店经销

*

2023 年 8 月第 一 版 开本：787×1092 1/16

2023 年 8 月第一次印刷 印张：20 1/2

字数：486 000

定价：248.00 元

前　言

在长距离、大容量输电的发展趋势下，电力行业越来越重视电力设备的安全性。接地是保护电力设备安全稳定运行的重要一环，为一次电气设备和二次电气设备提供一个参考地电位，可快速将雷击电流、故障电流等大电流分量耗散到土壤中，从而保证电气设备的反击过电压在允许的范围内。随着未来输电容量和入地电流增加，电力行业对接地系统设计提出了更高的要求。接地故障容易导致接地系统性能下降、变电站内电气设备烧毁，并造成重大经济损失，引发人身安全问题。接地参数是评估接地系统性能的重要指标，主要包括接地电阻、地表电位升、跨步电压等。因此，接地参数的计算和测量是接地系统设计、运维的理论基础，有助于发现接地故障，避免存在接地故障方面的潜在安全隐患，对电力系统的安全稳定运行至关重要。

接地领域相关问题可以分为接地参数计算和接地参数测量两大类。接地参数计算主要用于指导接地极、接地网等接地装置的设计。当接地装置投运后，接地参数计算方法还有助于准确分析大地对电力系统的影响。接地参数测量主要用于接地装置的运维工作。我国接地装置以碳钢材料为主，接地系统长期埋设于土壤中，不同环境的土壤容易引发接地装置的腐蚀问题。当腐蚀程度较为严重时，可能导致接地导体断裂、接地系统性能下降等问题。为了避免接地故障发生，电力行业通常要求每间隔一段时间就开展一次接地参数测量等运维工作。准确的接地参数测量方法，不仅有助于准确评估接地系统的接地性能，还能及时发现并替换存在故障的接地装置，具有重要的工程意义。

本书基于作者及其研究团队长期的科研工作内容撰写而成，主要分为接地参数计算和接地参数测量两部分内容。本书内容既包括较为成熟的基础接地理论，也包括作者及其研究团队近年来在接地领域取得的一些创新性成果。本书具体阐述了九方面内容：接地的基本概念、水平分层土壤介质格林函数的数值计算、水平分层土壤电阻率测量及其参数计算、接地网的接地参数计算、土壤中接地极的腐蚀过程、腐蚀接地网接地参数数值计算方法、工频接地电阻的测量方法、杆塔冲击接地电阻的测量方法、杆塔接地网的腐蚀诊断方法。

本书内容为作者现阶段的主要研究成果，后续研究工作正在深入。本书内容融入了作者及其所在研究团队博士生、硕士生多年来的研究成果，在此一并表示感谢。实际工程中，不同地区土壤环境差别较大、电气设备的接地情况不同、接地网结构设计各异等因素，均会直接影响接地参数的准确计算和测量。综上所述，接地参数的准确计算和测量是一项非常复杂的工作，由于作者的水平和写作经验有限，书中难免存在不足之处，欢迎读者批评指正，并提出宝贵意见。

目　录

第一章　接地的基本概念

地球的尺寸远大于人工电力设备，因此，可近似将地球看作一个无限大电容，无论人工电力设备对其进行多少次充电，其电位仍然不会上升，即具备保持零电位的特性[1]。为了充分利用大地的零电位特性，绝大多数电气设备均会采用接地措施。接地是指将电气设备的某部分、电力系统某点和大地相连。通过接地的方式可为接地的电气设备提供零电位点，为电力系统提供有效的散流通道，当电力系统存在短路故障电流、雷击电流等故障电流时，接地装置可以快速将电流耗散到大地中，将故障情况下电力设备的过电压限制在合理的范围内，有效保证了电力设备的安全稳定运行及操作人员的人身安全。因此，接地是电力行业中重要的措施，具有显著的工程意义。

为全面了解接地的内涵，本章主要介绍了接地装置的基本情况、接地参数的概述和接地安全基础三方面内容。

1.1　接地装置的基本情况

接地装置通常指埋在土壤中一系列形状各异、尺寸大小不同的金属焊接而成的装置。结构比较简单的接地装置通常被称为接地极或接地体，比如水平接地极、垂直接地极等。结构比较复杂的网状接地装置通常被称为接地网，比如变电站接地网、杆塔接地网等。其中，水平接地极、垂直接地极、杆塔接地网多采用圆钢结构，变电站地网多采用扁钢、角钢结构。相比于圆钢结构接地装置，采用扁钢、角钢结构的接地装置和土壤的接触面积较大，土壤更加容易夯实，具有较低的接触电阻，通常能够具备更加优异的接地性能[2]。

出于国家资源储备和经济成本等因素考虑，我国的接地装置材料以碳钢材料为主，以铜材料为辅，欧美国家以铜材料为主。两种材料各有优劣，碳钢材料的热稳定性较好，但耐腐蚀性和导电性较差；铜材料的热稳定性较差，但耐腐蚀性和导电性较好。因此，在重要的设备处，仍会考虑采用铜材料设计接地装置。

1.1.1　接地的目的

接地的种类很多，不同种类的接地通常具有不同的针对性。本章主要介绍以下几类接地的目的。

1. 保证人身安全[3]

电力设备金属外壳通常会采用保护接地措施，如图 1.1 所示。当电气设备绝缘损坏或老化时，容易使金属外壳带电。

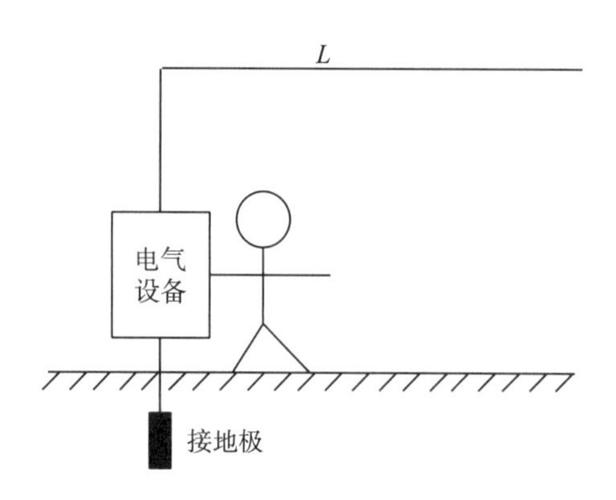

图 1.1 操作人员接触带电电气设备外壳示意图

根据图 1.1 可知，当金属外壳不接地时，最坏情况下设备外壳的电压可能等于线路 L 的电压。若此时操作人员触碰金属外壳，线路 L 的电压将完全施加在人体上，产生较大电流，严重危害人身安全。当金属外壳接地时，接地极的接地电阻较小，通常在 10Ω 以内，有助于增大故障电流使继电保护装置切除该故障带电设备。另外，即使由于分布电容等因素的影响，该设备外壳处于带电运行状态，金属外壳接地的方式仍可以有效保障操作人员的人身安全。假定人体电阻在 1000～2000Ω 范围内，接地电阻和人体电阻呈并联关系。同时，假定设备金属外壳和线路 L 的电压相等，由于并联的分流原理，流过人体部分的电流仍然非常小，大部分电流通过接地极流入大地中。

2. 保证电气设备安全

在电力系统存在雷击电流或故障电流等大电流情况下，容易导致电力设备的过电压增加。比如，当雷击避雷线时，直接导致输电杆塔塔顶电位过高，输电线路和杆塔塔顶之间的绝缘子串发生闪络，容易造成停电等事故[4]。对于配电线路，当变压器一次侧和二次侧之间的绝缘材料发生老化或破坏时，若变压器二次侧不接地，一次侧的高压会侵入二次侧，产生高低压混触事故，存在烧毁二次侧电力设备的风险。因此，对于现代电力系统而言，防雷设备、变压器二次侧等均直接和埋在大地中的接地装置相连。当发生大电流入侵的情况时，接地装置能够快速地将该类电流耗散到土壤中，保证采取接地措施的电力设备的电位在一个合理范围内，有效避免因故障电压过高导致的绝缘击穿等问题。综上所述，接地措施在保证电气设备安全方面具有重要作用。

3. 防止电磁干扰

静电干扰是一种常见的电磁干扰。随着现代工业的发展，容易产生静电的化纤制品及塑料等制品已被广泛应用。静电的危害主要表现在可能引起爆炸和火灾等事故，比如，对于天然气储存罐、储油罐及油气的运输管道，其金属外壳的表面均需要采取接地措施。另外，静电的危害可以干扰电子设备的正常工作，电子设备通常也会采取一些屏蔽和接地的措施。综上所述，接地可以将积累的静电荷快速释放到大地中，有效解决静电带来的安全隐患。

电磁干扰主要可以分为两方面：外部设备的电磁场对某一目标设备的干扰和某一目标

设备的电磁场对外部设备的干扰。不同设备之间的电磁干扰通常会直接影响各个设备的性能。为切断目标设备和外部设备之间的电磁耦合，通常会采取一系列屏蔽和接地措施。比如，电缆的屏蔽层接地、变压器的屏蔽层接地等。

1.1.2　接地的方式

根据接地装置的功能分类，本章主要介绍工作接地、防雷接地和保护接地。

1. 工作接地

交流电力系统中，变压器运行方式通常有中性点接地和中性点绝缘(不接地)两种方式。国内在 110kV 及以上的电力系统中均要求采用中性点接地的运行方式，该方式称为工作接地。对于中性点绝缘的系统，当发生单相接地故障时，设备上绝缘材料上承受的电压为线电压，即相电压的 $\sqrt{3}$ 倍。从设备材料的绝缘性能角度考虑，中性点绝缘系统仅能适用电压等级较低的输电系统。采用中性点接地的方式后，绝缘材料上承受的电压显著降低，可以选择绝缘水平较低的绝缘设备，因此，有效降低了绝缘设备的造价及成本。对于配电线路，根据接地线的数量也可以分为三相四线制和三相五线制，根据接地点处的负载类型可分为高电阻接地、低电阻接地、消弧线圈接地和直接接地等。变压器通常在变电站内，与其相连接的接地装置通常为大型接地网。大型接地网通常由多根扁钢导体焊接成网状结构，面积可达数百平方米，其简化示意图如图 1.2 所示。接地网的具体结构需要根据实际变电站布局进行设计，因此，不同变电站中实际接地网并不和图 1.2 完全一致。

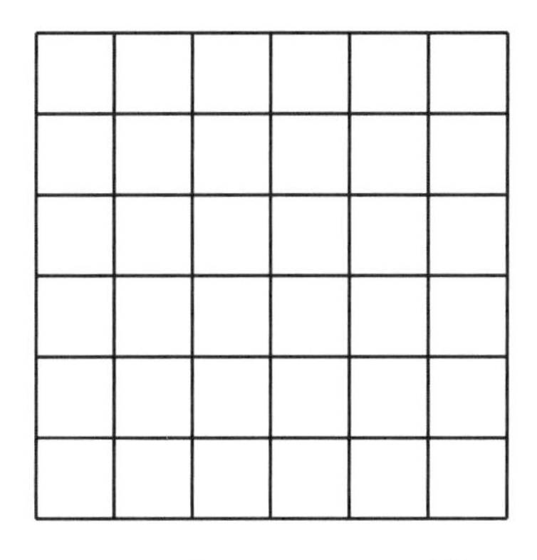

图 1.2　变电站大型地网结构

2. 防雷接地

对于输电杆塔，输电线路上方通常会架设避雷线，避雷线和杆塔塔顶连接，杆塔塔腿和土壤中的接地网进行连接。因此，当雷击避雷线时，雷电流可以通过避雷线、杆塔、杆塔接地网快速耗散到大地中，防止塔顶出现反击过电压等情况。对于变电站设备，通常配备有氧化锌等避雷器。避雷器在正常工作电压作用下呈现高阻态，相当于开路，对设备正常运行无任何影响。当存在雷击电流或过电压时，避雷器的压敏电阻很小，相当于将雷电流直接引入到大地中，从而保证电力设备的安全。杆塔接地网通常采用圆钢材料，并由多根圆钢导体焊接而成。杆塔接地网通常会通过接地引下线连接到杆塔塔腿。为防止引下线断裂导致的接地故障，通常每根塔腿均会通过引下线连接到接地网，如图 1.3 所示。

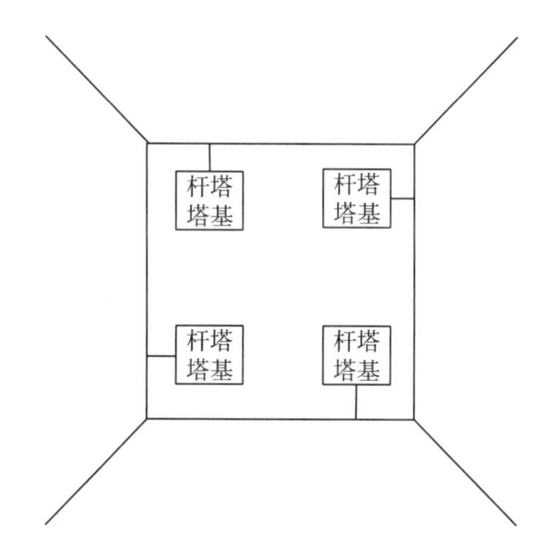

图 1.3 常见的杆塔地网结构

3. 保护接地

在电气设备发生故障时，容易使其金属外壳带电，金属外壳的底座可能对地绝缘或存在分布电容等，导致故障电流不足以让继电保护设备工作。该情况下，操作人员触摸漏电设备的金属外壳时，金属外壳上的电压通过人体、大地形成通路，容易引发人身安全事故。因此，电气设备的金属外壳通常会采取接地处理，如图 1.1 所示，该种类型的接地称为保护接地。保护接地的两大优点为有助于继电保护装置切除故障带电设备和有效保障人身安全。

1.1.3 接地导体的利用系数

对于实际的接地装置，通常由多个接地导体组成。类似于电磁干扰，当电流通过某个接地导体进行散流时，通常也会对其他导体的散流性能产生影响。宏观上表现为多个接地导体组成的接地系统的接地电阻，并不等于单个接地导体接地电阻的并联相加。以 n 个并联的复合接地导体为例，列写如下方程组：

$$\begin{cases} R_{1,1}I_1 + R_{1,2}I_2 + \cdots + R_{1,n}I_n = U_1 \\ R_{2,1}I_1 + R_{2,2}I_2 + \cdots + R_{2,n}I_n = U_2 \\ \qquad\vdots \\ R_{n,1}I_1 + R_{n,2}I_2 + \cdots + R_{n,n}I_n = U_n \end{cases} \tag{1.1}$$

式中，$R_{i,i}$ 为第 i 个接地导体的自接地电阻；$R_{i,j}$ 为第 i 个接地导体和第 j 个导体的互电阻，$i \neq j$，且 i 和 j 的取值范围均为 $1,2,\cdots,n$；I_i 为第 i 个接地导体的泄漏电流(从接地导体流向大地中的电流)；U_i 为第 i 个接地导体的电位。

接地导体本身为良导体，对于小型接地装置，导体上的电位差可以忽略，因此，可近似认为$U_1 = U_2 = \cdots = U_n = U$。总的注入电流$I$为$I_1 + I_2 + \cdots + I_n$。该复合接地装置的实际总接地电阻$R_t$为

$$R_t = \frac{U}{I} \tag{1.2}$$

考虑n根接地导体接地电阻的并联情况，接地总电阻R_p如下：

$$R_p = R_{1,1} // R_{2,2} // \cdots // R_{n,n} \tag{1.3}$$

根据电磁场基本原理可知，R_t显然会小于R_p。由于各导体之间的散流会相互削弱，当多根导体并联的时候，单根导体的散流能力在其他导体流散出的电流的影响下，该导体的散流能力往往会被削弱，即导体复合情况下单根接地导体的接地电阻会略大于仅一根接地导体存在时该接地导体的接地电阻。定义接地导体的利用系数为

$$\eta = \frac{R_p}{R_t} \tag{1.4}$$

对于呈现直线型等间距布置的n根并联垂直接地电极如图 1.4 所示。

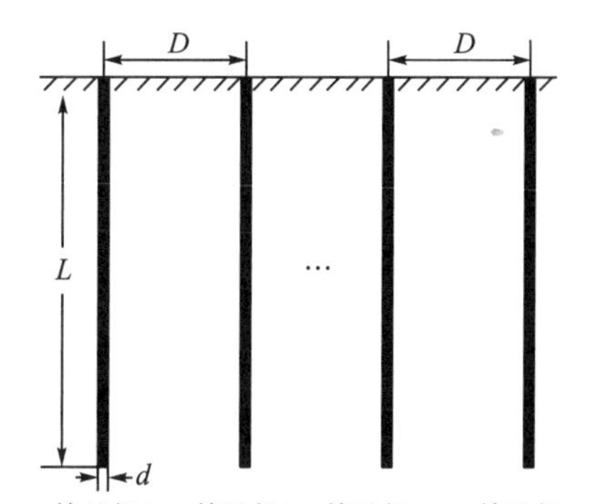

图 1.4 直线型并联垂直接地极

图 1.4 中，垂直接地极长度为L，直径为d，相邻接地极的间距为D。为简化计算，求解过程中可将垂直接地极等效为半径为r的接地半球。

首先分析两根垂直接地极并联的情况，通过叠加定理容易求得并联总的接地电阻为

$$R_t = \frac{\dfrac{\rho I}{4\pi r} + \dfrac{\rho I}{4\pi D}}{2I} = (1+\alpha)\frac{\rho}{8\pi r} \tag{1.5}$$

式中，α为r/D；ρ为土壤电阻率。

结合两根垂直接地极的并联电阻可求得其利用系数为

$$\eta = \frac{\dfrac{1}{2}\cdot\dfrac{\rho I}{4\pi r}}{(1+\alpha)\dfrac{\rho}{8\pi r}} = \frac{1}{\alpha+1} \tag{1.6}$$

类似地，可以给出 3 根垂直接地极并联和 4 根垂直接地极并联的利用系数分别为

$$\begin{cases} \eta = \dfrac{-7\alpha + 6}{-12\alpha^2 + 3\alpha + 6}, & n = 3 \\ \eta = \dfrac{-10\alpha + 12}{-23\alpha^2 + 16\alpha + 12}, & n = 4 \end{cases} \tag{1.7}$$

根据上述计算过程，给出多根垂直接地极利用系数，如表 1.1 所示。

表 1.1 直线布置垂直接地极的利用系数 η

$1/\alpha$	电极根数								
	2	3	4	5	6	7	8	9	10
2	0.667	0.556	0.491	0.449	0.419	0.396	0.389	0.363	0.351
3	0.750	0.647	0.587	0.546	0.515	0.492	0.473	0.457	0.444
4	0.800	0.708	0.652	0.613	0.584	0.561	0.543	0.527	0.514
5	0.833	0.752	0.700	0.664	0.637	0.615	0.597	0.581	0.569
6	0.857	0.784	0.736	0.703	0.677	0.656	0.639	0.624	0.612
7	0.875	0.808	0.765	0.734	0.709	0.690	0.673	0.659	0.647
8	0.889	0.829	0.788	0.759	0.736	0.717	0.702	0.688	0.677
9	0.900	0.745	0.807	0.779	0.758	0.740	0.726	0.713	0.702
10	0.910	0.858	0.823	0.797	0.776	0.760	0.746	0.734	0.723

本节内容旨在让读者了解接地导体之间的屏蔽特性和利用系数，为读者从事接地领域相关工作奠定理论基础。在实际工程中，接地极的并联形式很多，在此不一一列举。若读者对利用系数感兴趣，可查阅文献[5]，或采用有限元分析软件自行计算各种形式复合接地装置的利用系数。

1.2 接地参数的概述

接地参数主要指用于衡量接地装置性能指标的一些电气参数，主要包括接地电阻、地表电位、接触电位差和转移电位差等参数。目前国内接地系统的设计中，过于重视接地电阻，忽略了其他接地参数的重要性，通常使得实际工程设计时和标准规定不一致，并存在一定的安全隐患[6]。通过本节介绍，希望读者能够对各个接地参数的内涵和重要性有更加深刻的理解。

1.2.1 接地电阻

接地电阻定义为接地网的电位除以接地网的注入电流。接地电阻主要受到接地网结构尺寸及土壤环境的影响。在接地网设计的过程中，除了考虑土壤电阻率的影响，还需要考虑土壤和接地网之间的接触电阻。在埋设接地网的过程中，当接地网铺设完成后需要将开挖的土壤回填进接地网所在位置。因此，回填土的紧密程度会对接地电阻有较大影响。当回填土比较疏松时，土壤颗粒和接地网的接触面积会减小，相当于土壤和接地网之间的接触电阻会增加，并导致接地电阻增加。为了减少接触电阻对接地电阻的影响，通常可以采用细土或者膨润土来回填，或者适量浇水夯实。

标准文件《交流电气装置的接地设计规范》(GB/T 50065—2011)[7]指出，对于有效接地系统和低电阻接地系统，其工频接地电阻应满足式(1.8)。

$$R \leqslant 2000 / I_G \tag{1.8}$$

式中，R 为考虑季节变化因素影响的最大工频接地电阻；I_G 为流经接地网最大故障电流的有效值。式(1.8)可理解为接地电阻需要满足站内最大电位升不超过 2000V。

对于不接地、谐振接地和高电阻接地系统，其工频接地电阻应满足式(1.9)并且不大于 4Ω。

$$R \leqslant 120 / I_g \tag{1.9}$$

式中，R 定义和式(1.8)保持一致；I_g 为流经接地网的对称电流。杆塔接地网接地电阻的设计要求应满足表 1.2。

表 1.2 工频杆塔接地电阻设计要求

土壤电阻率/(Ω·m)	$\rho \leqslant 100$	$100 < \rho \leqslant 500$	$500 < \rho \leqslant 1000$	$1000 < \rho \leqslant 2000$	$\rho > 2000$
接地电阻/Ω	$R \leqslant 10$	$R \leqslant 15$	$R \leqslant 20$	$R \leqslant 25$	$R \leqslant 30$

对于输电杆塔的避雷线路，工程上会采用冲击接地电阻衡量其避雷性能。由于雷电流及其响应均是一个非线性过程，给出杆塔接地网冲击暂态响应特性，如图 1.5 所示。

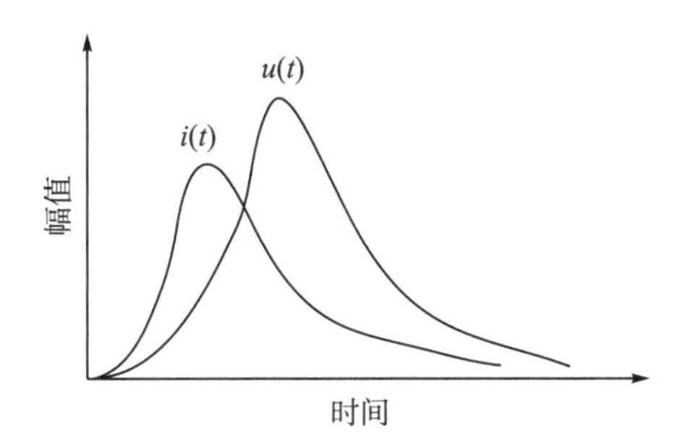

图 1.5 杆塔接地网的雷击暂态响应

图 1.5 中，$i(t)$ 为雷电流，$u(t)$ 为接地网的暂态响应。雷电流 $i(t)$ 的响应时间非常短，在微秒级别，波头通常在 10μs 以内。由于导体具有电感效应，$u(t)$ 通常会滞后于 $i(t)$。由于 $i(t)$ 和 $u(t)$ 均为一个关于时间的非线性函数，通常将其最大值定义为其幅值。冲击接地电阻定义为 $u(t)$ 的幅值比上 $i(t)$ 的幅值。具体关于冲击接地电阻的分析将在本书第 8 章中展开讨论。

综上所述，接地电阻是衡量接地性能的一个重要指标，和反击过电压等参数直接相关。当电力系统存在故障电流和雷电流时，接地电阻较低的接地网能够有效将过电压控制在一个合理的范围内，有效降低电力设备所需的绝缘水平，从而降低电力建设过程中在绝缘材料方面的投入成本，具有显著的经济效益。

1.2.2 地表电位

当电流注入地网后，接地网表面不同位置处均存在泄漏电流(从接地网表面流入土壤的电流)，该电流类似于一个个电流源，直接导致接地网附近区域的土壤电位显著上升。根据基本电磁场原理可知，电位和距离成反比，当远离接地网时，土壤的地电位升会迅速降低。变电站内电位曲线示意图如图 1.6 所示。

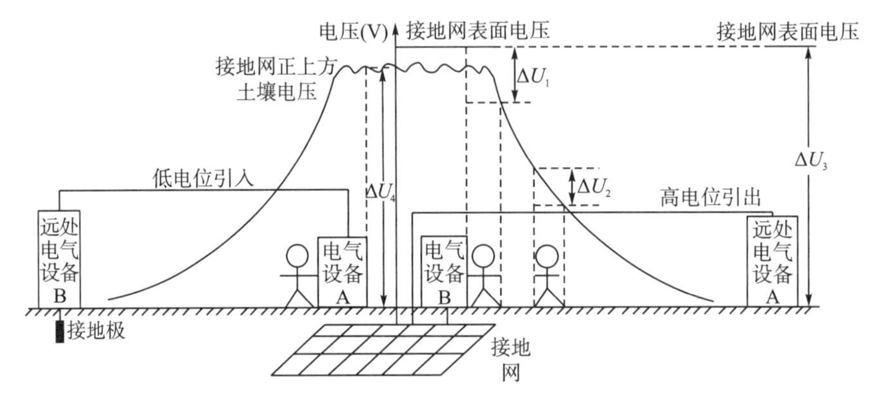

图 1.6 变电站内电位分布

图 1.6 表明，接地网正上方土壤均具有一个显著的电位升，接地网表面的电位升略大于接地网正上方土壤的最大电位升。接地网正上方土壤的电位在一个较小的范围内波动主要是由接地网的网孔导致。在接地导体正上方的土壤电位较高，接地网网孔中心上方的电位相对较低。整体而言，接地网正上方土壤的电位远高于远处的电位。根据图 1.6 可知，地表电位升是引起跨步电位差、接触电位差、转移电位差等产生的原因之一。考虑到变电站站内的通信电缆可能与站外二次低压设备存在金属连接，并且二次低压设备的耐压值通常为 2000V 左右。因此，《交流电气装置的接地设计规范》(GB/T 50065—2011)文件推荐变电站接地网的最大地电位升不得超过 2000V，如式(1.8)所示。

1.2.3 跨步电位差

跨步电位差主要指土壤表面人正常步行时两腿之间的电位差，如图 1.6 中的 ΔU_2 所示。跨步电压过大，容易引起人身安全问题。为解决跨步电压带来的危害，通常可以采用沥青、水泥、碎石等高电阻材料，隔绝人体与地面之间的接触。实际工程中，变电站工作室内可以铺设水泥地板等高阻材料，但大量的室外电气设备仍是和土壤直接接触，运维过程中难以避免直接接触土壤。因此，接地网本身的设计显得尤为重要。跨步电位差和接地电阻并没有非常紧密的关系，不可直接采取降低接地电阻的方法去解决跨步电位差过大的问题。跨步电位差本质上是反映的地表电位的均匀性，因此，当接地网网格越密集时，地表电位梯度会越小，跨步电位也会越低；当接地网网格越稀疏时，地表电位梯度会越大，跨步电位也会越大。在实际工程中，接地网边缘部分电位差通常较大，有学者提出采用不等间距的接地网设计。不等间距接地网设计的核心思想就是在电位梯度比较大的接地网边缘处，增加接地导体的密度，使该处的地表电位分布更加均匀，有效降低跨步电位差[9]。

1.2.4 接触电位差

为了保障人身安全，大多电气设备的金属外壳均需要和接地网相连。因此，设备外壳和接地网等电位。当操作人员接触设备外壳时，设备外壳和双腿站立的土壤处存在接触电位差，如图 1.6 中的 ΔU_1 所示。实际接地网导体表面的电位本身就大于土壤中的电位，若设备附近土壤的电位梯度变化过大，非常容易引发触电事故。类似于跨步电位差，降低接触电位的方式本质上仍是使地表的电位分布更加均匀。因此，在双腿站立处增加绝缘措施、增加接地网导体密度等方式均可以有效减小接触电位差。

1.2.5 转移电位差

转移电位差主要分为两类：将变电站内的高电位引出，如图 1.6 中的 ΔU_3 所示；将远处的低电位引入，如图 1.6 中的 ΔU_4 所示。低电位引入容易造成操作人员的触电。由于变电站站内设备的耐压水平较高，若高电位引出到通信类的低压二次侧设备，则有可能导致二次侧设备烧毁等问题。为解决转移电位差带来的问题，目前工程中通常会采取相应的隔离措施。比如，增设隔离变压器，可有效消除站内地电位升对外部设备的影响；采取隔离措施后，在地网设计过程中，最大地电位升可以适当大于标准文件中规定的 2000V。

1.3 接地安全基础

当故障电流或雷电流流经接地装置时，与之相连接的设备电位均会提高，对于操作人员存在一定安全隐患。为防止触电事故的发生，在接地网设计之初，需要考虑到人体能够承受的电流、电压大小。本节主要介绍人体允许流过的电流、电压，接地设计过程中需要严格考虑到人体安全相关指标。

1.3.1 人体安全电流范围

人体受到电击的伤害程度主要与人体流过电流的大小、频率、持续时间和路径等因素有关[9]。研究资料表明，电击对人体造成伤害的原因主要包括三方面：电流通过人体心脏时引起心室纤维性颤动；电流流过神经中枢可引起心血管中枢衰竭；电流可抑制呼吸中枢并引起呼吸痉挛性收缩，导致窒息。人体能感知的最小电流约为 1mA。当电流在 9～25mA 范围内，使人体对肌肉失去控制，难以摆脱带电物体，并出现呼吸困难等痛苦症状，持续几分钟才会致死。进一步增大电流，心脏将出现心室纤维性颤动引起死亡。

不同性别、体质的人对电流大小的感知有细微区别。下面给出对成年男性施加不同电流时的反应（表 1.2、表 1.3）及不同电流强度对人体的影响（表 1.4）[5]。

表 1.2　成年男性对不同幅值直流电流的反应　　(单位：mA)

人体反应情况	试验人数百分比		
	5%	50%	95%
手表面及指尖端有连续针刺感	6	7	8
手表面发热，有剧烈连续针刺感，手关节有轻度压迫感	10	12	15
手关节及手表面有针刺感和强烈压迫感	18	21	25
前肢部有连续针刺感，手关节有压痛，手有刺痛，强烈的灼热感	25	27	30
手关节有一定强度压痛，直至肩部有连续针刺感	30	32	35
手关节有剧烈压痛，手上有针刺般疼痛	30	35	40

表 1.3　成年男性对不同幅值交流电流的反应　　(单位：mA)

人体反应情况	试验人数百分比		
	5%	50%	95%
手表面有感觉	0.7	1.2	1.7
手表面似乎有麻痹般连续针刺感	1.0	2.0	3.0
手关节有连续针刺感	1.5	2.5	3.5
手有轻微颤动，手关节有受压迫感	2.0	3.2	4.4
前肢出现类似手铐压迫的轻度痉挛	2.5	4.0	5.5
上肢部有轻度痉挛	3.2	5.2	7.2
手硬直有痉挛，感到轻度疼痛，但手能伸开	4.2	6.2	8.2
上肢部和手有剧烈痉挛，失去感觉，手的前表面有连续针刺感	4.3	6.6	8.9
手的肌肉直到肩部全面痉挛，但仍可摆脱带电物体	7.0	11.0	15.0

表 1.4　不同电流对人体影响

直流 110～800V	交流 110～380V	对人体的影响
5mA	1mA	人体最小感觉电流
	2～7mA	感到电击处强烈麻刺
	8～10mA	难以摆脱带电体
<80mA	<25mA	呼吸肌轻度收缩；对心脏无破坏
80～300mA	25～80mA	呼吸肌痉挛，持续时间超过 25～30s，可发生心室纤维性颤动或心跳停止
300~3000mA	80～100mA	直流可能引起心室纤维性颤动，交流持续 0.1～0.3s 可引起严重心室纤维性颤动
	>3A	心跳停止，呼吸机痉挛，接触数秒以上引起严重烧伤致死

对比表 1.2 和表 1.3 可知，人体对交流和直流电流的耐受能力是不同的。大量研究表明，人体对工频 50Hz 或 60Hz 电流耐受力最差。100mA 的工频电流足以引起致命的后果。低于这个频率或高于这个频率受伤程度均会减轻。人体承受 25Hz 的电流能力稍好，承受电流可以达到直流的 5 倍。频率 3~10kHz 范围内，人体可以承受更高幅值的电流。人体

能察觉的最小冲击电流是 40～90mA，远高于交流情况下的 1mA 和直流情况下的 5mA。

同时，根据表 1.2、表 1.3 和表 1.4 可知，电击致死主要取决于流经人体电流的幅值和持续时间两方面。幅值大的电流流经人体时，即使很短时间内，也会存在致命的危险。幅值极小的电流流经人体，即使持续很长时间，也不会对人体产生致命的伤害。大量学者在允许通过人体电流的幅值和持续时间方面开展了研究[9-14]。其中，德国的 Koeppen 给出了如下关系[5]：

$$I_{K}t = K_{S} \tag{1.10}$$

式中，I_K 为通过人体电流的有效值，mA；t 为电流流经人体的持续时间，s；系数 K_S 为常数，取 50mA·s。

Dalziel 的分析表明，若持续时间非常短，人体在不出现心脏纤维性颤动的前提下能承受的最大电流值为

$$I_{K}^{2}t = K \tag{1.11}$$

式中，I_K 和 t 的定义和式(1.10)保持一致；K 为与人体体重相关的能量系数，比如，50kg 的人对应的能量系数 K_{50} 为 0.0135，70kg 的人对应的能量系数 K_{70} 为 0.0247[7]。

1.3.2　人体的电阻

人体的电阻通常定义为人的一只手到两只脚间的电阻或一只脚到另一只脚的电阻。人体的电阻和皮肤状况、接触状况、接触电压等因素相关，通常并没有确切数值。大量研究表明，不同情况下人体的电阻在 500Ω 到几千欧姆范围内。皮肤潮湿、出汗，电阻降低。接触越紧密、接触面积越大，电阻越低。接触电压越高，电阻越低。人体皮肤干燥、洁净、无损伤时，人体电阻可高达数万欧姆，皮肤浸湿后电阻可下降到 1000～3000Ω，除去皮肤，人体电阻只有 300～500Ω。人体电阻的测试情况如表 1.5 和表 1.6 所示。

表 1.5　人体电阻测试 I

接触电压/V	接触状况	流经人体电流/mA	人体电阻/Ω	人体感觉
4.3	干手，单手轻碰	约为 0		无感觉
4.3	湿手，单手接触极板(半径 9cm)	0.8	5400	无感觉
4.3	湿手，单手接触极板(半径 10.5cm)	2.0	2150	手麻抖
4.3	湿手，双手接触上下极板(半径 10.5cm)	3.5	1230	手麻抖
6.7	湿手，单手接触极板(半径 10.5cm)	3.1	2160	手麻抖
6.7	湿手，双手接触上下极板(半径 10.5cm)	4.6	1450	手麻抖，脚麻
21.1	干手，单手接触极板(半径 8cm)	4.6	4600	手和腕臂麻抖
21.1	干手，单手接触极板(半径 6cm)	2.7	7800	手麻抖
21.1	湿手，三根手指接触极板(半径 10cm)	3.7	5700	手麻抖

表 1.6　人体电阻测试 II

接触电压/V	皮肤干燥[①]	皮肤潮湿[②]	皮肤湿润[③]	皮肤浸入水中[④]
10	7000	3500	1200	600
25	5000	2500	1000	500
20	4000	2000	875	440
100	3000	1500	770	375
250	1500	1000	650	325

注：①模拟干燥场所的皮肤，电流途径为单手至双足；②模拟潮湿场所的皮肤，电流途径为单手至双足；③模拟有水蒸气等特别潮湿场所的皮肤，电流途径为双手至双足；④模拟游泳池或浴池中的情况，基本上为人体内电阻。

在进行接地设计过程中，从安全层面考虑，人体电阻可以选择稍小值。IEEE Std80—2000 考虑了大量不利情况，指出人体电阻采用 1000Ω 比较合适[15]。当高频电流流经人体时，需要进一步考虑人体的电容效应，可搭建人体的一个等效电路模型如图 1.7 所示。

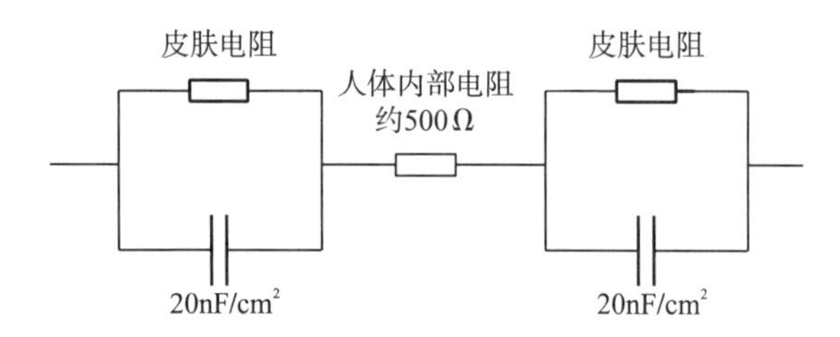

图 1.7　高频电流作用下人体阻抗电路模型

1.3.3　人体安全允许的接地参数

首先，给出人体的安全电压表达式如下：

$$U_{SV} = I_K R_B \tag{1.12}$$

式中，U_{SV} 为人体的安全电压；I_K 为人体允许流过的电流；R_B 为人体电阻。将式(1.11)代入式(1.12)中，可得

$$U_{SV} = \sqrt{\frac{K}{t}} R_B \tag{1.13}$$

式中，根据不同体重的人体对应的能量系数 K 和人体电阻 R_B，可求得在 t 时刻人体允许的短时安全电压。

根据 1.2 节的分析可知，接地参数中跨步电位差、接触电位差和转移电位差最有可能导致人体发生触电事故。

1. 人体耐受的跨步电压

故障电流数值通常高达数千安培，流经人体的电流在毫安级别。因此，可以忽略人体分流引起的电位变化。如图 1.6 所示，可以假设人体一只脚底面的接地电阻为 R_F(包含脚底面和土壤之间的接触电阻、脚表面的散流电阻)。该情况下电流流经的途径是从人体的一只脚流入，从另一只脚流出。因此，两只脚与人体电阻 R_B 为串联关系，人体耐受的电压 U_S 为

$$U_S = \frac{R_B}{R_B + 2R_F}\Delta U_2 \tag{1.14}$$

式中，ΔU_2 为无人站立时，两脚对应位置处的电位差，如图 1.6 所示。R_F 可根据圆盘接地电阻方法来近似求解，如下：

$$R_F = \frac{\rho}{4b} \tag{1.15}$$

式中，ρ 为土壤电阻；b 为圆盘半径。脚通常可以看作 0.08m 的圆盘，因此，一只脚的接地电阻约为 3ρ。

2. 人体耐受的接触电压

当人体用手去接触带电设备时，电流途径是从人体的手流入，两只脚流出。该情况下两只脚对应的接地电阻 R_F 为并联状态。人体电阻 R_B 和并联后的电阻构成串联关系。人体耐受的接触电压 U_T 为

$$U_T = \frac{R_B}{R_B + 0.5R_F}\Delta U_1 \tag{1.16}$$

式中，ΔU_1 为电气设备外壳和人体两腿位置对应的地电位之间的电位差，如图 1.6 所示。

3. 人体耐受的转移电压

当操作人员接触到电位引入或高电位引出的电气设备外壳时，有可能引发触电事故。低电位引入的情况，电流流向相反，从人体两腿流入，与设备外壳接触的手流出。高电位引入的情况，电流流向和接触电压分析过程完全相同。两种情况下，人体电阻 R_B 和脚的接地电阻 R_F 之间的拓扑关系和接地电压分析是相同的。因此，人体耐受的转移电压为

$$U_{Tr} = \frac{R_B}{R_B + 0.5R_F}\Delta U_4 \tag{1.17}$$

式中，ΔU_4 为人体两腿位置对应的地电位和远处引入的低电位之间的电位差，如图 1.6 所示。

参考文献

[1] 川濑太郎. 接地技术与接地系统[M]. 冯允平, 译. 北京：科学出版社, 2001.

[2] 曾嵘, 周佩朋, 王森, 等. 接地系统中接触电阻的仿真模型及其影响因素分析[J]. 高电压技术, 2010, 36(10): 2393-2397.

[3] O'Riley R P. 电气工程接地技术[M]. 沙斐, 吕飞燕, 谭海峰, 等译. 北京：电子工业出版社, 2004.

[4] 陈先禄, 刘渝根, 黄勇. 接地[M]. 重庆：重庆大学出版社, 2002.

[5] 何金良, 曾嵘. 电力系统接地技术[M]. 北京：科学出版社, 2007.

[6] 张波, 何金良, 曾嵘.电力系统接地技术现状及展望[J].高电压技术, 2015, 41(8): 2569-2582.

[7] 中国电力企业联合会.交流电气装置的接地设计规范：GB/T 50065-2011[S]. 北京：中国计划出版社，2012.

[8] Huang L, Chen X, Yan H. Study of unequally spaced grounding grids[J]. IEEE Transactions on Power Delivery, 1995, 10(2):716-722.

[9] 解广润. 电力系统接地技术[M]. 北京：中国电力出版社, 1991.

[10] Dalziel C F. Dangerous electric currents[J]. AIEE Transactions, 1946, 65: 579-585.

[11] Dalziel C F, Lee R W. Reevaluation of lethal electric currents[J]. IEEE Transactions on Industry and General Applications, 1968, 4(5): 467-476.

[12] Gieiges K S.Elctric shock hazard analysis[J]. AIEE Transactions, 1956, 75:1329-1331.

[13] Geddes L A, Baker L E. Response to passage to electric current through the body[J]. Journal of Assocuiation for the Advancement of Medical Instruments, 1971, 2:13-18.

[14] Biegelmeier U G, Lee W R. New considerations on the threshold of ventricular fibrillation for AC shorks at 50～60Hz[J]. Proceedings of the IEEE, 1980, 7:103-110.

[15] Substations Committee of the IEEE Power Engineering Sociaty.交流变电站接地安全指南：IEEE Std 80-2000. IEEE Guide for Safety in AC Substation Grounding，2000.

第二章　水平分层土壤介质格林函数的数值计算

接地网接地参数的准确计算为输变电过程中电气设备的安全性能评估、接地装置的设计及运维奠定了理论基础。根据土壤基本性质可知，实际工程中的土壤介质多为水平分层土壤，简单地将水平分层土壤等效为均匀土壤会带来较大的计算误差。在计算水平分层土壤中接地网接地参数的过程中，通常将地网表面泄漏电流视为源点，将整个水平分层土壤介质空间视为电流场场域。研究场域性质（点源在场域中的响应情况）是进行场域内复杂电磁参数计算的基础。在接地参数计算过程中，格林函数（Green function）通常定义为点源在水平分层土壤中产生的电位函数，其本质上是一种表征场域基本性质的函数，因此，准确计算水平分层土壤电流场的格林函数是准确计算水平分层土壤参数和接地网接地参数的前提。

本章主要介绍场点和源点在任意位置时水平分层土壤电流场格林函数的基本方程，水平分层土壤电流场格林函数的解析计算方法和数值计算方法，为水平分层土壤参数反演计算和腐蚀接地网接地参数频域响应计算奠定了理论基础。

2.1　水平分层土壤电流场格林函数基本方程

水平分层土壤中腐蚀接地网接地参数计算是一个电流场场域内的电磁参数计算问题。圆柱坐标系下能够更好地处理水平分层土壤介质的边界条件，因此，通常采用圆柱坐标系建立水平 n 层土壤电流场场域分析模型，如图 2.1 所示[1]。同时，选定水平分层土壤中空间任意一点为场点。其中，源点位于第 i 层土壤，场点位于第 j 层土壤。水平分层土壤电流场格林函数的物理意义为点电流源在水平分层土壤电流场中产生的电位函数，因此，场点处的电位为待求解变量。为避免混淆，后续分析中均用 i 表示源点信息，j 表示场点信息。

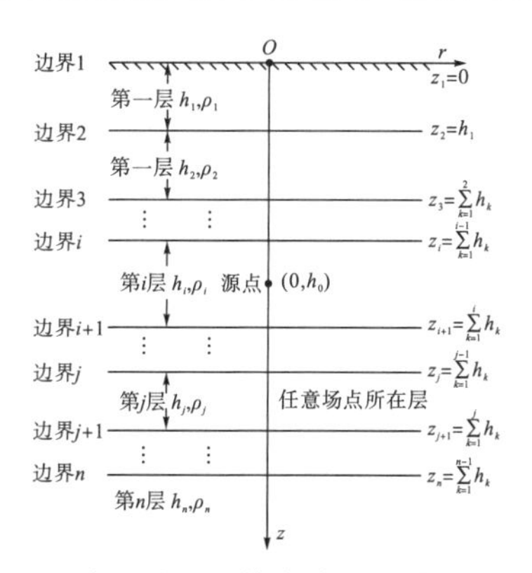

图 2.1　水平分层土壤电流场场域分析模型

图 2.1 中，$h_1,h_2,\cdots,h_n$ 为对应分层土壤的厚度，$\rho_1,\rho_2,\cdots,\rho_n$ 为对应分层土壤的电阻率，源点在第 i 层，h_0 为源点 i 的埋深。水平分层土壤介质空间为电流场分布，水平分层土壤电流场中场量关系如下：

$$\begin{cases}\rho_j \boldsymbol{J} = \boldsymbol{E} = -\nabla\varphi(r,z) \\ I\delta(i-j) = \nabla\cdot\boldsymbol{J}\end{cases} \tag{2.1}$$

式中，ρ_j 为场点所在层的土壤电阻率；$\boldsymbol{J}$ 为空间任意一点的电流密度向量；φ 为第 j 层土壤中空间任意一点电位；I 为源点幅值；$\delta(i-j)$ 为狄拉克函数(Dirac function)，表示场点和源点的位置。

当场点和源点不在同一层时，电流场的散度为 0。整理式(2.1)可得[2]

$$\nabla^2\varphi(r,z) = -\rho_j I\delta(i-j) \tag{2.2}$$

将图 2.1 中的柱坐标系代入式(2.2)，可得任意第 i 层中源点在第 j 层产生的电位方程[2-4]：

$$\frac{\partial^2\varphi(r,z)}{\partial r^2} + \frac{1}{r}\frac{\partial\varphi(r,z)}{\partial r} + \frac{\partial^2\varphi(r,z)}{\partial z^2} = -\rho_j I\delta(i-j) \tag{2.3}$$

当源点和场点不在同一层($i \neq j$)时，公式右边项为 0，式(2.3)为拉普拉斯方程(Laplace's equation)。当源点和场点在同一层($i=j$)时，公式右边项为 $-\rho_j I$，式(2.3)为包含源点信息的泊松方程。电位函数的具体求解过程如下。

2.1.1 源点和场点不在同一层($i \neq j$)

当场点和源点不同层时，式(2.3)为

$$\frac{\partial^2\varphi(r,z)}{\partial r^2} + \frac{1}{r}\frac{\partial\varphi(r,z)}{\partial r} + \frac{\partial^2\varphi(r,z)}{\partial z^2} = 0 \tag{2.4}$$

同时，由于 $\varphi(r,z)$ 电位函数是包含柱坐标系中 r 和 z 的函数，采用分离变量法电位函数 $\varphi(r,z)$ 可表示为

$$\varphi(r,z) = g_1(r)g_2(z) \tag{2.5}$$

式中，$g_1(r)$ 为仅关于变量 r 的分量；$g_2(z)$ 为仅关于变量 z 的分量。

将式(2.5)代入由式(2.4)转化的拉普拉斯方程中，可得

$$\frac{1}{r\cdot g_1(r)}\frac{\partial}{\partial r}\left(r\frac{\partial g_1(r)}{\partial r}\right) + \frac{1}{g_2(z)}\frac{\partial^2 g_2(z)}{\partial z^2} = 0 \tag{2.6}$$

式(2.6)中第二项仅包含 z，为使对于任意 r，z 均成立，可得

$$\frac{1}{g_2(z)}\frac{\partial^2 g_2(z)}{\partial z^2} = \lambda^2 \tag{2.7}$$

式中，λ 为任意常数。求解式(2.7)，可得

$$g_2(z) = A_1 e^{-\lambda z} + A_2 e^{\lambda z} \tag{2.8}$$

式中，A_1 和 A_2 为关于变量 z 的待定常数，与 z 无关，可以为 r 的函数。

将式(2.8)代入式(2.5)中，可得

$$\varphi(r,z)=g_1(r)\left(A_1\mathrm{e}^{-\lambda z}+A_2\mathrm{e}^{\lambda z}\right) \tag{2.9}$$

式(2.9)中需要进一步求解仅包含关于变量 r 的函数 $g_1(r)$，将式(2.9)代入式(2.4)中，可得

$$\frac{\partial^2 g_1(r)}{\partial r^2}+\frac{1}{r}\frac{\partial g_1(r)}{\partial r}+\lambda^2 g_1(r)=0 \tag{2.10}$$

采用 $x=\lambda r$ 对式(2.10)进行变量替换，可得标准的零阶贝塞尔(Bessel)方程。根据 Bessel 方程的解，可得

$$g_1(r)=C_1(\lambda)J_0(\lambda r)+C_2(\lambda)Y_0(\lambda r) \tag{2.11}$$

式中，$C_1(\lambda)$ 和 $C_2(\lambda)$ 为与 r 无关的待定函数；$J_0(\lambda r)$ 为第一类零阶 Bessel 函数；$Y_0(\lambda r)$ 为第二类零阶 Bessel 函数(又称诺伊曼函数，Neumann function)。

电位函数的通解如下：

$$\varphi(r,z)=\left[C_1(\lambda)J_0(\lambda r)+C_2(\lambda)Y_0(\lambda r)\right]\left(A_1\mathrm{e}^{-\lambda z}+A_2\mathrm{e}^{\lambda z}\right) \tag{2.12}$$

根据诺依曼函数的性质可知，当 $r\to 0$ 时，$Y_0(\lambda r)\to -\infty$。实际点源处的电位不可能等于负无穷大，因此，$Y_0(\lambda r)$ 前的系数 $C_2(\lambda)$ 必然为 0。同时，由于 λ 为任意常数，可取 0～∞ 中的所有值。将 $A(\lambda)=C_1(\lambda)A_1$ 和 $B(\lambda)=C_2(\lambda)A_2$ 代入式(2.12)，并对其积分可得

$$\varphi(r,z)=\int_0^\infty\left[A(\lambda)J_0(\lambda r)\mathrm{e}^{-\lambda z}+B(\lambda)J_0(\lambda r)\mathrm{e}^{\lambda z}\right]\mathrm{d}\lambda \tag{2.13}$$

2.1.2 源点和场点在同一层($i=j$)

当场点和源点同层时，式(2.3)为

$$\frac{\partial^2\varphi(r,z)}{\partial r^2}+\frac{1}{r}\frac{\partial\varphi(r,z)}{\partial r}+\frac{\partial^2\varphi(r,z)}{\partial z^2}=-\rho_j I \tag{2.14}$$

式(2.14)本质上为偏微分方程(泊松方程)，其全解分为通解和特解两个部分。当源点和场点不同层时得出的电位方程解即式(2.13)为式(2.14)的通解。均匀介质中点电流源的电位方程必然满足泊松方程，可给出其柱坐标系下的形式：

$$\varphi(r,z)=\frac{\rho_j I}{4\pi}\frac{1}{\sqrt{r^2+z^2}} \tag{2.15}$$

式(2.13)具有齐次性，将式(2.13)乘以式(2.15)中的常系数，可得电位函数的全解：

$$\varphi(r,z)=\frac{\rho_j I}{4\pi}\frac{1}{\sqrt{r^2+z^2}}+\frac{\rho_j I}{4\pi}\int_0^\infty\left[A(\lambda)J_0(\lambda r)\mathrm{e}^{-\lambda z}+B(\lambda)J_0(\lambda r)\mathrm{e}^{\lambda z}\right]\mathrm{d}\lambda \tag{2.16}$$

已知如下 0 阶 Bessel 函数的拉式变换，或利普希茨(Lipschitz)积分变换：

$$\int_0^\infty\left[J_0(\lambda r)\mathrm{e}^{-\lambda z}\right]\mathrm{d}\lambda=\frac{1}{\sqrt{r^2+z^2}} \tag{2.17}$$

将式(2.17)代入式(2.16)中，得到工程计算过程中电位函数的常用表达形式：

$$\varphi(r,z)=\frac{\rho_j I}{4\pi}\int_0^\infty\left[1+A(\lambda)J_0(\lambda r)\mathrm{e}^{-\lambda z}+B(\lambda)J_0(\lambda r)\mathrm{e}^{\lambda z}\right]\mathrm{d}\lambda \tag{2.18}$$

2.1.3 任意情况下的表达式

对于任意源点在 i 层、场点在第 j 层的格林函数表达式，式(2.13)具有齐次性，将其乘以一个常系数，并结合式(2.18)，可得电位函数的统一表达形式，如下：

$$\varphi_j^i(r,z)=\frac{\rho_j I}{4\pi}\int_0^{\infty}\left[\delta(i-j)\mathrm{e}^{-\lambda|z-h_0|}+A_j^i(\lambda)\mathrm{e}^{-\lambda(z-h_0)}+B_j^i(\lambda)\mathrm{e}^{\lambda(z-h_0)}\right]J_0(\lambda r)\mathrm{d}\lambda \tag{2.19}$$

式中，$\varphi_j^i(r,z)$为任意第 i 层土壤中的源点在任意第 j 层土壤中场点处产生的电位函数；$\delta(x)$为狄拉克函数；h_0为源点 i 的埋深；$A_j^i(\lambda)$和$B_j^i(\lambda)$为关于 λ 的待定系数。

电流场的格林函数等于电位函数除以对应的源点幅值，因此，水平分层土壤电流场格林函数的表达式为

$$G_j^i(r,z)=\frac{\rho_j}{4\pi}\int_0^{\infty}\left[\delta(i-j)\mathrm{e}^{-\lambda|z-h_0|}+A_j^i(\lambda)\mathrm{e}^{-\lambda(z-h_0)}+B_j^i(\lambda)\mathrm{e}^{\lambda(z-h_0)}\right]J_0(\lambda r)\mathrm{d}\lambda \tag{2.20}$$

式中，$G_j^i(r,z)$为源点在第 i 层土壤且场点在第 j 层土壤时水平分层土壤电流场的格林函数。每一层土壤中的格林函数 $G_1^i(r,z),G_2^i(r,z),\cdots,G_n^i(r,z)$均可通过式(2.20)获得。$A_j^i(\lambda)$和$B_j^i(\lambda)$为对应的待定函数，取决于土壤层电阻率 $\rho_1,\rho_2,\cdots,\rho_n$ 和土壤层厚度 $h_1,h_2,\cdots,h_n$，共计 $2n$ 个参数，其中，h_n 通常视为无穷大。

根据电位和法向电流密度在介质分界面上的连续性，列写分层土壤的边界条件可得[5,6]：

(1) 在地表处，$z=0$时，$\dfrac{\partial\varphi_1}{\partial z}=0$；

(2) 无穷远处，$z\to\infty$时，$\varphi_n=0$；

(3) 在边界 $k(1<k\leqslant n)$两侧的电位和法向电流密度连续，$\varphi_{k-}=\varphi_{k+}$，$\dfrac{1}{\rho_{k-1}}\dfrac{\partial\varphi_{k-}}{\partial z}=\dfrac{1}{\rho_k}\dfrac{\partial\varphi_{k+}}{\partial z}$；$\varphi_{k-}$为边界 k 在靠近第 $k-1$层处的电位，φ_{k+}为边界 k 在靠近第 k 层处的电位。

边界条件(1)(2)(3)共计提供了 $2n$ 个方程。每一土壤层有 2 个待定函数，水平 n 层分层土壤总计 $2n$ 个待定函数。可通过 $2n$ 个方程求解 $2n$ 个待定系数，结合边界条件中的 $2n$ 个方程可求解 $2n$ 个待定函数 $A_j^i(\lambda)$和$B_j^i(\lambda)$的解析解。

2.2 水平分层土壤电流场格林函数的解析计算方法

任意待定函数 $A_j^i(\lambda)$和$B_j^i(\lambda)$和水平分层土壤的边界位置及每一层土壤电阻率密切相关。2.1 节中的边界条件(1)(2)(3)揭示了水平分层土壤中电流场格林函数的待定函数之间的关系。

根据边界条件(1)，第一层土壤中格林函数 $G_1^i(r,z)$的待定函数之间的关系为

$$A_1^i(\lambda)=\left[\delta(i-1)+B_1^i(\lambda)\right]\mathrm{e}^{-2\lambda h_0} \tag{2.21}$$

根据边界条件(2)，第 n 层土壤中的格林函数 $G_n^i(r,z)$的待定函数为

$$B_n^i(\lambda)=0 \tag{2.22}$$

边界条件(3)给出了每一分层之间的关系。待定函数的推导过程应从第1层土壤中格林函数的待定函数$A_1^i(\lambda)$和$B_1^i(\lambda)$，不停迭代至第n层土壤中格林函数的待定函数$A_n^i(\lambda)$和$B_n^i(\lambda)$。根据式(2.21)可确定待定函数$A_1^i(\lambda)$和$B_1^i(\lambda)$之间的关系。结合边界条件(3)和求得的函数$A_1^i(\lambda)$和$B_1^i(\lambda)$，可进一步推导出其他分层土壤中格林函数的待定函数。也可将第n层土壤中格林函数的待定函数$A_n^i(\lambda)$和$B_n^i(\lambda)$，回代至式(2.21)，首先求得系数$A_n^i(\lambda)$和$B_n^i(\lambda)$，再进一步推导任意第j层土壤中格林函数的待定函数$A_j^i(\lambda)$和$B_j^i(\lambda)$。

源点i和场点j在同一层时，求解形式多出一项系数$e^{\lambda|z-h_0|}$。当场点和源点在同一层且场点位置在源点位置上方($j=i$，$z<h_0$)时，式(2.19)或式(2.20)中第一项为$e^{\lambda(z-h_0)}$，当场点和源点在同一层且场点位置在源点位置下方($j=i$, $z>h_0$)时，式(2.20)中第一项为$e^{-\lambda(z-h_0)}$。因此，待定函数的求解需要分两种情况讨论。

2.2.1　场点在源点上方($z<h_0$)的格林函数求解

格林函数求解的重点为确定待定系数$A_j^i(\lambda)$和$B_j^i(\lambda)$。$z<h_0$包含场点和源点在同一层且场点位置在源点位置上方($j=i,z<h_0$)和场点层在源点层上方($j<i$)两种情况，场点所在土壤层j的取值范围为[1,i]。在$j\leqslant i$的前提下，当$j=i$时，结合式(2.20)和边界条件(3)可得[2]

$$\begin{cases}\rho_{i-1}\left[A_{i-1}^i(\lambda)+B_{i-1}^i(\lambda)e^{2\lambda(z_i-h_0)}\right]=\rho_i\left[A_i^i(\lambda)+\left(1+B_i^i(\lambda)\right)e^{2\lambda(z_i-h_0)}\right]\\ -A_{i-1}^i(\lambda)+B_{i-1}^i(\lambda)e^{2\lambda(z_i-h_0)}=-A_i^i(\lambda)+\left(1+B_i^i(\lambda)\right)e^{2\lambda(z_i-h_0)}\end{cases} \tag{2.23}$$

式中，z_i为$\sum_{k=1}^{i-1}h_k$，是如图2.1所示的第$i-1$层土壤和第i层土壤的边界i。

当$j>i$时，结合式(2.20)和边界条件(3)可得

$$\begin{cases}\rho_{j-1}\left[A_{j-1}^i(\lambda)+B_{j-1}^i(\lambda)e^{2\lambda(z_j-h_0)}\right]=\rho_j\left[A_j^i(\lambda)+B_j^i(\lambda)e^{2\lambda(z_j-h_0)}\right]\\ -A_{j-1}^i(\lambda)+B_{j-1}^i(\lambda)e^{2\lambda(z_j-h_0)}=-A_j^i(\lambda)+B_j^i(\lambda)e^{2\lambda(z_j-h_0)}\end{cases} \tag{2.24}$$

式中，$z_j=\sum_{k=1}^{j-1}h_k$，是如图2.1所示的第$j-1$层土壤和第j层土壤的边界j。

将式(2.23)和式(2.24)写成矩阵形式，可得第$j-1$层土壤格林函数中待定函数和第j层土壤格林函数中待定函数关系为

$$\begin{bmatrix}A_{i-1}^i(\lambda)\\ B_{i-1}^i(\lambda)\end{bmatrix}=\frac{\rho_i-\rho_{i-1}}{2\rho_{i-1}}\begin{bmatrix}1 & \left(\dfrac{\rho_i+\rho_{i-1}}{\rho_i-\rho_{i-1}}\right)e^{2\lambda(z_i-h_0)}\\ \left(\dfrac{\rho_i+\rho_{i-1}}{\rho_i-\rho_{i-1}}\right)e^{-2\lambda(z_i-h_0)} & 1\end{bmatrix}\begin{bmatrix}A_i^i(\lambda)\\ 1+B_i^i(\lambda)\end{bmatrix} \tag{2.25}$$

$$\begin{bmatrix} A_{j-1}^i(\lambda) \\ B_{j-1}^i(\lambda) \end{bmatrix} = \frac{\rho_j - \rho_{j-1}}{2\rho_{j-1}} \begin{bmatrix} 1 & \left(\dfrac{\rho_j + \rho_{j-1}}{\rho_j - \rho_{j-1}}\right) e^{2\lambda(z_j - h_0)} \\ \left(\dfrac{\rho_j + \rho_{j-1}}{\rho_j - \rho_{j-1}}\right) e^{-2\lambda(z_j - h_0)} & 1 \end{bmatrix} \begin{bmatrix} A_j^i(\lambda) \\ B_j^i(\lambda) \end{bmatrix} \tag{2.26}$$

式(2.23)中的 $j<i$，场点层仍在源点层上方。为简化式(2.25)和式(2.26)，定义土壤系数 $K_{k+1} = \dfrac{\rho_{k+1} - \rho_k}{\rho_{k+1} + \rho_k}$，其中$1 \leqslant k < i$。进一步定义迭代矩阵 $\boldsymbol{N_k}$ 为

$$\boldsymbol{N_k} = \frac{K_k}{K_k - 1} \begin{bmatrix} 1 & \dfrac{1}{K_k} e^{2\lambda(z_k - h_0)} \\ \dfrac{1}{K_k} e^{-2\lambda(z_k - h_0)} & 1 \end{bmatrix} \tag{2.27}$$

将迭代矩阵 $\boldsymbol{N_k}$ 代入式(2.25)和式(2.26)可得

$$\begin{bmatrix} A_1^i(\lambda) \\ B_1^i(\lambda) \end{bmatrix} = \prod_{k=2}^{i} \boldsymbol{N_k} \begin{bmatrix} A_k^i(\lambda) \\ 1 + B_k^i(\lambda) \end{bmatrix} \tag{2.28}$$

根据式(2.28)可求得场点在源点上方的任意土壤层中格林函数的待定函数之间的关系。

2.2.2 场点在源点下方（$z > h_0$）的格林函数求解

格林函数求解的重点为确定待定系数 $A_j^i(\lambda)$ 和 $B_j^i(\lambda)$。$z > h_0$ 包含场点和源点在同一层且场点位置在源点位置下方（$j = i, z > h_0$）和场点层在源点层下方（$j > i$）两种情况，场点所在土壤层 j 的取值范围为$[i,n]$。在 $j \geqslant i$ 的前提下，当 $j = i$时，结合式(2.20)和边界条件(3)可得[2]

$$\begin{cases} \rho_i \left[1 + A_i^i(\lambda) + B_i^i(\lambda) e^{2\lambda(z_{i+1} - h_0)}\right] = \rho_{i+1}\left[A_{i+1}^i(\lambda) + B_{i+1}^i(\lambda) e^{2\lambda(z_{i+1} - h_0)}\right] \\ 1 + A_i^i(\lambda) - B_i^i(\lambda) e^{2\lambda(z_{i+1} - h_0)} = A_{i+1}^i(\lambda) - B_{i+1}^i(\lambda) e^{2\lambda(z_{i+1} - h_0)} \end{cases} \tag{2.29}$$

式中，$z_{i+1} = \sum_{k=1}^{i} h_k$，是如图 2.1 所示的第 i 层土壤和第 i+1 层土壤的边界 i+1。

当 $j > i$时，结合式(2.20)和边界条件(3)可得[2]

$$\begin{cases} \rho_j \left[A_j^i(\lambda) + B_j^i(\lambda) e^{2\lambda(z_{j+1} - h_0)}\right] = \rho_{j+1}\left[A_{j+1}^i(\lambda) + B_{j+1}^i(\lambda) e^{2\lambda(z_{j+1} - h_0)}\right] \\ A_j^i(\lambda) - B_j^i(\lambda) e^{2\lambda(z_{j+1} - h_0)} = A_{j+1}^i(\lambda) - B_{j+1}^i(\lambda) e^{2\lambda(z_{j+1} - h_0)} \end{cases} \tag{2.30}$$

式中，$z_{j+1} = \sum_{k=1}^{j} h_k$，是如图 2.1 所示的第 j 层土壤和第 j+1 层土壤的边界 j+1。

将式(2.29)和式(2.30)写成矩阵形式，可得第 j 层土壤格林函数中待定函数和第 j+1 层土壤格林函数中待定函数关系为

$$\begin{bmatrix} 1+A_i^i(\lambda) \\ B_i^i(\lambda) \end{bmatrix} = \frac{\rho_{i+1}+\rho_i}{2\rho_i} \begin{bmatrix} 1 & \left(\dfrac{\rho_{i+1}-\rho_i}{\rho_{i+1}+\rho_i}\right) e^{2\lambda(z_{i+1}-h_0)} \\ \left(\dfrac{\rho_{i+1}-\rho_i}{\rho_{i+1}+\rho_i}\right) e^{-2\lambda(z_{i+1}-h_0)} & 1 \end{bmatrix} \begin{bmatrix} A_{i+1}^i(\lambda) \\ B_{i+1}^i(\lambda) \end{bmatrix} \tag{2.31}$$

$$\begin{bmatrix} A_j^i(\lambda) \\ B_j^i(\lambda) \end{bmatrix} = \frac{\rho_{j+1}+\rho_j}{2\rho_j} \begin{bmatrix} 1 & \left(\dfrac{\rho_{j+1}-\rho_j}{\rho_{j+1}+\rho_j}\right) e^{2\lambda(z_{j+1}-h_0)} \\ \left(\dfrac{\rho_{j+1}-\rho_j}{\rho_{j+1}+\rho_j}\right) e^{-2\lambda(z_{j+1}-h_0)} & 1 \end{bmatrix} \begin{bmatrix} A_{j+1}^i(\lambda) \\ B_{j+1}^i(\lambda) \end{bmatrix} \tag{2.32}$$

式(2.29)中的 $j>i$，场点层仍在源点层下方。为简化式(2.31)和式(2.32)，代入式(2.27)中的土壤系数 $K_k=\dfrac{\rho_k-\rho_{k-1}}{\rho_k+\rho_{k-1}}$，其中 $i\leqslant k<n$。定义迭代矩阵 $\boldsymbol{P_k}$ 为

$$\boldsymbol{P_k}=\frac{1}{1-K_{k+1}}\begin{bmatrix} 1 & K_{k+1}e^{2\lambda(z_{k+1}-h_0)} \\ K_{k+1}e^{-2\lambda(z_{k+1}-h_0)} & 1 \end{bmatrix} \tag{2.33}$$

将迭代矩阵 $\boldsymbol{P_k}$ 代入式(2.31)、式(2.32)可得

$$\begin{bmatrix} 1+A_i^i(\lambda) \\ B_i^i(\lambda) \end{bmatrix} = \prod_{k=i}^{n-1}\boldsymbol{P_k}\begin{bmatrix} A_n^i(\lambda) \\ 0 \end{bmatrix} \tag{2.34}$$

根据式(2.34)可求得场点在源点下方的任意土壤层中格林函数的待定函数之间的关系。

2.2.3　任意场点的格林函数求解

场点源点同层时的 $A_i^i(\lambda)$ 和 $B_i^i(\lambda)$，可根据场点在源点上方的任意土壤层中格林函数的待定函数之间的关系式(2.28)求得，也可根据场点在源点下方的任意土壤层中格林函数的待定函数之间的关系式(2.34)求得。两种方式求得的 $A_i^i(\lambda)$ 和 $B_i^i(\lambda)$ 必定相等。综上所述，式(2.28)和式(2.34)提供 4 个方程组，共计五个待定函数 $A_1^i(\lambda)$、$B_1^i(\lambda)$、$A_i^i(\lambda)$、$B_i^i(\lambda)$ 和 $A_n^i(\lambda)$。同时，边界条件(1)提供了 1 个关于待定函数 $A_1^i(\lambda)$ 和 $B_1^i(\lambda)$ 的方程即式(2.1)。结合式(2.1)、式(2.28)、式(2.34)可求得任意水平分层土壤中格林函数的待定函数 $A_j^i(\lambda)$ 和 $B_j^i(\lambda)$。

2.3　水平分层土壤电流场格林函数的数值计算方法

根据 2.2 节可求得任意水平分层土壤电流场格林函数的解析表达式。在实际编程计算中，符号方程的迭代难度远远大于数值的迭代计算，格林函数的计算过程中通常并不会直接求解任意格林函数中待定函数的解析解。因此，通常采取数值计算方法求解水平分层土壤电流场的格林函数，主要包括待定函数的自适应采样、采样数据的拟合和拟合数据的积分变换三部分。

2.3.1 待定函数的自适应采样

离散采样点的迭代在计算机编程中容易实现，通常将一系列离散采样点代入式(2.1)、式(2.28)、式(2.34)，可获得关于待求解系数 A_j^i 和 B_j^i 的一系列离散计算点。离散点的选取和土壤参数密切相关，为保证每一层土壤都至少有一个采样点，现有的采样方式主要为[6]

$$\Delta\lambda = \frac{\omega}{\sum_{k=1}^{n-1} h_k} \tag{2.35}$$

式中，$\Delta\lambda$ 为采用步长，即采样点之间的间隔；ω 为采样常数，取值范围通常为 0.1～1，需要结合一定的工程实践经验得出；h_k 为每一层土壤的厚度。

式(2.35)中采样点的步长 $\Delta\lambda$ 和水平分层土壤厚度相关，具备一定自适应性。

2.3.2 采样数据的拟合

为了简化式(2.20)中关于零阶 Bessel 函数的积分计算，首先需要以复指数为基底对式(2.20)中关于积分核函数的离散数据进行拟合。常用的拟合方法有普罗尼算法(Prony algorithm，简称 PRONY 法)、广义函数束法(generalized pencil of functions，简称 GPOF 法)。

1. PRONY 法的计算原理

PRONY 法常用于分层土壤介质中格林函数的求解过程，主要通过构造复指数和的形式来逼近待求解的非线性函数。假设 $g(t)$ 为一由多项复指数和组成的函数，并采用 $g(t)$ 去采样后的待定函数 $A_j^i(\lambda)$ 和 $B_j^i(\lambda)$。待定函数 $A_j^i(\lambda)$ 和 $B_j^i(\lambda)$ 的逼近过程相似，下列分析仅以 $A_j^i(\lambda)$ 为例，$A_j^i(\lambda)$ 具体的逼近结果为[7]

$$A_j^i(\lambda) \approx \sum_{k=1}^{M} t_k \mathrm{e}^{s_k \lambda} = g(\lambda) \tag{2.36}$$

式中，$g(\lambda)$ 为拟合函数；t_k 和 s_k 为待定系数，可为实数或共轭复数对。

PRONY 法的核心即为确定 $g(\lambda)$ 复指数项的系数 t_k 和 s_k。$g(\lambda)$ 包含 M 个复指数项，共计 $2M$ 个待定系数。拟合函数 $g(\lambda)$ 本质上为对原函数采样的离散点进行计算。针对某一确定的水平分层土壤模型，每一层土壤的厚度 h 是确定的，式(2.35)的采样方式为等间距采样，假设采样步长为 $\Delta\lambda$。求解 $2M$ 个待定系数，至少需要 $2M$ 个采样点。假定采样点个数为 $N(N \geqslant 2M)$，采样点分别为 $\lambda_0, \lambda_1, \cdots, \lambda_{N-1}$，拟合函数 $g(\lambda)$ 在第 i 个采样点 λ_i 处的值 $g(\lambda_i)$ 应尽可能逼近原函数 $A_j^i(\lambda)$，因此每个采样点处的 $A_j^i(\lambda_i)$ 和 $g(\lambda_i)$ 应相等。采样点 λ_i 处的函数则可表示为

$$g_i = \sum_{k=1}^{M} t_k \mathrm{e}^{s_k (i \cdot \Delta\lambda)} = A_j^i(\lambda_i) \quad (i = 0,1,2,\cdots,N-1) \tag{2.37}$$

式中，g_i 为第 i 个采样点处的拟合值 $g(\lambda_i)$。

对拟合函数 $g(\lambda)$ 进行 z 变换，可得[8]

$$G(z)=L\{g(\lambda)\}=\frac{b_M z^M+b_{M-1}z^{M-1}+\cdots+b_1 z}{z^M+c_{M-1}z^{M-1}+\cdots+c_1 z+c_0} \tag{2.38}$$

式中，z_k 为 z 变换中的变量 $\mathrm{e}^{s_k\Delta\lambda}$；$G(z)$ 是原函数 $L\{A_j^i(z)\}$ 的拟合函数，令 $G(z)$ 恰好为 $L\{A_j^i(z)\}$ 的帕德逼近式(Padé approximant)：

$$b_M z^M+b_{M-1}z^{M-1}+\cdots+b_1 z=\left(z^M+c_{M-1}z^{M-1}+\cdots+z\right)\left(g_0+g_1 z^{-1}+\cdots+g_{2M-1}z^{-(N-1)}+\cdots\right) \tag{2.39}$$

根据式(2.39)中 z 变量的对应项系数相等，可得 $2M$ 个方程组[9]：

$$\begin{cases} g_0 c_0+g_1 c_1+\cdots+g_{M-1}c_{M-1}+g_M=0 \\ g_1 c_0+g_2 c_1+\cdots+g_M c_{M-1}+g_{M+1}=0 \\ \qquad\vdots \\ g_{M-1}c_0+g_M c_1+\cdots+g_{N-2}c_{M-1}+g_{N-1}=0 \end{cases} \tag{2.40}$$

$$\begin{cases} g_0=b_M \\ g_0 c_{M-1}+g_1=b_{M-1} \\ \qquad\vdots \\ g_0 c_1+g_1 c_2+\cdots+g_{M-2}c_{M-1}+g_{M-1}=b_1 \end{cases} \tag{2.41}$$

根据式(2.40)可求解式(2.38)中 z 变换后分母项系数 c_i，即分母多项式中的极点已知，则可求解系数 s_k。进一步将分母项系数 c_i 代入式(2.38)，可求得分子项系数 b_i。将式(2.38)进行因式分解[10,11]：

$$G(z)=\frac{b_M z^M+b_{M-1}z^{M-1}+\cdots+b_1 z}{z^M+c_{M-1}z^{M-1}+\cdots+c_1 z+c_0}=\frac{\sum_{k=1}^{M}t_k z}{z-z_k}=\frac{\sum_{k=1}^{M}t_k z}{z-\mathrm{e}^{s_k\Delta\lambda}} \tag{2.42}$$

$G(z)$ 中的待定系数 b_i 和 c_i 可通过式(2.41)和式(2.42)求得。因式分解后，采用式(2.42)可求得拟合函数的系数 s_k 和 t_k。

2. GPOF 法的计算原理

GPOF 法又称广义函数束法，常用于采用复指数多项式对待定函数进行拟合的情况[12]。待定函数 $A_j^i(\lambda)$ 和 $B_j^i(\lambda)$ 的逼近过程相似，下面分析仍仅以 $A_j^i(\lambda)$ 为例，采用式(2.36)中的拟合函数 $g(\lambda)$ 逼近函数 $A_j^i(\lambda)$。式(2.37)对函数 $A_j^i(\lambda)$ 离散化处理。其中，M 为拟合函数 $g(\lambda)$ 中多项式项数，N 为采样点数量。将 z_k 定义为 z 变换中的变量 $\mathrm{e}^{s_k\Delta\lambda}$，且 z_k^i ($1\leqslant k\leqslant M$)为 z 平面极点。根据离散的采样结果，将式(2.37)改写为包含 z 变量的形式：

$$g_i=\sum_{k=1}^{M}t_k z_k^i \quad (i=0,1,2,\cdots,N-1) \tag{2.43}$$

式中，g_i 仍为第 i 个采样点处的拟合值；z 的下标 k 为多项展开式中的第 k 项，z 的上标 i 为采样点。

构造 2 个辅助计算矩阵[13]：

$$\boldsymbol{Y}_2=\begin{bmatrix} g_0 & g_1 & \cdots & g_{L-1} \\ g_1 & g_2 & \cdots & g_L \\ \vdots & \vdots & & \vdots \\ g_{N-L-1} & g_{N-L} & \cdots & g_{N-2} \end{bmatrix}_{(N-L)\times L}=\boldsymbol{Z}_1\boldsymbol{B}\boldsymbol{Z}_0\boldsymbol{Z}_2 \tag{2.44}$$

$$\boldsymbol{Y}_1=\begin{bmatrix} g_1 & g_2 & \cdots & g_L \\ g_2 & g_3 & \cdots & g_{L+1} \\ \vdots & \vdots & & \vdots \\ g_{N-L} & g_{N-L+1} & \cdots & g_{N-1} \end{bmatrix}_{(N-L)\times L}=\boldsymbol{Z}_1\boldsymbol{B}\boldsymbol{Z}_2 \tag{2.45}$$

式中，$\boldsymbol{Y}_2$和$\boldsymbol{Y}_1$为$(N-L)\times L$阶矩阵，矩阵$\boldsymbol{Z}_1$、矩阵$\boldsymbol{B}$、矩阵$\boldsymbol{Z}_0$和矩阵$\boldsymbol{Z}_2$为

$$\boldsymbol{Z}_1=\begin{bmatrix} 1 & 1 & 1 & 1 \\ z_1 & z_2 & \cdots & z_M \\ \vdots & \vdots & & \vdots \\ z_1^{N-L-1} & z_2^{N-L-1} & \cdots & z_M^{N-L-1} \end{bmatrix}_{(N-L)\times M} \tag{2.46}$$

$$\boldsymbol{B}=\begin{bmatrix} b_1 & 0 & \cdots & 0 \\ 0 & b_2 & \cdots & 0 \\ \vdots & \vdots & & \vdots \\ 0 & 0 & \cdots & b_M \end{bmatrix}_{M\times M} \tag{2.47}$$

$$\boldsymbol{Z}_0=\begin{bmatrix} z_1 & 0 & \cdots & 0 \\ 0 & z_2 & \cdots & 0 \\ \vdots & \vdots & & \vdots \\ 0 & 0 & \cdots & z_M \end{bmatrix}_{M\times M} \tag{2.48}$$

$$\boldsymbol{Z}_2=\begin{bmatrix} 1 & z_1 & \cdots & z_1^{L-1} \\ 1 & z_2 & \cdots & z_2^{L-1} \\ \vdots & \vdots & & \vdots \\ 1 & z_M & \cdots & z_M^{L-1} \end{bmatrix}_{M\times L} \tag{2.49}$$

式中，$\boldsymbol{Z}_1$为$(N-L)\times M$阶矩阵，$\boldsymbol{Z}_2$为$M\times L$阶矩阵，$\boldsymbol{Z}_0$和$\boldsymbol{B}$均为$M\times L$阶矩阵。构建下列矩阵束：

$$\boldsymbol{Y}_2-z_k\boldsymbol{Y}_1=\boldsymbol{Z}_1\boldsymbol{B}\left(\boldsymbol{Z}_0-z_k\boldsymbol{E}\right)\boldsymbol{Z}_2 \tag{2.50}$$

式中，$\boldsymbol{E}$为单位矩阵，变量z_k和矩阵束$\boldsymbol{Y}_2-z\boldsymbol{Y}_1$的广义特征值相等。通过式(2.50)可求得变量$z_k$，即系数$s_k$。当获得$z_k$后，系数$t_k$可通过式(2.51)获得[14]。

$$\begin{bmatrix} 1 & 1 & \cdots & 1 \\ z_1 & z_2 & \cdots & z_M \\ \vdots & \vdots & & \vdots \\ z_1^{N-1} & z_2^{N-1} & \cdots & z_M^{N-1} \end{bmatrix}\begin{bmatrix} t_1 \\ t_2 \\ \vdots \\ t_M \end{bmatrix}=\begin{bmatrix} g_0 \\ g_1 \\ \vdots \\ g_{N-1} \end{bmatrix} \tag{2.51}$$

2.3.3　拟合数据的积分变换

格林函数表达式中包含 0 阶 Bessel 函数的积分，直接计算含 Bessel 函数的积分较为复杂，需要对其进行积分变换处理。假定待定系数的复指数拟合关系为

$$\begin{cases} A_j^i(\lambda)=\sum\limits_{k=1}^{M}a_k e^{b_k} \\ B_j^i(\lambda)=\sum\limits_{k=1}^{M}c_k e^{d_k} \end{cases} \tag{2.52}$$

式中，a_k、b_k、c_k 和 d_k 为拟合系数，为实数或复数。将采样拟合后的复指数表达式代入式(2.20)中可得

$$G_j^i(r,z)=\frac{\rho_j}{4\pi}\int_0^{\infty}\left[\delta(i-j)e^{-\lambda|z-h_0|}+\sum_{k=1}^{M}a_k e^{-\lambda[z-(h_0+b_k)]}+\sum_{k=1}^{M}c_k e^{\lambda[z-(h_0-d_k)]}\right]J_0(\lambda r)d\lambda \tag{2.53}$$

式(2.53)中主要包括复指数函数和 0 阶 Bessel 函数 $J_0(\lambda r)$ 乘积的积分。格林函数必为一个振荡衰减的收敛函数，指数项系数 $-\lambda[z-(h_0+b_k)]$ 和 $\lambda[z-(h_0-d_k)]$ 必定小于 0。为简化分析过程，定义函数：

$$f(x)=\int_0^{\infty}e^{\lambda x}J_0(\lambda r)d\lambda=\int_0^{\infty}\frac{1}{r}e^{\frac{x}{r}\lambda r}J_0(\lambda r)d(\lambda r)\quad (x<0) \tag{2.54}$$

令 $y=\lambda r$，替换式(2.54)中积分变量，可得

$$f(x)=\int_0^{\infty}\frac{1}{r}e^{\frac{x}{r}y}J_0(y)dy \tag{2.55}$$

根据 Bessel 函数的基本性质 $\frac{\partial}{\partial y}[yJ_1(y)]=yJ_0(y)$，求解式(2.55)关于变量 x 的一阶偏导数，可得

$$\frac{\partial f(x)}{\partial x}=\frac{1}{r^2}\int_0^{\infty}e^{\frac{x}{r}y}d[yJ_1(y)]=-\frac{x}{r^3}\int_0^{\infty}yJ_1(y)e^{\frac{x}{r}y}dy \tag{2.56}$$

根据 Bessel 函数的基本性质 $\frac{\partial}{\partial y}[J_0(y)]=-J_1(y)=J_{-1}(y)$，采用分部积分法化简式(2.56)，可得

$$\frac{\partial f(x)}{\partial x}=-\frac{x}{r^3}\int_0^{\infty}e^{\frac{x}{r}y}J_0(y)dy-\frac{x^2}{r^4}\int_0^{\infty}ye^{\frac{x}{r}y}J_0(y)dy \tag{2.57}$$

将式(2.57)改写为微分方程形式：

$$(r^2+x^2)\frac{\partial f(x)}{\partial x}=-xf(x) \tag{2.58}$$

通过分离变量的积分方法，并代入初值 $f(0)=\frac{1}{r}$，可得

$$f(x)=\int_0^{\infty}e^{\lambda x}J_0(\lambda r)d\lambda=\frac{1}{\sqrt{r^2+x^2}}\qquad (x<0) \tag{2.59}$$

式(2.59)叫作 Lipschitz 积分变换。指数函数 $e^{\lambda x}$ 可改写为 $e^{-\lambda|x|}$，和傅里叶变换中的衰

减因子 e^{-st} 类似，因此，式(2.59)也可认为是 $J_0(\lambda r)$ 的傅里叶变换。将式(2.59)代入式(2.53)可得

$$G_j^i(r,z)=\frac{\rho_j}{4\pi}\left[\frac{\delta(i-j)}{\sqrt{r+(z-h_0)^2}}+\sum_{k=1}^{M}\frac{a_k}{\sqrt{r+\left[z-(h_0+b_k)\right]^2}}+\sum_{k=1}^{M}\frac{c_k}{\sqrt{r+\left[z-(h_0-d_k)\right]^2}}\right] \tag{2.60}$$

采用式(2.60)可准确计算出任意水平分层土壤电流场格林函数的数值解，有效避免了格林函数解析计算过程中直接求解包含 0 阶 Bessel 函数的复杂积分，提高了计算效率。

2.4 水平分层土壤电流场格林函数优化计算方法

接地网处于水平分层土壤电流场场域中。格林函数表示了水平分层土壤电流场的基本性质，是水平分层土壤参数反演计算和接地网接地参数计算的理论基础。2.3 节中水平分层土壤电流场格林函数数值计算方法的求解核心在于能否采用一系列复指数项(复镜像)准确逼近格林函数中的积分核函数。接地网埋设的土壤环境十分复杂，精细化的变电站接地参数计算和直流输电工程中的接地参数分析通常要求建立层数多、土壤电阻率随机的复杂水平分层土壤计算模型，用于准确等效实际复杂土壤环境[15]。然而，格林函数中的积分核函数和土壤层厚度、土壤层数、土壤层电阻率密切相关，并且具有高度的非线性。全局采样复镜像法仅给出了采样步长的选择范围，一定程度上依靠操作人员的经验，通常难以准确拟合复杂水平分层土壤电流场格林函数中具有高度非线性的积分核函数，可靠性不足。因此，在分析复杂水平分层土壤电流场的格林函数过程中，全局采样复镜像法存在采样步长难以确定、准确率低等诸多不足。

为解决上述问题，本章重点研究不同水平分层土壤电流场格林函数中积分核函数的性质，并分析全局采样复镜像法存在的问题，创新地提出水平分层土壤电流场格林函数的分段采样计算方法。

2.4.1 场点和源点均在地表的电流场格林函数

任意水平分层土壤电流场格林函数均可通过 2.2 节中的计算方法求解。根据基本电磁场理论可知，格林函数主要用于表征水平分层土壤电流场的性质，场点位置和源点位置对格林函数的性质影响不大[16]。为简化计算，本节中主要以场点和源点在地表(i=1，j=1，z=0)的格林函数为研究对象，采用柱坐标系以源点为坐标原点建立水平分层土壤电流场格林函数分析模型，如图 2.2 所示。

图 2.2 中，$h_1,h_2,\cdots,h_n$ 和 $\rho_1,\rho_2,\cdots,\rho_n$ 分别为分层土壤厚度和电阻率，且 h_n 为 ∞。场点和源点均在地表的格林函数为[4,16]

$$G(r)=G_1^1(r,0)=\frac{\rho_1}{2\pi}\int_0^{\infty}\alpha_1(\lambda)J_0(\lambda r)\mathrm{d}\lambda \tag{2.61}$$

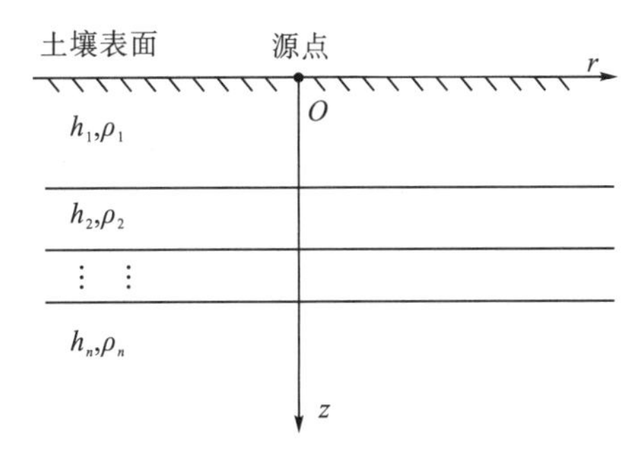

图 2.2　场点源点在地表的水平分层土壤电流场格林函数分析模型

$$\begin{cases}\alpha_1(\lambda)=-1+\dfrac{2}{1-K_1(\lambda)\mathrm{e}^{-2\lambda h_1}}, & K_1(\lambda)=\dfrac{\rho_2\alpha_2(\lambda)-\rho_1}{\rho_2\alpha_2(\lambda)+\rho_1}\\ \vdots & \vdots \\ \alpha_{n-2}(\lambda)=-1+\dfrac{2}{1-K_{n-2}(\lambda)\mathrm{e}^{-2\lambda h_{n-2}}}, & K_{n-2}(\lambda)=\dfrac{\rho_{n-1}\alpha_{n-1}(\lambda)-\rho_{n-2}}{\rho_{n-1}\alpha_{n-1}(\lambda)+\rho_{n-2}}\\ \alpha_{n-1}(\lambda)=-1+\dfrac{2}{1-K_{n-1}(\lambda)\mathrm{e}^{-2\lambda h_{n-1}}}, & K_{n-1}(\lambda)=\dfrac{\rho_n-\rho_{n-1}}{\rho_n+\rho_{n-1}}\end{cases} \tag{2.62}$$

式中，$G(r)$为格林函数；ρ_1为第一层土壤电阻率；$\alpha_1(\lambda)$为积分核函数；$J_0(\lambda r)$为 0 阶 Bessel 函数；$K_{n-1}(\lambda)$是一个和λ无关的系数，为了方便比较表示为$K_{n-1}(\lambda)$形式。$\alpha_1(\lambda)$是一个需要多次迭代的解析函数，直接计算不利于编程，通常仍采用数值求解方法。

根据数值计算方法，首先采用 PRONY 法或 GPOF 法用一系列以指数为基底的函数去逼近积分核函数$\alpha_1(\lambda)$，进一步根据 Lipschitz 积分变换，可得[17]

$$G(r)=\sum_{i=1}^{M}\frac{\rho_1}{2\pi}\int_0^{\infty}a_i\mathrm{e}^{-b_i\cdot\lambda}J_0(\lambda r)d\lambda=\sum_{i=1}^{M}\frac{\rho_1}{2\pi}\frac{a_i}{\sqrt{b_i^2+r^2}} \tag{2.63}$$

式中，a_i和b_i为拟合系数；M为拟合所需的指数项数。

M 取值太小，无法准确逼近积分核函数；M 取值太大，存在计算量增加、容易振荡等问题。综合考虑上述两方面问题，现有工程方法常令 M 等于土壤层数 n 的 2 倍(M=2n)。拟合结果通常是根据一系列采样点计算获得，采样点步长$\Delta\lambda$的选取如式(2.35)所示，其中ω的取值范围常在 0.1～1。式(2.63)的形式类似于镜像法，系数a_i和b_i可能为复数，从数据采样到拟合，到式(2.63)的整个计算过程称为复镜像法。不难看出，复镜像法的主要误差来源于 PRONY 法或 GPOF 法对积分核函数$\alpha_1(\lambda)$的逼近，因此，后续章节将重点讨论积分核函数$\alpha_1(\lambda)$的采样拟合情况。

2.4.2　电流场格林函数中积分核函数的性质

水平分层土壤电流场格林函数的性质主要受到积分核函数$\alpha_1(\lambda)$的影响。分层土壤的电阻率、分层土壤的厚度和土壤层数均会影响$\alpha_1(\lambda)$。选取 4 种土壤电阻率具有单调性的水平分层土壤为研究对象。建立土壤电阻率单调的水平分层土壤模型，如表 2.1 所示。为便于后续分析，假定每种分层土壤的厚度总和均为 5m。

表 2.1　电阻率单调的水平分层土壤

土壤类型	分层土壤电阻率/（Ω·m）	分层土壤厚度/m
水平 2 层	ρ_1=50, ρ_2=150	h_1=5
水平 3 层	ρ_1=60, ρ_2=121, ρ_3=208	h_1=1.2, h_2=3.8
水平 4 层	ρ_1=55, ρ_2=132, ρ_3=171, ρ_4=223	h_1=2.1, h_2=1, h_3=1.9
水平 5 层	ρ_1=72, ρ_2=115, ρ_3=154, ρ_4=215, ρ_5=286	h_1=1.8, h_2=0.7, h_3=1.5, h_4=1

图 2.3 表明，土壤电阻率具有单调性的水平分层土壤积分核函数具有快速收敛性，在 λ 为 1 时，$\alpha_1(1)$ 几乎等于收敛值 1。当水平分层土壤电阻率具有单调性时，无论土壤层数为多少，积分核函数 $\alpha_1(\lambda)$ 的分布均类似于水平 2 层土壤电流场格林函数的积分核函数，从一个起点值，迅速收敛到稳定值 1。

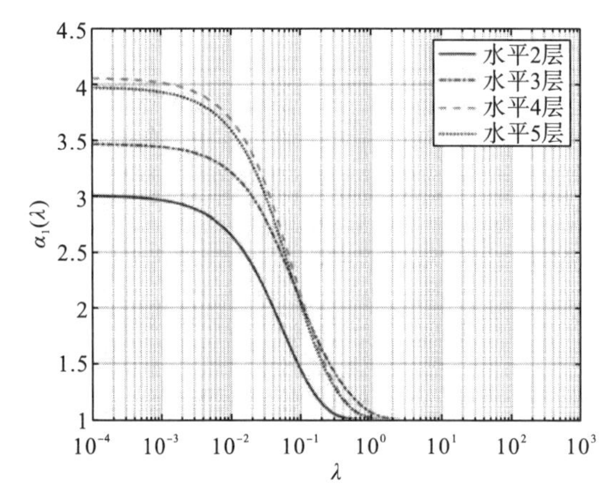

图 2.3　电阻率单调的水平分层土壤积分核函数 $\alpha_1(\lambda)$

为研究不同类型分层土壤中的积分核函数的性质，另选 4 种土壤电阻率和土壤层数不多、土壤层厚度不大、电阻率具有一定随机性的简单水平分层土壤为研究对象，如表 2.2 所示。

表 2.2　简单水平分层土壤

土壤类型	分层土壤电阻率/（Ω·m）	分层土壤厚度/m
水平 2 层	ρ_1=100, ρ_2=50	h_1=5
水平 3 层	ρ_1=100, ρ_2=150, ρ_3=250	h_1=2, h_2=3
水平 4 层	ρ_1=100, ρ_2=50, ρ_3=100, ρ_4=200	h_1=1, h_2=3, h_3=1
水平 5 层	ρ_1=50, ρ_2=200, ρ_3=300, ρ_4=70, ρ_5=100	h_1=0.8, h_2=1, h_3=1.5, h_4=1.7

表 2.2 中 4 种简单水平分层土壤格林函数的积分核函数分布规律，整体仍然从一个起点值，快速收敛到稳定值 1(图 2.4)。图 2.4(c)(d)表明水平 4 层和水平 5 层模型中，由于土壤电阻率具有随机性，积分核函数呈现出一定振荡特性。

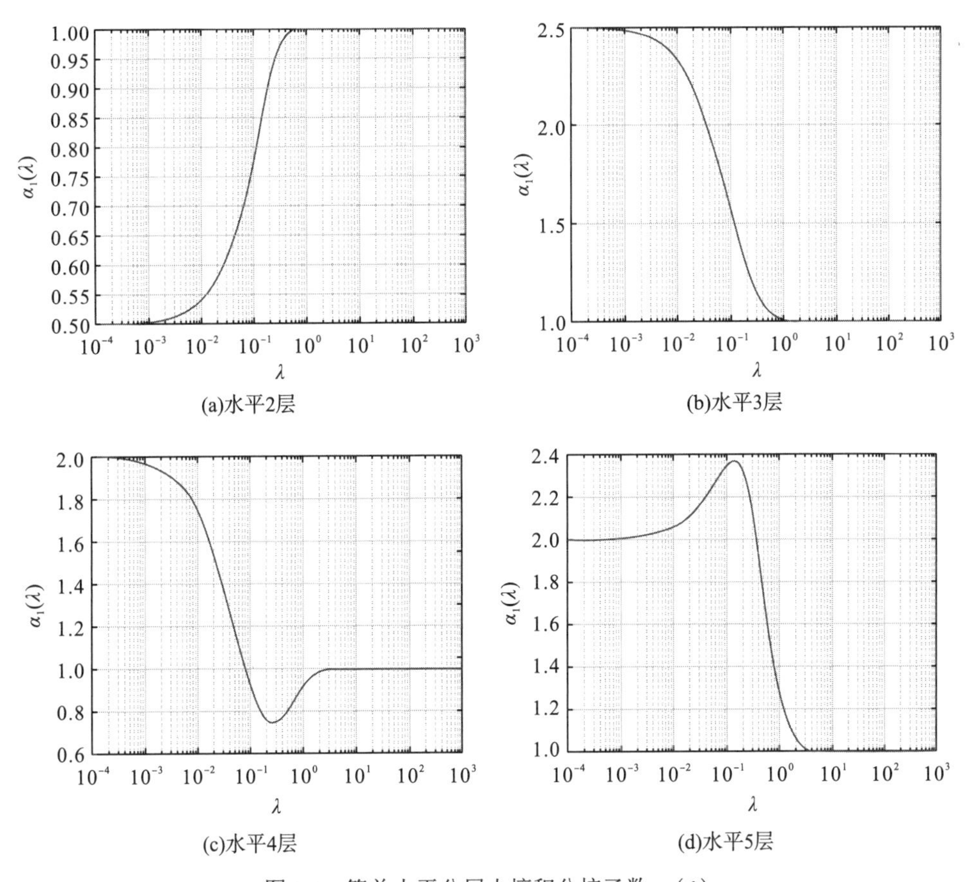

图 2.4　简单水平分层土壤积分核函数 $\alpha_1(\lambda)$

表 2.2 中的水平分层土壤比较简单，在研究交流变电站和输电杆塔接地装置的过程中，采用上述简单分层土壤模型和全局采样复镜像法基本能够得到较为准确的结果。然而，精细化的变电站接地参数计算和直流输电工程中的接地参数分析通常要求建立层数多、土壤电阻率随机的复杂水平分层土壤计算模型。为研究复杂的土壤分层模型，选取 2 种层数多、厚度大的复杂水平分层土壤为研究对象，如表 2.3 所示。

表 2.3　复杂水平分层土壤

土壤类型	分层土壤电阻率/(Ω·m)	分层土壤厚度/m
水平 8 层	ρ_1=100, $\rho_2$550，ρ_3=250, ρ_4=190, ρ_5=30, ρ_6=900, ρ_7=350, ρ_8=50	h_1=2, h_2=10, h_3=30, h_4=130, h_5=50, h_6=350, h_7=450
水平 10 层	ρ_1=100, ρ_2=250，ρ_3=40, ρ_4=180, ρ_5=12, ρ_6=189, ρ_7=950, ρ_8=150, ρ_9=43, ρ_{10}=18	h_1=2, h_2=6, h_3=33, h_4=120, h_5=188, h_6=270, h_7=301, h_8=332, h_9=368

复杂水平分层土壤具有层数多、土壤层电阻率随机等特点，直接导致了格林函数积分核函数具有较为严重的振荡特性(图 2.5)。复杂水平分层土壤积分核函数$\alpha_1(\lambda)$仍具有快速收敛性。在λ为 1 时，$\alpha_1(1)$几乎趋近于稳定值 1。图 2.5 表明，在λ小于 1 时，水平 8 层土壤的积分核函数已经振荡了 2 次，具有 3 个极值点，水平 10 层土壤的积分核函数已经振荡了 3 次，具有 5 个极值点。

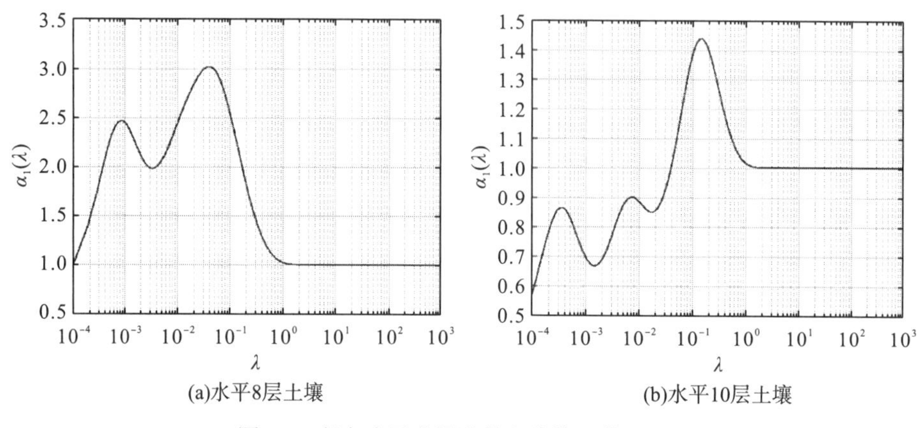

图 2.5 复杂水平分层土壤积分核函数$\alpha_1(\lambda)$

综上所述，积分核函数$\alpha_1(\lambda)$具有 3 个显著特点：①土壤电阻率单调的水平分层土壤积分核函数分布类似于水平 2 层土壤积分核函数分布；②$\alpha_1(\lambda)$具有快速收敛性；③$\alpha_1(\lambda)$在收敛之前可能具备一定振荡特性。

2.4.3 全局采样复镜像法的计算结果分析

水平分层土壤电流场格林函数的求解过程中，积分核函数$\alpha_1(\lambda)$的采样拟合结果最为重要，容易导致计算误差。因此，本节重点分析不同采样步长下积分核函数$\alpha_1(\lambda)$的拟合结果，以下分析均采用 PRONY 法。前文已经指出，自适应采样方法中ω取 0.1～1，通常根据使用者的经验进行选取。为研究不同采样步长的拟合结果，适当拓宽ω的取值范围，ω取 0.1、0.5、1、5 时，即采样步长$\Delta\lambda$为 0.02、0.1、0.2、1。指数项项数M为土壤层数n的 2 倍(2n)，采样点个数为指数项项数的 2 倍(2m)，即土壤层数的 4 倍(4n)。不同分层土壤所需的拟合点个数不同，λ_{max}为最后一个采样点的值。值得注意的是，其中积分核函数$\alpha_1(\lambda)$的标准值是直接通过函数表达式获得，未采用任何采样拟合操作。拟合表 2.1 中电阻率单调的水平分层土壤积分核函数$\alpha_1(\lambda)$如图 2.6 所示。

采用全局采样方法和 PRONY 拟合方法，在 0.1～1 的范围内能一定程度上逼近积分核函数$\alpha_1(\lambda)$。该方法有一定随机性，在ω为 0.1 时，电阻率单调的水平 2 层、水平 3 层和水平 4 层土壤的拟合结果和标准值之间误差较大。在ω为 0.5 时，仅有电阻率单调的水平 3 层土壤的拟合结果出现偏差。在ω为 1 时，水平 5 层的拟合结果在$\lambda \geqslant 75$处出现大幅振荡。采用全局采样的拟合方法通常要求拟合项数M为土壤层数的 2 倍，并且M

随着土壤层数的增加而线性增加。图 2.6 表明，电阻率单调的水平分层土壤积分核函数和水平 2 层土壤的积分核函数相似，其分布规律总是从一个初始值迅速趋近于稳定值。因此，采用全局采样方法存在计算量盲目随着土壤层数增加而增加的不足。对于电阻率单调的水平分层土壤中格林函数的积分核函数而言，计算过程中令其拟合项数 M 为 4 即可。

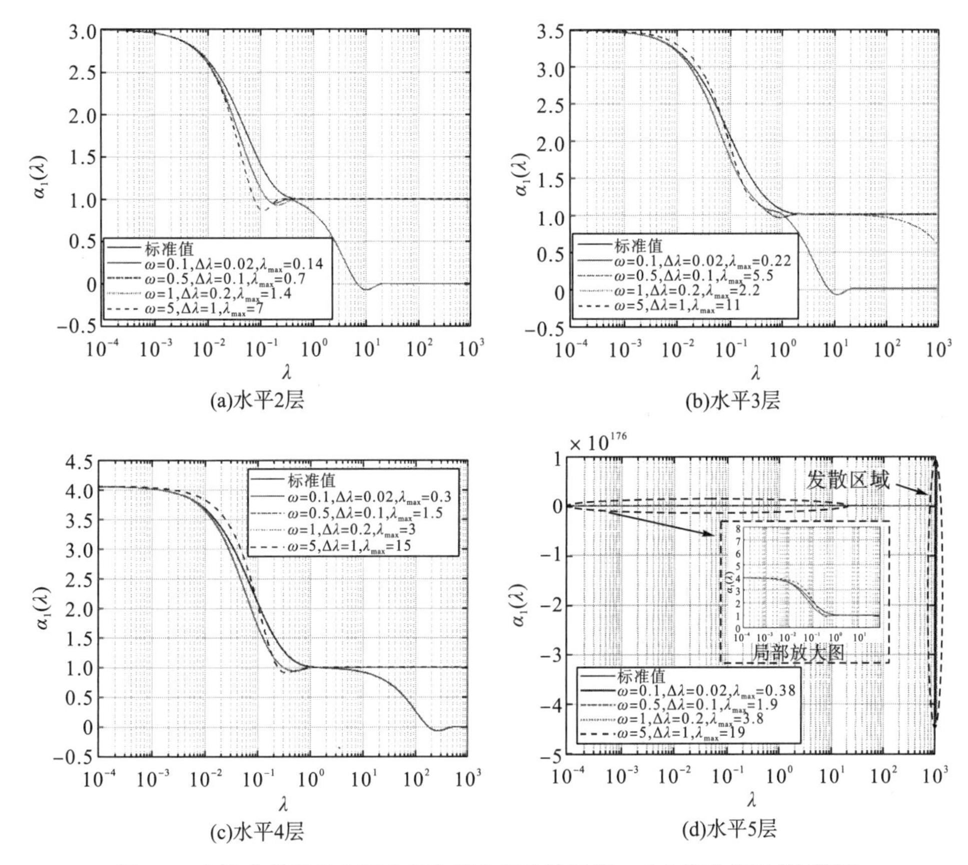

图 2.6　电阻率单调的水平分层土壤中积分核函数 $\alpha_1(\lambda)$ 拟合情况(见彩版)

采用全局自适应采样方法和 PRONY 法计算不同采样步长时，表 2.2 中的简单水平分层土壤积分核函数 $\alpha_1(\lambda)$ 的拟合情况如图 2.7 所示。

在 ω 为 0.5～1 时，全局自适应采样方法能够对 4 种不同分层土壤的积分核函数 $\alpha_1(\lambda)$ 实现较好拟合。但 ω 为 0.1 时，拟和结果存在部分误差。在研究过程中发现，土壤电阻率的变动非常容易引起 $\alpha_1(\lambda)$ 的发散，一些特定的土壤模型中，ω 为 0.5 时同样存在不收敛的可能性。由于实际分层土壤的电阻率和层数均不确定，全局自适应采样方法难以给出不同水平分层土壤积分核函数计算所需的采样步长，依赖工程人员的经验，可靠性存在一定不足。

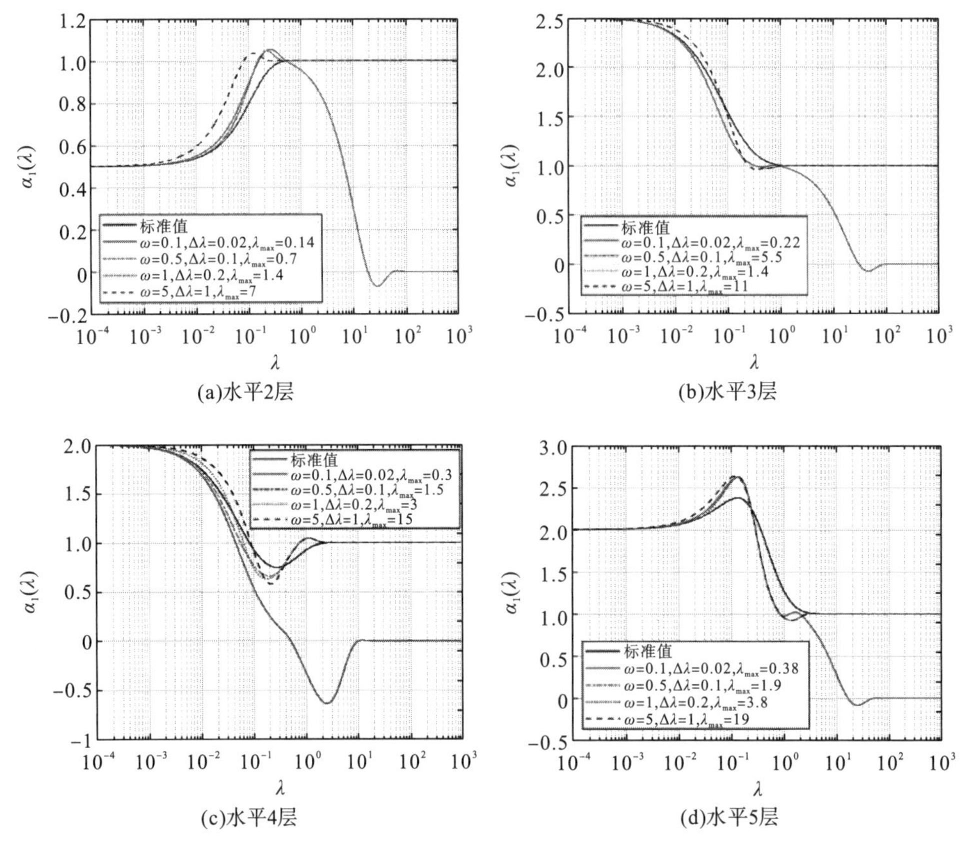

图 2.7 简单分层土壤中积分核函数 $\alpha_1(\lambda)$ 拟合情况(见彩版)

采用全局自适应采样方法和 PRONY 法计算不同采样步长时，表 2.3 中水平 8 层和水平 10 层土壤的积分核函数 $\alpha_1(\lambda)$ 的拟合情况如图 2.8 和图 2.9 所示。

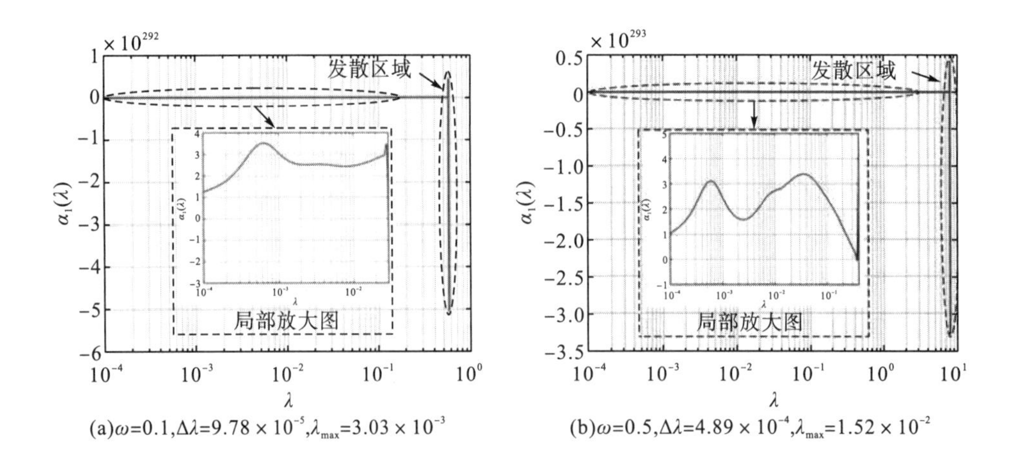

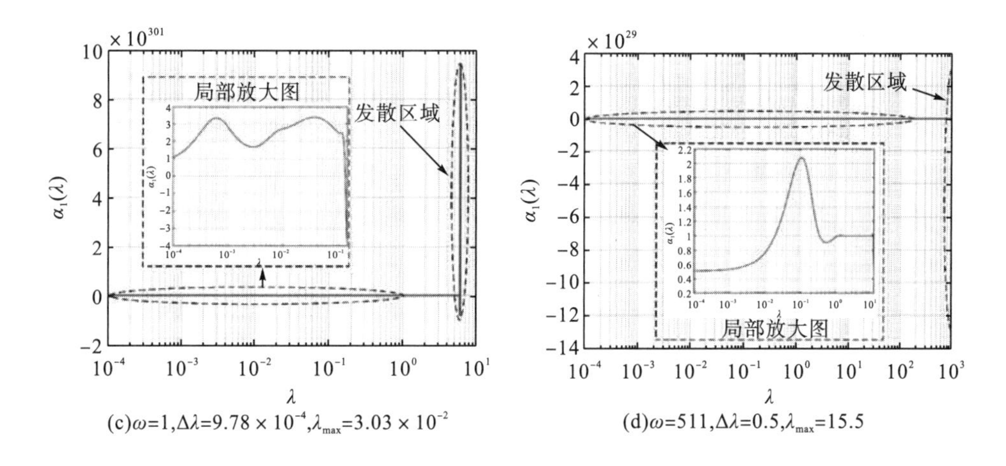

(c)ω=1,$\Delta\lambda$=9.78 × 10^{-4},$\lambda_{\max}$=3.03 × 10^{-2}　　(d)ω=511,$\Delta\lambda$=0.5,$\lambda_{\max}$=15.5

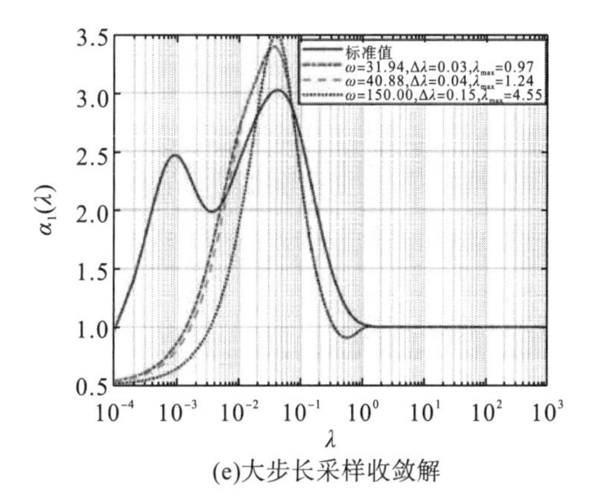

(e)大步长采样收敛解

图 2.8　水平 8 层土壤积分核函数 $\alpha_1(\lambda)$ 采样拟合情况

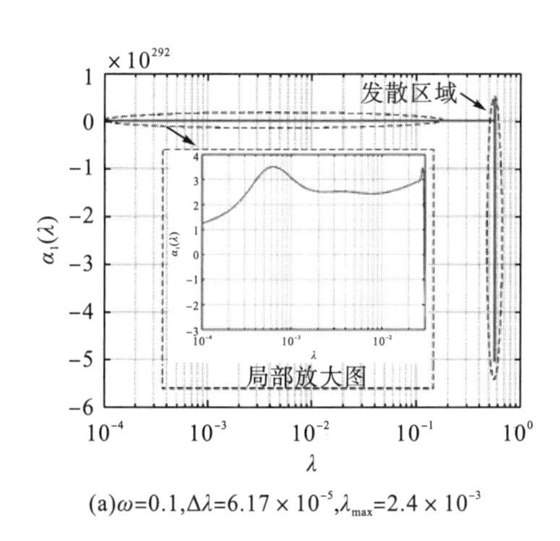

(a)ω=0.1,$\Delta\lambda$=6.17 × 10^{-5},$\lambda_{\max}$=2.4 × 10^{-3}

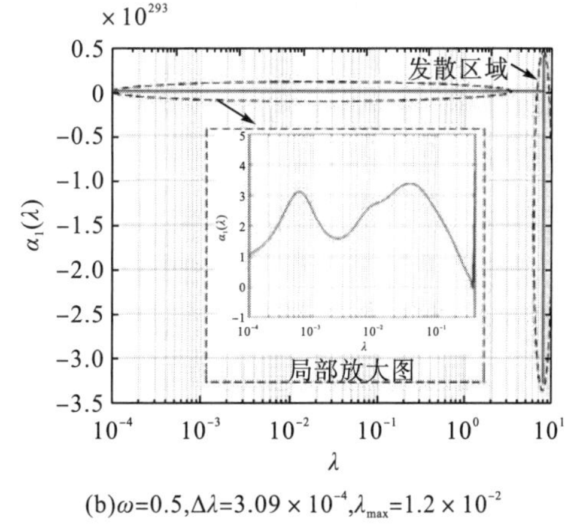

(b)ω=0.5,$\Delta\lambda$=3.09 × 10^{-4},$\lambda_{\max}$=1.2 × 10^{-2}

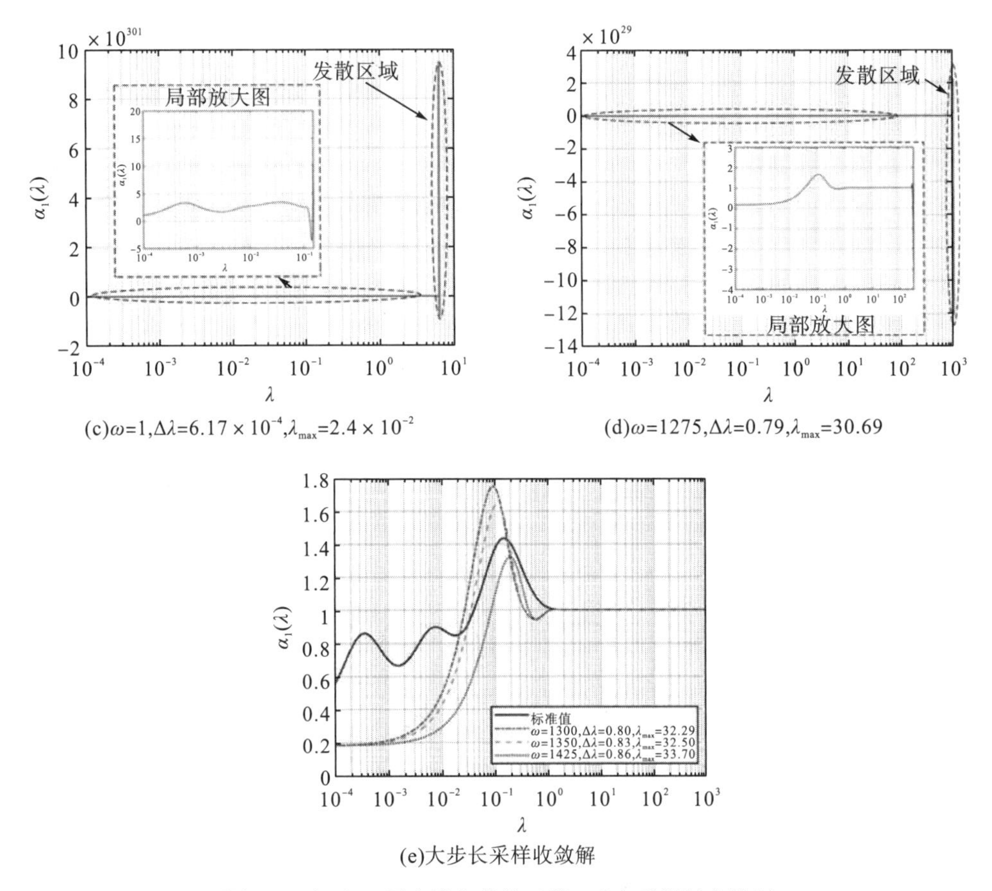

(c)$\omega=1,\Delta\lambda=6.17\times10^{-4},\lambda_{max}=2.4\times10^{-2}$ (d)$\omega=1275,\Delta\lambda=0.79,\lambda_{max}=30.69$

(e)大步长采样收敛解

图 2.9 水平 10 层土壤积分核函数 $\alpha_1(\lambda)$ 采样拟合情况

图 2.8(a)～(d) 中，积分核函数 $\alpha_1(\lambda)$ 分别在 λ 等于 0.03、0.04、0.15、350 附近开始发散，图 2.9(a)～(d) 中，积分核函数 $\alpha_1(\lambda)$ 分别在 λ 等于 0.03、0.04、0.15、350 附近开始发散。采用全局自适应采样方法，ω 为 0～1，积分核函数快速发散，均在 λ 小于 1 时开始大幅振荡，完全无法准确拟合积分核函数 $\alpha_1(\lambda)$。通过多次尝试获得了大步长采样下的收敛解，如图 2.9(e) 所示，该收敛解仍然无法准确拟合积分核函数 $\alpha_1(\lambda)$。对比图 2.9(d) (e) 可知，全局自适应采样方法的稳定性很差，采样步长 $\Delta\lambda$ 为 0.8 时拟合数据收敛，采样步长 $\Delta\lambda$ 为 0.79 时拟合数据发散。

分析积分核函数 $\alpha_1(\lambda)$ 的特点可知，拟合结果发散的主要原因是采用全局等间距采样方式。当 $\alpha_1(\lambda)$ 存在明显振荡时，采样步长过大，会导致采样点忽略振荡过程中的极值点，如图 2.8(e) 和图 2.9(e) 所示；采样步长过小，直接导致计算量过大或是拟合结果快速发散，如图 2.8(a)～(d) 和图 2.9(a)～(d) 所示。例如，当 ω 为 1 时，采样步长 $\Delta\lambda$ 为 6.17×10^{-4}，最后 λ_{max} 仅为 2.4×10^{-2}。此时，λ_{max} 远小于到达积分核函数的收敛值所需的 λ（约为 1）。显然，由于采样点 $\alpha_1(\lambda_k)$ 本身不包括 $\lambda>\lambda_{max}$ 的信息，拟合的结果必定存在偏差。当采样步长进一步减小时，所有采样点可能全部位于一个单调的函数段上，拟合结果可能快速发散。对于如图 2.9(e) 中的大采样步长拟合结果，当 ω 为 1300 时，采样步长 $\Delta\lambda$ 为 0.8，积分核函数在第一个采样步长 0～0.8 的范围内已经振荡了三次，而采样值仅包含$\alpha_1(0)$和$\alpha_1(0.8)$，因此，通过大步长采样可能得到收敛的解，但是却仍然无法准确逼近实际的积分核函数$\alpha_1(\lambda)$。根据上述分析可知，全局自适应采样拟合方法并不适用于土壤层数多、总厚度大、土壤层电阻率随机的复杂水平分层土壤模型。厚度大容易导致采样步长过小并且拟合结果发散，同时，层数多和土壤层电阻率随机的模型通常积分核函数也存在振荡情况。当水平分层土壤电流场格林函数中的积分核函数存在严重的振荡情况时，现有全局等间距自适应采样拟合方法通常难以准确提取积分核函数的主要特征，难以实现水平分层土壤电流场格林函数积分核函数的准确拟合，容易导致计算误差。

2.4.4 电流场格林函数的分段采样计算方法

根据前文分析可知，全局自适应的采样拟合方法主要存在以下两方面缺点。在计算水平分层土壤电流场格林函数的过程中，现有的拟合方法通常要求复镜像个数为土壤层数的2倍，土壤电阻率单调的水平分层土壤的积分核函数和水平2层土壤的积分核函数具有一定相似性，但现有方法中复镜像个数仍随着土壤层数增加而增加，存在浪费计算资源的问题。另外，现有采样方法主要基于全局等间距采样方式，难以准确提取具有严重振荡特性的积分核函数的关键特征，具有很大局限性，完全无法计算类似表 2.3 中的复杂水平 8 层土壤模型和水平 10 层土壤模型的格林函数。

为了准确逼近具有振荡特性的积分核函数，本章提出了基于积分核函数$\alpha_1(\lambda)$极值点进行分段采样的计算方法，又称格林函数的分段采样计算方法。首先采用牛顿迭代方法求解积分核函数$\alpha_1(\lambda)$的各个极值点，然后对每一分段进行采样。分段采样方式可保证每一个振荡周期内具有足够多的采样点。经过分段采样后，每一段呈现一个非常简单的二次型分布，更加容易准确拟合。根据积分核函数$\alpha_1(\lambda)$的极值点首先将式(2.61)改写为两段[18]：

$$G(r)=G_p(r)+G_\infty(r) \tag{2.64}$$

$$\begin{cases} G_p(r)=\dfrac{\rho_1}{2\pi}\displaystyle\sum_{i=1}^{k}\int_{p_{i-1}}^{p_i}\alpha_1(\lambda)J_0(\lambda r)\mathrm{d}\lambda \\ G_\infty(r)=\dfrac{\rho_1}{2\pi}\displaystyle\int_{p_k}^{\infty}\alpha_1(\lambda)J_0(\lambda r)\mathrm{d}\lambda \end{cases} \tag{2.65}$$

其中，$G(r)$为点源的格林函数；$G_p(r)$为λ在 0～p_k的格林函数；$G_\infty(r)$为λ在p_k～∞的格林函数；p_0为 0；p_i为积分核函数的第 i 个极值点；p_k为最后一个极值点。

1. 积分核函数$\alpha_1(\lambda)$极值点计算

积分核函数$\alpha_1(\lambda)$极值点的计算是格林函数的分段采样计算方法的基础。根据式(2.62)可知，$\alpha_1(\lambda)$为一个高阶方程。$\alpha_1(\lambda)$的极值点和$\alpha_1(\lambda)$的一阶偏导数相关，定义函数$f(\lambda)$为

$$f(\lambda)=\alpha_1'(\lambda) \tag{2.66}$$

$$\begin{cases} \alpha_1'(\lambda)=2\mathrm{e}^{-2\lambda h_1}\dfrac{K_1'(\lambda)-2h_1K_1(\lambda)}{\left[1-K_1(\lambda)\mathrm{e}^{-2\lambda h_1}\right]^2}, & K_1'(\lambda)=\dfrac{2\rho_1\rho_2}{\left[\rho_2\alpha_2(\lambda)+\rho_1\right]^2}\alpha_2'(\lambda) \\ \quad\vdots & \quad\vdots \\ \alpha_{n-2}'(\lambda)=2\mathrm{e}^{-2\lambda h_{n-2}}\dfrac{K'_{n-2}(\lambda)-2h_{n-2}K_{n-2}(\lambda)}{\left[1-K_{n-2}(\lambda)\mathrm{e}^{-2\lambda h_{n-2}}\right]^2}, & K'_{n-2}(\lambda)=\dfrac{2\rho_{n-2}\rho_{n-1}}{\left[\rho_{n-1}\alpha_{n-1}(\lambda)+\rho_{n-2}\right]^2}\alpha_{n-1}'(\lambda) \\ \alpha_{n-1}'(\lambda)=2\mathrm{e}^{-2\lambda h_{n-1}}\dfrac{K'_{n-1}(\lambda)-2h_{n-1}K_{n-1}(\lambda)}{\left[1-K_{n-1}(\lambda)\mathrm{e}^{-2\lambda h_{n-1}}\right]^2}, & K'_{n-1}(\lambda)=0 \end{cases} \tag{2.67}$$

式中，$\alpha_1'(\lambda)$为$\alpha_1(\lambda)$的一阶导数；$K_1(\lambda),K_2(\lambda),\cdots,K_{n-1}(\lambda)$仍如式(2.62)所示。显然，函数$f(\lambda)$的解为积分核函数$\alpha_1(\lambda)$的各个极值点$p_i$。采用如式(2.67)所示的牛顿迭代法容易求得函数$f(\lambda)$的解。

$$\lambda_{k+1}=\lambda_k+\frac{f(\lambda_k)}{f'(\lambda_k)} \tag{2.68}$$

前文分析表明，积分核函数$\alpha_1(\lambda)$具有快速收敛性，振荡通常发生在λ为 0～1 的范围内，迭代过程中可设置迭代范围为 0～1。迭代初值λ_0可设为 0 或 1。当$\alpha_1(\lambda)$不存在极值点时，将p_k返回 0。当$\alpha_1(\lambda)$存在一个或者多个极值点时，迭代误差$\varepsilon\leqslant 0.01$时返回当前解$p_i$。假设已求得$n$个极值点，为求第$n+1$个极值点，需要对$f(\lambda)$进行降阶处理：

$$g(\lambda)=\sum_{i=1}^{n}\frac{f(\lambda)}{\lambda-p_i} \tag{2.69}$$

式中，$g(\lambda)$为降阶后的迭代函数。

进一步将第n个极值点作为初值代入式(2.69)继续进行迭代。研究发现，若迭代次数在 1000 次以内，可准确求得各极值点，因此，可将最大迭代次数$I_{\max}$设置为 1000。若超过$I_{\max}$仍没满足迭代误差，认为$\alpha_1(\lambda)$不存在极值点，并将 0 返回给p_i。极值点的求解流程如图 2.10 所示。

2. $G_p(r)$的求解

格林函数的分段采样计算方法中$G_p(r)$的求解过程如下。将积分核函数$\alpha_1(\lambda)$根据其极值点进行分段后，$\alpha_1(\lambda)$在两个极值点之间呈一个非常简单的二次型分布，由一个极值点单调变化到另一个极值点。根据上述特征，采用 3 阶最小二乘法对其进行逼近：

$$\alpha_1(\lambda)=\sum_{j=0}^{3}c_j\lambda^j \quad (\lambda\in[p_{i-1},p_i]) \tag{2.70}$$

式中，c_j为极值点p_{i-1}和p_i之间$\alpha_1(\lambda)$的拟合系数，即拟合幂函数中的待定系数。

将式(2.70)代入式(2.65)中，可得

$$G_p(r)=\frac{\rho_1}{2\pi}\sum_{i=1}^{k}\left[\sum_{j=0}^{3}\left(c_j\int_{p_{i-1}}^{p_i}\lambda^i J_0(\lambda r)\mathrm{d}\lambda\right)\right] \tag{2.71}$$

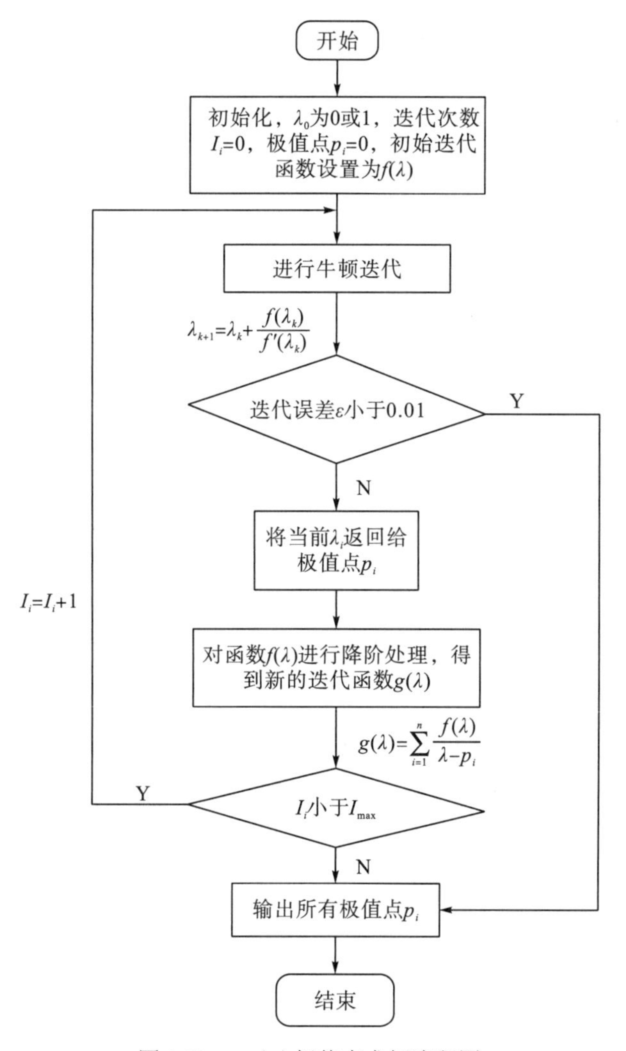

图 2.10　$\alpha_1(\lambda)$极值点求解流程图

式(2.71)中重点为求解幂函数λ^j和 0 阶 Bessel 函数$J_0(\lambda r)$乘积的积分问题。令$x=\lambda r$，替换式(2.71)中的积分变量为

$$G_p(r)=\frac{\rho_1}{2\pi}\sum_{i=1}^{k}\left[\sum_{j=0}^{3}\left(\frac{c_j}{r^{j+1}}\int_{p_{i-1}r}^{p_i r}x^j J_0(x)\mathrm{d}x\right)\right] \tag{2.72}$$

根据 Bessel 函数的积分性质和分部积分方法，可得[19,20]

$$\int_{p_{i-1}r}^{p_i r}J_0(x)\mathrm{d}x=\left[F_0(x)\right]\Big|_{p_{i-1}r}^{p_i r} \tag{2.73}$$

$$\int_{p_{i-1}r}^{p_i r}xJ_0(x)\mathrm{d}x=\left[xJ_1(x)\right]\Big|_{p_{i-1}r}^{p_i r} \tag{2.74}$$

$$\int_{p_{i-1}r}^{p_i r}x^2J_0(x)\mathrm{d}x=\left[F_2(x)\right]\Big|_{p_{i-1}r}^{p_i r} \tag{2.75}$$

$$\int_{p_{i-1}r}^{p_i r}x^3J_0(x)\mathrm{d}x=\left[x^3J_1(x)-2x^2J_2(x)\right]\Big|_{p_{i-1}r}^{p_i r} \tag{2.76}$$

式中，$J_1(x)$和$J_2(x)$分别为 1 阶 Bessel 函数和 2 阶 Bessel 函数；$F_0(x)$和$F_2(x)$分别为

$$F_0(x)=\int_0^x J_0(t)\mathrm{d}t = xJ_0(x)+0.5\pi x\left[J_1(x)H_0(x)-J_0(x)H_1(x)\right] \tag{2.77}$$

$$F_2(x)=\int_0^x J_0(t)\mathrm{d}t = 0.5\sqrt{\pi}x\Gamma(1.5)\left[J_1(x)H_0(x)-J_0(x)H_1(x)\right] \tag{2.78}$$

其中，$H_0(x)$和$H_1(x)$分别为 0 阶斯特鲁夫(Struve)函数和 1 阶 Struve 函数；$\Gamma(x)$是伽马函数。1 阶 Bessel 函数、2 阶 Bessel 函数、0 阶 Struve 函数、1 阶 Struve 函数和伽马函数均为已知函数。通过式(2.72)～式(2.78)可求得λ为 0～p_k的格林函数。

3. $G_\infty(r)$的求解

格林函数的分段采样计算方法中$G_\infty(r)$的求解过程如下。积分核函数$\alpha_1(\lambda)$具有快速收敛性，最后一个极值点p_k到正无穷区间上的$\alpha_1(\lambda)$应快速收敛于稳定值 1。当$\lambda > p_k$时，选取一个稳定点s_1，近似认为当$\lambda > s_1$时，$\alpha_1(\lambda)$恒等于收敛值 1。根据稳定点s_1，可将$G_\infty(r)$同样进行分段处理：

$$G_\infty(r)=\frac{\rho_1}{2\pi}\left[\int_{p_k}^{s_1}\alpha_1(\lambda)J_0(\lambda r)\mathrm{d}\lambda\right]+\int_{s_1}^{\infty}J_0(\lambda r)\mathrm{d}\lambda \tag{2.79}$$

式中，s_1为$\alpha_1(\lambda)$的稳定点，λ从极值点p_k逐渐增大的过程中，第一次满足条件$0.99 \leqslant \alpha_1(\lambda) \leqslant 1.01$的$\lambda$则为$s_1$的大小。$\lambda$为$p_k$～$s_1$，$\alpha_1(\lambda)$仍呈一个简单的二次分布，从$\alpha_1(p_k)$单调变化到$\alpha_1(s_1)$。因此，式(2.79)中的第一项求解类似于$G_p(r)$的求解过程，采用 3 阶幂函数对其进行逼近，可得

$$\frac{\rho_1}{2\pi}\left[\int_{p_k}^{s_1}\alpha_1(\lambda)J_0(\lambda r)\mathrm{d}\lambda\right]=\frac{\rho_1}{2\pi}\sum_{j=0}^{3}\left[\frac{c_j}{r^{j+1}}\int_{p_k r}^{s_1 r}x^j J_0(x)\mathrm{d}x\right] \tag{2.80}$$

其中，变量x等于λr。采用积分变换可将式(2.79)中右边的第二项转化为

$$\int_{s_1}^{\infty}J_0(\lambda r)\mathrm{d}\lambda=\int_0^{\infty}J_0(\lambda r)\mathrm{d}\lambda-\int_0^{s_1}J_0(\lambda r)\mathrm{d}\lambda \tag{2.81}$$

式中，第一项可通过 Lipschitz 积分求解，第二项仍可通过式(2.73)求解。将式(2.81)改写为

$$\int_{s_1}^{\infty}J_0(\lambda r)\mathrm{d}\lambda=\frac{1}{r}-F_0(s_1 r) \tag{2.82}$$

通过式(2.79)～式(2.82)可求得λ在p_k～∞的格林函数$G_\infty(r)$。

2.5 工程实例分析

水平分层土壤的计算模型仍选取表 2.1、表 2.2 和表 2.3 中的水平分层土壤，并将本章提出的水平分层土壤电流场格林函数的分段采样计算方法和全局采样复镜像法计算结果进行比较。2.4.3 节已分析过不同采样步长下积分核函数的拟合情况，本节的验证分析中，复镜像法直接采用 2.4.3 节中计算结果中拟合效果较好的采样步长$\Delta\lambda$。

2.5.1　电阻率单调的水平分层土壤电流场格林函数计算

电阻率单调的水平分层土壤如表 2.1 所示。采用全局采样复镜像法计算表 2.1 中水平 5 层土壤电流场的积分核函数难以得到收敛解，不利于对比分析。因此，采用分段采样格林函数计算方法和全局采样复镜像法计算表 2.1 中水平 2 层、水平 3 层和水平 4 层土壤的积分核函数，见图 2.11～图 2.13。图 2.7 已表明，ω 为 0.5，采样步长 $\Delta\lambda$ 为 0.1 时，全局采样复镜像法的拟合效果最优，因此，下列计算中全局采样复镜像法的采样步长 $\Delta\lambda$ 均取 0.1。各积分核函数 $\alpha_1(\lambda)$ 的标准值见图 2.3。地表上的点源电流为 1A 时，该情况下电流场格林函数数值和该点源产生的电位一致。

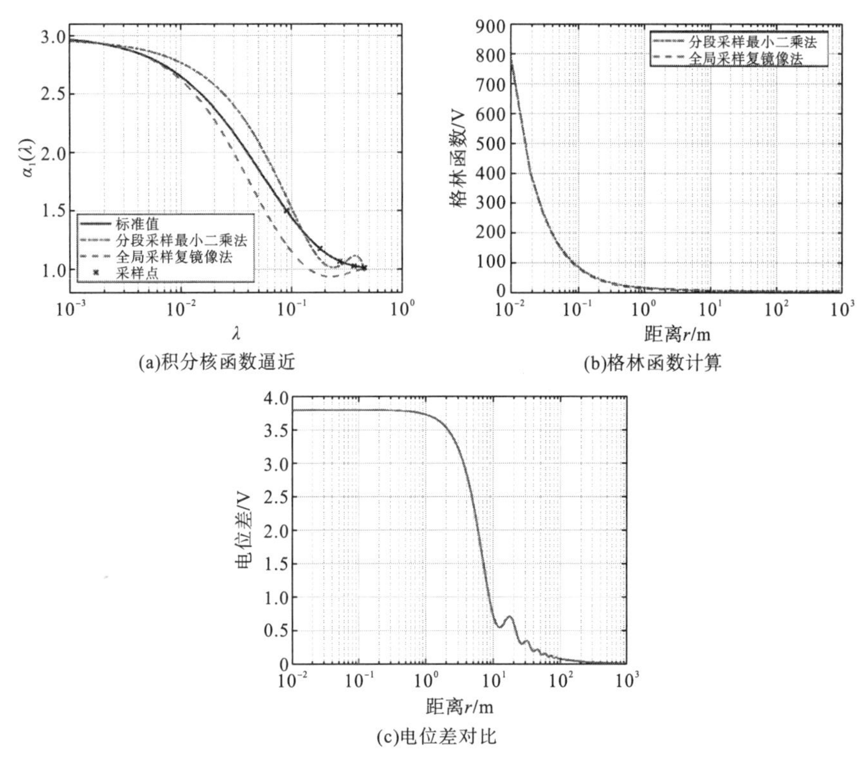

(a)积分核函数逼近　(b)格林函数计算

(c)电位差对比

图 2.11　电阻率单调的水平 2 层土壤格林函数计算

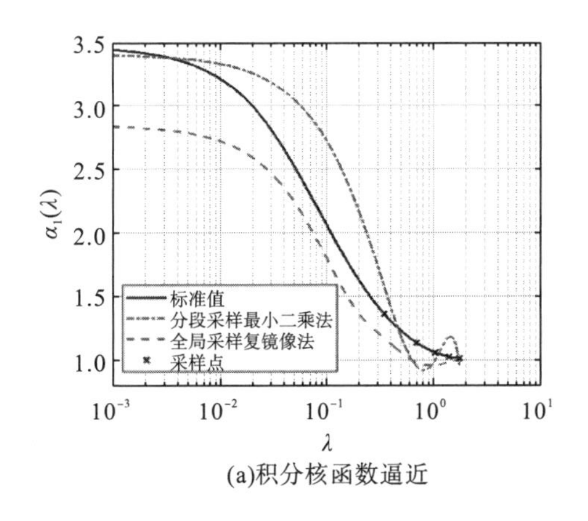

(a)积分核函数逼近

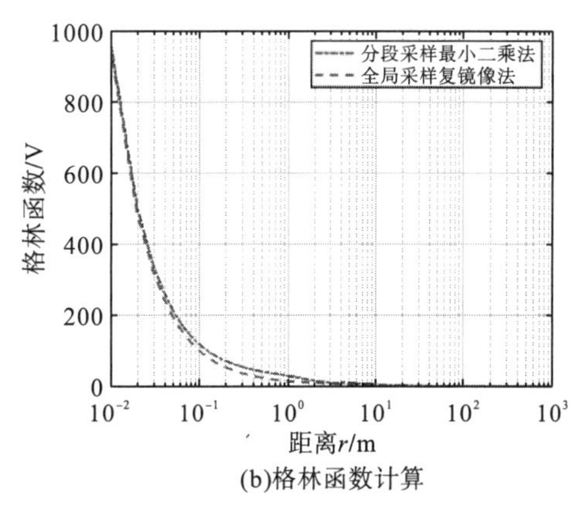

(b)格林函数计算

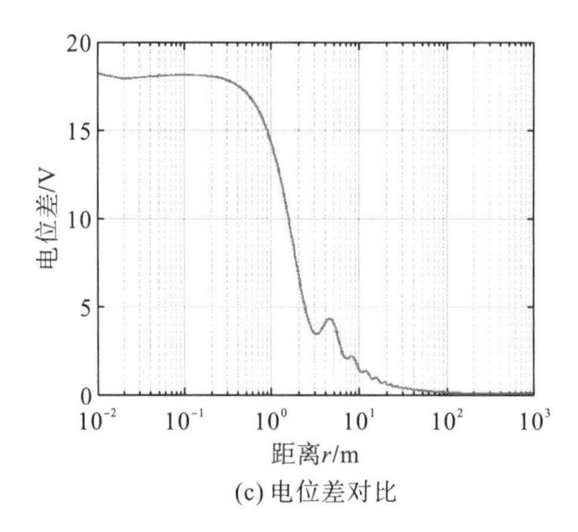

(c) 电位差对比

图 2.12 电阻率单调的水平 3 层土壤格林函数计算

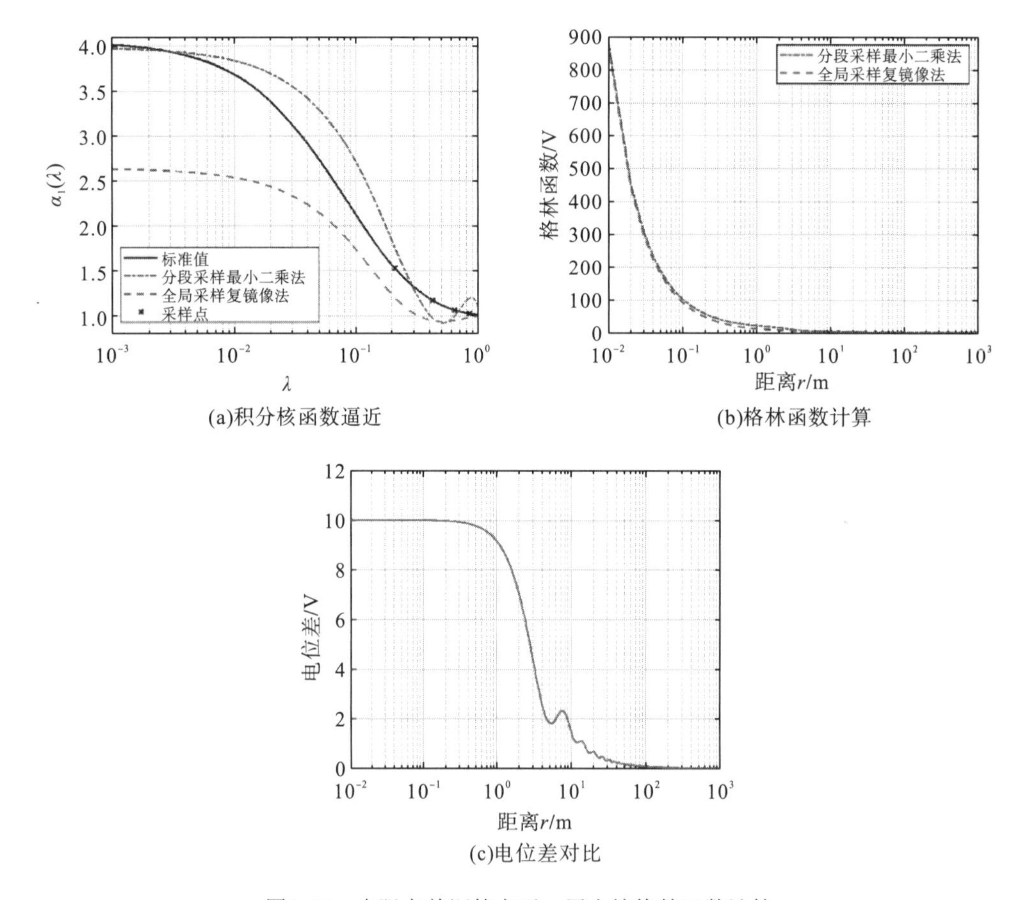

(a)积分核函数逼近
(b)格林函数计算
(c)电位差对比

图 2.13 电阻率单调的水平 4 层土壤格林函数计算

计算结果表明，在电阻率单调的水平分层土壤电流场格林函数计算过程中，全局采样复镜像法和格林函数的分段采样计算方法均能实现较为准确的计算。整体而言，格林函数的分段采样计算方法能够更为准确地逼近格林函数中的积分核函数，理论上计算结果更为准确。从两种方法的电位差对比可知，在源点附近位置格林函数的分段采样计算方法的计算电位比全局采样复镜像法的计算电位略高。当入地电流更大时，全局采样复镜像法的计算误差将会更大。计算效率方面，全局采样复镜像法中的拟合项数随土壤层数增加而增加，计算电阻率单调的水平 4 层土壤过程中，需要 8 个复镜像，16 个采样点，而格林函数的分段采样计算方法仅需要 6 个采样点。当土壤电阻率具有单调性时，无论多少层土壤仍只需要 6 个采样点即可。因此，格林函数的分段采样计算方法在计算电阻率具有单调性的水平分层土壤电流场的格林函数过程中具有准确率高、计算量小等优点。

2.5.2　简单水平分层土壤电流场格林函数计算

简单水平分层土壤代表土壤层数不多、土壤层厚度不大、电阻率具有一定随机性的土壤模型，如表 2.2 所示。然而，表 2.2 中的水平 2 层土壤、水平 3 层土壤和表 2.1 中的水平分层土壤存在相似性。因此，采用分段采样格林函数计算方法和全局采样复镜像法计算表 2.2 中水平 4 层和水平 5 层土壤电流场的格林函数，如图 2.14 和图 2.15 所示。图 2.7 已表明，ω 为 0.5，采样步长 $\Delta\lambda$ 为 0.1 时，全局采样复镜像法的拟合效果最优，因此下列计算中全局采样复镜像法的采样步长均取 0.1。各积分核函数 $\alpha_1(\lambda)$ 的标准值见图 2.4。

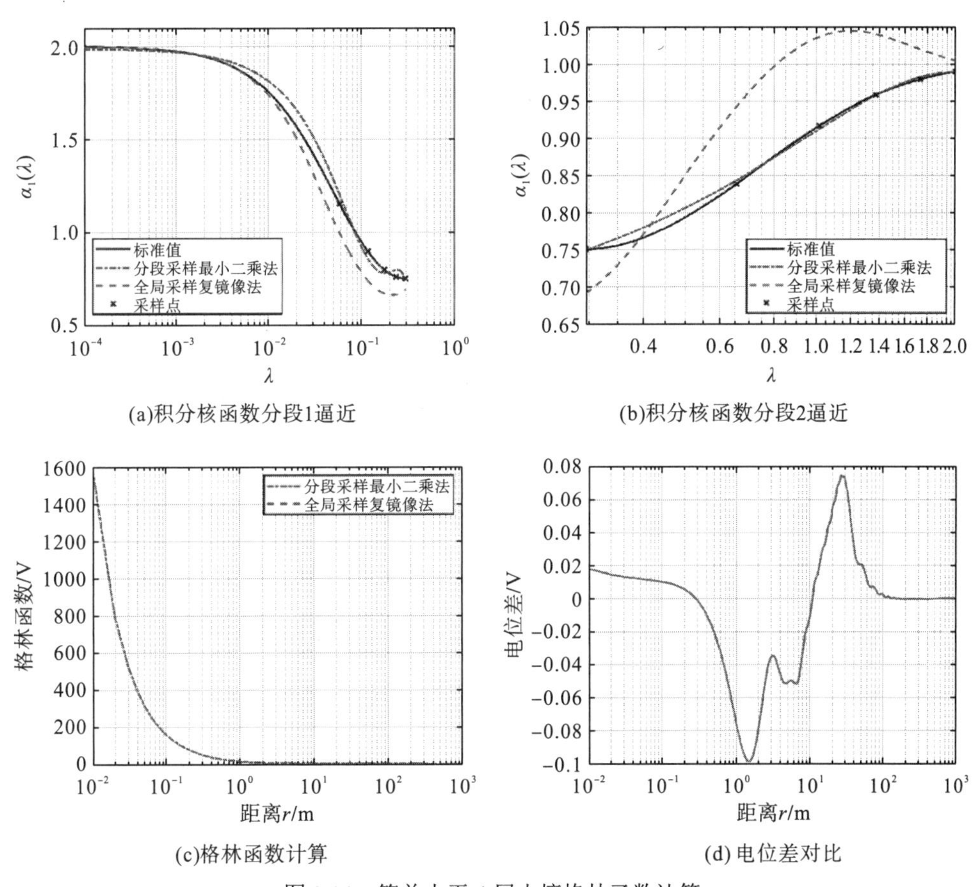

(a)积分核函数分段1逼近　(b)积分核函数分段2逼近

(c)格林函数计算　(d)电位差对比

图 2.14　简单水平 4 层土壤格林函数计算

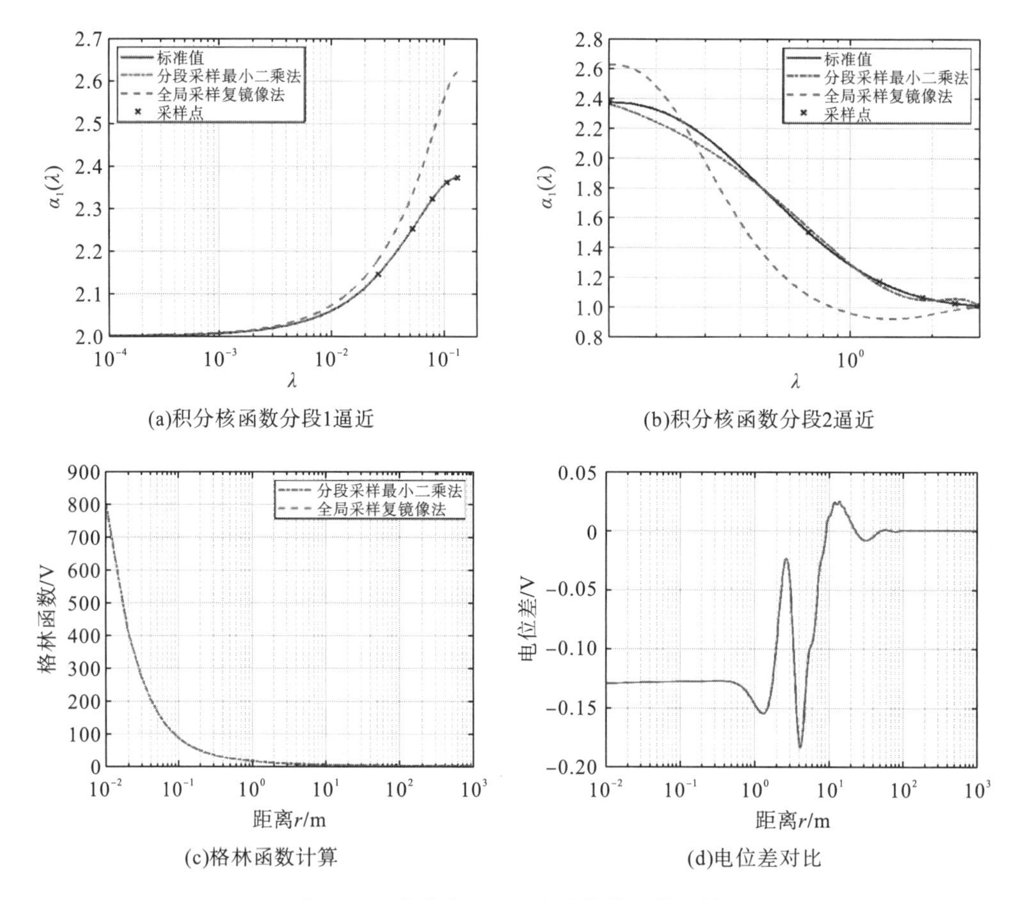

(a)积分核函数分段1逼近

(b)积分核函数分段2逼近

(c)格林函数计算

(d)电位差对比

图 2.15　简单水平 5 层土壤格林函数计算

在计算简单水平 4 层土壤和简单水平 5 层土壤的过程中，格林函数的分段采样计算方法对积分核函数的拟合结果明显优于全局采样复镜像法的拟合结果，理论上格林函数的分段采样计算方法的准确性更高。同时，两种方法计算的电位差均在 0.2V 的范围内，验证了格林函数的分段采样计算方法的准确性。全局采样复镜像法的采样步长是通过多次尝试获得，格林函数的分段采样计算方法可根据分层土壤格林函数的积分核函数，自适应计算积分核函数的极值点，并对其进行采样拟合操作，具有可靠性高的优点。另外，全局采样复镜像法所需的采样点个数为土壤层数的 4 倍，求解水平 4 层土壤电流场的格林函数需要 16 个采样点，求解水平 5 层土壤电流场的格林函数求解需要 20 个采样点，计算量随着土壤层数的增加而盲目增加。格林函数的分段采样计算方法在每一分段内仅需要 6 个采样点，上述水平 4 层土壤和水平 5 层土壤电流场的格林函数求解均仅需 12 个采样点。综上所述，格林函数的分段采样计算方法具有计算效率更高的优点。

2.5.3　复杂水平分层土壤电流场格林函数计算

复杂水平分层土壤为土壤层数多、厚度大、电阻率随机的水平分层土壤，如表 2.3 所示。对于表 2.3 中水平 8 层和水平 10 层土壤电流场的格林函数，图 2.8 和图 2.9 表明，全局采样的复镜像法完全无法得到准确的收敛解。采用格林函数的分段采样计算方法计算水平 8 层和水平 10 层土壤电流场的格林函数如图 2.16 和图 2.17 所示。各积分核函数 $\alpha_1(\lambda)$ 的标准值见图 2.5。

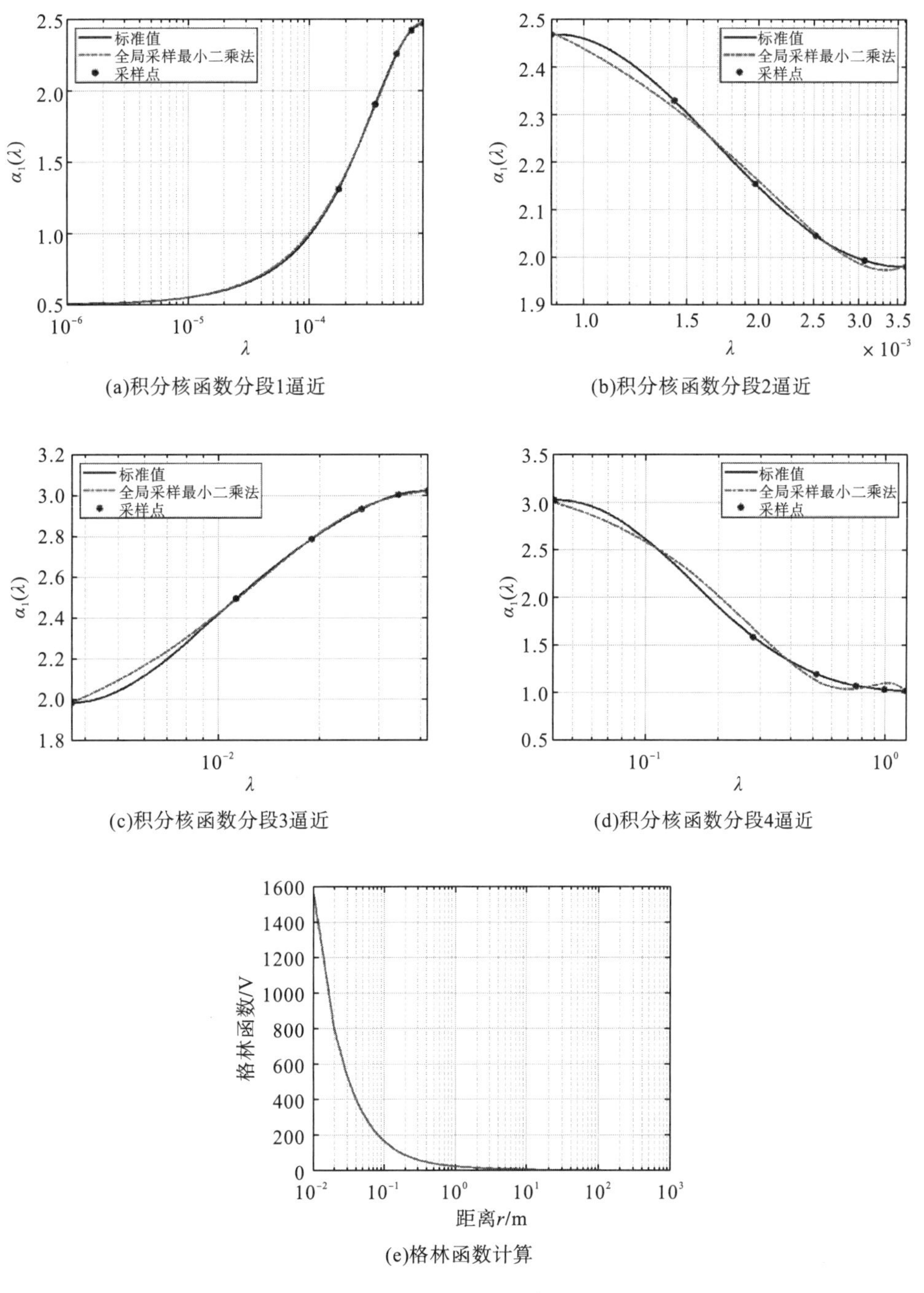

(a)积分核函数分段1逼近

(b)积分核函数分段2逼近

(c)积分核函数分段3逼近

(d)积分核函数分段4逼近

(e)格林函数计算

图 2.16　复杂水平 8 层土壤格林函数计算

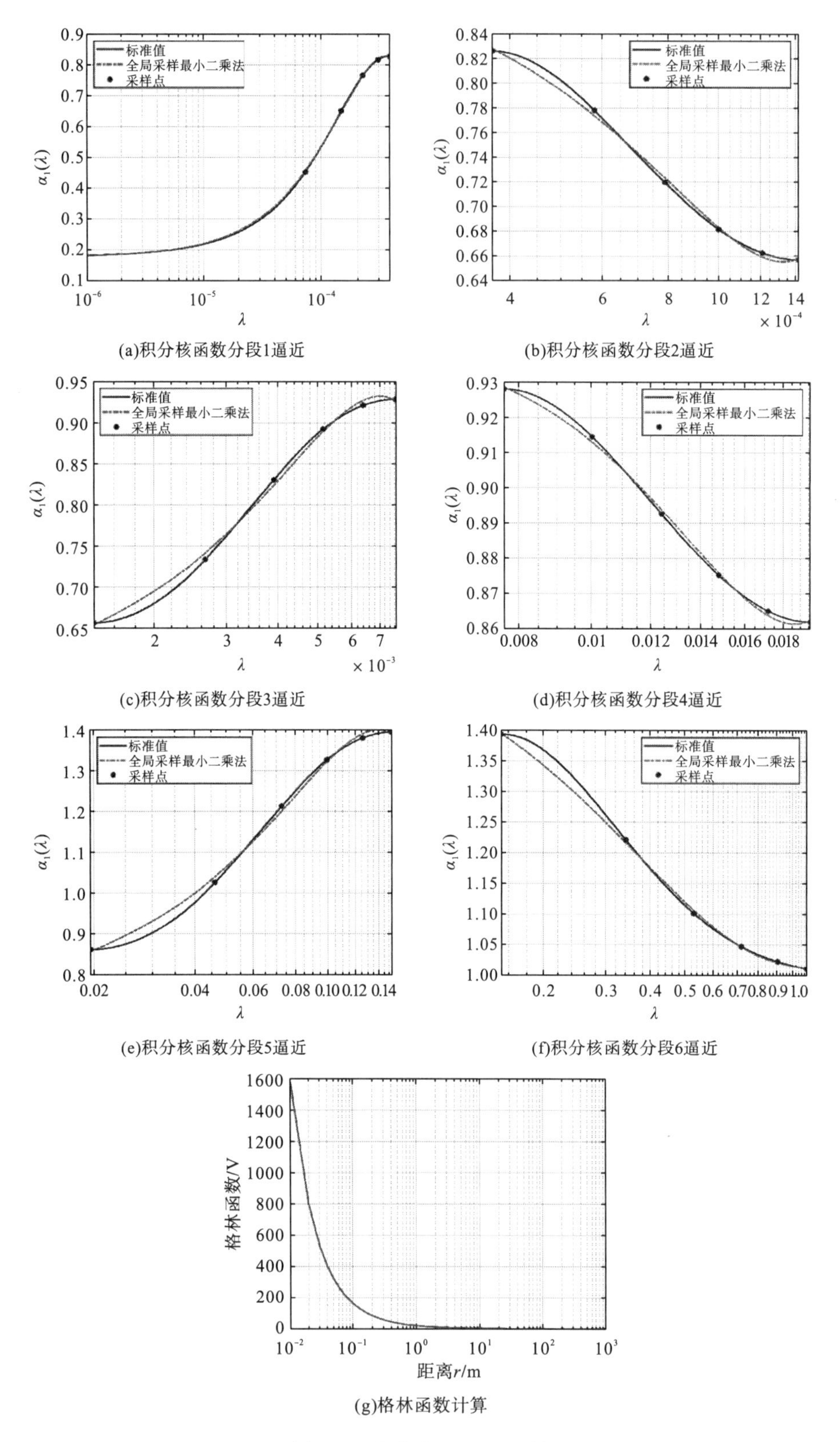

(a)积分核函数分段1逼近

(b)积分核函数分段2逼近

(c)积分核函数分段3逼近

(d)积分核函数分段4逼近

(e)积分核函数分段5逼近

(f)积分核函数分段6逼近

(g)格林函数计算

图 2.17 复杂水平 10 层土壤

对于复杂水平 8 层土壤和水平 10 层土壤电流场的格林函数计算，积分核函数产生较严重的振荡，全局采样复镜像法完全无法准确逼近其格林函数中的积分核函数。在每一分段中，格林函数的分段采样计算方法仅用了 6 个采样点，计算效率明显高于全局采样复镜像法。图 2.16 和图 2.17 表明，格林函数的分段采样计算方法可对上述复杂分层土壤的积分核函数进行准确的拟合，进一步实现格林函数的准确计算。综上所述，格林函数的分段采样计算方法有效解决了全局采样复镜像法难以准确计算复杂水平分层土壤电流场格林函数的问题，具有计算效率高、适应性好等优点。

参考文献

[1] 何金良, 曾嵘. 电力系统接地技术[M]. 北京：科学出版社, 2007.

[2] 张露. 土壤参数反演和接地网优化问题研究[D]. 武汉：武汉大学, 2014.

[3] 鲁志伟. 大型接地网工频接地参数的计算和测量[D]. 武汉：武汉大学, 2004.

[4] 李中新. 基于复镜象法的变电站接地网模拟计算[D]. 北京：清华大学, 1999.

[5] 解广润. 电力系统接地技术[M]. 北京：中国电力出版社, 1991.

[6] 张波, 崔翔. 复镜像法中的一种自适应采样方法[J]. 华北电力大学学报, 2002, 29(4): 1-4.

[7] de la O. Serna J A. Synchrophasor estimation using Prony’s method[J]. IEEE Transactions on Instrumentation and Measurement, 2013, 62(8): 2119-2128.

[8] Zhao J, Zhang G. A robust Prony method against synchrophasor measurement noise and outliers[J]. IEEE Transactions on Power Systems, 2017, 32(3): 2484-2486.

[9] Yahia K , Sahraoui M , Cardoso A J M, et al. The use of a modified Prony’s method to detect the airgap-eccentricity occurrence in induction motors[J]. IEEE Transactions on Industry Applications, 2016, 52(5): 3869-3877.

[10] 王仁宏. 数值逼近 [M]. 北京: 高等教育出版社, 1999.

[11] 房连玉, 王世杰, 陈葳, 等. Prony 方法求解水平双层土壤等值电阻率[J]. 东北电力学院学报, 2002, 22(4): 38-40.

[12] Sarkar T K , Pereira O. Using the matrix pencil method to estimate the parameters of a sum of complex exponentials[J]. IEEE Antennas and Propagation Magazine, 1995, 37(1): 48-55.

[13] Hua Y, Sarkar T K. Generalized pencil-of-function method for extracting poles of an EM system from its transient response[J]. IEEE Transactions on Antennas and Propagation, 1989, 37(2): 229-234.

[14] 赵燕. 求解索末菲尔德积分的广义函数束方法[J]. 新乡学院学报, 2016, 33(9): 8-10.

[15] Li W, Pan Z H, Lu H, et al. Influence of deep earth resistivity on HVDC ground-return currents distribution[J]. IEEE Transactions on Power Delivery, 2017, 32(4): 1844-1851.

[16] Zhang B, Zeng R, He J, et al. Numerical analysis of potential distribution between ground electrodes of HVDC system considering the effect of deep earth layers[J]. Iet Generation Transmission & Distribution, 2008, 2(2): 185-191.

[17] 张波. 变电站接地网频域电磁场数值计算方法研究及其应用[D]. 保定：华北电力大学(河北), 2004.

[18] Dan Y, Zhang Z, Duanmu Z, et al. Segmented sampling least square algorithm for green’s function of arbitrary layered Soil[J]. IEEE Transactions on Power Delivery, 2021. 36(3): 1482-1490.

[19] Zou J, Zeng R, He J L, et al. Numerical Green's function of a point current source in horizontal multilayer soils by utilizing the vector matrix pencil technique[J]. IEEE Transactions on Magnetics, 2004, 40(2): 730-733.

[20] Zou J, He J, Zeng R, et al. Two-stage algorithm for inverting structure parameters of the horizontal multilayer soil[J]. IEEE Transactions on Magnetics, 2004, 40(2): 1136-1139.

第三章　水平分层土壤电阻率测量及其参数计算

根据地球地质分层理论可知，电力系统接地中的地可视为水平分层土壤。因此，土壤参数主要包括土壤层数、土壤层电阻率、土壤层厚度。接地网埋设于土壤中，土壤的参数变化直接影响到接地参数。在进行接地设计和变电站选址前期，需要分析土壤环境对接地参数的影响。在土壤电阻率偏高地区，可能存在变电站的接地电阻超标、转移电位偏高等问题；在土壤电阻率偏低地区，可能存在较为严重的不等电位特性、容易引起接地网腐蚀等问题[1]。综上所述，土壤参数的准确计算对电力系统的接地设计至关重要，为电力系统安全稳定运行奠定了理论基础。

本章节主要介绍了土壤的基本特性、土壤电阻率的测量方法、水平分层土壤参数对视在电阻率的影响、水平分层土壤参数的反演计算方法，并通过工程实例分析比较了各类土壤参数反演计算方法的特点。

3.1　土壤的基本特性

3.1.1　土壤的结构特性

在实际情况中很少有均匀土壤，随着地质不断沉积，从广义尺度上来看，土壤多存在水平分层现象，如图 3.1 所示[2]。

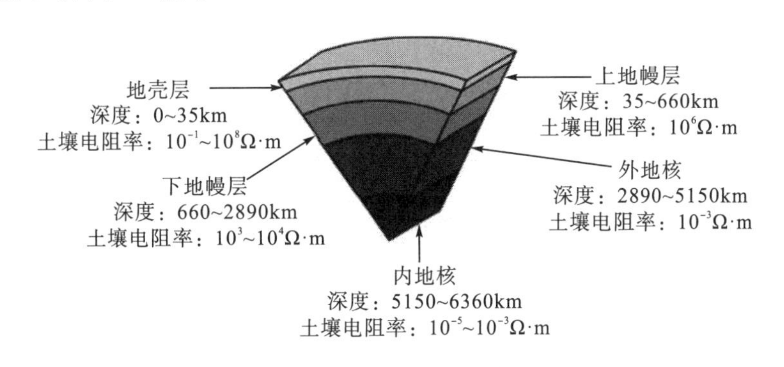

图 3.1　地质分层模型示意图

图 3.1 中的地质模型是基于地球物理尺度给出的。鉴于实际输电工程的距离和接地网的尺寸，地球表面的曲率可以忽略不计。电力系统接地领域中的水平分层土壤模型通常可以进行进一步化简，如图 3.2 所示。

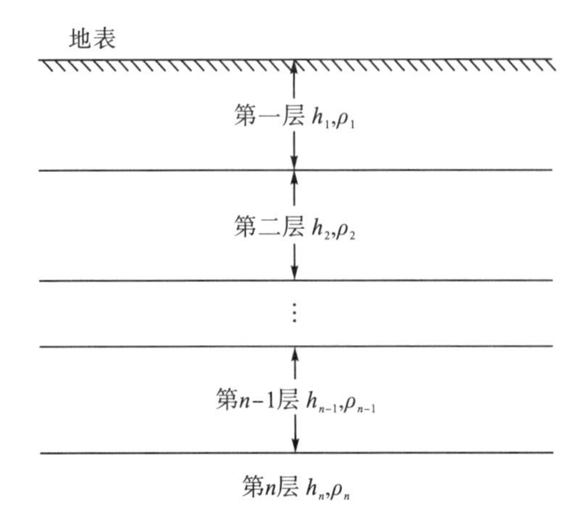

图 3.2 水平分层土壤示意图

第 n 层土壤的厚度 h_n 通常认为是正无穷。随着高电压等级的直流变电站距离增加，电流通过变电站之间的直流接地极形成回路，并能够达更加深层的土壤。因此，直流变电站的接地参数计算通常需要建立如图 3.2 所示的水平分层土壤模型，并系统考虑深层土壤的影响。

对于接地网建于江河两岸等情况，通常需要采用垂直分层土壤模型，如图 3.3 所示。

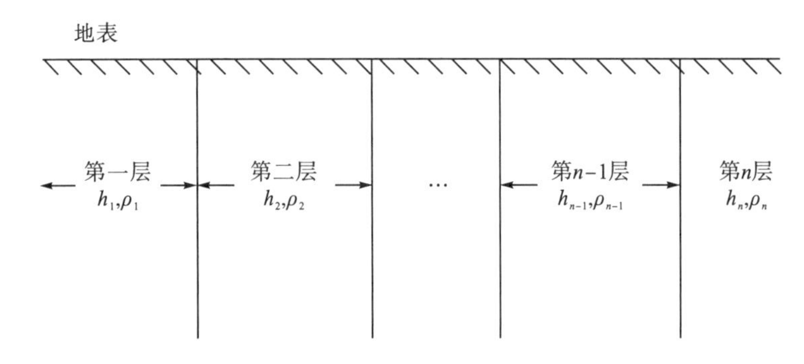

图 3.3 垂直分层土壤示意图

3.1.2 土壤的导电特性

土壤是接地装置所处的介质空间，通常以电阻率(单位：Ω·m)来衡量土壤介质的导电能力。土壤是由气、液、固三相物质构成的一种典型的多孔介质。其基本骨架由颗粒状的矿物质颗粒、腐殖质、微生物等构成，具有相对固定性，而固体颗粒之间存在大量的孔隙，孔隙由水或空气充满，如图 3.4 所示[3,4]。常见岩土的孔隙度如表 3.1 所示。

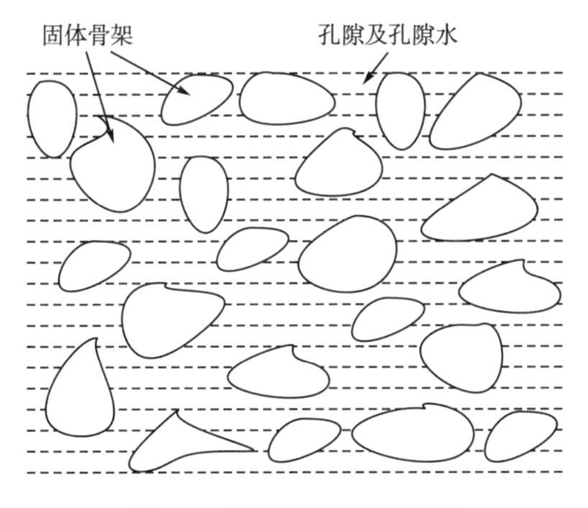

图 3.4　土壤微观结构示意图

表 3.1　常见岩土的孔隙度

岩土类型	岩土名称	孔隙度/%
沉积岩等	土壤	20～69.4
	砂	15.0～63.2
	黏土	10.1～62.9
	砾石	20.1～37.7
	页岩	1.5～44.8
	砂岩	2.0～18.4
	灰岩	0.7～10.0
变质岩	石灰岩	0.9～8.6
	片麻岩	0.4～7.5
	大理石	0.1～2.1
火成岩	玄武岩	18.7
	安山岩	6.0
	辉长岩	0.4～1.9
	花岗岩	0.4～4.1
	辉绿岩	0.2～5.1
	闪长岩	0.4～4.0
	正长岩	0.9～2.9

土壤基本骨架构成物通常情况下是不导电的，导电功能主要由土壤孔隙水中溶解的带电离子承担，通常土壤的湿度和紧密程度均会影响土壤导电性能。因此，土壤电阻率和土壤中水分的含量密切相关，常见的不同含水量土壤电阻率的大致范围如表 3.2 所示。其中，湿润地区主要指一般地区、多雨地区，干旱地区主要指沙漠地区、少雨地区，盐碱地区主要指地下水含盐碱地区。

表 3.2 不同含水量土壤电阻率的范围

土壤名称	电阻率参考值/(Ω·m)	不同湿度下电阻率变化范围/(Ω·m)		
		湿润地区	干旱地区	盐碱地区
冲积土	5	—	—	—
陶黏土	10	5~20	10~100	3~10
泥炭、泥炭岩石、沼泽地	20	10~30	50~300	3~30
黑土、田园土、陶土	50	30~100	50~300	10~30
白垩土、黏土	60	30~100	50~300	10~30
砂质黏土	100	30~300	800~1000	10~80
黄土	200	100~200	250	30
含砂黏土、砂土	300	100~1000	>1000	30~100
多石土壤	400	—	—	—

交直流输电过程中，入地电流的频率主要集中在低频范围内，通常将土壤介质视为恒定电场空间。为研究土壤的导电特性，在均匀土壤表面选取距离为 D，幅值相同、方向相反的点电流源 I，沿土壤的剖面图和俯视地表的俯视图如图 3.5 所示[5]。

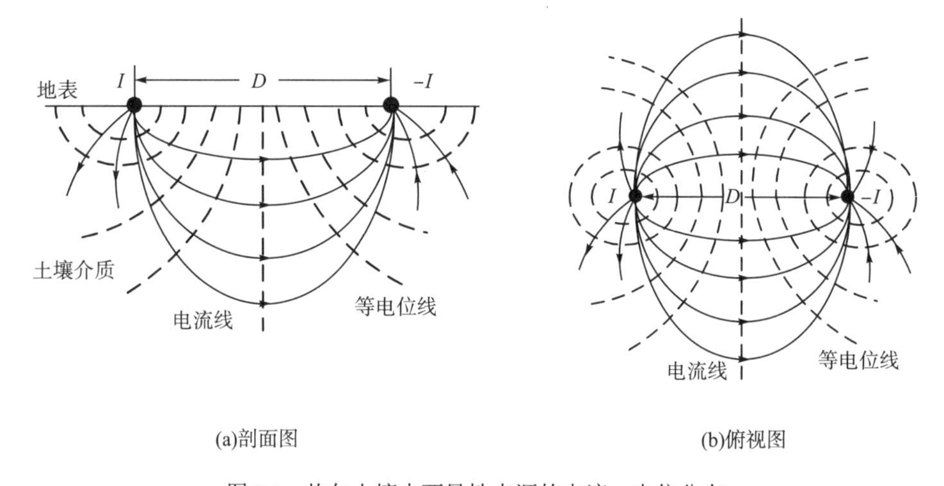

(a)剖面图 (b)俯视图

图 3.5 均匀土壤中两异性点源的电流、电位分布

电流线和电位线是为了直观形象地描述电流场分布而引入的一些假想的曲线，电流线的疏密程度可反映电流密度的大小。通过求得不同深度处和地表方向平行的电流密度分量，对其进行关于深度的积分，最终可求得在深度 h 以上土壤中的总电流为[6]

$$\frac{I_h}{I}=\frac{2}{\pi}\cdot\tan^{-1}\left(\frac{2h}{D}\right) \tag{3.1}$$

根据式(3.1)可得，若两点源距离为 D，70.5%的电流可以穿透到深度大于 0.25D 的土壤中，50%的电流可以穿透到深度大于 0.5D 的土壤中，29.5%的电流可以穿透到深度大于 D 的土壤中。因此，D 越大，越多的电流可以穿透进入深层土壤。

水平分层土壤高电阻层的导电能力较弱，容易导致大部分电流集中在低电阻层，即低电阻层内电流密度更高、电流线更密，如图 3.6 所示。

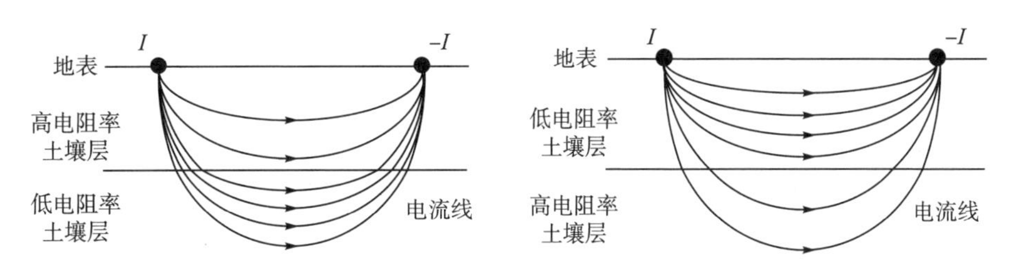

图 3.6 水平 2 层土壤中的电流分布情况

3.1.3 土壤的季节系数

土壤主要通过孔隙内的孔隙水离子导电，不同季节具有不同的降雨量，直接影响土壤的导电能力。在雨季，大量雨水渗入浅层土壤中，导致浅层土壤的电阻率大幅降低，远低于干燥时浅层土壤的电阻率。同时，不同季节的温差较大，在纬度较高地区，容易形成冻土，导致冻土层的电阻率远大于普通土壤层。多年冻土层的电阻率可高达普通土壤电阻率的数十倍。在冬季，我国东北地区的冻土层可达 1.6m，我国青海省的冻土层可达 4～6m[1]。

由于土壤参数测试与季节气候条件有很大关系，电力行业中的接地电阻测量工作通常在每年雷雨季节前完成。《交流电气装置的接地设计规范》(GB/T 50065—2011)中，定义季节系数为用于接地设计的土壤电阻率和无雨水时测得的土壤电阻率的比值。计算雷电保护接地装置的接地电阻时，应采用雷季中的最大值，土壤干燥时的季节系数如表 3.3 所示[7]。

表 3.3 土壤干燥时接地极的季节系数

埋深/m	季节系数	
	水平接地极	2～3m 垂直接地极
0.5	1.4～1.8	1.2～1.4
0.8～1.0	1.25～1.45	1.15～1.3
2.5～3.0	1.0～1.1	1.0～1.1

在接地设计过程中，季节系数过高，容易导致浪费接地材料等问题，季节系数过低，容易导致设备安全和人身安全等问题。因此，接地设计中季节系数是一个需要充分考虑的因素。表 3.3 中的季节系数直接采用测量电阻率和实际土壤电阻率的比值，存在一定不足之处。土壤本身存在分层现象，不同测量距离下的土壤电阻率并不相同。冻土或降水通常仅改变浅层土壤的电阻率，更为准确的季节系数可采用水平分层土壤的模型展开相关研究。

3.2 土壤电阻率的测量方法

3.2.1 土壤试样分析法

接地设计前期需要对选址进行大规模地质勘察。土壤试样分析法主要通过直接钻探获取不同深度、不同位置的土壤试样，在实验室中测量土壤试样的电阻率。然而，土壤试样分析法并未在实际工程中取得广泛应用，主要原因为：①土壤试样的选择方法存在随机性过大的问题，难以选择具有代表性的均匀土壤试样；②在实验室中难以模拟现场土壤的水分和紧密程度，土壤试样的电阻率并不能很好代表土壤的实际电阻率；③钻探取样的方式成本较高，增加了测量成本，不便于工程上大规模使用。

3.2.2 土壤电探测法

电探测法通过对被测量区域注入电流，测量土壤表面不同位置的电位分布，进而得出土壤整体的电阻率。测量得到的土壤电阻率是土壤整体的表现，通常会根据测量距离的不同而不同，因此，通常将测量得到的土壤电阻率命名为视在电阻率。电探测法的优点是测量简便、成本低，是工程中广泛采用的一类土壤电阻率测量方法。根据测量电极的数量分类，目前主要有以下几种方法[1]。

1. 二极法

二极法将两个测量电极插入待测区域的土壤中，其中一个测量电极为半径为 r 的半球，另一个测量电极为普通的长直电极，将两个电极连接在一个恒压源 E 上，同时在测量回路中串入电流表。恒压源多采用电池，如图 3.7 所示。

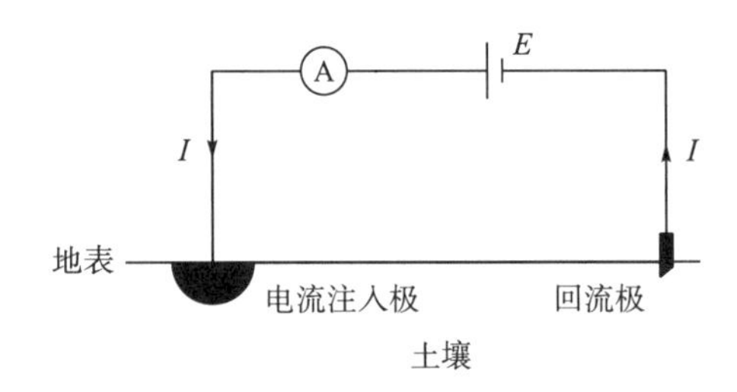

图 3.7 二极法测量原理

根据均匀土壤中的接地电阻计算公式，二极法测量中土壤视在电阻率的公式为

$$\rho_{\text{二极法}} = 2\pi r \cdot \frac{E}{I} \tag{3.2}$$

二极法测量布极简易，可在短时间内对小型土壤区域进行大规模测量。

2. 三极法

三极法在二极法的基础上增加了一个电压测量电极，并将球形接地极替换为一个标准参考的接地极，如图 3.8 所示。

标准接地极的形式不同，土壤电阻率的求解方法也不同。由于垂直接地极计算简单且容易打入土壤，工程上通常选择细长的垂直接地极作为标准接地极。假定垂直接地极插入土壤部分的长度为 l，垂直接地极的直径为 r，并且 $r \ll l$，该测试情况下的土壤视在电阻率为

$$\rho_{\text{三极法}}=\frac{2\pi l}{\left(\ln\frac{8l}{d}-1\right)}\cdot\frac{U}{I} \tag{3.3}$$

式中，U 为测量电压。

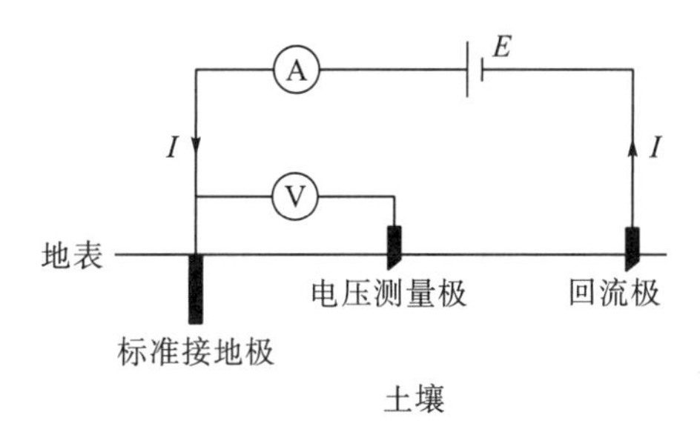

图 3.8　三极法测量原理

三极法测试过程中，通过不断改变标准接地极插入深度，能够迫使电流流入更为深层的土壤中。通过多次测量可绘制土壤电阻率关于长度 l 的曲线，有助于获取更多的土壤信息。三极法能够测量垂直接地极插入土壤长度 5～10 l 范围内的土壤特性。测量土壤的体积和垂直接地极的插入深度成正比，打入过长的垂直接地极并不符合实际工程。因此，大体积的土壤测量通常需要采用四极法。

3. 四极法

四极法适用于大规模土壤电阻率测量，主要由 2 个测量电流极和 2 个测量电压极组成，并且 4 个测量电极排列在同一直线上。根据不同的排列形式，工程上主要有 4 种测量布极方式，如图 3.9 所示。其中，恒定电压源为 E，注入电流均为 I，2 个测量电压极之间的电位差为 U_{12}。

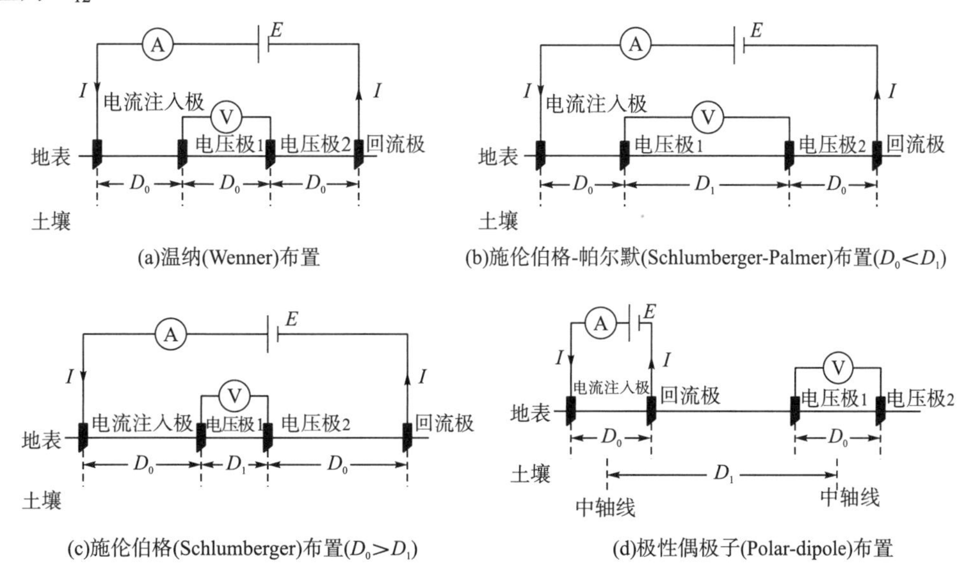

(a)温纳(Wenner)布置　(b)施伦伯格-帕尔默(Schlumberger-Palmer)布置($D_0<D_1$)

(c)施伦伯格(Schlumberger)布置($D_0>D_1$)　(d)极性偶极子(Polar-dipole)布置

图 3.9　4 种典型布置的四极法

1) 等间距 Wenner 四极法

根据图 3.9 中的布极形式，假定电极插入土壤的深度为 h_0，测量间距为 D_0 时的土壤视在电阻率为

$$\rho_{\text{Wenner}} = \frac{4\pi D_0}{1 + \dfrac{2D_0}{\sqrt{D_0^2 + 4h_0^2}} - \dfrac{D_0}{\sqrt{D_0^2 + h_0^2}}} \cdot \frac{U_{12}}{I} \tag{3.4}$$

四极法采用的均为测量电极，尺寸较小，式(3.4)不适用于将大尺寸垂直接地极作为电流注入极的情况。实际测量过程中电极插入土壤的深度 h_0 通常是小于 $0.1D_0$，可忽略测量电极插入深度的影响，将式(3.4)进行进一步化简，得到：

$$\rho_{\text{Wenner}} = 2\pi D_0 \cdot \frac{U_{12}}{I} \tag{3.5}$$

采取不同测量间距 D_0 进行多次测量，得到多组不同 D_0 下的视在电阻率 ρ_{Wenner}。测量间距不同，电流极能够到达不同深度的土壤层，多组测量数据能够反映不同土壤层的信息。实际工程中，以测量间距 D_0 为 x 轴数据，以视在电阻率 ρ_{Wenner} 为 y 轴数据，绘制出土壤电阻率测量曲线，可用于判断各种土壤层参数及是否存在岩石层等情况。北美多采用 Wenner 四极法。在直流接地分析中，直流接地极相距数十公里或上百公里，需要建立包含深层土壤的水平分层模型，而 Wenner 法非常适用于分析土壤水平分层的情况。在一些小尺度的土壤模型中，可能需要考虑到土壤中的横向变化，该情况下则需要沿着两条垂线采用 Wenner 法进行多次测量，比较不同测线上的数据，消除土壤横向变化引起的误差。

2) 不等间距 Schlumberger-Palmer 四极法

根据电磁场基本原理可知，地表电位和测量电压极到电流极之间距离的平方成反比，当测量距离增大后，地表电位将迅速衰减，对电压测量装置的精度提出了更高的要求。针对上述问题，不等间距 Schlumberger-Palmer 四极法将 2 个测量电压极分别靠近注入电流极和回流极，即 $D_0<D_1$，有效增大了测量电压的数值。类似地，忽略电极插入土壤的深度的影响，可得

$$\rho_{\text{Schlumberger-Palmer}} = \pi D_1 \left(D_0 + D_1\right) \cdot \frac{U_{12}}{I} \tag{3.6}$$

3) 不等间距 Schlumberger 四极法

Wenner 四极法和 Schlumberger-Palmer 四极法每次测量均需要移动 4 个测量电极，测量多组数据时，效率较低。针对上述问题，Schlumberger 四极法采用固定测量电压极的方式，每次测试过程中仅需要移动 2 个测试电流极。同时，Schlumberger 四极法要求，测试电压极的间距 D_1 较小，电压极和电流极的距离 D_0 较大，测量电位 U_{12} 可近似为 2 个电流极中点的电位梯度，可得

$$\rho_{\text{Schlumberger}} = \frac{\pi\left(D_0 - 0.5D_1\right)^2}{D_1} \cdot \frac{U_{12}}{I} \approx \pi \cdot \frac{D_0^2}{D_1} \cdot \frac{U_{12}}{I} \tag{3.7}$$

Schlumberger 四极法的优点是测量数据准确，可以直接有效排除地质横向变化带来的影响，欧洲多采用 Schlumberger 四极法。同时，在测量深度特别深的土壤层的电阻率时，Schlumberger 四极法明显优于 Wenner 四极法和 Schlumberger-Palmer 四极法。然而，

Schlumberger 四极法需要比 Wenner 四极法测量精度更高的电压测量仪器。

4) Polar-dipole 四极法

Polar-dipole 四极法提出将电流极和电压极在两侧布置，如图 3.9(d)所示。测量过程中，保持电流极的位置和距离 D_0 不变，保持电压极之间的距离 D_0 不变的前提下移动电压极的位置。Polar-dipole 四极法的视在电阻率为

$$\rho_{\text{Polar-dipole}} = \pi\left(\frac{D_0^3}{D_1^2} - D_0\right)\cdot\frac{U_{12}}{I} \tag{3.8}$$

Polar-dipole 四极法也要求比 Wenner 四极法测量精度更高的电压测量仪器。

3.2.3　土壤电磁探测法

土壤电磁探测法主要用于地球物理勘探，主要分为大地电磁法(magnetotelluric method, MT)、音频大地电磁法(audio frequency magnetotellurics, AMT)、可控源音频大地电磁法(controlled source audio frequency magnetotelluric，CSAMT)。其中，CSAMT 的工程应用较广，测量原理如图 3.10 所示。

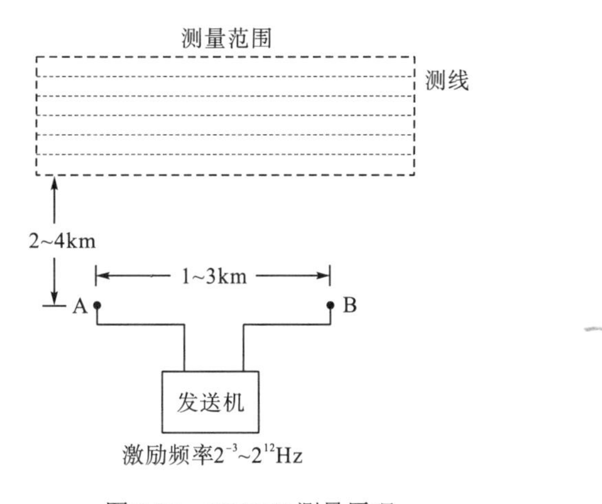

图 3.10　CSAMT 测量原理

CSAMT 测量过程为，发送机产生频率为 $2^{-3}\sim2^{12}$Hz 的交变电流，在测量范围内划定水平测线，测量测线不同位置处电场的水平方向分量和磁场的垂直方向分量，最终根据测量数据分析得到土壤参数。CSAMT 具有不受地形影响、水平方向和垂直方向分辨率高、勘测范围广等一系列优点。但该方法费用远高于各类电探测法，因此，电力工程中仍以电探测法为主。

3.3　水平分层土壤参数对视在电阻率的影响

土壤介质多存在水平分层现象，土壤参数主要包括土壤层数、土壤层电阻率、土壤层厚度。各测量方法所得到的视在电阻率通常并不和土壤层的参数直接相等，因此，需

要进一步分析两者之间的关系。目前，国内土壤电阻率勘测主要以等间距 Wenner 四极法为主，因此，本章仍主要基于 Wenner 四极法分析水平分层土壤参数的视在电阻率的影响。

3.3.1 水平分层土壤中 Wenner 四极法的测量原理

均匀土壤中 Wenner 四极法的视在电阻率可由式(3.4)求得，并假定测量间距 D_0 等于 D。水平分层土壤主要改变了电压极测量电位 U_{12}。电流极插入土壤部分的尺寸相较于土壤空间可忽略不计，可以将电流注入极和电流回流极视作两个点电流源，点电流源产生的电位函数即为格林函数，可以将式(3.4)写为如下形式：

$$\rho_{\mathrm{m}} = \frac{8\pi D}{1+\dfrac{2D}{\sqrt{D^2+4h_0^2}}-\dfrac{D}{\sqrt{D^2+h_0^2}}}\cdot\left[G\left(D,h_0\right)-G\left(2D,h_0\right)\right] \tag{3.9}$$

其中，D 为测量电极之间的距离；h_0 为测量电极插入土壤的深度；ρ_{m} 为 Wenner 四极法测量的视在电阻率。测量电极通常不会插入深层土壤中，可认为测量电极没有穿越第一层土壤，$G\left(D,h_0\right)$ 是点源在第一层土壤电流场的格林函数。$G\left(D,h_0\right)$ 的求解方法为[1]

$$G\left(D,h_0\right)=\frac{\rho_1}{4\pi}\left\{\frac{1}{D}+\frac{1}{\sqrt{D^2+4h_0^2}}+\int_0^{\infty}f(\lambda)\left[2+\mathrm{e}^{-\lambda(2h_0)}+\mathrm{e}^{\lambda(2h_0)}\right]J_0(\lambda D)\mathrm{d}\lambda\right\} \tag{3.10}$$

$$\begin{cases} f(\lambda)=\dfrac{\alpha_1\mathrm{e}^{-2\lambda h_1}}{1-\alpha_1\mathrm{e}^{-2\lambda h_1}} & \\ \alpha_1=\dfrac{\beta_1+\alpha_2\mathrm{e}^{-2\lambda h_2}}{1+\beta_1\alpha_2\mathrm{e}^{-2\lambda h_2}}, & \beta_1=\dfrac{\rho_2-\rho_1}{\rho_2+\rho_1} \\ \quad\vdots & \quad\vdots \\ \alpha_{n-2}=\dfrac{\beta_{n-2}+\alpha_{n-1}\mathrm{e}^{-2\lambda h_{n-1}}}{1+\beta_{n-2}\alpha_{n-1}\mathrm{e}^{-2\lambda h_{n-1}}}, & \beta_{n-2}=\dfrac{\rho_{n-1}-\rho_{n-2}}{\rho_{n-1}+\rho_{n-2}} \\ \alpha_{n-1}=\beta_{n-1}, & \beta_{n-1}=\dfrac{\rho_n-\rho_{n-1}}{\rho_n+\rho_{n-1}} \end{cases} \tag{3.11}$$

其中，ρ_1 为第 1 层土壤的电阻率；$J_0(\lambda D)$ 为 0 阶 Bessel 函数；$f(\lambda)$ 为包含水平分层土壤中土壤层电阻率和土壤层厚度的解析表达式。Wenner 四极法通常要求测量电极插入土壤的深度 h_0 不超过 $0.1D$，可近似认为忽略 h_0 的影响，将视在电阻率的求解公式简化为

$$\rho_{\mathrm{m}}=\rho_1\left\{1+4D\int_0^{\infty}f(\lambda)\left[J_0(\lambda D)-J_0(\lambda\cdot 2D)\right]\mathrm{d}\lambda\right\} \tag{3.12}$$

式(3.12)中 Bessel 函数积分较为复杂，$f(\lambda)$ 在土壤层数较多时难以获得其解析解。采用第二章中的复镜像法和分段采样格林函数计算方法均可获得其数值解。以分段采样格林函数计算方法为例，根据 $f(\lambda)$ 极值点将 $f(\lambda)$ 改写为分段函数，并采用 3 阶最小二乘法对分段函数后的 $f(\lambda)$ 进行采样拟合，可得[8]

$$f(\lambda)=\begin{cases}\sum_{j=0}^{3}c_{i,j}\lambda^{j}, & \lambda\in[p_{i-1},p_{i}]\\ \sum_{j=0}^{3}c_{s,j}\lambda^{j}, & \lambda\in[p_{k},s_{1}]\\ 0\quad, & \lambda\in[s_{1},\infty]\end{cases}\tag{3.13}$$

式中，p_0为0；$p_1,p_2,\cdots,p_k$为积分核函数$f(\lambda)$的极值点；由于$f(\lambda)$最终趋近于0，s_1为$f(\lambda)$等于-0.01或0.01处对应的λ。将式(3.13)代入式(3.12)可得

$$\begin{aligned}\rho_{\mathrm{m}}=\Bigg\{&\rho_1 1+4D\left[\sum_{i=1}^{k}\int_{p_{i-1}}^{p_i}\sum_{j=0}^{3}c_{i,j}\lambda^{j}\left[J_0(\lambda D)-J_0(\lambda\cdot 2D)\right]\mathrm{d}\lambda\right]\\&+4D\left[\int_{p_k}^{s_1}\sum_{j=0}^{3}c_{s,j}\lambda^{j}\left[J_0(\lambda D)-J_0(\lambda\cdot 2D)\right]\mathrm{d}\lambda\right]\Bigg\}\end{aligned}\tag{3.14}$$

根据第二章中0阶Bessel函数和幂函数乘积的计算方法，可求解上述视在电阻率。由于水平分层土壤参数具有众多排列组合，无法一一列举。后续分析将重点以不同土壤参数下水平2层土壤、水平3层土壤、水平4层土壤、水平5层土壤的视在电阻率计算曲线为研究对象，归纳总结出水平n层土壤的视在电阻率分布规律。

3.3.2　不同土壤参数下水平2层土壤的视在电阻率分布

采用式(3.12)计算不同测量布极距离D下水平2层土壤的视在电阻率计算曲线。设定水平2层土壤的默认参数如表3.4所示。采取控制变量法，改变其中一个土壤参数时其他土壤参数保持不变，不同土壤参数下水平2层土壤视在电阻率的计算曲线如图3.11所示。

表3.4　水平2层土壤的默认参数

分层土壤电阻率/(Ω·m)	分层土壤厚度/m
ρ_1=100, ρ_2=50	h_1=3

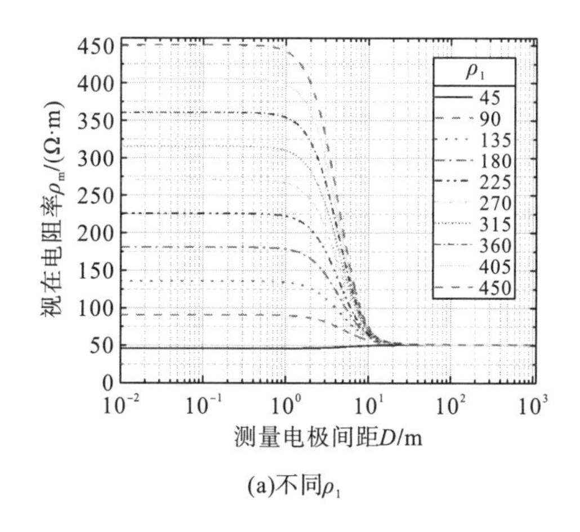

(a)不同ρ_1

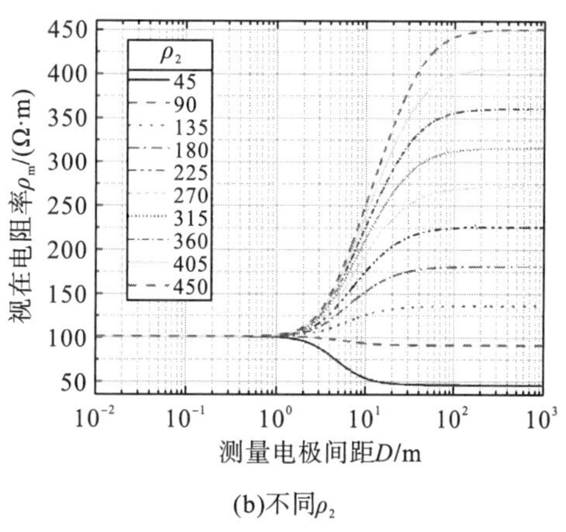

(b)不同ρ_2

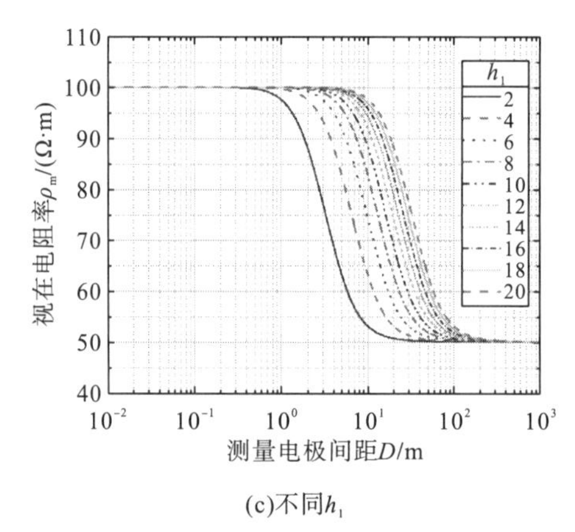

(c)不同h_1

图 3.11　不同土壤参数下水平 2 层土壤视在电阻率的计算曲线(见彩版)

图 3.11 表明，水平 2 层土壤的计算曲线总是从第一层(顶层)土壤的电阻率 ρ_1 变化到第二层(底层)土壤的电阻率 ρ_2。随着第一层土壤厚度 h_1 的增加，计算曲线也需要更大的测量电极间距 D 才能测量到第二层土壤的电阻率 ρ_2。Wenner 四极法的测量电极间距为 D，测量电流极 C_1 和 C_2 相距 $3D$，根据地电流的穿透理论可知，在这种情况下 70.5%的入地电流只能达到深度为 $3D$ 的土壤中[1]。因此，视在电阻率的测量值 ρ_m 和测量电极间距 D 密切相关。布极间距过小的 ρ_m 必定不能反映出更深层土壤的参数信息。测量过程中可近似认为，当测量间距较短时，视在电阻率的测量值 ρ_m 近似等于第一层土壤电阻率 ρ_1。当测量间距远大于第一层土壤厚度 h_1 时，视在电阻率的测量值 ρ_m 近似等于第二层土壤电阻率 ρ_2。

3.3.3　不同土壤参数下水平 3 层土壤的视在电阻率分布

采用式(3.12)计算不同测量布极距离 D 下水平 3 层土壤的视在电阻率计算曲线。设定水平 3 层土壤的默认参数如表 3.5 所示。采取控制变量法，改变其中一个土壤参数时其他土壤参数保持不变，不同土壤参数下水平 3 层土壤视在电阻率的计算曲线如图 3.12 所示。

表 3.5　水平 3 层土壤的默认参数

分层土壤电阻率/(Ω·m)	分层土壤厚度/m
ρ_1=100, ρ_2=300, ρ_3=50	h_1=3, h_2=2

(a)不同ρ_1

(b)不同ρ_2

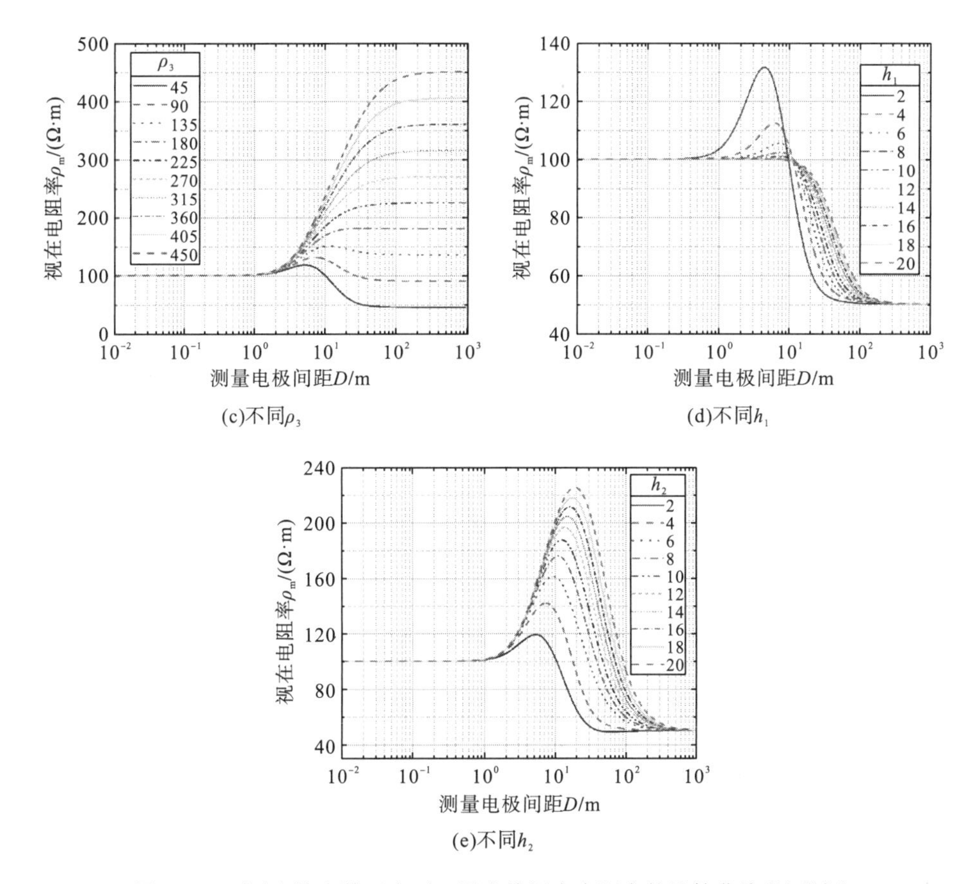

(c)不同ρ_3　　(d)不同h_1

(e)不同h_2

图 3.12　不同土壤参数下水平 3 层土壤视在电阻率的计算曲线(见彩版)

根据图 3.12 可知，随着测量电极间距 D 的增加，水平 3 层土壤的视在电阻率 ρ_m 从第一层土壤的电阻率 ρ_1 变化到第三层土壤的电阻率 ρ_3。第二层土壤的电阻率 ρ_2 和厚度 h_2 共同决定了 ρ_m 的变化趋势。图 3.12(a)(b)(c)表明，当 ρ_1、ρ_2 和 ρ_3 具有单调性时，水平 3 层土壤的视在电阻率计算曲线类似于水平 2 层土壤的视在电阻率计算曲线。当 ρ_2 大于 ρ_1 和 ρ_3 时，ρ_m 会在 D 增加的过程中出现一个极大值点。对比图 3.12(b)(e)可知，该极值点受到土壤电阻率 ρ_2 和厚度 h_2 的共同影响。h_2 和 ρ_2 均足够大时，水平 3 层土壤至多存在 1 一个极值点。当 h_2 较大时，极值点对应的测量距离将成倍增加。图 3.12(d)表明，即使土壤电阻率 ρ_2 为一个极大值点，第一层土壤厚度 h_1 远大于第二层土壤厚度 h_2 时，第一层土壤能够一定程度上屏蔽第二层土壤的信息。

3.3.4　不同土壤参数下水平 4 层土壤的视在电阻率分布

采用式(3.12)计算不同测量布极距离 D 下水平 4 层土壤的视在电阻率计算曲线。设定水平 4 层土壤的默认参数如表 3.6 所示。采取控制变量法，改变其中一个土壤参数时其他土壤参数保持不变，不同土壤参数下水平 4 层土壤视在电阻率的计算曲线如图 3.13 所示。

表 3.6 水平 4 层土壤的默认参数

分层土壤电阻率/(Ω·m)	分层土壤厚度/m
ρ_1=150 ρ_2=50, ρ_3=300, ρ_4=75	h_1=2.1, h_2=1, h_3=1.9

视在电阻率ρ_m/(Ω·m)
450 400 350 300 250 200 150 100 50
ρ_1
45 90 135 180 225 270 315 360 405 450
10^{-2} 10^{-1} 10^{0} 10^{1} 10^{2} 10^{3}
测量电极间距D/m

(a)不同ρ_1

视在电阻率ρ_m/(Ω·m)
220 200 180 160 140 120 100 80 60
ρ_2
45 90 135 180 225 270 315 360 405 450
10^{-2} 10^{-1} 10^{0} 10^{1} 10^{2} 10^{3}
测量电极间距D/m

(b)不同ρ_2

视在电阻率ρ_m/(Ω·m)
175 150 125 100 75 50
ρ_3
45 90 135 180 225 270 315 360 405 450
10^{-2} 10^{-1} 10^{0} 10^{1} 10^{2} 10^{3}
测量电极间距D/m

(c)不同ρ_3

视在电阻率ρ_m/(Ω·m)
450 400 350 300 250 200 150 100 50
ρ_4
45 90 135 180 225 270 315 360 405 450
10^{-2} 10^{-1} 10^{0} 10^{1} 10^{2} 10^{3}
测量电极间距D/m

(d)不同ρ_4

视在电阻率ρ_m/(Ω·m)
160 140 120 100 80 60
h_1
2 4 6 8 10 12 14 16 18 20
10^{-2} 10^{-1} 10^{0} 10^{1} 10^{2} 10^{3}
测量电极间距D/m

(e)不同h_1

视在电阻率ρ_m/(Ω·m)
160 140 120 100 80 60 40
h_2
2 4 6 8 10 12 14 16 18 20
10^{-2} 10^{-1} 10^{0} 10^{1} 10^{2} 10^{3}
测量电极间距D/m

(f)不同h_2

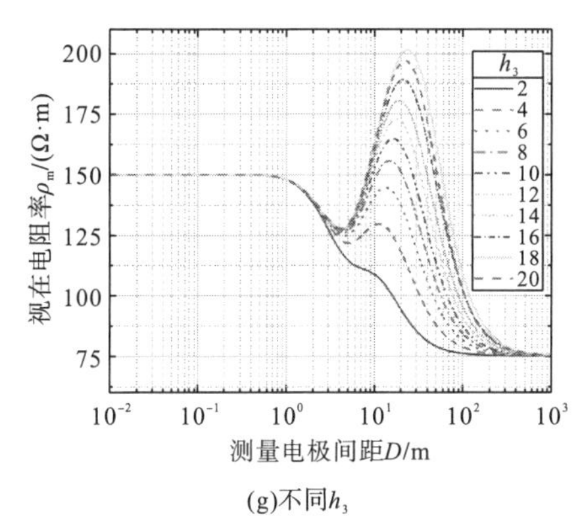

(g)不同h_3

图 3.13　不同土壤参数下水平 4 层土壤视在电阻率的计算曲线(见彩版)

根据计算结果可知，水平 4 层土壤的视在电阻率测量值 ρ_m 仍随着测量电极间距 D 的增加，从第一层土壤电阻率 ρ_1 逐渐变化到第 4 层土壤电阻率 ρ_4。计算曲线在变化过程中出现的极大值点和极小值点和第 2 层、第 3 层土壤的参数(电阻率和厚度)密切相关。图 3.13(a)～(d)表明，当水平分层土壤电阻率 ρ_1、ρ_2、ρ_3 和 ρ_4 具有单调特性时，水平 4 层土壤的视在电阻率计算曲线同样类似于水平 2 层土壤的视在电阻率计算曲线。当 ρ_2 或 ρ_3 为电阻率的极值点时，只要对应的 h_2 和 h_3 没有远小于相邻土壤的厚度，通常视在电阻率 ρ_m 会呈现一个极值点。极值点出现的位置和测量电极间距相关，当 h_2 和 h_3 较大时，极值点所对应的测量间距 D 也将成倍增加。当第二层土壤和第三层土壤的电阻率和厚度均满足极值点要求时，水平 4 层土壤至多存在 2 个极值点。

3.3.5　不同土壤参数下水平 5 层土壤的视在电阻率分布

采用式(3.12)计算不同测量布极距离 D 下水平 5 层土壤的视在电阻率计算曲线。设定水平 5 层土壤的默认参数如表 3.7 所示。采取控制变量法，改变其中一个土壤参数时其他土壤参数保持不变，不同土壤参数下水平 5 层土壤视在电阻率的计算曲线如图 3.14 所示。

表 3.7　水平 5 层土壤的默认参数

分层土壤电阻率/(Ω·m)	分层土壤厚度/m
ρ_1=115, ρ_2=76, ρ_3=316, ρ_4=55, ρ_5=146	h_1=0.8, h_2=1.7, h_3=1.5, h_4=1

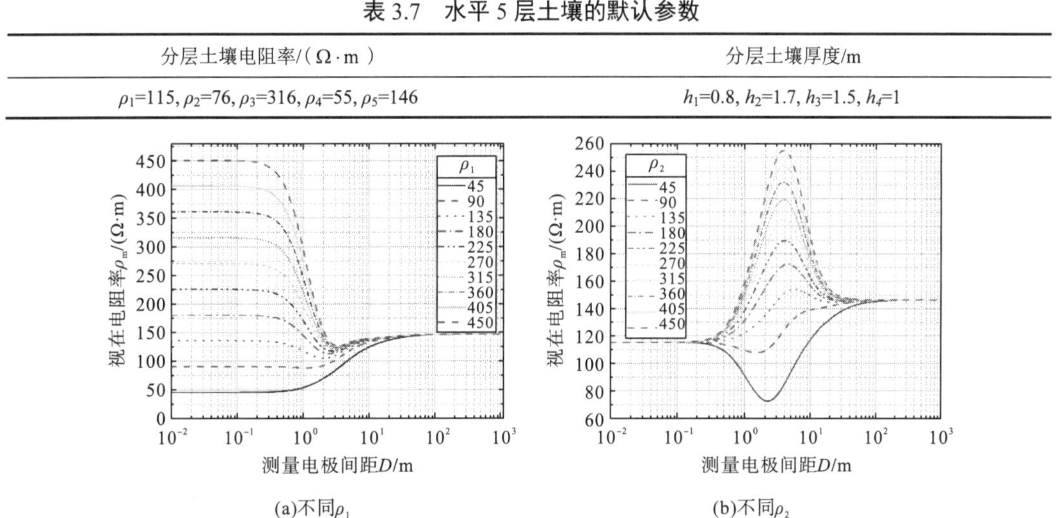

(a)不同ρ_1　　(b)不同ρ_2

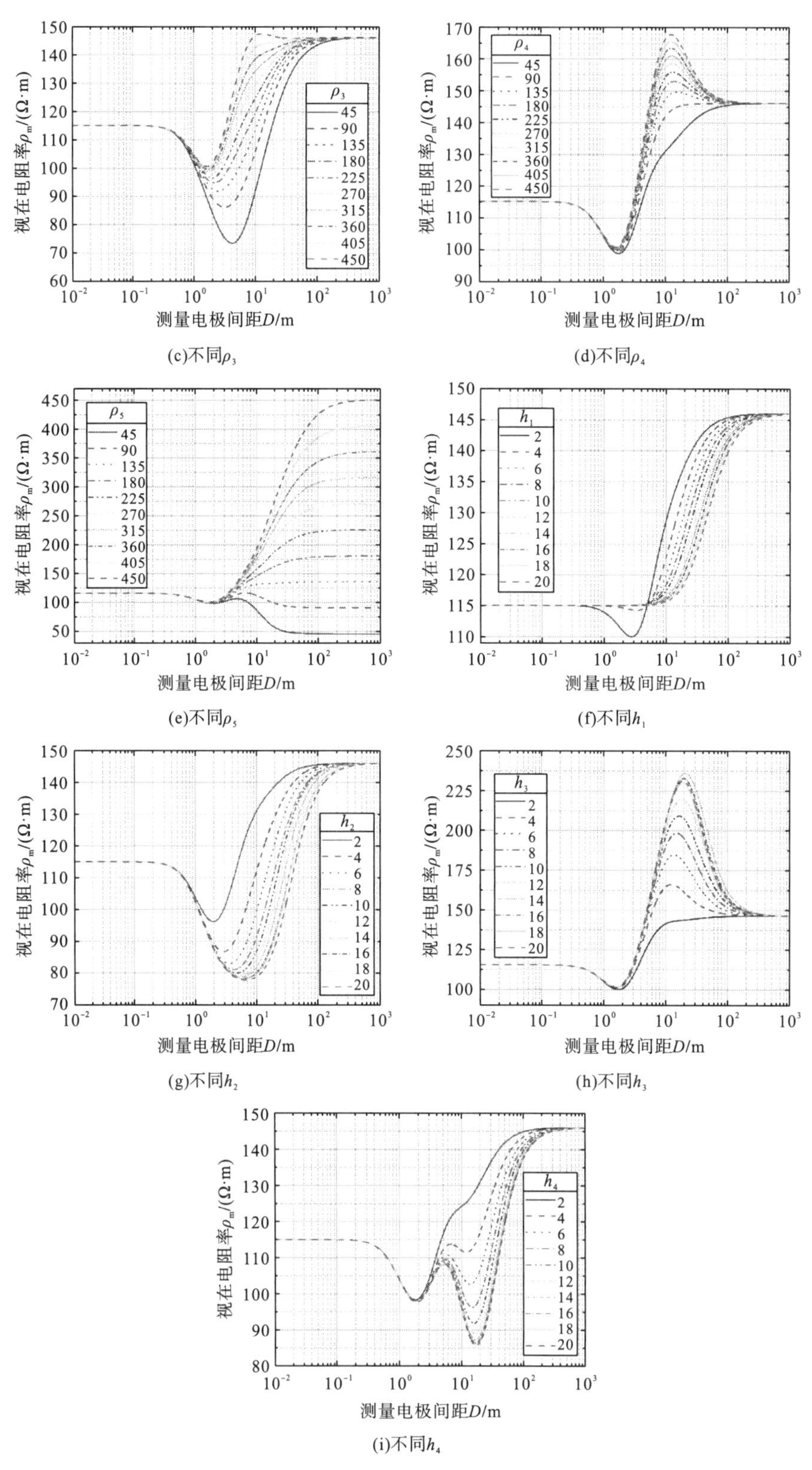

(c)不同ρ_3 (d)不同ρ_4

(e)不同ρ_5 (f)不同h_1

(g)不同h_2 (h)不同h_3

(i)不同h_4

图 3.14 不同土壤参数下水平 5 层土壤视在电阻率的计算曲线(见彩版)

图 3.14 表明，测量电极间距 D 增加，水平 5 层土壤的视在电阻率 ρ_m 增加，从第一层土壤电阻率 ρ_1 逐渐变化到第 5 层土壤电阻率 ρ_5。当土壤电阻率 ρ_1、ρ_2、ρ_3、ρ_4 和 ρ_5 具有单调性时，视在电阻率 ρ_m 的计算曲线类似于水平 2 层土壤的 ρ_m 计算曲线，即 ρ_m 从第一层土壤电阻率 ρ_1 单调变化到第 5 层土壤电阻率 ρ_5。类似地，若其中仅 ρ_2、ρ_3、ρ_4 具有单调性，水平 5 层土壤可简化为水平 3 层土壤。图 3.14(i)表明，水平 5 层土壤的 ρ_m 计算曲线至多有 3 个极值点。极值点和第 2 层、第 3 层、第 4 层土壤的厚度和电阻率密切相关。除了某一土壤层电阻率本身为极值点，该层土壤仍需具有一定厚度才能使得 ρ_m 存在极值点，若厚度太小容易被相邻厚度大的土壤层屏蔽该层的电阻率信息。极值点出现的位置和测量电极间距相关，当分层土壤厚度较大且电阻率满足极值点要求时，ρ_m 极值点所对应的测量间距 D 将大幅增加。

3.3.6　不同土壤参数下水平 n 层土壤的视在电阻率分布

根据水平 2 层、3 层、4 层和 5 层土壤视在电阻率的计算曲线分布规律，可推导出水平 n 层土壤的视在电阻率 ρ_m 分布规律。对于水平 n 层土壤而言，ρ_m 总是从 ρ_1 逐渐变化到第 n 层土壤的电阻率 ρ_n。ρ_m 在随 D 增加而变化的过程中逐渐反映出深层土壤的信息，但是每一层土壤信息只有当厚度足够时才能被测量。因为每一层土壤信息由电阻率和厚度共同决定，厚度大的土壤层具有一定屏蔽效应，可屏蔽厚度小的土壤层信息。若厚度过小，该层土壤的信息可能被相邻厚度较大的土壤信息屏蔽。当厚度足够时，任意第 i 层土壤电阻率 ρ_i 大于第 i-1 层土壤电阻率 ρ_{i-1} 和第 i+1 层土壤电阻率 ρ_{i+1}，则 ρ_m 会出现一个极大值点；任意第 i 层土壤电阻率 ρ_i 小于第 i-1 层土壤电阻率 ρ_{i-1} 和第 i+1 层土壤电阻率 ρ_{i+1}，则 ρ_m 会出现一个极小值点。综上所述，极值点的大小和位置能够一定程度上反映对应土壤层的电阻率和厚度。当 $\rho_1,\rho_2,\cdots,\rho_n$ 具有单调性时，ρ_m 会从 ρ_1 单调变化为第 n 层土壤电阻率 ρ_n，类似于水平 2 层土壤视在电阻率 ρ_m 的分布规律。若水平 n 层土壤中，有 i 层土壤电阻率具有单调性，可将其简化为水平 $n-i+1$ 层土壤。

3.4　水平分层土壤参数的反演计算方法

水平分层土壤参数是实现接地网接地参数准确计算的基础。采用土壤电探测法能够测量不同布极距离下的视在电阻率，并不能够直接获取水平分层土壤的参数。实际工程中，通常需要测量多组不同布极距离下水平分层土壤的视在电阻率，并根据水平分层土壤电流场的格林函数对测量数据进行反演计算，最终获得水平分层土壤的参数。其中，水平分层土壤参数的反演计算在水平分层土壤电流场场域内进行，因此，反演计算过程中仍需采用第二章提出的计算方法求解水平分层土壤电流场的格林函数。

3.4.1　反演计算的目标函数

土壤参数反演计算过程中应首先建立目标函数。在视在电阻率 ρ_m 的测量过程中，已知量为测量电极的间距 D 和视在电阻率测量值 ρ_{m}。因此，水平分层土壤参数反演计算过程主要通过不同测量电极间距 D 下测得的视在电阻率 ρ_{m} 计算出水平分层土壤中土壤层的电阻率和厚度及土壤层数。目标函数通常需保证测量值和计算值均方根误差最小。为保证每层土壤电阻率和厚度为正数，引入罚函数项，并建立水平 n 层土壤的目标函数为

$$g\left(\rho_1,\cdots,\rho_n,h_1,\cdots,h_{n-1}\right)=\sqrt{\frac{1}{N_{\mathrm{m}}}\sum_{i=1}^{N_{\mathrm{m}}}\left(\frac{\rho_{D_i}^{\mathrm{c}}\left(\rho_1,\cdots,\rho_n,h_1,\cdots,h_{n-1},D_i\right)-\rho_{D_i}^{\mathrm{m}}}{\rho_{D_i}^{m}}\right)^2}+\sigma\left(\sum_{i=1}^{2n-1}\mathrm{abs}\left[\min\left(X_i,0\right)\right]\right) \tag{3.15}$$

其中，$\rho_{D_i}^{\mathrm{m}}$ 是测量距离为 D_i 时的视在电阻率测量值；$\rho_{D_i}^{\mathrm{c}}$ 是测量距离为 D_i 时的视在电阻率计算值，可通过式(3.12)求得；N_{m} 为土壤视在电阻率的测量点个数，不同的测量点 i 应具有不同的测量间距 D_i；σ 为罚函数的罚项，通常取一个极大值，如 100000；X_i 为 $2n-1$ 个待求解变量 $\rho_1,\cdots,\rho_n,h_1,\cdots,h_{n-1}$。$\mathrm{abs}\left[\min\left(X_i,0\right)\right]$ 用于比较某一待求变量 X_i 和 0 的大小，若 X_i 大于 0 则返回 0，若 X_i 小于 0 则返回 X_i 的绝对值。由于罚项为一个极大值，当 X_i 小于 0 时，目标函数将明显偏离最小值，从而舍弃任意小于 0 的变量 X_i。

3.4.2 非启发式优化算法

非启发式优化算法主要通过求解偏导数进行迭代。非启发式优化算法中偏导数的近似可以有多阶情况，对于水平分层土壤的参数计算，通常采取一阶偏导数分析能够达到良好的精度，本节主要分析水平分层土壤中的一阶近似。首先，需要视在电阻率表达式在各个变量处的一阶偏导数均为 0。式(3.15)中的 $\rho_{D_i}^{\mathrm{c}}$ 为测量距离为 D_i 时视在电阻率 ρ_{m} 的计算值，根据式(3.12)可求得 $\rho_{D_i}^{\mathrm{c}}$ 关于分层土壤电阻率的一阶偏导数为

$$\begin{cases}\dfrac{\partial\rho_{D_i}^{\mathrm{c}}}{\partial\rho_1}=1+4D_i\displaystyle\int_0^\infty f(\lambda)\left[J_0(\lambda D_i)-J_0(\lambda\cdot 2D_i)\right]\mathrm{d}\lambda\\ \qquad\qquad +4\rho_1 D_i\displaystyle\int_0^\infty\left(\frac{\partial f(\lambda)}{\partial\rho_1}\right)\left[J_0(\lambda D_i)-J_0(\lambda\cdot 2D_i)\right]\mathrm{d}\lambda\\ \dfrac{\partial\rho_{D_i}^{\mathrm{c}}}{\partial\rho_2}=4\rho_1 D_i\displaystyle\int_0^\infty\left(\frac{\partial f(\lambda)}{\partial\rho_2}\right)\left[J_0(\lambda D_i)-J_0(\lambda\cdot 2D_i)\right]\mathrm{d}\lambda\\ \qquad\vdots\\ \dfrac{\partial\rho_{D_i}^{\mathrm{c}}}{\partial\rho_n}=4\rho_1 D_i\displaystyle\int_0^\infty\left(\frac{\partial f(\lambda)}{\partial\rho_n}\right)\left[J_0(\lambda D_i)-J_0(\lambda\cdot 2D_i)\right]\mathrm{d}\lambda\\ \dfrac{\partial\rho_{D_i}^{\mathrm{c}}}{\partial h_1}=4\rho_1 D_i\displaystyle\int_0^\infty\left(\frac{\partial f(\lambda)}{\partial h_1}\right)\left[J_0(\lambda D_i)-J_0(\lambda\cdot 2D_i)\right]\mathrm{d}\lambda\\ \qquad\vdots\\ \dfrac{\partial\rho_{D_i}^{\mathrm{c}}}{\partial h_{n-1}}=4\rho_1 D_i\displaystyle\int_0^\infty\left(\frac{\partial f(\lambda)}{\partial h_{n-1}}\right)\left[J_0(\lambda D_i)-J_0(\lambda\cdot 2D_i)\right]\mathrm{d}\lambda\end{cases} \tag{3.16}$$

式中，求解视在电阻率 $\rho_{D_i}^{\mathrm{c}}$ 关于分层土壤电阻率一阶偏导数的核心在于求解积分核函数

$f(\lambda)$ 关于分层土壤电阻率的一阶偏导数。$\rho_{D_i}^{c}$ 关于 ρ_1 一阶偏导数的形式稍有不同，额外的一项 $1+4D_i\int_0^{\infty} f(\lambda)\left[J_0(\lambda D_i)-J_0(\lambda\cdot 2D_i)\right]\mathrm{d}\lambda$ 可通过式(3.14)直接求解。根据式(3.11)可得，$f(\lambda)$ 关于分层土壤电阻率的一阶偏导数为

$$\begin{cases}\dfrac{\partial f(\lambda)}{\partial\rho_1}=\dfrac{\partial f(\lambda)}{\partial\alpha_1}\dfrac{\partial\alpha_1}{\partial\rho_1}\\ \dfrac{\partial f(\lambda)}{\partial\rho_2}=\dfrac{\partial f(\lambda)}{\partial\alpha_1}\dfrac{\partial\alpha_1}{\partial\beta_1}\dfrac{\partial\beta_1}{\partial\rho_2}+\dfrac{\partial f(\lambda)}{\partial\alpha_1}\dfrac{\partial\alpha_1}{\partial\alpha_2}\dfrac{\partial\alpha_2}{\partial\beta_2}\dfrac{\partial\beta_2}{\partial\rho_2}\\ \qquad\vdots\\ \dfrac{\partial f(\lambda)}{\partial\rho_{n-1}}=\dfrac{\partial f(\lambda)}{\partial\alpha_1}\left(\prod_{i=1}^{n-2}\dfrac{\partial\alpha_i}{\partial\alpha_{i+1}}\right)\dfrac{\partial\alpha_{n-1}}{\partial\beta_{n-1}}\dfrac{\partial\beta_{n-1}}{\partial\rho_{n-1}}+\dfrac{\partial f(\lambda)}{\partial\alpha_1}\left(\prod_{i=1}^{n-1}\dfrac{\partial\alpha_i}{\partial\alpha_{i+1}}\right)\dfrac{\partial\alpha_n}{\partial\beta_n}\dfrac{\partial\beta_n}{\partial\rho_{n-1}}\\ \dfrac{\partial f(\lambda)}{\partial\rho_n}=\dfrac{\partial f(\lambda)}{\partial\alpha_1}\left(\prod_{i=1}^{n}\dfrac{\partial\alpha_{i-1}}{\partial\alpha_i}\right)\dfrac{\partial\alpha_n}{\partial\beta_n}\dfrac{\partial\beta_n}{\partial\rho_n}\end{cases}\tag{3.17}$$

其中，关于各个函数一阶偏导的求解公式为

$$\begin{cases}\dfrac{\partial f(\lambda)}{\partial\alpha_1}=\dfrac{\mathrm{e}^{-2\lambda h_1}}{\left(1-\alpha_1\mathrm{e}^{-2\lambda h_1}\right)^2}\\ \dfrac{\partial\alpha_i}{\partial\alpha_{i+1}}=\dfrac{\left(1-\beta_i^2\right)\mathrm{e}^{-2\lambda h_{i+1}}}{\left(1+\beta_i\alpha_{i+1}\mathrm{e}^{-2\lambda h_{i+1}}\right)^2}, & i\in[1,n-1]\text{的整数}\\ \dfrac{\partial\alpha_i}{\partial\beta_i}=\dfrac{1-\left(\alpha_i\mathrm{e}^{-2\lambda h_i}\right)^2}{\left(1+\beta_{i-1}\alpha_i\mathrm{e}^{-2\lambda h_i}\right)^2},\quad \dfrac{\partial\alpha_n}{\partial\beta_n}=1, & i\in[1,n-1]\text{的整数}\\ \dfrac{\partial\beta_i}{\partial\rho_{i-1}}=-\dfrac{2\rho_i}{\left(\rho_i+\rho_{i-1}\right)^2},\quad \dfrac{\partial\beta_i}{\partial\rho_i}=\dfrac{2\rho_{i-1}}{\left(\rho_i+\rho_{i-1}\right)^2}, & i\in[1,n]\text{的整数}\end{cases}\tag{3.18}$$

结合式(3.16)～式(3.18)可求得视在电阻率的计算值 $\rho_{D_i}^{c}$ 关于各层土壤电阻率 $\rho_1,\cdots,\rho_n$ 的一阶偏导数。类似地，根据式(3.12)可求得 $\rho_{D_i}^{c}$ 关于分层土壤厚度的一阶偏导数为

$$\begin{cases}\dfrac{\partial\rho_{D_i}^{c}}{\partial h_1}=4\rho_1 D_i\int_0^{\infty}\left(\dfrac{\partial f(\lambda)}{\partial h_1}\right)\left[J_0(\lambda D_i)-J_0(\lambda\cdot 2D_i)\right]\mathrm{d}\lambda\\ \dfrac{\partial\rho_{D_i}^{c}}{\partial h_2}=4\rho_1 D_i\int_0^{\infty}\left(\dfrac{\partial f(\lambda)}{\partial h_2}\right)\left[J_0(\lambda D_i)-J_0(\lambda\cdot 2D_i)\right]\mathrm{d}\lambda\\ \qquad\vdots\\ \dfrac{\partial\rho_{D_i}^{c}}{\partial h_{n-1}}=4\rho_1 D_i\int_0^{\infty}\left(\dfrac{\partial f(\lambda)}{\partial h_{n-1}}\right)\left[J_0(\lambda D_i)-J_0(\lambda\cdot 2D_i)\right]\mathrm{d}\lambda\end{cases}\tag{3.19}$$

式中，求解视在电阻率 $\rho_{D_i}^{c}$ 关于分层土壤厚度一阶偏导数的核心仍在于求解积分核函数 $f(\lambda)$ 关于分层土壤厚度的一阶偏导数。根据式(3.11)可得

$$\begin{cases}\dfrac{\partial f(\lambda)}{\partial h_1}=\dfrac{\partial f(\lambda)}{\partial h_1}\\ \dfrac{\partial f(\lambda)}{\partial h_2}=\dfrac{\partial f(\lambda)}{\partial \alpha_1}\dfrac{\partial \alpha_1}{\partial h_2}\\ \qquad\vdots\\ \dfrac{\partial f(\lambda)}{\partial h_{n-1}}=\dfrac{\partial f(\lambda)}{\partial \alpha_1}\left(\prod_{i=1}^{n-2}\dfrac{\partial \alpha_{i-1}}{\partial \alpha_i}\right)\dfrac{\partial \alpha_{n-2}}{\partial h_{n-1}}\end{cases} \tag{3.20}$$

式中，α_{i-1} 关于 α_i 的一阶偏导数可通过式(3.18)求得。关于分层土壤厚度的一阶偏导数为

$$\begin{cases}\dfrac{\partial f(\lambda)}{\partial h_1}=\dfrac{-2\lambda\alpha_1 \mathrm{e}^{-2\lambda h_1}}{\left(1-\alpha_1 \mathrm{e}^{-2\lambda h_1}\right)^2}\\ \dfrac{\partial \alpha_{i-1}}{\partial h_i}=\dfrac{2\lambda\alpha_i \mathrm{e}^{-2\lambda h_i}\left(\beta_{i-1}^2-1\right)}{\left(1+\beta_{i-1}\alpha_i \mathrm{e}^{-2\lambda h_i}\right)^2}, \qquad i\in[2,n-1]\text{的整数}\end{cases} \tag{3.21}$$

结合式(3.18)～式(3.21)可求得视在电阻率的计算值 $\rho_{D_i}^{\mathrm{c}}$ 关于各层土壤厚度 $h_1,\cdots,h_{n-1}$ 的一阶偏导数。具备上述视在电阻率一阶偏导数的计算方法后，可探索大量现有非启发式优化算法，本章仅以比较具有代表性的最速下降法和改进牛顿法中的 BFGS（Broyden-Fletcher-Goldfarb-Shanno）方法为例。

1. 最速下降法

最速下降法的基本思想是将函数进行泰勒展开。采用高阶展开式对函数进行近似将更加准确，但视在电阻率的计算公式并不是简单的解析函数，因此本章仅研究一阶泰勒展开情况下的最速下降法。将 $\rho_{D_i}^{\mathrm{c}}(\boldsymbol{x})$ 进行一阶泰勒展开可得

$$\rho_{D_i}^{\mathrm{c}}\left(x^{(k+1)}\right)-\rho_{D_i}^{\mathrm{c}}\left(x^{(k)}\right)=\left[\nabla\rho_{D_i}^{\mathrm{c}}\left(x^{(k)}\right)\right]\left(x^{(k+1)}-x^{(k)}\right)+o\left(\left\|x^{(k+1)}-x^{(k)}\right\|\right) \tag{3.22}$$

式中，$\boldsymbol{x}$ 为一个包含全部待求变量 $\{\rho_1,\cdots,\rho_n,h_1,\cdots,h_{n-1}\}$ 的向量；$x^{(k)}$ 为第 k 次迭代后向量 $\boldsymbol{x}$ 的值。$\nabla\rho_{D_i}^{\mathrm{c}}\left(x^{(k)}\right)$ 的表达式为

$$\nabla\rho_{D_i}^{\mathrm{c}}\left(x^{(k)}\right)=\left(\frac{\partial\rho_{D_i}^{\mathrm{c}}\left(x^{(k)}\right)}{\partial\rho_1},\cdots,\frac{\partial\rho_{D_i}^{\mathrm{c}}\left(x^{(k)}\right)}{\partial\rho_n},\frac{\partial\rho_{D_i}^{\mathrm{c}}\left(x^{(k)}\right)}{\partial h_1},\cdots,\frac{\partial\rho_{D_i}^{\mathrm{c}}\left(x^{(k)}\right)}{\partial h_{n-1}}\right)^{\mathrm{T}} \tag{3.23}$$

将任意迭代初值变量 $x^{(0)}$（$\rho_1^{(0)},\cdots,\rho_n^{(0)},h_1^{(0)},\cdots,h_{n-1}^{(0)}$）代入式(3.22)进行迭代。忽略高阶无穷小，可假设：

$$x^{(k+1)}-x^{(k)}=t^{(k)}\cdot p^{(k)} \tag{3.24}$$

式中，$t^{(k)}$ 为第 k 次迭代的迭代步长；$p^{(k)}$ 为第 k 次迭代的搜索方向。最速下降法要求 $\rho_{D_i}^{\mathrm{c}}(x)$ 在点 $x^{(k)}$ 处下降最快的方向作为迭代搜索方向 $p^{(k)}$。因此，搜索方向 $p^{(k)}$ 为 $-\nabla\rho_{D_i}^{\mathrm{c}}\left(x^{(k)}\right)$ 时，函数 $\rho_{D_i}^{\mathrm{c}}(x)$ 在点 $x^{(k)}$ 处的负梯度最大，即下降值最大。通过最速下降法可将 n 维变量优化问题转化为多个沿负梯度方向的一维搜索问题。最速下降法的计算流程如图 3.15 所示[9,10]。

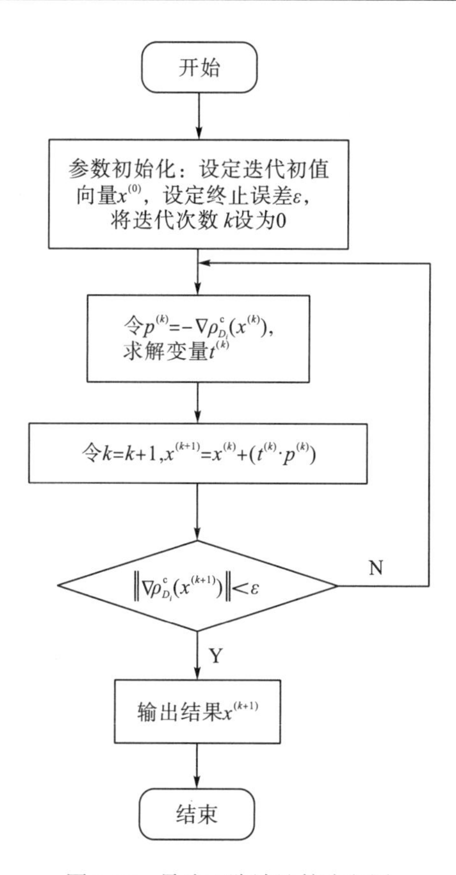

图 3.15　最速下降法计算流程图

2. BFGS 法

将二阶及更高阶的泰勒展开应用到牛顿迭代法中，将涉及黑塞(Hessian)矩阵的求解，计算效率较低。为避免 Hessian 矩阵的求解，通常将经典牛顿法扩展至拟牛顿法。其中，BFGS 法是工程中广泛使用的一种拟牛顿法。BFGS 的基本思想是采用近似矩阵替换牛顿法中的 Hessian 矩阵，从而提高计算效率。首先对函数 $\rho_{D_i}^{c}(x)$ 进行二阶泰勒展开[11,12]：

$$\rho_{D_i}^{c}\left(x^{(k+1)}\right)-\rho_{D_i}^{c}\left(x^{(k)}\right)=\left[\nabla\rho_{D_i}^{c}\left(x^{(k)}\right)\right]\left(x^{(k+1)}-x^{(k)}\right)+\frac{1}{2}B\left(x^{(k)}\right)\left(x^{(k+1)}-x^{(k)}\right)^2+o\left(\left\|\left(x^{(k+1)}-x^{(k)}\right)^2\right\|\right) \tag{3.25}$$

式中，$\nabla\rho_{D_i}^{c}\left(x^{(k)}\right)$为函数 $\rho_{D_i}^{c}(x)$ 对各个变量的一阶偏导数；$B\left(x^{(k)}\right)$为函数 $\rho_{D_i}^{c}(x)$ 对各个变量的二阶偏导数的近似解。假定迭代关系为

$$B\left(x^{(k+1)}\right)=B\left(x^{(k)}\right)+D\left(x^{(k)}\right) \tag{3.26}$$

式中，$B\left(x^{(k)}\right)$和$D\left(x^{(k)}\right)$均为关于第 k 次迭代变量值 $x^{(k)}$ 的函数。根据 $B\left(x^{(k)}\right)$ 的定义可得

$$B\left(x^{(k+1)}\right)=\frac{\nabla\rho_{D_i}^{c}\left(x^{(k+1)}\right)-\nabla\rho_{D_i}^{c}\left(x^{(k)}\right)}{x^{(k+1)}-x^{(k)}}=\frac{y_k}{x_k} \tag{3.27}$$

将 $D\left(x^{(k)}\right)$ 改写为

$$D\left(x^{(k)}\right)=\alpha u_k u_k^{\mathrm{T}}+\beta v_k v_k^{\mathrm{T}} \tag{3.28}$$

联立式(3.26)～式(3.28)，可得

$$y_k - x_k B\left(x^{(k)}\right)=\alpha u_k\left(u_k^{\mathrm{T}} x_k\right)+\beta v_k\left(v_k^{\mathrm{T}} x_k\right) \tag{3.29}$$

式中，v_k，u_k，u_k^{T}，v_k^{T} 均为实数，参数 α 和 β 存在很多情况。可假设 $u_k = rB_k x_k$，$v_k=\theta y_k$，并代入式(3.28)和式(3.29)，可得

$$D\left(x^{(k)}\right)=\alpha r B_k x_k^{\mathrm{T}} B_k+\beta\theta y_k y_k^{\mathrm{T}} \tag{3.30}$$

$$\left\{\alpha r^2\left[x_k^{\mathrm{T}} B\left(x^{(k)}\right)x_k\right]+1\right\}\left[B\left(x^{(k)}\right)x_k\right]+\left[\beta\theta^2\left(y_k^{\mathrm{T}}x_k\right)-1\right]\left(y_k\right)=0 \tag{3.31}$$

为了满足 $B\left(x^{(k)}\right)$ 对称正定的充要条件，令 $\alpha r^2\left[x_k^{\mathrm{T}} B\left(x^{(k)}\right)x_k\right]+1=0$，$\beta\theta^2\left(y_k^{\mathrm{T}}x_k\right)-1=0$，可化简求得 BFGS 的最终迭代公式：

$$B\left(x^{(k+1)}\right)=\begin{cases} B\left(x^{(k)}\right), & y_k^{\mathrm{T}}x_k \leqslant 0 \\ B\left(x^{(k)}\right)-\dfrac{B\left(x^{(k)}\right)x_k x_k^{\mathrm{T}}\left(x^{(k+1)}\right)B\left(x^{(k)}\right)}{x_k^{\mathrm{T}}B\left(x^{(k)}\right)x_k}+\dfrac{y_k y_k^{\mathrm{T}}}{y_k^{\mathrm{T}}x_k}, & y_k^{\mathrm{T}}x_k > 0 \end{cases} \tag{3.32}$$

通过式(3.32)可对函数进行迭代计算，BFGS 法的计算流程如图 3.16 所示[13]。

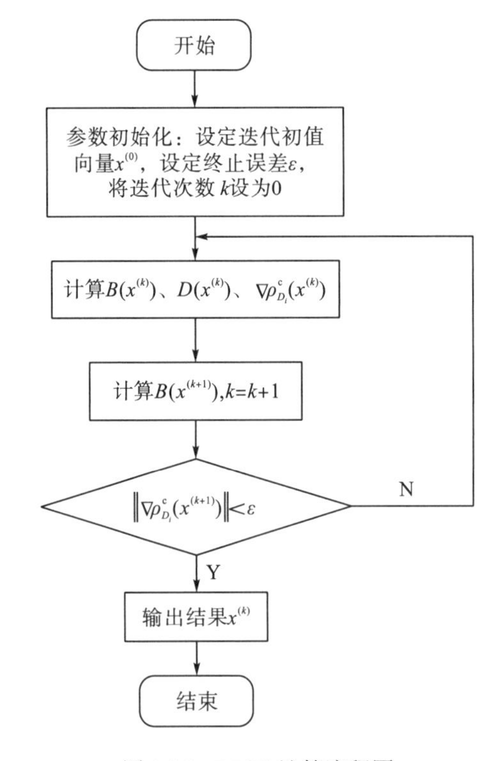

图 3.16 BFGS 计算流程图

3.4.3 启发式优化算法

启发式优化算法是一种基于直观或经验构造的算法，在可接受的计算时间、内存占用

等情况下，给出待优化问题的一个可行解。根据定义可知，启发式优化算法是在一定计算成本的基础上给出一个尽可能好的解，因此，该解可能为局部最优解，和全局最优解存在一定误差。启发式优化算法的优点是不用求解偏导数，适应性更强，计算过程直观，易于编程等。随着计算机技术的发展，启发式优化算法通常也能取得较好的计算结果。下面介绍几类常用的启发式优化算法。

1. 粒子群优化算法

鸟群在觅食过程中，会根据自身的初始速度和同伴的速度调整自身速度，鸟群之间会共享很多食物源距离等信息。通过对鸟群觅食行为的研究，Eberhart 和 Kennedy 于 1995 年提出粒子群优化(particle swarm optimization，PSO)算法。PSO 算法具有结构简单、参数少、精度高等一系列优点[1]。PSO 算法的基本思想为 m 个粒子组成的群体在 D 维空间中进行飞行搜索。空间维数 D 应和待优化变量个数一致。例如，水平 n 层土壤具有 $2n-1$ 个变量，需要建立 $2n-1$ 维搜索空间。仍以式(3.15)作为适应度函数。对于包含 m 个粒子的某一维变量而言，所有粒子的初始值应该分布在给定的范围内。任一粒子 i 对应速度 V_i 和位置 X_i 两类信息。速度反映迭代过程变化的速率，位置反映待求解变量的值。首先进行初始化操作、设置最大迭代次数、种群规模，粒子的初始速度和初始位置。通过式(3.33)更新粒子速度和位置[14]。

$$\begin{cases} V_i^{k+1} = \omega^k V_i^k + c_1 \mathrm{rand}_1(0,1)\left(P_{\mathrm{best},i}^k - X_i^k\right) + c_2 \mathrm{rand}_2(0,1)\left(G_{\mathrm{best},i}^k - X_i^k\right) \\ X_i^{k+1} = X_i^k + V_i^k \end{cases} \tag{3.33}$$

式中，上标 k、$k+1$ 表示第 k 次、$k+1$ 次飞行次数；下标 i 表示具体的包含待求参数的变量；$\mathrm{rand}_1(0,1)$ 和 $\mathrm{rand}_2(0,1)$ 为两个不同的 0～1 的随机数；$P_{\mathrm{best},i}^k$ 为个体最优值；$G_{\mathrm{best},i}^k$ 为全局最优值。$P_{\mathrm{best},i}^k$ 和 $G_{\mathrm{best},i}^k$ 通过将粒子位置代入适应度函数中进行计算获得。c_1 为个体学习因子，主要体现粒子向个体最优的学习程度。c_2 为社会学习因子，主要体现粒子向全局最优的学习程度。c_1 和 c_2 通常为 0～2 的随机数，假定 c_1 取 1.5，c_2 取 2.0。PSO 算法的计算流程如图 3.17 所示[15]。

2. 遗传算法

遗传算法(genetic algorithm，GA)是模拟自然界生物进化过程的一种自适应概率优化算法，具有较强的鲁棒性[16-18]。水平 n 层土壤包含 $2n-1$ 个变量，即 $x_1, x_2, \cdots, x_{2n-1}$，对应 $2n-1$ 条染色体。一条染色体包含多个基因片段，需要对其进行二进制编码操作，基因片段的数量为种群规模。例如，对任意一条染色体 $x_i(a < x_i < b)$ 进行 8 位二进制编码，种群规模为 2^8，编码 00000000 表明 x_i 等于 a，编码 11111111 表明 x_i 等于 b。仍以式(3.15)作为适应度函数。对于不同的数学模型，可对适应度函数进行线性变换、幂函数变换、指数变换和对数变换等操作，从而改变不同基因片段之间的差异，最优个体的选择概率也更大。GA 在迭代过程中通常采用轮盘赌注的方式：

$$p_i = \frac{f_i}{\sum_{i=1}^{N} f_i} \quad (i = 1, 2, \cdots, N) \tag{3.34}$$

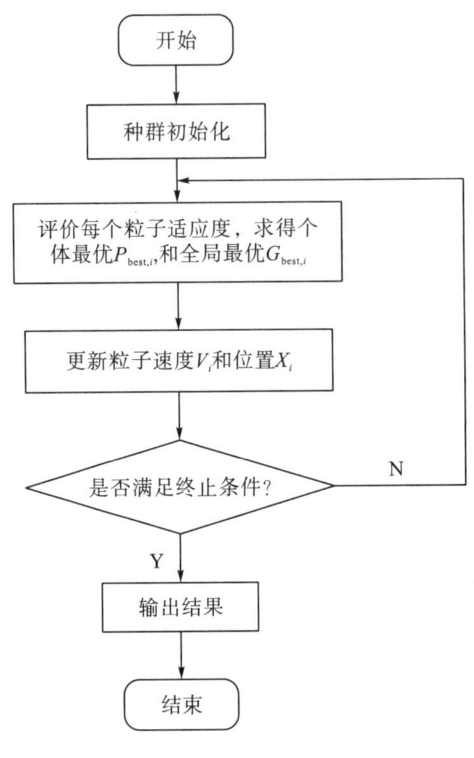

图 3.17 PSO 计算流程图

式中，N 为种群规模；i 为种群中的个体；p_i 为个体 i 被选中的概率；f_i 为个体 i 的适应度。适应度更高的个体被选择概率更高。

GA 中的遗传操作主要包括交叉和变异两种方式[19]。对于两个父代基因片段，任选一个或多个交叉点，对其进行交叉操作，产生两个新的子代基因片段。变异操作主要按照一定概率对基因片段进行变异处理，主要包括按位变异、高斯变异和有向变异等方式。例如，按位变异主要通过选中二进制编码基因中的一位或几位编码进行取反操作。变异操作可一定程度上避免计算结果陷入局部最优的缺点，对于容易陷入局部最优的数学模型，可适当提高变异概率。GA 的计算流程如图 3.18 所示[20,21]。

3. 差分进化算法

1997 年 Rainer Storn 和 Kenneth Price 基于遗传算法（GA）的进化思想提出差分进化(differential evolution，DE)算法[16]。相比于 GA，DE 算法不需要进行编码和解码操作，具有收敛性好、稳定性强等优点。DE 算法仍主要包括变异、交叉和选择三大步骤，但具体操作方式和 GA 不同。水平 n 层土壤包含 $2n-1$ 个变量，差分进化算法需要 $2n-1$ 个个体，其中每个个体 X_i 均由 N 维向量构成，即种群规模为 N。对于个体 X_i 中的第 j 维元素 $X_{i,j}$，i 的取值范围为$\left[1,N\right]$，j 的取值范围为$\left[1,2n-1\right]$。在缺乏数学模型相关先验知识的情况下，通过一个概率分布让种群分布在给定范围之内。在变异操作过程中，不同于 GA 通过反转编码位置进行变异，DE 算法通过引入由父代差分向量产生的变异向量，可得

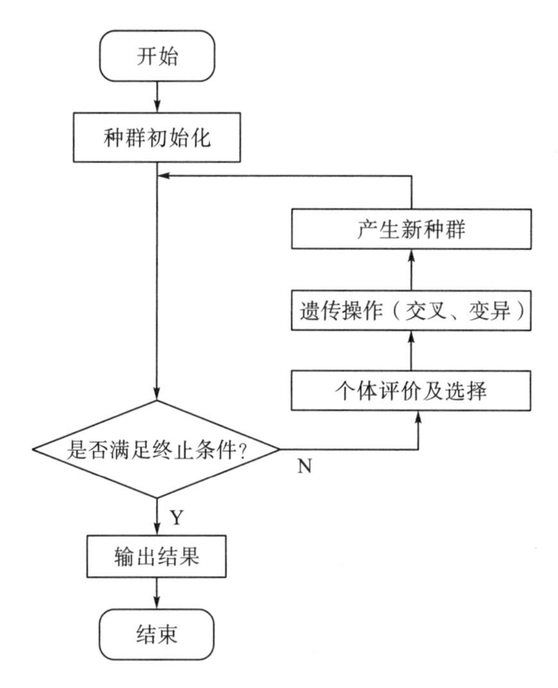

图 3.18　GA 计算流程图

$$V_{i,j}^{k+1} = X_{r_1,j}^{k} + F \cdot \left(X_{r_2,j}^{k} - X_{r_3,j}^{k} \right) \tag{3.35}$$

式中，$V_{i,j}^{k+1}$为通过父代产生的变异中间个体；r_1、r_2和r_3为$[1,N]$内的随机数；上标k为迭代次数，第k代个体为第k+1 代个体的父代。将中间个体$V_{i,j}^{k+1}$和当前个体$X_{i,j}^{k}$进行交叉操作，得到候选个体$U_{i,j}^{k+1}$。为了增加种群多样性，交叉操作为

$$U_{i,j}^{k+1} = \begin{cases} V_{i,j}^{k}, & \text{rand}[0,1] \leqslant \text{CR} \\ X_{i,j}^{k}, & \text{rand}[0,1] > \text{CR} \end{cases} \tag{3.36}$$

式中，rand$[0,1]$为 0～1 的随机数；CR 为交叉概率因子，取值范围为$[0,1]$。通过交叉操作，候选个体$U_{i,j}^{k+1}$中，有一部分维度的值来自变异操作产生的中间个体$V_{i,j}^{k+1}$，另一部分来自当前个体$X_{i,j}^{k}$。最终根据适应度函数在当前个体X_i^k和候选个体U_i^{k+1}之间选择出下一代个体，可得

$$X_i^{k+1} = \begin{cases} X_i^k, & g\left(X_i^k\right) \leqslant g\left(U_i^{k+1}\right) \\ U_i^{k+1}, & g\left(X_i^k\right) > g\left(U_i^{k+1}\right) \end{cases} \tag{3.37}$$

式中，适应度函数$g(x)$和式(3.15)保持一致，对于分层土壤的适应度函数而言，函数值越小，表明计算结果越准确。因此，下一代个体X_i^{k+1}选择X_i^k和U_i^{k+1}中适应度较小的个体。DE 算法的计算流程如图 3.19 所示[14,17]。

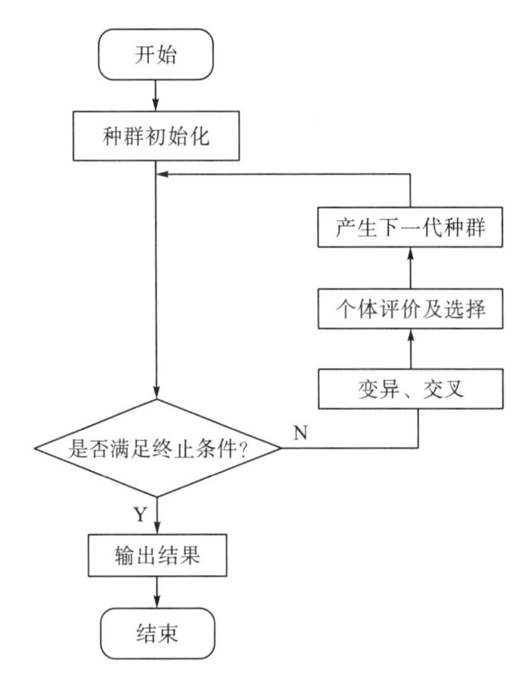

图 3.19　DE 算法计算流程图

4. 人工蜂群优化算法

蜜蜂在采蜜过程中，少数工蜂会外出寻找蜜源，发现蜜源后工蜂转变为雇佣蜂，并在跳舞区域传递蜜源位置、蜜源优劣等信息。蜂群可根据雇佣蜂提供的蜜源信息逐渐找到优质蜜源。基于上述蜜蜂采蜜行为，Karaboga 于 2005 年提出人工蜂群(artificial bee colony，ABC)优化算法[1]。ABC 优化算法中主要包括雇佣蜂和非雇佣蜂。雇佣蜂主要包括引领蜂(采蜜蜂)，非雇佣蜂主要包括观察蜂和侦察蜂。首先进行初始化 ，一个食物源位置代表问题的一个可行解，一只引领蜂对应采集一个食物源的食物，因此雇佣蜂的数量(种群规模)和蜂巢周围的食物源数量是相等的。蜂群初始化为

$$X_{i,j}=X_{\min,j}+\mathrm{rand}\left[0,1\right]\left(X_{\max,j}-X_{\min,j}\right) \tag{3.38}$$

式中，j 为某一食物源的第 j 维，食物源的维度 D 和待求解变量个数一致。水平 n 层土壤具有 $2n-1$ 个变量，需要建立 $2n-1$ 维食物源，j 的取值范围为$1,\cdots,2n-1$。i 为第 i 个食物源，假定种群规模为 N，i 的取值范围为$1,\cdots,N$。X_i^j 为第 i 个食物源的第 j 维，$\mathrm{rand}\left[0,1\right]$为 0～1 的随机数。$X_{\max,j}$ 和 $X_{\min,j}$ 是第 i 个食物源的第 j 维的最大值和最小值。

观察蜂依据引领蜂分享的食物源信息判断寻找新的蜜源。观察蜂没有记忆，通常通过式(3.38)来选择要跟随的引领蜂，则更优质的食物源被选中的概率更大。修改目标函数式(3.15)，可得适应度函数为

$$\mathrm{fit}\left(X_i\right)=\begin{cases}1+\left|g\left(X_i\right)\right|, & g\left(X_i\right)<0\\ \dfrac{1}{1+g\left(X_i\right)}, & g\left(X_i\right)\geqslant 0\end{cases} \tag{3.39}$$

观察蜂进一步采用贪婪机制，在选中的蜜源 $X_{i,j}$ 附近进行一次局部随机搜索。若搜索结果蜜源质量较高，则保留搜索后的蜜源，反之，则保留原蜜源。观察蜂的局部随机搜索方式为[22]

$$V_{i,j} = X_{i,j} + \varphi_{i,j}\left(X_{i,j} - X_{k,j}\right) \tag{3.40}$$

式中，$V_{i,j}$ 为随机搜索的新蜜源；$X_{k,j}$ 为 $X_{i,j}$ 周围的蜜源；k 取值范围为 $1,\cdots,2n-1$ 且 $k \neq i$；$\varphi_{i,j}$ 为食物源的变化率，取值范围为 $\left[-1,1\right]$。若一个食物源在经过多次搜索后未能被更新，则此引领蜂转变为侦察蜂，继续寻找新的食物源，该转变有助于蜜源跳出局部最优解。ABC 算法的计算流程如图 3.20 所示[23]。

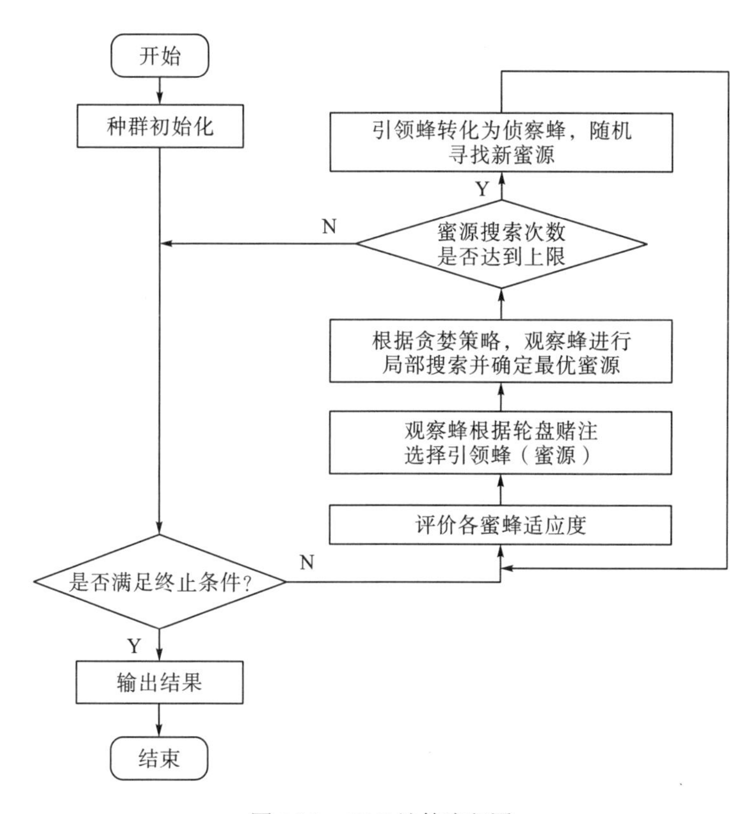

图 3.20　ABC 计算流程图

3.4.4　改进启发式优化算法

土壤参数的反演计算方法主要分为非启发式算法和启发式算法两类。其中，非启发式算法存在过度依赖迭代初始值、可靠性不高等不足，启发式优化算法存在迭代过程中粒子多样性不足、初值范围难以确定、容易陷入局部最优等问题。总体而言，现有方法缺乏对水平分层土壤参数的数学模型的深入研究，通常具有计算误差较大、结果不稳定等缺点。基于前文的研究内容，本节重点介绍一种改进的启发式优化算法，即 PSO-DE（particle swarm optimization-differential evolution）优化计算方法。

1. 计算原理

PSO-DE 优化算法主要以 PSO 算法中的粒子位置代表待求解的水平分层土壤参数的数值大小，总维度 D 为待求解的水平分层土壤参数个数[1]。对于水平 n 层土壤，总维度 D 为 $2n-1$。对每一维变量进行粒子种群的初始化，假定粒子数量为 N_p，即种群规模为 N_p。粒子的初始化方法为

$$X_{i,j}^{0} = X_{\min,j}^{0} + \text{rand}(0,1)\left(X_{\max,j}^{0} - X_{\min,j}^{0}\right) \tag{3.41}$$

其中，i 为种群中的一个粒子，取值范围为$\left[1,N_p\right]$，种群数量 N_p 取 100；j 表示空间维度，取值范围为$[1,2n-1]$；上标 0 表示第 0 次迭代(初始位置)；$\text{rand}(0,1)$ 为服从 0–1 均匀分布的随机数，使粒子的初始位置均匀分布在给定范围内；$X_{i,j}^{0}$ 是第 j 维变量中的第 i 个粒子初始位置；$X_{\min,j}^{0}$ 是第 j 维变量中的最小值；$X_{\max,j}^{0}$ 是第 j 维变量中的最大值。定义粒子的位置向量 X_i 为$\left[\rho_{i,1},\cdots,\rho_{i,n},h_{i,1},\cdots,h_{i,n-1}\right]$，其物理意义为包含所有维度变量的种群 i；定义粒子的速度向量 V_i 为$\left[V_{i,1},V_{i,2},\cdots,V_{i,2n-1}\right]$，表示每一次飞行过程中粒子的位置变化情况。第 k 次飞行和第 $k+1$ 次飞行后粒子的位置和速度为

$$\begin{cases} V_i^{k+1} = \omega^k V_i^k + c_1 \text{rand}_1(0,1)\left(P_{\text{best},j}^k - X_i^k\right) + c_2 \text{rand}_2(0,1)\left(G_{\text{best},i}^k - X_i^k\right) \\ X_i^{k+1} = X_i^k + V_i^k \end{cases} \tag{3.42}$$

其中，上标 k 和 $k+1$ 分别表示粒子的第 k 次和 $k+1$ 次飞行；下标 i 表示包含所有维度(全部待求变量)的种群 i；$\text{rand}_1(0,1)$ 和 $\text{rand}_2(0,1)$ 为两个不同的服从 0–1 分布的随机数；$P_{\text{best},i}^k$ 为粒子的个体最优值；$G_{\text{best},i}^k$ 为粒子的全局最优值；c_1 为个体学习因子，表明粒子向个体最优粒子的学习程度，取 1.5；c_2 为社会学习因子，表明粒子向全局最优粒子的学习程度，取 2.0[18]。

经典 PSO 算法迭代过程中粒子的多样性不足，容易陷入局部最优解。因此，将 DE 算法中的变异、交叉等操作引入 PSO 粒子飞行过程中，最大程度提高粒子的多样性，避免陷入局部最优解。将 DE 算法中的变异个体引入 PSO 中，对粒子的飞行速度和位置进行变异操作：

$$\begin{cases} R_i^{k+1} = X_{r_1}^k + F\cdot\left(X_{r_2}^k - X_{r_3}^k\right) \\ Q_i^{k+1} = V_{r_1}^k = F\cdot\left(V_{r_2}^k - V_{r_3}^k\right) \end{cases} \tag{3.43}$$

其中，R_i^{k+1} 和 Q_i^{k+1} 是根据父代第 k 次飞行中粒子位置 X_i^k 和速度 V_i^k 变异产生的中间个体；r_1、r_2 和 r_3 均为范围$\left[1,N_p\right]$内的随机数；F 为变异因子，取 0.5。

随机产生交叉点，对变异个体 R_i^{k+1} 和当前位置变量 X_i^k 进行交叉操作，得到关于粒子位置的中间变量 S_i^{k+1}；对速度变异个体 Q_i^{k+1} 和当前速度变量 V_i^k 进行交叉操作，得到关于粒子速度的中间变量 T_i^{k+1}。交叉概率取值范围通常为 0～1，本章取 0.9。最终通过适应度函数选择粒子下一次飞行的位置。

$$X_i^{k+1}=\begin{cases}X_i^k+V_i^k\quad ,g\left(X_i^k+V_i^k\right)<g\left(S_i^{k+1}+T_i^{k+1}\right)\\S_i^{k+1}+T_i^{k+1},g\left(X_i^k+V_i^k\right)>g\left(S_i^{k+1}+T_i^{k+1}\right)\end{cases}\tag{3.44}$$

通过上述操作，将 DE 算法中的交叉、变异操作引入 PSO 算法，从算法层面增加了粒子的多样性，从而有效避免计算结果陷入局部最优。PSO-DE 优化算法的计算流程见图 3-21。

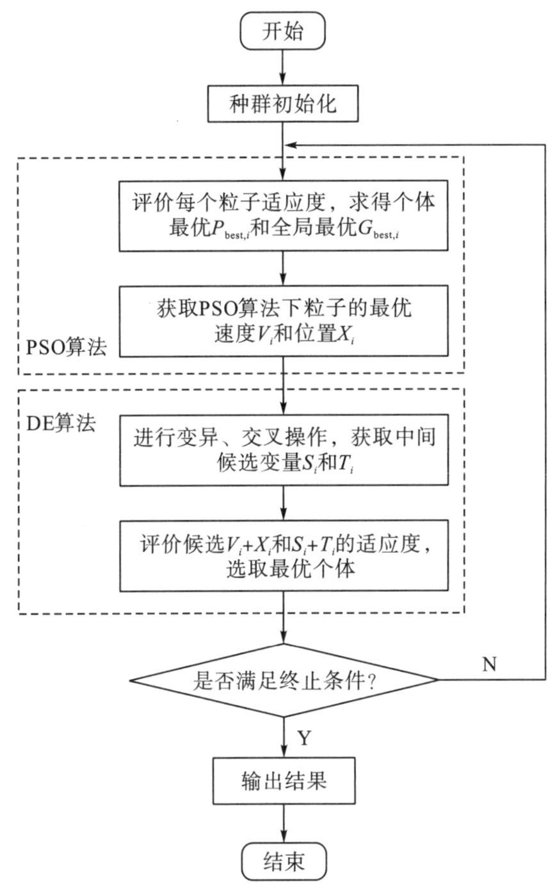

图 3.21　PSO-DE 优化算法计算流程图

2. 参数设置

PSO-DE 优化算法通过 DE 算法中的交叉操作、变异操作等方式增加了粒子迭代过程中的多样性。根据分析结果，参数设置方法需要使得各粒子初值分布在最优解附近，最大程度地避免计算结果陷入局部最优。

1) 粒子位置 (X_i) 初始化

启发式算法对于初值的依赖程度远低于经典非启发式优化算法，但并不表明启发式算法完全不依赖于初值。例如，将种群分散在负无穷到正无穷的区间上，即使种群数量极其庞大，计算结果也容易陷入局部最优。因此，启发式算法中通常将种群采用一定概率分布形式分散在一个合理的初值区间内，该区间需要尽可能包含带求解变量的正确值。在区间包含正确解的前提下，区间越窄，所需要的种群规模越小，种群的初始位置包含或靠近全局最优解的可能性越大，从而越不容易陷入局部最优。初值区间的长短主要依据对研究对象数学模型的了解程度。在没有任何先验知识的情况下，通常选择较宽初值区间，避免种群初始值偏离全局最优解过远，陷入局部最优；在充分了解研究对象数学模型的情况下，可选取较窄初值区间，保证种群初始值尽可能靠近全局最优解，有效提高计算效率。

前文分析了水平分层土壤的视在电阻率计算曲线分布特性，但水平分层土壤视在电阻率的实际测量曲线和理论计算曲线在操作性上存在一定差异。比如，视在电阻率的理论计算曲线可选择非常小的布极距离，使测量曲线形成一条光滑的曲线。然而，对于视在电阻率的实际测量曲线，通常仅能采集有限个不同布极距离下水平分层土壤的视在电阻率，因此，实测数据通常为一系列离散的测量点，如图 3.22 所示。

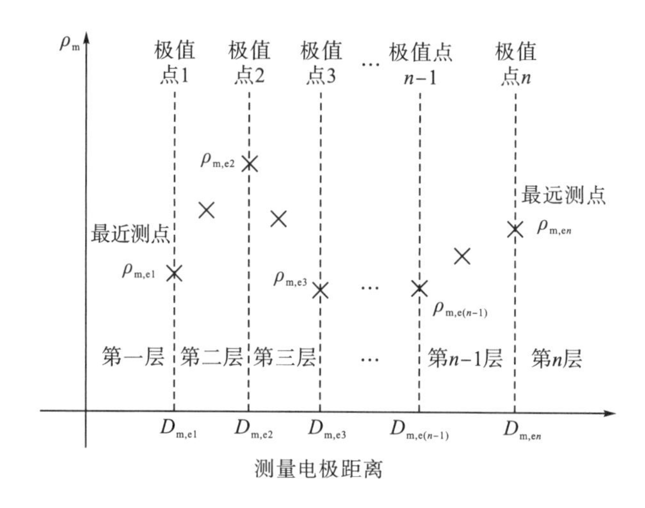

图 3.22　视在电阻率测量点示意图

图 3.22 中，$\rho_{m,ei}$ 为 ρ_m 测量点中第 i 个极值点；$D_{m,ei}$ 为极值点 $\rho_{m,ei}$ 对应的测量距离，令 $\rho_{m,e1}$ 和 $D_{m,e1}$ 为最近测量点(测量电极距离 D 最小)的测量数据，$\rho_{m,en}$ 和 $D_{m,en}$ 为最远测量点(测量电极距离 D 最大)的测量数据。离散的测量点可能构成一个具有极大值和极小值的多峰测量曲线。根据前文分析结果可知，测点 ρ_m 的极值点 $\rho_{m,ei}$ 及其对应的测量电极距离 $D_{m,ei}$ 和水平分层土壤的参数密切相关。令 $\Delta D_{m,ei}$ 等于 $D_{m,ei}-D_{m,e(i-1)}$，$\Delta D_{m,e1}$ 等于 $D_{m,e1}$。$\Delta D_{m,ei}$ 的大小受到第 i 层土壤厚度的影响，第 i 层土壤厚度越大所需的 $\Delta D_{m,ei}$ 越大。最近测量电极距 $\Delta D_{m,e1}$ 的距离通常较小，由于测量电极的距离和进入深层土壤的电流比例正相关，可认为 $\Delta D_{m,e1}$ 仅能反映第一层土壤的参数，水平分层土壤的 ρ_1 和 h_1 应该在 $\rho_{m,e1}$ 和 $\Delta D_{m,e1}$ 的附近。对于第 i 层土壤($i>1$)的实际电阻率 ρ_i，当测量值 $\rho_{m,ei}$ 为一个极大值时，ρ_i 必定大于 $\rho_{m,ei}$，当测量值 $\rho_{m,ei}$ 为一个极小值时，ρ_i 必定小于 $\rho_{m,ei}$。分层土壤的实际电阻率 ρ_i 可以通过测量视在电阻率的极值点 $\rho_{m,ei}$ 确定一个限值(上限值或下限值)。对于第 i 层土壤($i>1$)的实际厚度 h_i，测量到每层土壤的信息通常需要更大的测量电极布极距离 D，分层土壤实际厚度 h_i 必定小于 $\Delta D_{m,ei}$。分层土壤的实际厚度 h_i 可以通过 $\Delta D_{m,ei}$ 确定一个上限值。根据上述方法，可将分层土壤参数的初始范围限定在一个较窄的区间内，有利于 PSO-DE 算法的种群初始化。

PSO-DE优化算法中，粒子位置X_i表示水平n层土壤的$2n-1$个待求参数（$\rho_1,\rho_2,\cdots,\rho_n,h_1,\cdots,h_{n-1}$）的数值。令粒子位置$X_1\sim X_n$对应土壤电阻率$\rho_1\sim\rho_n$，粒子位置$X_{n+1}\sim X_{2n-1}$对应分层土壤厚度$h_1\sim h_{n-1}$。第一个土壤视在电阻率极值点$\rho_{\mathrm{m,e1}}$为测量距离$D$最小时的测量视在电阻率，测量电流极的距离较短，可近似认为$\rho_{\mathrm{m,e1}}$仅能反映实际分层土壤中第一层土壤的电阻率，X_1的初始化方法为

$$X_1=\rho_{\mathrm{m,e1}}\left(0.5+1.5\cdot\mathrm{rand}(0,1)\right)\tag{3.45}$$

式中，X_1的取值范围为$\left[0.5\rho_{\mathrm{m,e1}},1.5\rho_{\mathrm{m,e1}}\right]$。$\rho_{\mathrm{m,e1}}$的测量距离$D_{\mathrm{m,e1}}$在3m以内，上述初值基本满足要求。当最小测量距离为1m或者更小时，可进一步缩小区间范围，反之则适当增加该区间范围。根据前文分析可知，水平分层土壤视在电阻率ρ_{m}的极大值和极小值能反映水平分层土壤的电阻率信息。若水平分层土壤电阻率差异很大，厚度过小，极值点并不明显。因此，存在极值点时，可能该层土壤电阻率较大、厚度较小，或电阻率较小、土壤厚度较大。综上所述，土壤电阻率的粒子初始位置需要选取一个较大的范围。$\rho_{\mathrm{m,}ei}$为极大值时，对应实际水平分层土壤电阻率ρ_i通常远大于$\rho_{\mathrm{m,}ei}$；$\rho_{\mathrm{m,}ei}$为极小值时，对应实际分层土壤电阻率ρ_i通常远小于$\rho_{\mathrm{m,}ei}$。土壤电阻率的初始化方法为

$$\begin{cases}X_i=\rho_{\mathrm{m,}ei}\left(1+4\cdot\mathrm{rand}(0,1)\right), & i=1,2,\cdots,n\left(\rho_{\mathrm{m,}ei}\text{为极大值}\right)\\ X_i=\rho_{\mathrm{m,}ei}\left(0.2+0.8\cdot\mathrm{rand}(0,1)\right), & i=1,2,\cdots,n\left(\rho_{\mathrm{m,}ei}\text{为极小值}\right)\end{cases}\tag{3.46}$$

其中，水平分层土壤厚度对极值点的影响较大。电流能够进入土壤的深度和电流极之间的距离成正比。土壤厚度大，表明需要电流进入更深土壤层，即需要更大的测量电极距离D才能获得土壤厚度的信息。因此，极值点对应的测量距离$\Delta D_{\mathrm{m,}ei}$可以作为实际水平分层土壤厚度初始化区间的上限，土壤层厚度在数值上通常远小于土壤电阻率，土壤厚度粒子的初始化方法为

$$X_i=\Delta D_{\mathrm{m,}ei}\left[0.05+0.95\cdot\mathrm{rand}(0,1)\right]\qquad(i=n,n+1,\cdots,2n-1)\tag{3.47}$$

2）粒子速度（V_i）初始化

粒子速度V_i表明粒子在一次飞行过程中位置的变化情况。V_i本身和种群中粒子位置取值大小相关，若粒子初值速度过大，容易导致迭代次数增加，粒子初始速度过小，容易导致计算效率下降。粒子速度的初始化方法为

$$V_{i,j}^0=0.1\left(X_{i,\max}-X_{i,\min}\right)\tag{3.48}$$

式中，$V_{i,j}^0$为位置向量X_i中第j个粒子的初始飞行速度；$X_{i,\max}$为位置向量X_i中的最大值；$X_{i,\min}$为向量X_i中的最小值。

3）惯性系数（ω）设置

ω为PSO-DE优化算法中的惯性系数，表明粒子当前飞行速度对下一次飞行速度的影响。ω越大表明粒子的速度惯性越大。在粒子前期的全局搜索阶段，ω为一个较大值，有利于尽快搜索到一个最优解；在粒子后期搜索阶段，ω为一个较小值，有利于粒子后期跳出局部最优解。粒子权重系数ω的设置可采取线性递减方式[24]：

$$\omega^i=\omega_{\min}+\frac{I_{\max}-I^i}{I_{\max}}\left(\omega_{\max}-\omega_{\min}\right)\tag{3.49}$$

其中，ω^i 为粒子在第 i 次飞行过程中的权重；I^i 为当前飞行迭代次数 i；I_{max} 为最大飞行迭代次数；ω_{max} 为权重的最大值，取 0.9；ω_{min} 为权重最小值，取 0.4。

4) 误差控制

由于粒子的分布和迭代过程具有一定随机性，为了最大程度减少迭代次数，以计算值和测量值之间的均方根误差(root mean square error，RMSE)作为程序结束的判据，当均方根误差小于 1%时，输出计算结果。设置计算过程中的最大迭代次数 N_{max}。若 RMSE 不达标，可重复上述计算流程，超过迭代次数 N_{max} 仍不满足 RMSE 小于 1%则返回当前计算的最优解。

3.5 工程实例分析

本节重点对比改进的 PSO-DE 优化算法、非启发式优化算法、启发式优化算法以及 CDEGS 软件的计算结果。计算过程中不同采样步长会导致不同计算结果，因此，视在电阻率的计算曲线是通过各参考文献中的反演结果计算获得。值得注意的是，上述计算过程为数值计算，计算结果受到采样步长的影响，后续分析均以 CDEGS 软件的采样步长为标准。

3.5.1 对比非启发式优化算法

选取文献[25]中 13 组视在电阻率测量数据，采用非启发式优化算法和 PSO-DE 算法对土壤结构参数进行反演计算(表 3.8～表 3.11，图 3.23)。非启发式算法主要包含最速下降法、积分变换法和 BFGS 算法。CDEGS 软件主要采用最速下降法和最小二乘法[1]，因此最速下降法的计算结果采用 CDEGS 软件获得。CDEGS 软件的计算结果表明其采样步长为 0.1194，上述算法同样均采用 0.1194 作为采样步长。

表 3.8 土壤电阻率实测数据[25,26]

测点编号	测量电极距离 D/m	视在电阻率 ρ_m/(Ω·m)
1	0.31	227.3
2	0.46	246.9
3	0.76	286.3
4	1.53	289.7
5	2.29	518.5
6	3.05	649.7
7	4.58	871.9
8	6.10	1046
9	15.25	1224
10	22.88	836.9
11	45.75	585.5
12	76.25	646.5
13	152.50	932.3

表 3.9　土壤参数的计算结果

算法类型	$\rho_1/\rho_2/\rho_3/\rho_4/(\Omega\cdot m)$	$h_1/h_2/h_3$/m	RMSE /%
最速下降法	237.1/1044.6/2789.7/627.3	0.99/0.75/3.54	11.94
积分变换法[26]	233.9/3185.2/102.1/1438.7	1.17/6.30/9.36	9.54
BFGS	235.3/2518.3/205.5/1504.7	1.20/5.33/21.06	27.15
PSO-DE	1209.9/4030.0/144.5/1098.4	1.1/4.8/12.9	3.09

表 3.10　计算结果和测量结果的偏离情况 I

测点编号	最速下降法		BFGS	
	$\rho_m/(\Omega\cdot m)$	偏离百分比/%	$\rho_m/(\Omega\cdot m)$	偏离百分比/%
1	241.0	6.01	58.8	74.13
2	248.7	0.71	128.5	47.93
3	278.6	2.69	260.3	9.07
4	407.6	40.70	445.0	53.61
5	545.3	5.17	548.7	5.83
6	667.1	2.69	640.2	1.47
7	854.4	2.01	801.5	8.08
8	973.8	6.90	914.5	12.58
9	1035.6	15.39	898.6	26.58
10	898.5	7.36	686.6	17.96
11	696.9	19.02	506.6	13.47
12	645.4	0.17	648.2	0.27
13	630.2	32.40	989.9	6.17

表 3.11　计算结果和测量结果的偏离情况 II

测点编号	积分变换法		PSO-DE	
	$\rho_m/(\Omega\cdot m)$	偏离百分比/%	$\rho_m/(\Omega\cdot m)$	偏离百分比/%
1	248.6	9.37	226.3	0.44
2	274.2	11.07	251.6	1.91
3	302.8	5.78	281.5	1.67
4	401.6	38.63	387.1	33.63
5	533.4	2.87	524.7	1.20
6	664.8	2.32	659.6	1.52
7	882.6	1.23	880.5	0.98
8	1034.2	1.13	1032.4	1.30
9	1147.0	6.29	1129.4	7.73
10	915.1	9.35	890.2	6.37
11	608.1	3.86	568.8	2.85
12	746.6	15.49	657.0	1.63
13	1147.5	23.08	928.1	0.45

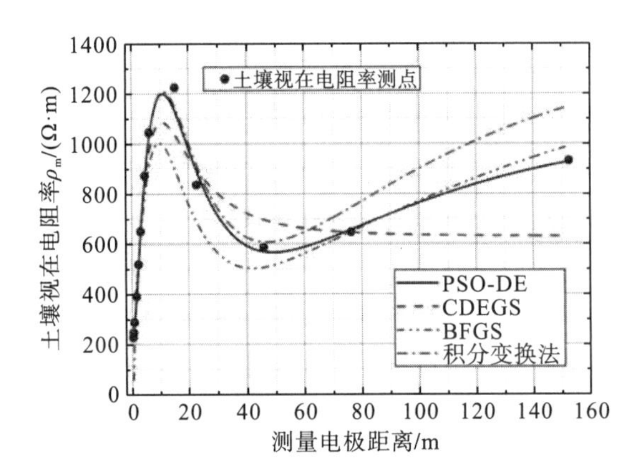

图 3.23 水平分层土壤视在电阻率的反演计算曲线

表 3.9 表明 PSO-DE 优化算法具有最优的计算结果，RMSE 仅为 3.09%。最速下降法、BFGS 法和积分变换法的 RMSE 分为 11.94%，27.15%和 9.54%。根据表 3.10 和图 3.23 可知，PSO-DE 的计算结果在土壤电阻率测量点处的偏离情况明显好于其他三种非启发式优化算法，并且 PSO-DE 算法能够最大程度地逼近表 3.8 中各离散的土壤电阻率测点。

PSO-DE 优化算法中的初值为一个范围内的随机值，为了测试算法的稳定性，进行 10 次随机计算，结果如图 3.24 所示。

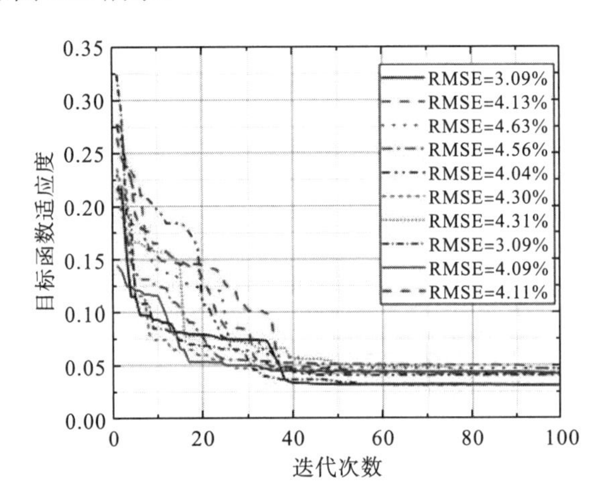

图 3.24 PSO-DE 优化算法 10 次随机计算(见彩版)

图 3.24 表明，PSO-DE 优化算法具有较好的稳定性，10 次随机计算适应度函数均稳定收敛在 3.09%～4.56%，均远好于最速下降法、BFGS 法和积分变换法的计算结果。同时，大多数情况下在 40 次迭代以内则可达到稳定值，具有较高的计算效率。

3.5.2 对比启发式智能优化算法

以重庆某地区的 9 组视在电阻率测量数据为研究对象。采用不同启发式优化算法和 PSO-DE 优化算法对土壤结构参数进行反演计算，同时对比 CDEGS 反演结果。其中，启发式算法主要包含经典 PSO、DE、GA 和 ABC 算法，各算法中参数的初值范围参考式(3.45)～式(3.47)中的选取方法，计算结果如表 3.12～表 3.15、图 3.25 和图 3.26 所示。

表 3.12　土壤视在电阻率实测数据

测点编号	测量电极距离 D/m	视在电阻率 ρ_m/(Ω·m)
1	1.03	147.8
2	1.91	140.6
3	3.90	127.8
4	7.29	142.7
5	1.01	168.2
6	23.75	201.6
7	61.70	145.8
8	113.60	102.8
9	405.80	76.9

表 3.13　土壤结构参数的计算结果

算法类型	$\rho_1/\rho_2/\rho_3/\rho_4$/(Ω·m)	$h_1/h_2/h_3$/m	RMSE/%
PSO	172.7/128.4/584.7/77.2	0.51/9.53/10.03	2.69
DE	157.8/117.2/554.3/73.4	1.01/6.89/8.90	1.56
PSO-DE	**150.1/32.9/283.7/73.9**	**2.57/0.91/23.45**	**0.15**
GA	186.9/122.5/542.3/74.0	0.52/7.89/9.24	2.12
ABC	165.8/127/412.6/72.5	0.63/8.35/12.73	2.44
CDEGS	152.0/95.6/230.0/74.5	1.77/2.73/34.00	2.46

表 3.14　计算结果和测量结果的偏离情况 I

测点编号	PSO		DE		PSO-DE	
	ρ_m/(Ω·m)	偏离百分比/%	ρ_m/(Ω·m)	偏离百分比/%	ρ_m/(Ω·m)	偏离百分比/%
1	147.7	0.08	149.1	0.90	147.9	0.04
2	135.6	3.54	136.9	2.65	140.6	0.02
3	133.2	4.24	129.2	1.10	127.7	0.09
4	143.8	0.75	143.9	0.82	142.8	0.07
5	162.2	3.55	167.3	0.52	168.3	0.07
6	202.2	0.31	200.2	0.67	200.8	0.38
7	150.1	2.97	141.1	3.24	146.1	0.18
8	99.7	3.00	102.2	0.62	102.7	0.10
9	78.4	1.99	76.3	0.83	77.0	0.11

表 3.15 计算结果和测量结果的偏离情况Ⅱ

测点编号	ABC		GA		CDEGS	
	ρ_m/(Ω·m)	偏离百分比/%	ρ_m/(Ω·m)	偏离百分比/%	ρ_m/(Ω·m)	偏离百分比/%
1	148.4	0.44	149.7	1.29	148.7	0.63
2	136.7	2.79	132.8	5.51	140.4	0.18
3	133.0	4.04	129.6	1.43	130.8	2.33
4	144.0	0.88	144.6	1.30	145.7	2.11
5	162.2	3.58	166.8	0.85	165.5	1.59
6	195.7	2.94	201.7	0.07	191.2	5.17
7	147.6	1.25	147.3	1.00	149.8	2.76
8	104.2	1.40	104.2	1.34	100.2	2.48
9	75.5	1.87	76.8	0.16	76.2	0.96

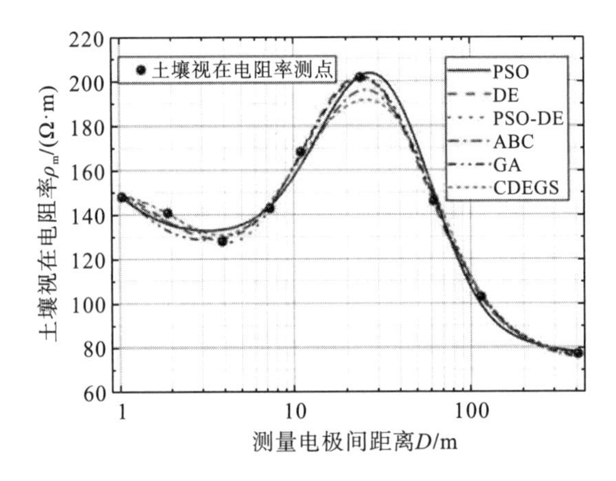

图 3.25 水平分层土壤视在电阻率的反演计算曲线(见彩版)

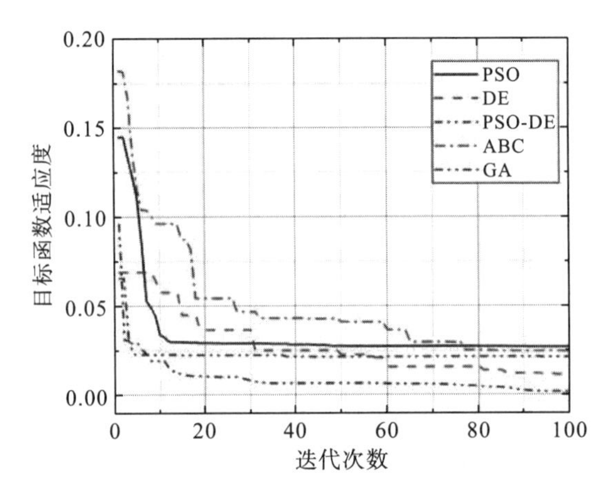

图 3.26 各智能算法的迭代过程(见彩版)

根据上述计算结果可得，经典 PSO 算法的均方根误差为 2.69%，略高于 CDEGS 的均方根误差 2.46%。其余经典启发式优化算法 DE、GA 和 ABC 反演结果的均方根误差分别为 1.56%，2.12%和 2.44%，均优于 CDEGS 的均方根误差 2.46%。

为测试 PSO-DE 优化算法的稳定性，另外随机计算 10 次，结果如图 3.27 所示。

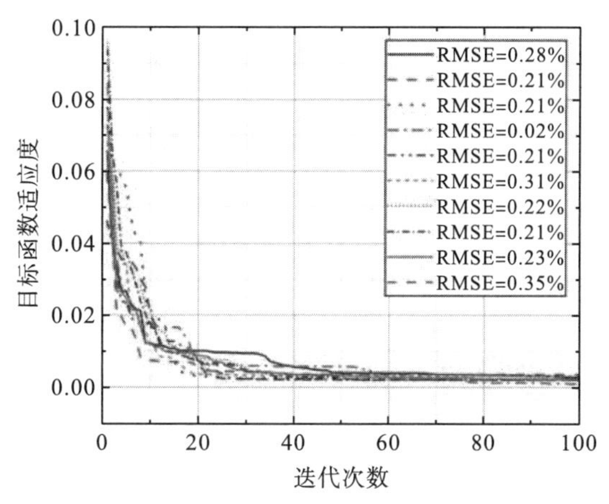

图 3.27 PSO-DE 优化算法 10 次随机计算(见彩版)

图 3.27 表明，PSO-DE 优化算法具有较好的稳定性，10 次随机计算适应度函数均在 0.35%以内，其中最优计算结果的适应度达到 0.02%。多数情况下，在 40 次迭代以内则可达到稳定值，具有较高的计算效率。

3.5.3 对比改进启发式优化算法

文献[18]采用改进的遗传算法(improved genetic algorithm，IGA)对表 3.16 中的 9 组土壤测量数据进行反演计算，反演结果如表 3.17 所示。基于上述测量数据，对比 PSO-DE 优化算法和 CDEGS 的反演结果，如表 3.17、表 3.18 和图 3.28 所示。计算过程中采样步长为 0.0412。

表 3.16 文献[18]中土壤电阻率实测数据

测点编号	测量电极距离 D/m	视在电阻率 ρ_m/(Ω·m)
1	1	138
2	3	79
3	6	71
4	8	67
5	10	80
6	15	88
7	20	99
8	40	151
9	60	170

表 3.17 土壤结构参数的反演结果

算法类型	$\rho_1/\rho_2/\rho_3/(\Omega\cdot m)$	h_1/h_2/m	RMSE/%
IGA	164.5/71.6/203.7	1.2/10.6	12.1
CDEGS	158.98/61.71/232.34	1.06/10.82	3.5
PSO-DE	152.38/63.15/238.61	1.03/11.52	3.4

表 3.18 计算结果和测量结果的偏离情况

测点编号	IGA		CDEGS		PSO-DE	
	$\rho_m/(\Omega\cdot m)$	偏离百分比/%	$\rho_m/(\Omega\cdot m)$	偏离百分比/%	$\rho_m/(\Omega\cdot m)$	偏离百分比/%
1	143.0	3.65	139.1	0.81	138.0	0
2	78.8	0.20	79.7	0.92	79.1	0.13
3	68.9	2.96	68.7	3.25	69.4	2.25
4	70.8	5.73	70.7	5.54	71.2	6.27
5	74.7	6.59	74.8	6.51	74.9	6.38
6	87.9	0.06	88.5	0.53	87.8	0.23
7	102.1	3.15	102.9	3.92	101.9	2.93
8	145.9	3.39	146.5	3.01	146.0	3.31
9	172.1	1.23	172.1	1.26	172.7	1.59

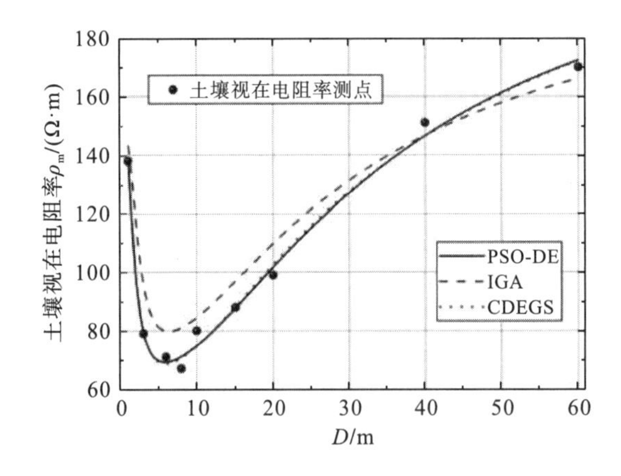

图 3.28 水平分层土壤视在电阻率的反演计算曲线

表 3.17 表明 PSO-DE 优化算法比 CDEGS 和文献[18]中的 IGA 具有更好的结果。CDEGS 和 IGA 的 RMSE 分别为 12.1%和 3.5%，PSO-DE 优化算法计算结果的 RMSE 仅为 3.4%。由表 3.18 和图 3.28 可以看出，PSO-DE 计算结果在测点处的偏移量最小，其土壤视在电阻率计算曲线能更好地拟合各离散测点。

为测试 PSO-DE 优化算法的稳定性，进行 10 次随机计算，迭代过程如图 3.29 所示。

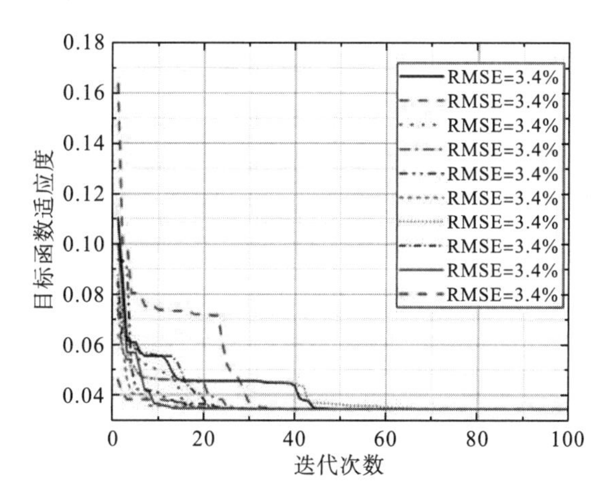

图 3.29　PSO-DE 优化算法 10 次随机计算迭代过程(见彩版)

图 3.29 表明 10 次随机计算中 PSO-DE 优化算法的 RMSE 均稳定在 3.4%，验证了 PSO-DE 优化算法优异的准确性和稳定性。

根据上述分析可知，非启发式优化算法、经典单一启发式智能优化算法、改进启发式优化算法和 PSO-DE 优化算法的特点如表 3.19 所示。

表 3.19　各反演方法的特点分析

算法类型	特点
非启发式优化算法	计算速度快，但需要求解符号方程偏导数，存在过度依赖迭代初值和可靠性不足等缺点
经典单一启发式优化算法	计算简单易于编程，但存在算法初值范围难以确定、迭代过程中粒子多样性不足、容易陷入局部最优等缺点
改进启发式优化算法	计算简单易于编程，迭代过程中粒子具有较好的多样性，但存在初值范围难以确定、容易陷入局部最优等缺点
PSO-DE	初值给定范围靠近全局最优解，迭代过程中粒子多样性好，具有计算效率高、精度好、适应性强等优点

参考文献

[1] 张露. 土壤参数反演和接地网优化问题研究[D]. 武汉: 武汉大学, 2014.

[2] Li W, Pan Z H, Lu H, et al. Influence of deep earth resistivity on HVDC ground-return currents distribution[J]. IEEE Transactions on Power Delivery, 2017, 32(4): 1844-1851.

[3] 曹晓斌. 大电流及复杂地质结构下接地系统散流规律及参数计算[D]. 成都: 西南交通大学, 2011.

[4] 曹庆洲. 接地极电流溢散特性及对接地极腐蚀的影响研究[D]. 重庆: 重庆大学, 2016.

[5] 何金良, 曾嵘. 电力系统接地技术[M]. 北京: 科学出版社, 2007.

[6] 解广润. 电力系统接地技术[M]. 北京: 中国电力出版社, 1991.

[7] 中国电力企业联合会. 交流电气装置的接地设计规范: GB/T 50065-2011[S]. 北京: 中国计划出版社，2012.

[8] Dan Y, Zhang Z, Duanmu Z, et al. Segmented sampling least square algorithm for green's function of arbitrary layered soil[J]. IEEE Transactions on Power Delivery, 2021, 36(3): 1482-1490.

[9] Curtis F E, Guo W. Handling nonpositive curvature in a limited memory steepest descent method[J]. IMA Journal of Numerical Analysis, 2016, 36(2): 717-742.

[10] Furuya A, Fujisaki J, Shimizu K, et al. Semi-implicit steepest descent method for energy minimization and its application to micromagnetic simulation of permanent magnets[J]. IEEE Transactions on Magnetics, 2015, 51(11): 1-4.

[11] Huang S, Sun Y, Wu Q. Stochastic economic dispatch with wind using versatile probability distribution and L-BFGS-B based dual decomposition[J]. IEEE Transactions on Power Systems, 2018, 33(6): 6254-6263.

[12] Zhao R , Haskell W B, Tan V Y F . Stochastic L-BFGS: improved convergence rates and practical acceleration strategies[J]. IEEE Transactions on Signal Processing, 2018, 66(5): 1155-1169.

[13] Chang D, Sun S, Zhang C. An accelerated linearly convergent stochastic L-BFGS algorithm[J]. IEEE Transactions on Neural Networks and Learning Systems, 2019, 30(11): 3338-3346.

[14] Ram Jethmalani C H, Simon S P, Sundareswaran K, et al. Auxiliary hybrid PSO-BPNN-based transmission system loss estimation in generation scheduling[J]. IEEE Transactions on Industrial Informatics, 2017, 13(4): 1692-1703.

[15] Omar R L P, Proenza-Perez N, Tuna C E, et al. A PSO-BPSO technique for hybrid power generation system sizing[J]. IEEE Latin America Transactions, 2020, 18(8): 1362-1370.

[16] Pereira W R, Soares M G, Neto L M. Horizontal multilayer soil parameter estimation through differential evolution[J]. IEEE Transactions on Power Delivery, 2016, 31(2): 622-629.

[17] Baatar N, Zhang D, Koh C. An improved differential evolution algorithm adopting λ-best mutation strategy for global optimization of electromagnetic devices[J]. IEEE Transactions on Magnetics, 2013, 49(5): 2097-2100.

[18] Gonos I F, Stathopulos I A. Estimation of multilayer soil parameters using genetic algorithms[J]. IEEE Transactions on Power Delivery, 2005, 20(1): 100-106.

[19] Haupt L, Werner H. Genetic Algorithms in Electromagnetics[M]. Pennsylvania : Wiley-IEEE Press, 2007.

[20] Wu B , Sheng X. A complex image reduction technique using genetic algorithm for the mom solution of half-space MPIE[J]. IEEE Transactions on Antennas and Propagation, 2015, 63(8): 3727-3731.

[21] Ghorbaninejad H, Heydarian R. New design of waveguide directional coupler using genetic algorithm[J]. IEEE Microwave and Wireless Components Letters, 2016, 26(2): 86-88.

[22] Fan C, Qiang F, Long G , et al. Hybrid artificial bee colony algorithm with variable neighborhood search and memory mechanism[J]. Journal of Systems Engineering and Electronics, 2018, 29(2): 405-414.

[23] Wang L, Zhang X, Zhang X. Antenna array design by artificial bee colony algorithm with similarity induced search method[J]. IEEE Transactions on Magnetics, 2019, 55(6): 1-4.

[24] 何为, 张瑞强, 杨帆, 等. 变电站内水平多层土壤参数反演[J]. 中国电机工程学报, 2014, 34(33): 5964-5973.

[25] Yang J, Zou J. Parameter estimation of a horizontally multilayered soil with a fast evaluation of the apparent resistivity and its derivatives[J]. IEEE Access, 2020, 8: 52652-52662.

[26] 张波. 变电站接地网频域电磁场数值计算方法研究及其应用[D]. 保定: 华北电力大学(河北), 2004.

第四章　接地网的接地参数计算

接地参数主要包括接地电阻、跨步电压、接地电压等。准确的接地参数计算对于接地网设计、接地装置运维、输变电设备的安全稳定运行具有重要的意义，并对保护操作人员的人身安全起着重要作用[1]。实际工程中，土壤环境十分复杂，接地装置形态各异，准确计算不同土壤中不同结构接地网的接地参数难度较大。现有计算方法主要分为解析计算和数值计算两类[2]。其中，解析计算方法仅适用于均匀土壤中简单接地极的接地参数计算。另外，由于水平分层土壤的格林函数难以直接给出，并且复杂结构接地网的等效分析难度较大，结构复杂的接地网或水平分层土壤中的接地装置均需要采用数值计算方法分析其接地参数。

综上所述，本章主要介绍均匀土壤中几类简单接地极接地参数的解析计算方法和水平分层土壤中任意接地网接地参数的数值计算方法，并进行工程实例分析。

4.1　均匀土壤中的接地参数计算

采用解析计算的方式通常仅能够分析结构比较简单的接地极，本节重点分析半球形、圆柱形、圆环形等简单结构接地极的接地参数。为了获取简单接地极接地电阻的解析表达式，通常假定泄漏电流在接地极表面呈均匀分布。大量研究表明，实际泄漏电流通常仅在接地极的端点处电流密度较大，在其他大部分区域均呈现均匀分布，验证了该假设的合理性。结合泄漏电流均匀分布的假设和点电流源在土壤中的电位方程，通过对场点到源点位置进行积分，容易求得地表电位等参数。接下来重点介绍各类简单结构接地极接地电阻的解析计算方法[3]。

4.1.1　半球形接地极的接地电阻计算

假定注入电流为 I，接地极半径为 a，建立半球形接地极计算模型，如图 4.1 所示。

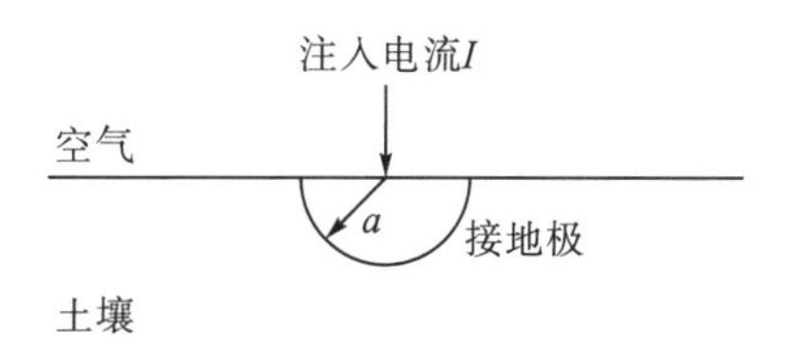

图 4.1　半球形接地极示意图

采用经典镜像法，在地表空气区域建立半球形接地极的镜像。图 4.1 中的模型可视为土壤介质空间中的球形接地极，对于空间任意位置处的电流密度 $\boldsymbol{J}$ 为

$$\boldsymbol{J}=\frac{2I}{4\pi\boldsymbol{r}^2} \tag{4.1}$$

式中，$\boldsymbol{r}$ 为场点的位置矢量。根据微观欧姆定律可得

$$\boldsymbol{E}=\frac{\rho I}{2\pi\boldsymbol{r}^2} \tag{4.2}$$

式中，ρ 为土壤电阻率；$\boldsymbol{E}$ 为场点处的电场强度。接地电阻等于接地导体上的电位除以注入电流，对电场进行积分可得半球形接地电阻 $R_{\text{semisphere}}$[4]。

$$R_{\text{semisphere}}=\frac{\int_a^{\infty}\boldsymbol{E}\mathrm{d}\boldsymbol{r}}{I}=\frac{\rho}{2\pi a} \tag{4.3}$$

在直流或工频接地情况下，可将土壤中的电流场近似为恒定电场，采用静电比拟的方式同样可以求解均匀土壤中半球形接地极的接地电阻。静电比拟的基本公式为

$$\frac{R}{\rho}=\frac{\varepsilon}{C} \tag{4.4}$$

式中，R 为研究对象的电阻；ρ 为介质空间的电阻率；ε 为介质空间的介电常数；C 为研究对象的电容。在静电场中采用经典镜像法，可求得图 4.1 中的半球形接地极的电容为

$$C_{\text{semisphere}}=2\pi a\varepsilon_{\text{soil}} \tag{4.5}$$

式中，$\varepsilon_{\text{soil}}$ 为土壤的介电常数。将式(4.5)代入式(4.4)，求得半球形接地极的接地电阻为

$$R_{\text{semisphere}}=\rho_{\text{soil}}\frac{\varepsilon_{\text{soil}}}{C_{\text{semisphere}}}=\frac{\rho}{2\pi a} \tag{4.6}$$

式(4.6)和式(4.3)保持一致，两种计算方法具有相同的结果。

4.1.2 圆柱形接地极的接地电阻计算

工程中的圆柱形接地极多为细长的金属棒，主要有水平埋设和垂直埋设两种方式，如图 4.2 所示。其中，注入电流为 I，接地导体长度均为 l，水平接地极埋深为 h。

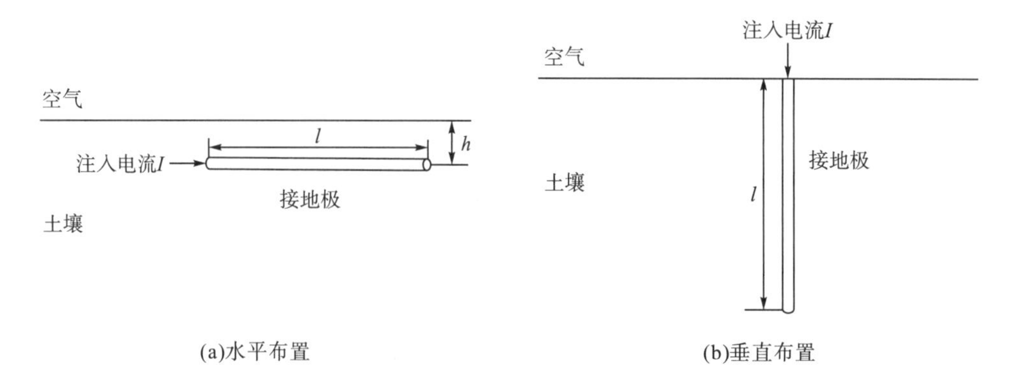

图 4.2 圆柱形接地极示意图

类似地，采用经典镜像法分析上述圆柱形接地极，需要在地表空气介质中建立关于接地极的复镜像。均匀土壤中的接地电阻可看作无穷大土壤介质空间中接地导体自身的接地

电阻(自电阻)和无穷大土壤介质空间处镜像接地导体在接地导体处产生的互电阻两部分。因此，无穷大土壤介质空间中圆柱形导体的接地电阻计算是求解图 4.2 中接地极接地电阻的基础。在无穷大空间中水平布置的导体和垂直布置的导体具有对称性，采用圆柱坐标系建立无穷大土壤介质空间中垂直布置的圆柱形导体的求解模型如图 4.3 所示。其中，圆柱接地导体的半径为 a，长度为 l，注入电流为 I，无穷大土壤介质空间的电阻率为 ρ。

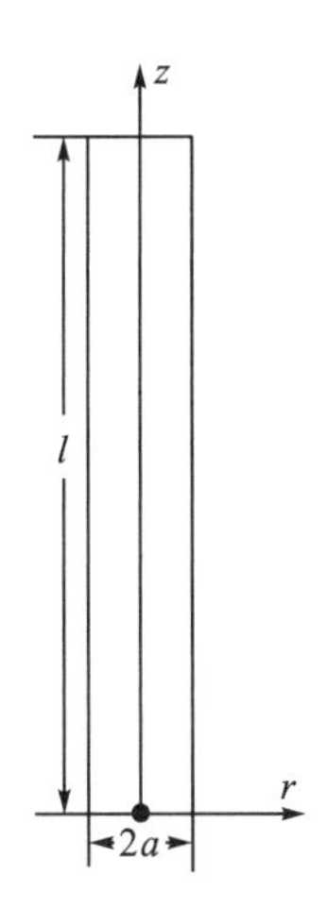

图 4.3　无穷大空间圆柱形导体接地电阻的计算模型

解析近似计算过程中，接地圆柱导体的长度 l 通常远大于半径 a，可忽略接地圆柱导体半径 a，假定泄漏电流集中在导体的轴线处(r=0)。同时，忽略泄漏电流的端部效应，假定单位长度上接地导体的泄漏电流相等。因此，圆柱形接地导体单位长度上的泄漏电流密度为

$$\delta=\frac{I}{l} \tag{4.7}$$

泄漏电流密度可以视作点电流源，全部点电流源 δ 在接地导体表面产生的电位总和 V 除以总电流 I，即为接地电阻 R_{cylinder}。选取接地导体表面的平均电位作为 V，可得

$$\begin{aligned}R_{\text{cylinder}}&=\frac{V}{I}=\frac{\rho}{4\pi l^2}\int_0^l\int_0^l\frac{1}{\sqrt{(z-z')^2+a^2}}\mathrm{d}z'\mathrm{d}z\\&=\frac{\rho}{2\pi l}\left[\frac{a}{l}+\ln\left(\frac{l+\sqrt{l^2+a^2}}{a}\right)-\sqrt{1+\left(\frac{a}{l}\right)^2}\right]\end{aligned} \tag{4.8}$$

由于接地圆柱导体的长度 l 远大于半径 a，式(4.8)可化简为

$$R_{\text{cylinder}}=\frac{\rho}{2\pi l}\left[\ln\left(\frac{2l}{a}\right)-1\right] \tag{4.9}$$

分析图 4.2 中的接地极可知，水平布置的接地极的自电阻可直接通过式(4.9)求解。水平布置的接地极的互电阻是由对称镜像在原接地极表面处产生的电位，可近似认为镜像和接地极在 r 方向的距离恒为 $2h$，直接将式(4.9)中的 a 替换为 $2h$ 即可。水平布置的圆柱形接地极的接地电阻为

$$R_{\text{horizontal}}=\frac{\rho}{2\pi l}\left[\ln\left(\frac{2l}{a}\right)-1\right]+\frac{\rho}{2\pi l}\left[\ln\left(\frac{2l}{2h}\right)-1\right]=\frac{\rho}{\pi l}\left[\ln\left(\frac{2l}{\sqrt{2ha}}\right)-1\right] \tag{4.10}$$

对于垂直布置的接地极而言，其镜像和接地极自身连接，相当于无穷大介质空间中长度为 $2l$ 的接地极。垂直布置的圆柱形接地极的接地电阻为

$$R_{\text{vertical}}=\frac{\rho}{2\pi l}\left[\ln\left(\frac{4l}{a}\right)-1\right] \tag{4.11}$$

4.1.3 扁钢和角钢接地极的接地电阻计算

对于杆塔接地网和变电站接地网，扁钢和角钢是两类常用的接地类型。由于圆柱形导体更有利于解析计算，通常采用不同半径的圆钢等效扁钢或角钢接地极。因此，扁钢、角钢的尺寸和其等效圆钢的半径是重点研究内容。计算过程中需要忽略扁钢、角钢的厚度，将其近似为长直导体。首先，将式(4.9)改写为

$$R_{\text{cylinder}}=\frac{\rho}{2\pi l}\left[\ln(2l)-\ln a-1\right] \tag{4.12}$$

将式(4.12)乘以注入电流 I，可得电流 I 作用下半径为 a、长度为 l 的圆柱导体的平均电位。对于扁钢而言主要考虑其对半径 a 的影响，仅需对式(4.12)中的 $\ln a$ 进行关于场点、源点的二重积分即可。宽度为 b 的扁钢的接地电阻为

$$R_{\text{flat steel}}=\frac{\rho}{2\pi l}\left[\ln(2l)-\ln\frac{b}{\mathrm{e}^{1.5}}-1\right] \tag{4.13}$$

类似地，对各边分别积分可得两边宽度均为 b 的角钢的接地电阻为

$$R_{\text{angle steel}}=\frac{\rho}{2\pi l}\left[\ln(2l)-\ln\frac{b\cdot 2^{0.25}}{\mathrm{e}}-1\right] \tag{4.14}$$

对比式(4.12)、式(4.13)、式(4.14)，可得宽度为 b 的扁钢的等值半径为 $0.22b$，宽度为 b 的角钢的等值半径为 $0.44b$。

4.1.4 圆环接地极的接地电阻计算

圆环接地极多用于直流输电工程。假定圆环接地极由直径为 $2a$ 的圆柱形导体绕制而成，绕制成的大圆环直径为 $2b$，埋深为 h，如图 4.4 所示。

无穷大介质空间的电位分析是均匀土壤中接地极接地电阻计算的基础，先分析无线大介质空间中圆环接地极表面泄漏电流产生的电位。实际工程中 $b\gg a$，可认为泄漏电流沿圆环轴线均匀流散，建立柱坐标分析模型如图 4.5 所示。

对于空间某一点 A 的电位为

$$U_A=\frac{\rho I}{2\pi^2}\frac{K(k)}{\sqrt{(r_A+b)^2+z_A^2}} \tag{4.15}$$

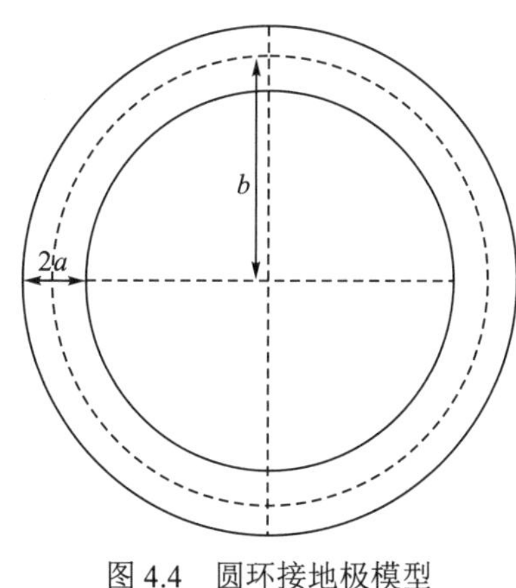

图 4.4　圆环接地极模型

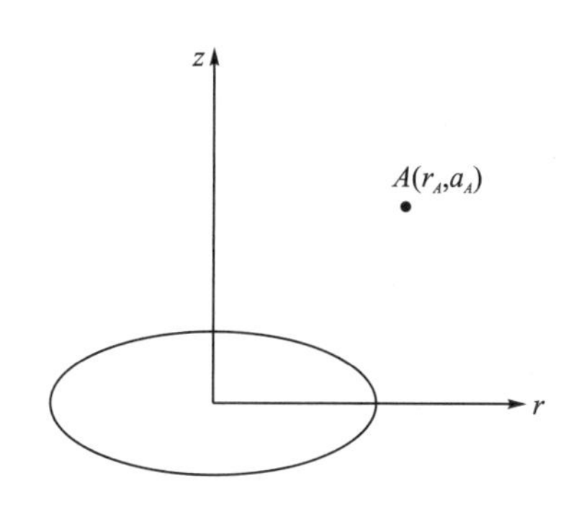

图 4.5　圆环接地极模型

其中，ρ 为无穷大介质空间的电阻率；$K(k)$ 为第一类椭圆积分，如下：

$$k=\frac{\rho I}{2\pi^2}\frac{2\sqrt{r_A b}}{\sqrt{(r_A+b)^2+z_A^2}} \tag{4.16}$$

$$K(k)=\int_0^{\frac{\pi}{2}}\frac{1}{\sqrt{1-k^2\sin^2\xi}}\mathrm{d}\xi \tag{4.17}$$

对圆环采取平均电位计算积分更为复杂，因此，忽略导体上的电位差，任意选取表面点(a, b)来代替圆环接地极整体的电位。由于 $b\gg a$，则 $k\approx 1$，$K(1)=\frac{8b}{a}$，最终可化简式(4.15)，无穷大介质中圆环接地极接地电阻为

$$R_{\text{ring,inf}}=\frac{\rho}{4\pi^2 b}\ln\frac{8b}{a} \tag{4.18}$$

均匀土壤中的接地电阻包含自电阻和互电阻两部分，采用镜像法容易求得均匀土壤中圆环接地极的接地电阻为

$$R_{\text{ring}}=\frac{\rho}{4\pi^2 b}\ln\frac{8b}{a}+\frac{\rho}{4\pi^2 b}\ln\frac{8b}{2h}=\frac{\rho}{2\pi^2 b}\ln\frac{8b}{\sqrt{2ha}} \tag{4.19}$$

4.2　水平分层土壤中的接地参数计算

水平分层土壤涉及其格林函数的求解，具体求解方法见第二章，通常难以直接给出水平分层土壤中接地网接地参数的解析计算公式。另外，大型变电站的接地装置通常需要高达数百平方米的大规模接地网。为了保证地表电位的均匀性，将跨步电压控制在一个安全的阈值内，通常会焊接不同间距的接地导体。对于土壤电阻率较高的区域，通常可能采用外引接地网或增加垂直接地极等方式减小接地电阻。对于上述情况中规模庞大、连接复杂的接地网，必须采取更为准确的数值计算方法。

4.2.1 接地网不等电位矩阵计算

实际接地网的尺寸通常较大，为了提高计算精度，通常需要对接地网进行分段处理，并将其划分成很多段细长导体。分段处理过程中，通常每一段导体的长度远大于直径，可将每一段近似为一条细线。接地导体内部存在两种类型的电流，即泄漏电流和轴向电流。泄漏电流通过导体流向无穷远处，导致了接地导体上的电位抬升，分析过程中可假设泄漏电流在每一小分段上均匀分布，并垂直于接地导体流入土壤。轴向电流主要存在于导体内部，可认为导体表面的电位差主要由轴向电流产生。接地网通过引下线连接到需要接地的电气设备上，外部注入电流则是通过引下线流入到接地导体上。根据上述接地网的基本特点，可定义两类节点：第一类节点为 e 类导体节点，该节点为每一微段上的两个端部节点，并认为外部注入电流仅通过 e 类节点流入；第二类节点为 m 类对地(泄漏电流)节点，该节点在每一段的中点处，且该节点上仅存在泄漏电流，不与外部电气设备发生连接，无外部电流注入[5]。

大型接地网以矩形方框接地网为例，分段数为 4 段，分段和实际矩形框边长保持一致，方框的四个角为外部电流注入的 e 类节点；电流从每一分段的中点流出，分段中点应为 4 个 m 类节点。方框接地网的电路分析模型如图 4.6 所示[6]。

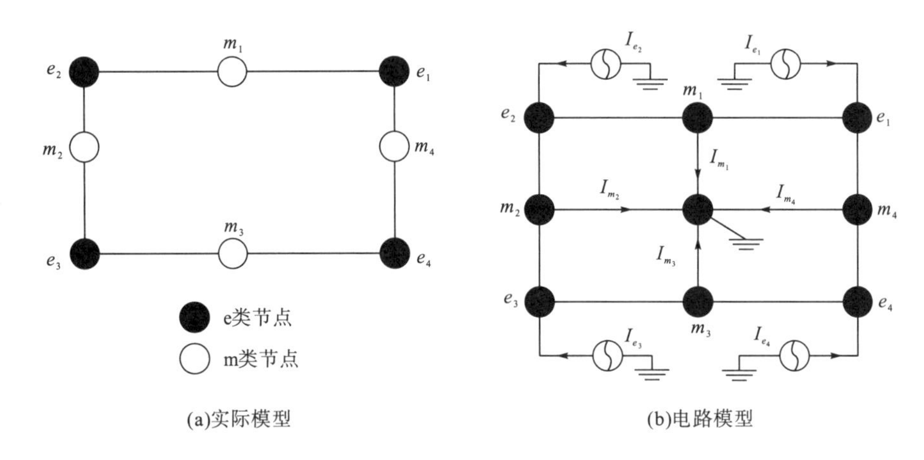

(a)实际模型 (b)电路模型

图 4.6 矩形方框接地网电路分析示意图

根据图 4.6 列写出节点电压方程为

$$
\begin{bmatrix}
Y_{e_1,e_1} & & & & Y_{e_1,m_1} & Y_{e_1,m_2} & Y_{e_1,m_3} & Y_{e_1,m_4} \\
& Y_{e_2,e_2} & & & Y_{e_2,m_1} & Y_{e_2,m_2} & Y_{e_2,m_3} & Y_{e_2,m_4} \\
& & Y_{e_3,e_3} & & Y_{e_3,m_1} & Y_{e_3,m_2} & Y_{e_3,m_3} & Y_{e_3,m_4} \\
& & & Y_{e_4,e_4} & Y_{e_4,m_1} & Y_{e_4,m_2} & Y_{e_4,m_3} & Y_{e_4,m_4} \\
Y_{m_1,e_1} & Y_{m_1,e_2} & Y_{m_1,e_3} & Y_{m_1,e_4} & Y_{m_1,m_1} & & & \\
Y_{m_2,e_1} & Y_{m_2,e_2} & Y_{m_2,e_3} & Y_{m_2,e_4} & & Y_{m_2,m_2} & & \\
Y_{m_3,e_1} & Y_{m_3,e_2} & Y_{m_3,e_3} & Y_{m_3,e_4} & & & Y_{m_3,m_3} & \\
Y_{m_4,e_1} & Y_{m_4,e_2} & Y_{m_4,e_3} & Y_{m_4,e_4} & & & & Y_{m_4,m_4}
\end{bmatrix}
\begin{bmatrix}
U_{e_1} \\ U_{e_2} \\ U_{e_3} \\ U_{e_4} \\ U_{m_1} \\ U_{m_2} \\ U_{m_3} \\ U_{m_4}
\end{bmatrix}
=
\begin{bmatrix}
I_{e_1} \\ I_{e_2} \\ I_{e_3} \\ I_{e_4} \\ -I_{m_1} \\ -I_{m_2} \\ -I_{m_3} \\ -I_{m_4}
\end{bmatrix}
\tag{4.20}
$$

其中，$Y_{j,i}$为节点j和节点i的自导纳；$Y_{j,j}$为节点j的互导纳；I_{e_i}为e类节点e_i上的注入电流；I_{m_i}为m类节点m_i上的泄漏电流。

$$\begin{bmatrix} \boldsymbol{Y}_{ee} & \boldsymbol{Y}_{em} \\ \boldsymbol{Y}_{me} & \boldsymbol{Y}_{mm} \end{bmatrix} \begin{bmatrix} \boldsymbol{U}_{e} \\ \boldsymbol{U}_{m} \end{bmatrix} = \begin{bmatrix} \boldsymbol{I}_{e} \\ -\boldsymbol{I}_{m} \end{bmatrix} \tag{4.21}$$

其中，$\boldsymbol{Y}_{ee}$为e类节点的自导纳矩阵；$\boldsymbol{Y}_{mm}$为m类节点的自导纳矩阵；$\boldsymbol{Y}_{em}$和$\boldsymbol{Y}_{me}$为e类节点和m类节点之间的互导纳矩阵。导纳矩阵$\boldsymbol{Y}_{ee}$、$\boldsymbol{Y}_{mm}$、$\boldsymbol{Y}_{em}$和$\boldsymbol{Y}_{me}$主要受到接地网导体本身结构参数的影响，并不受到土壤介质的影响，主要为接地网导体上的不等电位特性做贡献。在接地网接地参数的计算过程中，I_{e_i}通常为接地电气设备的入地电流，容易通过测量等方式得到，但接地网上的泄漏电流I_{m_i}为未知量，并且无法通过测量得到。为消去泄漏电流变量，仅对每一分段上的泄漏电流列写节点电压方程：

$$\begin{bmatrix} Z_{1,1} & Z_{1,2} & Z_{1,3} & Z_{1,4} \\ Z_{2,1} & Z_{2,2} & Z_{2,3} & Z_{2,4} \\ Z_{3,1} & Z_{3,2} & Z_{3,3} & Z_{3,4} \\ Z_{4,1} & Z_{4,2} & Z_{4,3} & Z_{4,4} \end{bmatrix} \begin{bmatrix} I_{m_1} \\ I_{m_2} \\ I_{m_3} \\ I_{m_4} \end{bmatrix} = \begin{bmatrix} U_{m_1} \\ U_{m_2} \\ U_{m_3} \\ U_{m_4} \end{bmatrix} \tag{4.22}$$

上述分析是简单节点的电网络模型，将式(4.22)推广至任意节点可得

$$\boldsymbol{Z}\boldsymbol{I}_{m} = \boldsymbol{U}_{m} \tag{4.23}$$

其中，$\boldsymbol{Z}$为仅分析m类节点时的阻抗矩阵。Z_{ji}的物理意义为分段圆柱导体i上的泄漏电流在分段圆柱导体j上产生的电位除以分段导体i上的泄漏电流。$\boldsymbol{Z}$中的元素主要受到土壤介质的影响，因此，本章将矩阵$\boldsymbol{Z}$定义为土壤阻抗系数矩阵。具体求解方法将在4.2.2节中展开。联立式(4.22)、式(4.23)可得[2]：

$$\begin{bmatrix} \boldsymbol{Y}_{ee} & \boldsymbol{Y}_{em} & \boldsymbol{0} \\ \boldsymbol{Y}_{me} & \boldsymbol{Y}_{mm} & \boldsymbol{E} \\ \boldsymbol{0} & -\boldsymbol{E} & \boldsymbol{Z} \end{bmatrix} \begin{bmatrix} \boldsymbol{U}_{e} \\ \boldsymbol{U}_{m} \\ \boldsymbol{I}_{m} \end{bmatrix} = \begin{bmatrix} \boldsymbol{I}_{e} \\ \boldsymbol{0} \\ \boldsymbol{0} \end{bmatrix} \tag{4.24}$$

式中，$\boldsymbol{E}$为单位矩阵。根据式(4.24)可求解出接地网上任意节点的电位矩阵$\boldsymbol{U}_{e}$和$\boldsymbol{U}_{m}$，以及泄漏电流矩阵$\boldsymbol{I}_{m}$。将每段导体的泄漏电流I_{m_i}视作点源，采用叠加原理则可求得任意接地装置的接地电阻、地表电位、跨步电压等接地参数。值得注意的是，接地网通常由碳钢或铜等良导体材料制成，低频电流下接地网上通常并没有较大电位差。只有当入地电流频率增加时，接地导体的电阻分量和感抗分量同时增加，从而导致接地导体上存在较大电位差。

4.2.2　不等电位矩阵的元素计算

矩阵$\boldsymbol{Y}_{ee}$、$\boldsymbol{Y}_{mm}$、$\boldsymbol{Y}_{em}$和$\boldsymbol{Y}_{me}$中的元素均代表某一接地网分段。以任意分段j为例，l_j为导体分段j的长度。分段j上包含第j个m类节点(m_j)以及第j个和第j+1个e类节点(e_j和e_{j+1})，其中节点e_j和另外N条支路相连，如图4.7所示[7]。

接地装置中通常采用圆钢和扁钢两种材料，而扁钢接地网可以通过等效系数转化为圆钢接地网来分析。因此，本章重点分析圆钢接地网，将分段j放大，如图4.7所示。根据电流方向，可将电流分为沿l_t方向的轴向电流和沿l_n方向的法向电流。类似地，分段圆

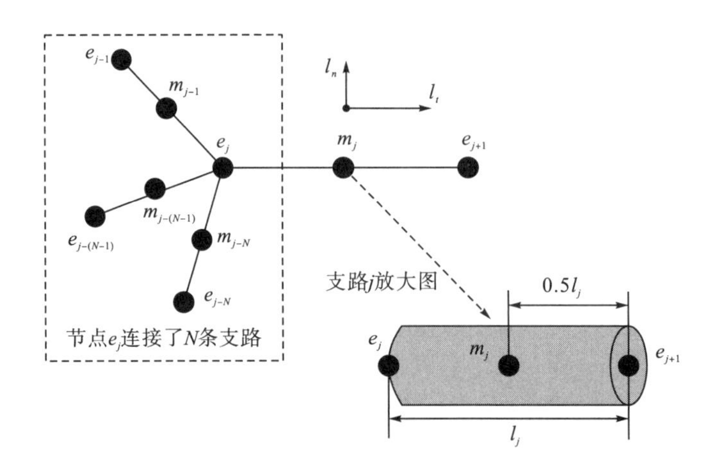

图 4.7　圆柱分段 j 的节点示意图

柱导体的阻抗同样可以分为沿 l_t 方向的轴向阻抗 $Z_j^{l_t}$ 和沿 l_n 方向的法向阻抗 $Z_j^{l_n}$。法向阻抗 $Z_j^{l_n}$ 的定义有利于分析接地网的土壤阻抗系数矩阵 $\boldsymbol{Z}$。

1. 导纳矩阵 $\boldsymbol{Y}$ 中的元素计算

根据图 4.7 可知，矩阵 $\boldsymbol{Y}_{\mathbf{ee}}$ 、$\boldsymbol{Y}_{\mathbf{mm}}$、$\boldsymbol{Y}_{\mathbf{em}}$ 和 $\boldsymbol{Y}_{\mathbf{me}}$ 主要受到分段圆柱导体轴向阻抗 $Z_j^{l_t}$ 的影响，而 $Z_j^{l_t}$ 主要受到导体本身几何结构的影响。分析直流接地参数时，可不考虑导体内的电抗，假定电流沿导体截面均匀分布，可得

$$Z_j^{l_t,\mathrm{dc}}=R_j^{l_t}=\frac{\rho_{\mathrm{m}}l_j}{\pi r_0^2} \tag{4.25}$$

式中，$Z_j^{l_t,\mathrm{dc}}$ 为直流条件下分段圆柱导体 j 的轴向阻抗(仅有电阻部分，无电抗部分)；ρ_{m} 为分段圆柱导体的电阻率；r_0 为分段圆柱导体的半径。

分析交流接地参数时，需要考虑分段圆柱导体 j 的内阻抗(包含内电阻和内电抗)，以及分段圆柱导体 j 产生的外自感和其他分段圆柱导体对于分段圆柱导体 j 产生互感分量，可得

$$Z_j^{l_t,\mathrm{ac}}=Z_j^{\mathrm{in}}\cdot l_j+\mathrm{j}\omega\left(L_j+\sum_{i=1,i\neq j}^{N}M_{ji}\right) \tag{4.26}$$

式中，$Z_j^{l_t,\mathrm{ac}}$ 为交流条件下分段圆柱导体 j 的轴向阻抗；Z_j^{in} 为分段圆柱导体 j 单位长度的内阻抗；l_j 为分段圆柱导体 j 的长度；ω 为角频率；L_j 为分段圆柱导体 j 对本段导体的外自感；N 为接地网分段总数；M_{ji} 为分段圆柱导体 i 对分段圆柱导体 j 的互感。集肤效应会导致电流流过导体的截面积变小，导体的电阻部分增加，直流条件下的式(4.25)将不再适用于交流接地参数的分析计算。在充分考虑接地导体的集肤效应后，分段圆柱导体 j 单位长度的内阻抗可表示为[8,9]

$$Z_j^{\mathrm{in}}=\frac{\rho_{\mathrm{m}}x}{2\pi r_0^2}\frac{I_0(x)}{I_1(x)} \tag{4.27}$$

式中，$x = r_0\sqrt{\dfrac{\mathrm{j}\omega u_{\mathrm{m}}}{\rho_{\mathrm{m}}}}$；$Z_j^{\mathrm{in}}$ 为分段圆柱导体 j 的轴向内阻抗；ρ_{m} 为分段圆柱导体 j 的电阻率；I_0 为 0 阶第一类修正 Bessel 函数；I_1 为 1 阶第一类修正 Bessel 函数。x 为和分段导体半径、集肤深度（频率）相关的变量。第一类修正 Bessel 函数为一个单调递增的函数，直接运用式(4.27)进行编程计算，计算结果容易溢出。当 $f \geqslant 8000\mathrm{Hz}$ 时，$x \geqslant 100$，集肤深度远小于导体半径，可直接采用大数下的近似解[10]：

$$Z_j^{\mathrm{in}} = \frac{\rho_{\mathrm{m}} x}{2\pi r_0^2}\left(1 + \frac{1}{2x} + \frac{3}{8x^2}\right) \tag{4.28}$$

在接地网频率响应分析中，接地导体的电感分量不可忽视，但电感解析计算方法难以直接求解接地网分段导体的电感，因此需要分析电路中的电感量和电磁场中的场量之间的关系。首先，任意选择某一介质为研究对象，并选定参考点 a、b，列写 a、b 点之间的矢量电位 $\boldsymbol{U}_{ab}$ 为

$$\boldsymbol{U}_{ab} = \boldsymbol{I}_{ab}\left(R_{ab} + \mathrm{j}\omega L_{ab}\right) = \int_{l_{ab}} E_0 \mathrm{d}l + \int_{l_{ab}} E_{\mathrm{ind}} \mathrm{d}l \tag{4.29}$$

式中，$\boldsymbol{I}_{ab}$ 为 a、b 点之间的电流；L_{ab} 为 a、b 点之间的电感分量；E_0 为电荷移动产生的无旋电场分量；E_{ind} 为磁场变化产生的有旋电场分量。根据电磁场原理和电路原理可知，式(4.29)中 $\int_{l_{ab}} E_{\mathrm{ind}}\mathrm{d}l$ 对应电抗上的电压，$\int_{l_{ab}} E_0\mathrm{d}l$ 对应电阻上的电压。将上述两部分电场分量代入向量形式的麦克斯韦(Maxwell)方程组可得[4]

$$\begin{cases} \nabla \times \boldsymbol{H} = \boldsymbol{J}_{\mathrm{c}} + \mathrm{j}\omega \boldsymbol{D} \\ \nabla \times \left(\boldsymbol{E}_0 + \boldsymbol{E}_{\mathrm{ind}}\right) = -\mathrm{j}\omega \boldsymbol{B} \\ \nabla \cdot \boldsymbol{D} = 0 \\ \nabla \cdot \boldsymbol{B} = 0 \end{cases} \tag{4.30}$$

式中，$\boldsymbol{H}$ 为磁场强度；$\boldsymbol{D}$ 为电位移矢量；$\boldsymbol{J}_{\mathrm{c}}$ 为传导电流密度；$\boldsymbol{E}_0$ 为无旋的电荷移动电场强度；$\boldsymbol{E}_{\mathrm{ind}}$ 为感生电场强度；$\boldsymbol{B}$ 为磁感应强度。将磁矢量位 $\boldsymbol{A}$ 引入式(4.30)可计算选定介质在 a、b 点之间的电感：

$$L_{ab} = \frac{\int_l \boldsymbol{E}_{\mathrm{ind}}\mathrm{d}l}{\mathrm{j}\omega I_{ab}} = \frac{\int_s \boldsymbol{B}\cdot \mathrm{d}s}{I_{ab}} = \frac{\int_l \boldsymbol{A}\mathrm{d}l}{I_{ab}} = \frac{\mu}{4\pi}\int_l \frac{1}{r}\mathrm{d}l \tag{4.31}$$

式中，μ 为选定介质的磁导率；l 为产生磁场的电流的积分路径。

根据上述分析可知，采用式(4.31)可求解分段导体 j 对本段导体的外自感。假定电流均匀分布在分段导体轴线处，外自感的参考点选在导体表面，可通过下式求解[8]：

$$L_j = \frac{\mu_{\mathrm{s}}}{4\pi}\int_{l_j}\int_{l_j^{t'}} \frac{1}{r}\mathrm{d}l_j^{t'}\mathrm{d}l_j^{t} = \frac{\mu_{\mathrm{s}} l_{0,j}}{2\pi}\left[\ln\left(\frac{l_{0,j}}{r_{0,j}} + \sqrt{1 + \left(\frac{l_{0,j}}{r_{0,j}}\right)^2}\right) - \sqrt{1 + \left(\frac{r_{0,j}}{l_{0,j}}\right)^2} + \frac{r_{0,j}}{l_{0,j}}\right] \tag{4.32}$$

式中，$r_{0,j}$ 为圆柱导体半径；$l_{0,j}$ 为分段圆柱导体 j 的长度；μ_{s} 为土壤磁导率；l_j^{t} 为圆柱导体表面场点的积分路径；$l_j^{t'}$ 为电流所在圆柱导体中心轴线的积分。虽然两次积分路径不同，但都具有相同的圆柱导体分段长度 l_j。根据式(4.32)可得互感计算公式为

$$M_{ji}=\frac{\mu_{\mathrm{m}}}{4\pi}\int_{l_j}\int_{l_i}\frac{1}{r}\mathrm{d}l_i^{\mathrm{t}}\mathrm{d}l_j^{\mathrm{t}} \tag{4.33}$$

式中，μ_{m} 为导体磁导率；l_j^{t} 为分段圆柱导体 j 表面的轴向积分路径；l_i^{t} 为分段圆柱导体 i 轴线积分路径。两种积分路径的主要区别为：积分路径 l_j^{t} 在分段圆柱导体表面（场点位置），积分路径 l_i^{t} 为分段圆柱导体内部中心轴线处（源点位置）。在实际计算过程中，当各分段积分路径为同一变量时，可进行适当简化。以水平接地极为例，假定以水平接地极轴向为 x 坐标轴，求解其他分段对第 1 段的互感总和 $\sum M_{1,i}$ 时，可以直接通过对源点段 l_i 从第二段分段导体位置积分到最后一段分段导体位置获得，不必分段求解后再进行求和。通过式(4.26)、式(4.27)、式(4.32)、式(4.33)可求得不同频率下任意分段圆柱导体的阻抗。

在工况运行状态下，大部分入地电流仍然以工频为主。在分析工频下的接地参数时，可对上述计算过程进行一定简化。对于电流频率为 50Hz，直径不超过 10mm 的导体内的集肤效应可近似忽略不计。因此，可直接在式(4.26)的基础上，采用长直导线直流电感求解公式分析圆柱导体分段的电感，可得[7,9]

$$Z_j^{l_{\mathrm{t}},50\mathrm{Hz}}=\frac{\rho_{\mathrm{c}}l_j}{\pi r_0^2}+\mathrm{j}\omega\left[\frac{\mu_{\mathrm{m}}l_j}{8\pi}+\frac{\mu_{\mathrm{s}}l_j}{2\pi}\ln\left(\frac{2l_j}{r_0}-1\right)\right] \tag{4.34}$$

具有上述分段圆柱导体阻抗分析基础后，则可计算各类节点的导体矩阵。针对任意 m 类节点，和该节点直接相关的节点必定为 m 节点对应分段上的两个 e 类节点，如图 4.7 中的节点 e_j 和 e_{j+1}。节点 m_j 和节点 e_j 之间距离为 $0.5l_j$，节点 m_j 和节点 e_{j+1} 之间距离同样为 $0.5l_j$，将不同类型节点之间的距离代入式(4.26)、式(4.27)、式(4.34)中可得轴向阻抗：

$$y_{m_j,e_j}=y_{e_j,m_j}=-\left(\frac{1}{Z_{m_j,e_j}^{l_{\mathrm{t}}}\Big|_{0.5l_j}}\right)=-\left(\frac{1}{Z_{e_j,m_j}^{l_{\mathrm{t}}}\Big|_{0.5l_j}}\right) \tag{4.35}$$

$$y_{m_j,m_j}=\frac{1}{Z_{m_j,e_j}^{l_{\mathrm{t}}}\Big|_{0.5l_j}}+\frac{1}{Z_{m_j,e_{j+1}}^{l_{\mathrm{t}}}\Big|_{0.5l_j}} \tag{4.36}$$

式中，y_{m_j,e_j} 为节点 m_j 和 e_j 之间的互电导，是互导纳矩阵 $\boldsymbol{Y}_{\mathbf{em}}^{\mathbf{uc}}$ 中的元素；y_{m_j,m_j} 为节点 m_j 的自电导，是关于 m 类节点的自导纳矩阵 $\boldsymbol{Y}_{\mathbf{mm}}^{\mathbf{uc}}$ 中的元素。其中，$\boldsymbol{Y}_{\mathbf{em}}^{\mathbf{uc}}$ 和 $\boldsymbol{Y}_{\mathbf{me}}^{\mathbf{uc}}$ 具有对称性，y_{m_j,e_j} 和 y_{e_j,m_j} 相等，考虑阻抗虚部时 $\boldsymbol{Y}_{\mathbf{em}}^{\mathbf{uc}}$ 和 $\boldsymbol{Y}_{\mathbf{me}}^{\mathbf{uc}}$ 共轭对称。

关于 e 类节点的自导和与该节点相连的支路条数有关，计算方法为

$$y_{e_j,e_j}=\sum_{i=1}^{N}\frac{1}{Z_j^{l_{\mathrm{t}}}\Big|_{0.5l_j}} \tag{4.37}$$

式中，y_{e_j,e_j} 为节点 e_j 自导和，关于 e 类节点的自导纳矩阵 $\boldsymbol{Y}_{\mathbf{ee}}^{\mathbf{uc}}$ 中的元素；N 表示和节点 e_i 相连的支路总数。

2. 土壤阻抗系数矩阵 $\boldsymbol{Z}$ 中的元素计算

$Z_{j,i}^{l_n,r_0}$ 为土壤阻抗系数矩阵 $\boldsymbol{Z}$ 中的元素，主要受到分段导体的位置和土壤介质的影响。

$Z_{j,i}^{l_n,r_0}$ 的物理意义为源点分段在场点分段中产生的电位。泄漏电流垂直于导体流入土壤，$Z_{j,i}^{l_n,r_0}$ 定义为法向土壤阻抗系数。泄漏电流分布和接地导体分段之间的关系需要通过分层土壤中点源的格林函数求解。其中点电流源是微段上的线电流密度，泄漏电流在分段上均匀分布，点电流大小可直接通过泄漏电流除以分段长度获得。本章节重点讨论接地网的低频响应，可忽略土壤介质的电抗特性，仅考虑土壤的电阻特性。

1) 点匹配(point-match)法

当场点选择在每一圆柱分段导体中点处时，源点段在场点处产生的法向土壤阻抗系数为

$$Z_{j,i}^{l_n,r_0}=\frac{\mathrm{I}_{m_i}}{l_i}\int_{l_i} G\left(r_j-r_i,z\right)\mathrm{d}l_i \tag{4.38}$$

式中，$Z_{j,i}^{l_n,r_0}$ 为分段圆柱导体 i 的泄漏电流在分段 j 上产生的电位，即阻抗系数矩阵 $\boldsymbol{Z}$ 中的元素；r_0 为圆柱接地导体的半径；I_{m_i} 为分段圆柱导体 i 的泄漏电流；l_i 为分段圆柱导体 i 的长度；r_j 为场点的距离向量；r_i 为源点的距离向量；$\mathrm{d}l_i$ 为对源点分段 l_i 的曲线积分；z 为源点的埋深；$G\left(r_j-r_i,z\right)$ 为点源的格林函数。

2) 伽辽金(Galerkin)法

式(4.38)仅考虑一个场点，即采用分段导体中点电位代替整段导体的电位，又称点匹配法。点匹配法未考虑匹配段整段的电位信息，为了进一步提高计算精度，需要对场点段进行一次积分并求平均值：

$$Z_{j,i}^{l_n,r_0}=\frac{I_{m_i}}{l_j l_i}\int_{l_j}\int_{l_i} G\left(r_j-r_i,z\right)\mathrm{d}l_i\mathrm{d}l_j \tag{4.39}$$

式中，l_j 为场点段的长度；$\mathrm{d}l_j$ 为对场点段 l_j 的曲线积分；$G\left(r_j-r_i,z\right)$ 为格林函数。式(4.39)相当于对源点和场点取了两次平均值，称为 Galerkin 法。上述分析采用直接假设场点形式和源点形式的方法，整个计算过程也可以用加权余量法理解。选择不同的权函数和基函数，意味着场源点的形式不同。

建立圆柱坐标系求解格林函数 $G\left(r_j-r_i,z\right)$，如图 4.8 所示。

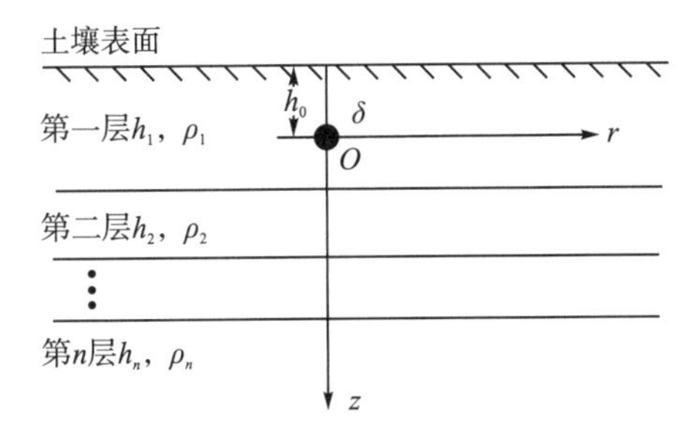

图 4.8　水平分层土壤中格林函数求解模型

大多接地网埋设在浅层土壤中，可近似认为场点和源点均在第一层土壤中。因此，场点和源点均在第一层土壤时的格林函数为[11]

$$G(r,z)=\left\{\frac{1}{\sqrt{r^2+z^2}}+\frac{1}{\sqrt{r^2+(z+2h_0)^2}}\right.$$
$$\left.+\int_0^\infty f(\lambda)\left[\mathrm{e}^{-\lambda z}+\mathrm{e}^{-\lambda(z+2h_0)}+\mathrm{e}^{\lambda z}+\mathrm{e}^{\lambda(z+2h_0)}\right]J_0(\lambda r)\mathrm{d}\lambda\right\} \tag{4.40}$$

式中，h_0 为接地网的埋深；$J_0(\lambda r)$ 为 0 阶 Bessel 函数；$f(\lambda)$ 为一个包含水平分层土壤结构参数 $\rho_1,\cdots,\rho_n,h_1,\cdots,h_{n-1}$ 的函数表达式。$f(\lambda)$ 的具体表达式为[12]

$$\begin{cases} f(\lambda)=\dfrac{\alpha_1\mathrm{e}^{-2\lambda h_1}}{1-\alpha_1\mathrm{e}^{-2\lambda h_1}} \\ \alpha_1=\dfrac{\beta_1+\alpha_2\mathrm{e}^{-2\lambda h_2}}{1+\beta_1\alpha_2\mathrm{e}^{-2\lambda h_2}}, \qquad \beta_1=\dfrac{\rho_2-\rho_1}{\rho_2+\rho_1} \\ \qquad\vdots \qquad\qquad\qquad\qquad \vdots \\ \alpha_{n-2}=\dfrac{\beta_{n-2}+\alpha_{n-1}\mathrm{e}^{-2\lambda h_{n-1}}}{1+\beta_{n-2}\alpha_{n-1}\mathrm{e}^{-2\lambda h_{n-1}}}, \quad \beta_{n-2}=\dfrac{\rho_{n-1}-\rho_{n-2}}{\rho_{n-1}+\rho_{n-2}} \\ \alpha_{n-1}=\beta_{n-1}, \qquad \beta_{n-1}=\dfrac{\rho_n-\rho_{n-1}}{\rho_n+\rho_{n-1}} \end{cases} \tag{4.41}$$

式(4.41)和式(3.11)保持一致。式(4.41)中，λ 为积分变量，土壤层数过多时，仍然难以直接获得其解析表达式，不利于编程。为提高计算效率，仍可采用第二章中的数值计算方法对其进行计算。值得注意的是，当令 z 和埋深 h_0 均为 0 时，式(4.40)等同于地表点源的格林函数表达式。

综上所述，将式(4.35)～式(4.39)代入式(4.24)的广义矩阵中，可求得接地参数电位矩阵中的全部元素。

4.3 工程实例分析

接地装置广泛应用于电力系统中。接地装置的种类多种多样，本章选择了水平接地极、杆塔接地网和模拟接地网三类典型接地装置为研究对象。地表电位可视为由泄漏电流产生，泄漏电流分布一定程度上反映了地表电位分布，即泄漏电流分布的正确性和地表电位分布的正确性保持一致。不再赘述地表电位等参数的分析。本章重点计算接地装置接地电阻和泄漏电流分布。其中，接地材料为直径均为 12mm 的圆钢，碳钢电导率为 1×10^{-7}，接地极埋深 h_0 为 0.8m。分析交流输电杆塔或交流变电站的接地参数时，通常不考虑深层土壤的影响，即土壤层厚度较小；分析直流接地极时，由于直流变电站之间通过大地存在耦合现象，需要考虑到深层土壤的影响，即土壤层厚度较大。为尽可能涵盖实际接地参数计算过程中可能遇到的分层土壤特征，土壤介质选择了分层厚度较小的水平 2 层土壤和水平 4 层土壤作为 Type-A、Type-B 土壤，并选择分层厚度较大的水平 8 层土壤作为 Type-C 土壤，水平分层土壤的具体参数如表 4.1 所示。

图 4.1　3 种水平分层土壤参数

土壤类型	土壤层数	电阻率/(Ω·m)	土壤层厚度/m
Type-A	2	ρ_1=100, ρ_2=50	h_1=2
Type-B	4	ρ_1=150, ρ_2=500, ρ_3=200, ρ_4=50	h_1=2，h_2=1.5，h_3=2
Type-C	8	ρ_1=100, ρ_2=550, ρ_3=250, ρ_4=190, ρ_5=30, ρ_6=900, ρ_7=350, ρ_8=50	h_1=2, h_2=10, h_3=30, h_4=130, h_5=50, h_6=350, h_7=450

4.3.1　水平接地极接地参数计算

水平接地极是接地极中最简单的一种形式，常用于杆塔接地装置中。建立水平接地极计算模型如图 4.9 所示，水平接地极长度为 10m，分为 10 段，即 m 类节点编号为 1～10，1A 电流从 1 号 m 类节点的端点注入。

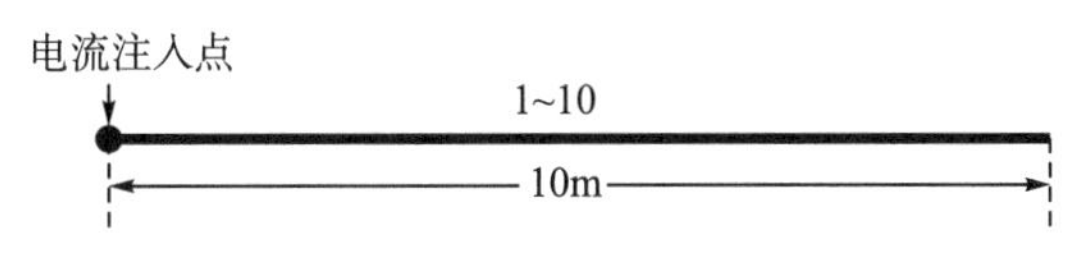

图 4.9　水平接地极计算模型

采用 4.2 节中的接地参数计算方法计算三种典型分层土壤介质中的水平接地极的泄漏电流分布，并对比 CDEGS 计算结果，如图 4.10 所示。其中 S 代表本章介绍方法的计算结果，C 代表 CDEGS 计算结果。

图 4.10 表明，本章方法的计算结果和 CDEGS 计算结果基本保持一致。Type-A 土壤和 Type-B 土壤中，每一分段的泄漏电流大小均和 CDEGS 计算结果高度一致。Type-C 型土壤本身更为复杂，本章介绍方法的计算结果和 CDEGS 计算结果仍然基本保持一致。水平接地极的泄漏电流均呈现两端大中间小的趋势，泄漏电流分布趋势并不受土壤介质的影响，土壤介质仅影响同一趋势下的幅值大小。两端的泄漏电流 Type-C>Type-B>Type-A，中间的泄漏电流 Type-C<Type-B<Type-A。两种方法计算的接地电阻值如表 4.2 所示，本章方法同样具有良好的精度，和 CDEGS 的计算结果相差小于 3%。

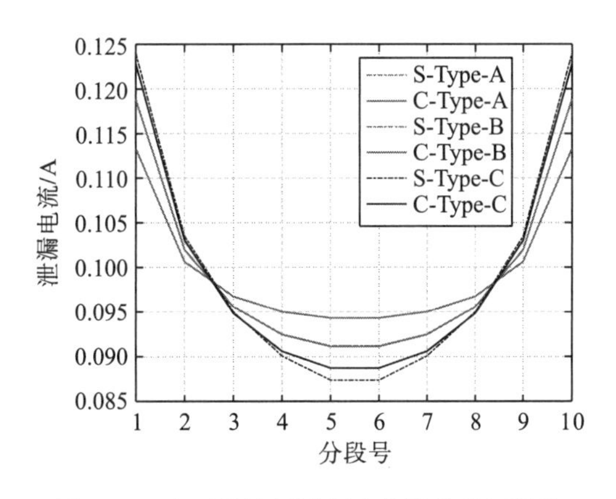

图 4.10　水平接地极泄漏电流计算(见彩版)

表 4.2 水平接地极接地电阻

	Type-A	Type-B	Type-C
本章方法/Ω	12.15	21.95	20.95
CDEGS/Ω	12.19	21.98	20.41
误差百分比/%	0.33	0.68	2.65

4.3.2 杆塔接地网接地参数分析

杆塔接地网通常具有很多不同形式，本章以典型的方框加射线杆塔接地网为例，建立杆塔接地网计算模型如图 4.11 所示。正方形方框边长为 5m，分为 5 段，4 根射线导体为 10m，每根分 10 段。导体的具体编号如图 4.11 所示。1A 电流在 1 号 m 类节点的端部注入。

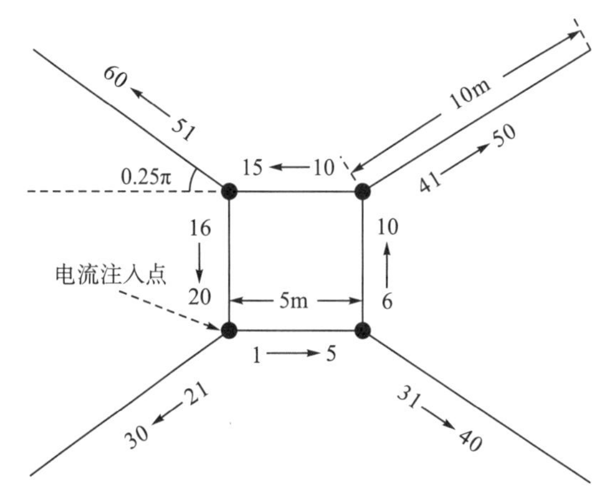

图 4.11 杆塔接地网计算模型

采用 4.2 节中的接地参数计算方法和 CDEGS 软件计算杆塔接地网的泄漏电流分布，如图 4.12 所示。S 表示本章介绍方法的计算结果，C 表示 CDEGS 计算结果。

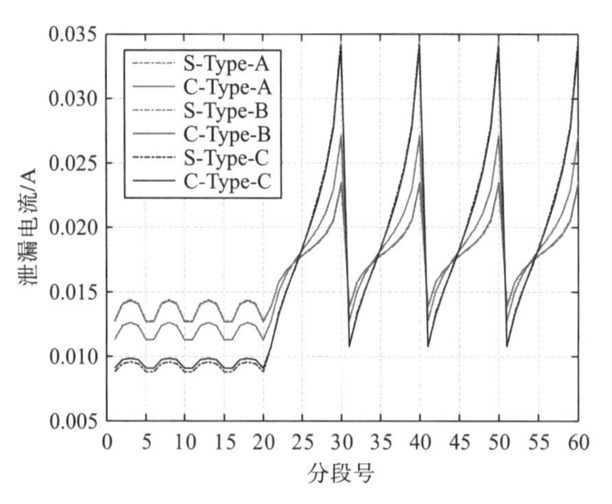

图 4.12 杆塔接地网泄漏电流计算(见彩版)

图 4.12 表明本章介绍方法的计算结果和 CDEGS 计算结果高度一致，验证了本章介绍方法的正确性。Type-A 型和 Type-B 型土壤中，每一段的泄漏电流两种算法几乎完全一致，在较复杂的 Type-C 型土壤中，本章介绍方法的计算结果仍然具有良好的准确度，在前 20 号分段，即方框导体分段上，泄漏电流略小于 CDEGS 计算结果。上述结果表明，土壤介质的类型仍然并不影响接地导体泄漏电流分布规律，仅影响其泄漏电流幅值。方框导体的泄漏电流幅值 Type-A>Type-B>Type-C，射线导体泄漏电流幅值 Type-A<Type-B<Type-C。通过两种方法计算杆塔接地网在三种土壤介质中的接地电阻如表 4.3 所示。本章方法的计算结果和 CDEGS 计算结果之间的误差均在 1%以内，验证了本章方法的正确性。

表 4.3　杆塔接地网接地电阻

	Type-A	Type-B	Type-C
本章方法/Ω	2.90	5.51	7.56
CDEGS/Ω	2.91	5.50	7.50
误差百分比/%	0.34	0.18	0.8

4.3.3　模拟接地网参数分析

变电站接地装置通常由接地网组成，接地网的规模大，种类多，无法一一列举。为简化计算，建立了如图 4.13 所示的模拟接地网模型以简化计算，用于模拟实际变电站接地网，该接地网由 3×3 的网格组成，每个网格为边长为 4m 的正方形，整个接地网为边长 12m 的正方形。小网格每一边的导体分为 4 段，即接地网整体水平导体和垂直导体均分为 12 段，编号如图 4.13 所示。1A 电流仍在 1 号分段导体端部的 e 类节点注入。

采用 4.2 节中的接地参数计算方法和 CDEGS 软件计算模拟接地网的泄漏电流分布，如图 4.14 所示。S 表示本章介绍方法的计算结果，C 表示 CDEGS 计算结果。

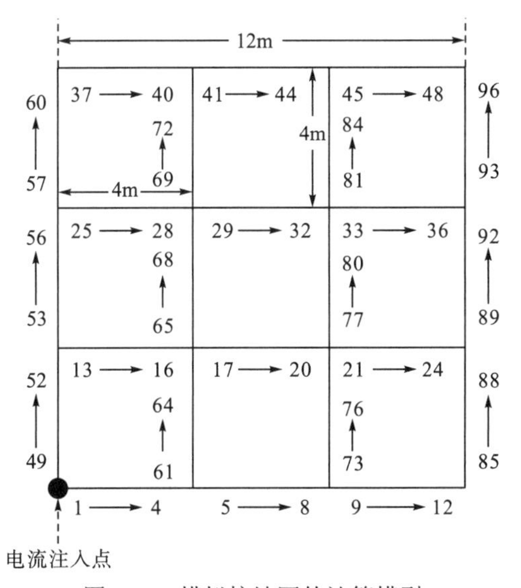

图 4.13　模拟接地网的计算模型

图 4.14 中可以得出，本章方法的计算结果和 CDEGS 计算结果几乎保持一致。与前两种接地装置泄漏电流计算规律类似，两种算法计算 Type-A 型和 Type-B 型土壤中的泄漏电流一致性更高。整体而言，本章介绍方法的计算结果和 CDEGS 计算结果在复杂的 Type-C 型土壤中仍然具有良好的一致性，仅在少部分分段上有微小偏差。模拟接地网上的泄漏电流分布规律同样不受土壤介质的影响，土壤介质仅在同一分布规律下改变部分泄漏电流幅值。通过两种算法计算模拟接地网在三种土壤类型中的接地电阻，如表 4.4 所示。本章方法的计算结果和 CDEGS 计算结果的误差均在 2%以内，验证了本章介绍方法的正确性。

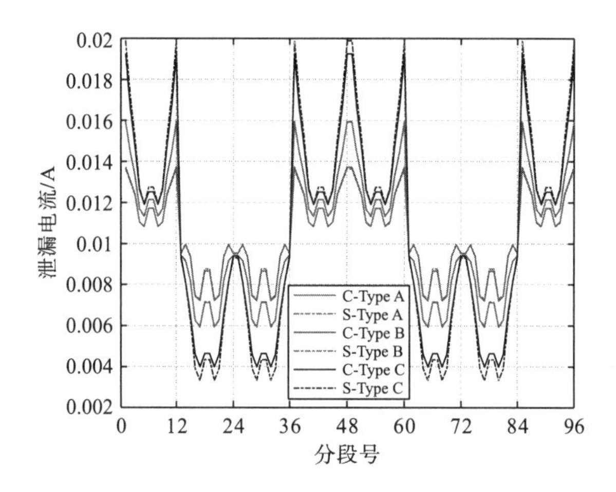

图 4.14 模拟接地网的泄漏电流计算(见彩版)

表 4.4 模拟接地网接地电阻

	Type-A	Type-B	Type-C
本章方法/Ω	2.58	5.40	8.22
CDEGS/Ω	2.61	5.40	8.08
误差百分比/%	1.1	0	1.7

参考文献

[1] 陈先禄, 刘渝根, 黄勇. 接地 [M]. 重庆: 重庆大学出版社, 2002.

[2] 何金良, 曾嵘. 电力系统接地技术[M]. 北京: 科学出版社, 2007.

[3] 解广润. 电力系统接地技术[M]. 北京: 中国电力出版社, 1991.

[4] 俞集辉. 电磁场原理(第 2 版)[M]. 重庆: 重庆大学出版社, 2003.

[5] 李中新. 基于复镜象法的变电站接地网模拟计算[D]. 北京: 清华大学, 1999.

[6] Yuan J, Yang H. Simulation of substation grounding grids with unequal-potential[J]. IEEE Transactions on Magnetics, 2000, 36(4): 1468-1471.

[7] 张波. 变电站接地网频域电磁场数值计算方法研究及其应用[D]. 保定: 华北电力大学(河北), 2004.

[8] 鲁志伟, 文习山, 史艳玲, 等. 大型变电站接地网工频接地参数的数值计算[J]. 中国电机工程学报, 2003, 23(12): 89-93.

[9] 鲁志伟. 大型接地网工频接地参数的计算和测量[D]. 武汉: 武汉大学, 2004.

[10] 诸葛向彬. 高频载流圆柱形导体的电阻计算[J]. 杭州大学学报(自然科学版), 1995, 22(S1): 74-77.

[11] Zhang B, Zeng R, He J, et al. Numerical analysis of potential distribution between ground electrodes of HVDC system considering the effect of deep earth layers[J]. Iet Generation Transmission & Distribution, 2008, 2(2): 185-191.

[12] 张波, 崔翔. 复镜像法中的一种自适应采样方法[J]. 华北电力大学学报, 2002, 29(4): 1-4.

第五章　土壤中接地极的腐蚀过程

接地网长期埋设在土壤中，主要用于给电力系统杆塔、通信塔、电气设备等提供零电位点，以保障电网和电力设备的安全运行。目前，国内接地材料大多采用碳钢，其主要化学成分是铁，在土壤中极易发生腐蚀。电气设备和土壤通过接地网连接，对于长期存在入地电流的接地网，其表面也长期存在泄漏电流。例如，输电导线附近的电磁场通常会在架空地线中产生感应漏电流，架空地线与杆塔接地网直接相连，导致杆塔接地网表面长期存在泄漏电流。接地网表面的泄漏电流会直接影响接地网的腐蚀过程，使其电化学腐蚀行为发生变化。在土壤复杂环境和泄漏电流的共同作用下，接地网有效散流面积减小，腐蚀产物沉积层逐渐覆盖在接地网表面，腐蚀严重时造成入地电流散流不通畅，若发生短路或雷击，易出现接地故障，造成电力事故扩大。因此，建立碳钢接地网自然腐蚀模型，研究入地电流对接地网腐蚀行为的影响规律、分析腐蚀产物化学性质和腐蚀产物沉积层微观结构，对理解接地网腐蚀过程的演变规律、准确评估接地网的腐蚀状态具有重要意义。

本章主要介绍接地极的自然腐蚀行为、直流泄漏电流作用下接地极的腐蚀行为和交流泄漏电流作用下接地极的腐蚀行为。接地网的结构复杂多变，为准确解释土壤中接地导体的腐蚀过程，本章分析过程中均采用结构较为简单的接地极作为研究对象。

5.1　接地极的自然腐蚀行为

目前我国接地网主要采用碳钢材料，难以避免碳钢接地网在土壤中的腐蚀问题。碳钢接地网在土壤中的电化学腐蚀反应主要为：阳极发生铁的氧化反应生成亚铁离子，阴极发生氧的还原反应生成氢氧根离子，从而造成接地网的腐蚀溶解。无外界电流存在时，接地网在土壤中发生的腐蚀行为是自然腐蚀(即没有净电流从金属表面流入或流出的腐蚀)。结合电化学腐蚀基本理论，综合考虑碳钢腐蚀的阴阳极电化学反应、物质扩散、粒子的平衡反应、亚铁离子的多级水解平衡反应、腐蚀产物沉积过程、接地极表面腐蚀形变等过程，采用多物理场仿真软件 COMSOL Multiphysics 建立碳钢接地网自然腐蚀分析模型。为了简化计算，主要针对水平布置的圆柱形碳钢接地极进行仿真计算。

5.1.1　接地极自然腐蚀微观机理

碳钢接地极的主要化学成分为铁，埋设在土壤中时，接地极表面可能发生电化学腐蚀、化学腐蚀、生物腐蚀等，但研究结果表明造成接地极腐蚀的主要原因是电化学腐蚀[1]。因此，本章中关于碳钢接地极的腐蚀只考虑铁腐蚀的电化学过程，忽略土壤微生物对腐蚀的影响。

1. 接地极自然腐蚀过程

当碳钢接地极在土壤中开始腐蚀时，由电化学腐蚀基本原理可知，腐蚀反应发生在接地极与土壤的接触面，土壤中微小的水膜覆盖在碳钢材料表面形成微观腐蚀电池，局部腐蚀反应由此发生。接地极与土壤接触面构成的腐蚀系统如图 5.1 所示，接地极表面局部腐蚀微观机理如图 5.2 所示。

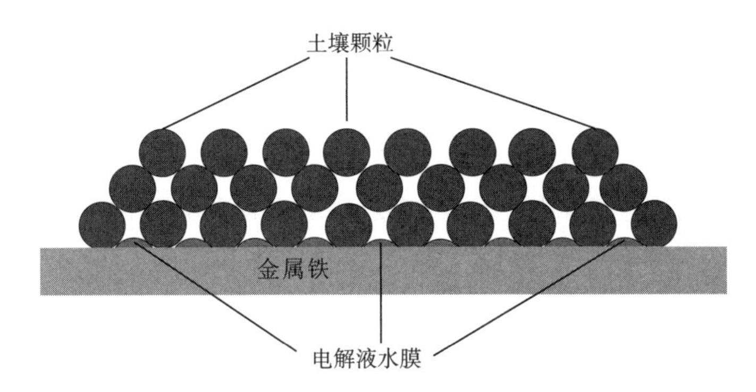

图 5.1　接地极与土壤接触面构成的腐蚀系统

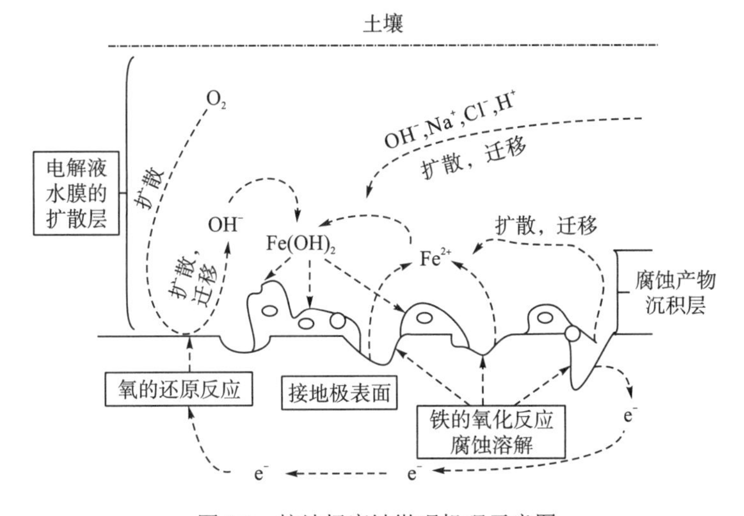

图 5.2　接地极腐蚀微观机理示意图

碳钢接地极埋设在土壤中是一块孤立的金属导体材料，发生电化学腐蚀反应时，阴极反应和阳极反应同时在接地极与土壤的接触面发生，并在同一个电位下进行，该电位即为腐蚀电位。电化学反应发生后，铁作为阳极发生溶解反应，如式(5.1)所示；在阴极发生氧气的还原反应，如式(5.2)所示；在酸性条件下阴极还会发生氢的还原反应，如式(5.3)所示。在阳极生成的Fe^{2+}和阴极生成的OH^-在土壤中扩散并结合生成腐蚀产物$Fe(OH)_2$，另外，Fe^{2+}容易发生水解同样会生成$Fe(OH)_2$。$Fe(OH)_2$在不同土壤环境下会进一步转化成更加稳定的铁的化合物，如式(5.4)和式(5.5)所示。

阳极反应(铁腐蚀溶解过程)：

$$Fe \longrightarrow Fe^{2+} + 2e^- \tag{5.1}$$

阴极反应(氧气和氢的还原反应)：

$$O_2 + 2H_2O + 4e^- \longrightarrow 4OH^- \tag{5.2}$$

$$2H^+ + 2e^- \longrightarrow H_2 \tag{5.3}$$

式(5.3)表明在缺氧或酸性环境下，大量渗入的H^+会在碳钢材料腐蚀缺陷部位反应生成H_2，并在H_2的聚集部位产生巨大的膨胀效应，导致氢脆，破坏碳钢接地材料的结构。阳极生成的Fe^{2+}和阴极生成的OH^-在土壤中扩散经次生反应生成不溶性氢氧化物，反应如式(5.4)和式(5.5)所示。

$$Fe^{2+} + 2OH^- \longrightarrow Fe(OH)_2 \tag{5.4}$$

$$4Fe(OH)_2 + O_2 + 2H_2O \longrightarrow 4Fe(OH)_3 \tag{5.5}$$

在潮湿的土壤环境中氢氧化亚铁和氢氧化铁容易发生反应生成四氧化三铁，反应如式(5.6)所示。

$$Fe(OH)_2 + 2Fe(OH)_3 \longrightarrow Fe_3O_4 + 4H_2O \tag{5.6}$$

另外，Fe^{2+}容易发生水解同样会生成$Fe(OH)_2$，如式(5.7)所示。

$$Fe^{2+} + 2H_2O \rightleftharpoons Fe(OH)_2 + 2H^+ \tag{5.7}$$

在较干燥的土壤中，氢氧化铁容易发生式(5.8)、式(5.9)所示的反应转变成更稳定的腐蚀产物。

$$2Fe(OH)_3 \longrightarrow Fe_2O_3 + 3H_2O \tag{5.8}$$

$$Fe(OH)_3 \longrightarrow FeOOH + H_2O \tag{5.9}$$

由于土壤的致密性，生成的腐蚀产物不易脱落，沉积在接地极表面形成腐蚀产物沉积层，改变了接地极表面的结构和物质性质，腐蚀产物沉积是影响接地极泄漏电流分布的重要因素。碳钢接地极在土壤中的电化学腐蚀过程如图 5.3 所示。阴阳极电化学反应由塔费尔(Tafel)公式描述，碳钢接地极腐蚀系统中发生在碳钢/土壤界面的电化学反应及参考文献如表 5.1 所示。

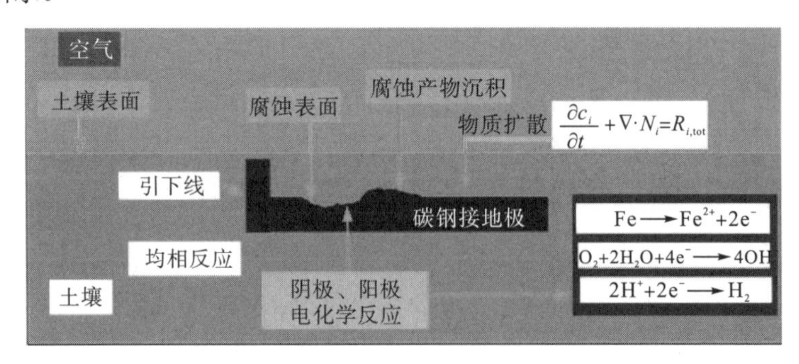

图 5.3 碳钢接地极在土壤中的电化学腐蚀过程的宏观示意图

表 5.1 接地极腐蚀体系内发生的电化学反应

反应描述	反应	电流密度/(A/m²)	参考文献
氢离子还原	$2H^+ + 2e^- \longrightarrow H_2$	$i_{H_2,j} = -i_{H_2}^0 10^{\frac{\eta}{b_{H_2}}}$	[2][3]

续表

反应描述	反应	电流密度/(A/m²)	参考文献
氧还原反应	$O_2 + 2H_2O + 4e^- \longrightarrow 4OH^-$	$i_{O_2,j} = -i_{O_2}^0 \dfrac{c_{O_2}}{c_{O_2,ref}} 10^{\frac{\eta}{b_{O_2}}}$	[2][3]
铁氧化反应	$Fe - 2e^- \longrightarrow Fe^{2+} + 2e^-$	$i_{Fe,j} = i_{Fe}^0 10^{\frac{\eta}{b_{Fe}}}$	[2][3]

表 5.1 中，在电化学反应产生的反应电流密度表达式中，电流密度的下标表示参加反应的物质(如 Fe 和 O_2)，下标 j 表示该电流的单位为电流密度(A/m^2)，本章下文中所涉及的电流符号下标 j 皆表示该意思。阴极动力学方程中，由于氧气扩散会对阴极氧的还原反应过程产生影响，因此将阴极反应的 Tafel 公式修正为式(5.10)。

$$i_{O_2,j} = -\frac{c_{O_2}}{c_{O_2,ref}} i_{O_2,0} \cdot 10^{\frac{\eta}{b_c}} \tag{5.10}$$

式中，b_c 为阴极反应的 Tafel 斜率。

氧气在水中的溶解度为 0.258mol/m³[4]，因此设置土壤表面水中氧气的浓度为 0.258mol/m³，即设置 $c_{O_2,ref}$ 为该值。

一般 Tafel 公式描述如式(5.11)所示：

$$i_{loc} = i_0 \cdot 10^{\frac{\eta}{b}} \tag{5.11}$$

式中，i_{loc} 表示电化学反应产生的局部电流密度，如表 5.1 中的 $i_{Fe,j}$；i_0 表示该反应过程的交换电流密度，如表 5.1 中的 i_{Fe}^0；b 表示 Tafel 斜率，如表 5.1 中的 b_{Fe}；η 表示过电势，定义如式(5.12)所示。

$$\eta = \phi_s - \phi_l - E_{eq} \tag{5.12}$$

对于接地极腐蚀过程而言，式(5.12)中，ϕ_s 为电极电位，ϕ_l 为土壤电解质电位，E_{eq} 为电极反应达到平衡时的平衡电位。

2. 物质扩散和平衡反应

土壤自然腐蚀过程非常复杂，涉及反应过程的粒子较多，本章只分析中性土壤情况，设置土壤初始 pH 为 7，涉及的有 OH^-、H^+、Na^+、Cl^-、SO_4^{2-}、Fe^{2+}、$Fe(OH)^+$、$Fe(OH)_2$、$FeCl^+$、$FeCl_2$、$FeCl_4^{2-}$、O_2、H_2 等 13 种微粒。

在电解质溶液中，导电过程是通过带正电或负电的离子在电场作用下的定向移动实现的；土壤中某离子 i 的物质平衡方程可描述为

$$\frac{\partial c_i}{\partial t} + \nabla \cdot \boldsymbol{N}_i = R_{i,tot} \tag{5.13}$$

式中，$\boldsymbol{N}_i$ 是离子 i 的通量, $mol/(m^2 \cdot s)$；$R_{i,tot}$ 表示离子 i 的通量密度。土壤中离子 i 的通量可以用能斯特-普朗克方程(Nernst-Planck equation)表述为

$$\boldsymbol{N}_i = \underbrace{-D_i \nabla c_i}_{扩散} \underbrace{- z_i u_{m,i} F c_i \nabla \phi_l}_{迁移} + \underbrace{c_i \boldsymbol{u}}_{对流} \tag{5.14}$$

式(5.14)右边各项分别表示带电离子自由扩散、迁移及溶液的对流所引起的通量。其中，D_i是扩散系数 m^3/s；c_i是i的离子浓度mol/m^3；$u_{m,i}$是迁移率，$s \cdot mol/kg$；z_i是离子的化合价或带电荷数；F是法拉第常数，其值一般认为是96485.3383 ± 0.0083 C/mol；ϕ_l是电解质电位；$\boldsymbol{u}$是对流速度，m/s。在土壤中由于流动性很小，因此在土壤中式(5.14)中的对流项可以忽略，从而离子i的总通量定义为

$$\boldsymbol{N}_i = \underbrace{-D_i \nabla c_i}_{\text{扩散}} \underbrace{-z_i u_{m,i} F c_i \nabla \phi_1}_{\text{迁移}} \tag{5.15}$$

式中，$u_{m,i}$可用能斯特-爱因斯坦(Nernst-Einstein)关系表示为

$$u_{m,i} = D_i / (RT) \tag{5.16}$$

式中，D_i为离子i的扩散系数；R为高斯常数；T为温度。本章节涉及的粒子扩散系数取值取自参考文献[5]～[8]，扩散系数如表 5.2 所示。

表 5.2　腐蚀系统中涉及的粒子及其扩散系数

粒子	扩散系数/($10^{-5}cm^2/s$)	参考文献
H^+	9.31	[5][6][7][8]
OH^-	5.30	[5][6][7][8]
Na^+	1.33	[5][6][7][8]
Cl^-	2.03	[5][6][7][8]
Fe^{2+}	0.71	[5][6][7][8]
$Fe(OH)^+$	0.75	[5][6]
$Fe(OH)_2$(aq)	0.78	[5][6]
$Fe(OH)_2$(s)	0	[7]
$FeCl^+$	1.0	[5][6]
$FeCl_2$	0	[7]
$FeCl_4^{2-}$	1.0(估计值)	
SO_4^{2-}	2.0(估计值)	
H_2	5.0	[9]
O_2	1.40	[5][6][7][8]

在电解质中电流密度矢量$\boldsymbol{i}_l$可以表示为所有离子通量的总和，如下：

$$\boldsymbol{i}_l = F \sum z_i \boldsymbol{N}_i \tag{5.17}$$

其中，z_i表示离子i所带的电荷。此外，土壤溶液呈电中性，即

$$\sum_i z_i c_i = 0 \tag{5.18}$$

在接地极腐蚀系统中发生的水解反应及其在室温条件下的平衡常数如表 5.3 所示，在仿真计算时按照平衡反应设置相关参数。

表 5.3　腐蚀系统中涉及的水解反应及相应的平衡常数

平衡反应	$\lg K_{eq}$	参考文献
$Fe^{2+} + H_2O \rightleftharpoons Fe(OH)^+ + H^+$	−8.3	[5][6][7][8]
$Fe(OH)^+ + H_2O \rightleftharpoons Fe(OH)_2 + H^+$	−11.1	[5][6][7][8]
$Fe^{2+} + 2OH^- \longrightarrow Fe(OH)_2$	15	[7]
$Fe^{2+} + Cl^- \rightleftharpoons FeCl^+$	−0.161	[5][6][7][8]
$Fe^{2+} + 2Cl^- \rightleftharpoons FeCl_2$	−2.45	[5][6][7][8]
$Fe^{2+} + 4Cl^- \rightleftharpoons FeCl_4^{2-}$	−1.90	[5][6][7][8]
$H_2O \rightleftharpoons OH^- + H^+$	−14	[5][6][7][8]

在仿真计算时需要设置腐蚀系统中基本粒子的初始浓度，并根据表 5.3 所示的平衡反应和平衡常数设置涉及平衡反应的粒子的初始浓度，模型中考虑的粒子和初始浓度设置如表 5.4 所示。

表 5.4　粒子的初始浓度

粒子	O_2	Na^+	Cl^-	H^+	OH^-	Fe^{2+}
初始浓度/(mol/m^3)	0.258	30	10	10^{-4}	10^{-4}	10^{-2}
粒子	$Fe(OH)^+$	$Fe(OH)_2$	$FeCl^+$	$FeCl_2$	$FeCl_4^{2-}$	SO_4^{2-}
初始浓度/(mol/m^3)	5.01×10^{-7}	3.98×10^{-14}	6.9×10^{-2}	3.55×10^{-3}	1.259	8.79

5.1.2　接地极腐蚀形变的数学描述

接地极腐蚀过程发生以后，由于阳极发生铁的氧化反应，铁离子逐渐转变为亚铁离子，碳钢逐渐腐蚀溶解，同时，接地极腐蚀过程产生的离子发生次生反应生成腐蚀产物沉积在接地极表面。在阳极铁腐蚀溶解和腐蚀产物沉积的共同作用下，接地极表面发生腐蚀变形，并导致接地极与土壤的接触面物质和结构发生变化，这是影响接地极散流特性的重要因素之一。碳钢腐蚀溶解引起的接地极表面变形速度可由法拉第(Faraday)定律描述，腐蚀产物沉积引起的接地极表面变形由腐蚀产物沉积动力学表示，利用移动网格技术对腐蚀边界进行动态追踪，COMSOL Multiphysics 软件对模型进行网格剖分和偏微分方程组求解，从而得到接地极表面边界腐蚀变形的演变规律。

1. 铁腐蚀溶解的数学描述

腐蚀反应发生后，离子 i 随时间变化产生的通量满足式(5.19)。

$$\frac{\partial c_i}{\partial t}=\sum_m R_{d,l,m} \tag{5.19}$$

接地极表面铁原子逐渐转变为亚铁离子，造成碳钢材料腐蚀溶解，其溶解速度与接地极表面产生的阳极反应电流密度有关，由 Faraday 定律可知，电化学反应产生的通量密度与局部电流密度的关系如式(5.20)所示。

$$R_{d,l,m}=\frac{-v_{d,l,m}i_{\mathrm{loc},m}}{n_m F} \tag{5.20}$$

式中，下标 d 表示溶解过程，下标 l 表示溶解的物质，下标 m 表示溶解物质所参与的反应，$R_{d,l,m}$ 表示物质 l 参与的反应所生成的离子通量密度；$v_{d,l,m}$ 为溶解物质参与反应的计量数，物质发生溶解则规定其符号为正；F 是法拉第常数，其值一般认为是 $96485.3383\pm0.0083\ \mathrm{C/mol}$。本章节涉及的碳钢腐蚀体系的电化学反应采用 Tafel 方程描述，局部反应电流密度 $i_{\mathrm{loc},m}$ 的表达如表 5.1 所示。n_m 表示参与反应的电子数，恒为正整数。对于碳钢的土壤腐蚀阳极反应而言，下标 l 表示参与阳极反应的铁，m 表示反应式(5.1)，$v_{d,l,m}$ 的值为 1，n_m 的值为 2。

由于阳极反应处只发生铁的腐蚀溶解，因此，接地极表面铁的溶解速度可表示为

$$\boldsymbol{n}\cdot\boldsymbol{v}=\sum_l\sum_m\frac{R_{d,l,m}M_l}{\rho_l}=-\frac{i_{\mathrm{loc,Fe}}M_{\mathrm{Fe}}}{n_m F\rho_{\mathrm{Fe}}} \tag{5.21}$$

其中，M_{Fe} 为溶解物质铁的摩尔质量，其大小为 $0.056\ \mathrm{kg/mol}$；ρ_{Fe} 为铁的密度，其大小为 $7800\mathrm{kg/m^3}$。

2. 腐蚀产物沉积的数学描述

亚铁离子的水解反应和次生反应生成腐蚀产物，由于土壤中发生的水解反应非常复杂，模型考虑了 13 种微粒和 7 个平衡反应，水解平衡反应及常数如表 5.3 所示。根据物质的平衡反应可求得 Nernst-Plank 方程的源项，平衡反应速率由水解动力学常数描述。如表 5.3 所示的二价铁的水解反应，其第一步水解为

$$\mathrm{Fe^{2+}+H_2O}\underset{\overleftarrow{k}_{\mathrm{Fe,1}}}{\overset{\overrightarrow{k}_{\mathrm{Fe,1}}}{\rightleftharpoons}}\mathrm{Fe(OH)^+ + H^+} \tag{5.22}$$

式中，$\overrightarrow{k}_{\mathrm{Fe,1}}$ 和 $\overleftarrow{k}_{\mathrm{Fe,1}}$ 分别是 $\mathrm{Fe^{2+}}$一级水解的正、逆化学反应速率常数，和平衡常数 $K_{\mathrm{eq,Fe1}}$ 相关，三个参数之间的关系为

$$K_{\mathrm{eq,Fe1}}=\frac{\overrightarrow{k}_{\mathrm{Fe,1}}}{\overleftarrow{k}_{\mathrm{Fe,1}}} \tag{5.23}$$

因此，一级水解反应消耗亚铁离子的速率为

$$R_{\mathrm{FeOH^+}}=-\overrightarrow{k}_{\mathrm{Fe,1}}c_{\mathrm{Fe^{2+}}}+\overleftarrow{k}_{\mathrm{Fe,1}}c_{\mathrm{FeOH^+}}c_{\mathrm{H^+}} \tag{5.24}$$

同理，可计算出亚铁离子二级水解的通量源，如式(5.25)所示。

$$R_{\mathrm{Fe(OH)_2}}=\overrightarrow{k}_{\mathrm{Fe,2}}c_{\mathrm{Fe(OH)^+}}-\overleftarrow{k}_{\mathrm{Fe,2}}c_{\mathrm{Fe(OH)_2}}c_{\mathrm{H^+}} \tag{5.25}$$

因此，同理可知，腐蚀模型中所涉及的物质通量源计算如表 5.5 所示。

表 5.5　不同物质的通量源

物质	通量源
$Fe(OH)^+$	$R_{FeOH^+}=-\vec{k}_{Fe,1}c_{Fe^{2+}}+\overleftarrow{k}_{Fe,1}c_{FeOH^+}c_{H^+}$
$Fe(OH)_2$	$R_{Fe(OH)_2}=\vec{k}_{Fe,2}c_{Fe(OH)^+}-\overleftarrow{k}_{Fe,2}c_{Fe(OH)_2}c_{H^+}$
$FeCl^+$	$R_{FeCl^+}=\vec{k}_{Fe,3}c_{Fe^{2+}}c_{Cl^-}-\overleftarrow{k}_{Fe,3}c_{FeCl^+}$
$FeCl_2$	$R_{FeCl_2}=\vec{k}_{Fe,4}c_{Fe^{2+}}c_{Cl^-}^2-\overleftarrow{k}_{Fe,4}c_{FeCl_2}$
$FeCl_4^{2-}$	$R_{FeCl_4^{2-}}=\vec{k}_{Fe,5}c_{Fe^{2+}}c_{Cl^-}^4-\overleftarrow{k}_{Fe,5}c_{FeCl_4^{2-}}$

根据阿伦尼乌斯方程(Arrhenius equation) $\vec{k}=\dfrac{kT}{h}e^{-\frac{\Delta G}{RT}}$ 可知，其中，ΔG 为正反应的活化能变化，ΔG 的表达式为[10]：

$$\Delta G^0=-RT\ln K \tag{5.26}$$

式中，K 为反应的平衡数，将其代入阿伦尼乌斯方程可得

$$\begin{aligned}\vec{k}_{Fe,2}&=\frac{kT}{h}e^{-\frac{\Delta G}{RT}}=\frac{kT}{h}K\\&=\frac{1.381\times10^{-23}\,\text{J/K}\times298.15\text{K}}{6.26\times10^{-24}\,\text{J}\cdot\text{s}}\cdot7.943\times10^{-12}=5.224\times10^{-9}[1/\text{s}]\end{aligned} \tag{5.27}$$

对于平衡反应而言，其平衡常数与正、逆化学反应速率常数关系为

$$K=\frac{\vec{k}_{Fe,2}}{\overleftarrow{k}_{Fe,2}} \tag{5.28}$$

结合式(5.27)和式(5.28)可得逆反应速率：

$$\overleftarrow{k}_{Fe,2}=\frac{\vec{k}_{Fe,2}}{K}=\frac{5.224\times10^{-9}}{7.943\times10^{-12}}=6.577\times10^2[1/\text{s}] \tag{5.29}$$

发生腐蚀后，铁作为阳极开始溶解，并形成腐蚀产物氢氧化亚铁，氢氧化亚铁是难溶性物质。当土壤液中氢氧化亚铁溶解度达到饱和时，作为腐蚀初级产物，氢氧化亚铁开始形成沉淀物，沉淀物逐渐在接地极表面沉积，并进一步转化成铁的其他化合物，发生反应如式(5.6)～式(5.9)，氢氧化亚铁的溶解平衡为

$$Fe(OH)_2(s)\rightleftharpoons Fe^{2+}(aq)+2OH^-(aq) \tag{5.30}$$

据参考文献[1]可知室温条件下，$Fe(OH)_2$ 的溶度积为 $K_{sp}=8.0\times10^{-16}$ 。设溶解的氢氧化亚铁浓度为 c (mol/m^3)，则溶解生成的 Fe^{2+} 和 OH^- 的浓度分别为 c 和 $2c$。溶度积中参考浓度为 $1mol/L=1\times10^3 mol/m^3$ ，根据溶度积的定义可得

$$K_{sp}=\frac{c_{Fe^{2+}}}{10^3}\cdot\left[\frac{c_{OH^-}}{10^3}\right]^2=\frac{c}{10^3}\cdot\left[\frac{2c}{10^3}\right]^2=\frac{4c^3}{10^9} \tag{5.31}$$

将溶度积的值代入式(5.31)可求得 $Fe(OH)_2$ 溶解度为 $5.849\times10^{-3}mol/m^3$ 。在仿真计算时设置相关逻辑语句，实现当 $c_{Fe(OH)_2}\geqslant5.849\times10^{-3}mol/m^3$ 时，$Fe(OH)_2$ 开始形成沉淀。

3. 边界条件设置

阳极铁的腐蚀溶解和腐蚀产物沉积共同作用引起接地极的原始边界逐渐发生变化，并在接地极表面表现出一定的腐蚀坑点和凸点，随着腐蚀的进行，接地极的有效散流实体在减小，为了追踪接地极表面腐蚀边界的移动情况，本章利用任意拉格朗日-欧拉(arbitrary Lagrangian-Eulerian，ALE)方法来描述该过程。

ALE 方法建立在传统的拉格朗日描述和欧拉描述基础之上，不仅吸收了基于传统拉格朗日算法和欧拉算法的优势，同时也克服了这两种传统方法的许多缺点。通过对计算对象进行网格剖分，ALE 方法可以描述计算网格在空间中任意的形式运动。这样通过规定合适的网格运动形式可以准确地描述物体的移动界面，并维持单元的合理形状[11]。ALE 方法是对于传统的拉格朗日描述和欧拉描述的推广，其网格节点并不是固结在空间或者随物质节点移动，而是有其特殊的运动控制方程，从而可以获得很高的计算精度[12,13]。通过 COMSOL 软件进行网格剖分和偏微分方程组的求解，网格位移的控制方程为

$$\frac{\partial^2}{\partial X^2}\frac{\partial x}{\partial t}+\frac{\partial^2}{\partial Y^2}\frac{\partial y}{\partial t}=0 \tag{5.32}$$

$$\frac{\partial^2}{\partial X^2}\frac{\partial y}{\partial t}+\frac{\partial^2}{\partial Y^2}\frac{\partial x}{\partial t}=0 \tag{5.33}$$

腐蚀边界的移动由式(5.32)、式(5.33)控制，边界电流则满足式(5.34)。在自然腐蚀情况下，接地极表面无净电流流入或流出，若干个腐蚀微电池组成的腐蚀系统产生的阳极电流和阴极电流之和为 0，即通过接地极腐蚀表面的总电流为 0，如式(5.34)所示。

$$\sum_{1}^{n_a} i_a + \sum_{1}^{n_c} i_c = 0 \tag{5.34}$$

式中，i_a 是腐蚀微电池产生的阳极反应电流，并规定其符号为正；i_c 是腐蚀微电池产生的阴极反应电流，并规定其符号为负；n_a 是阳极反应的总个数；n_c 是阴极反应的总个数。

5.1.3 接地极自然腐蚀过程分析

前文分析了碳钢接地极在土壤中的自然腐蚀行为，考虑物质扩散、粒子平衡反应、阴阳极电化学反应、腐蚀溶解和腐蚀产物沉积引起的变形等过程，建立了碳钢接地极的自然腐蚀模型。COMSOL Multiphysics 是一款多物理场仿真软件，可以达到多个物理场耦合计算的目的，软件中包含的电化学腐蚀模块能够很好地对本章节建立的碳钢接地极腐蚀模型进行仿真计算。在此基础上，针对含有引下线水平布置的直线型圆钢接地极在土壤中的自然腐蚀问题，建立仿真几何模型，仿真计算接地极的自然腐蚀过程，分析其腐蚀行为的演变规律。

由于水平布置的圆柱形碳钢接地极在土壤中的空间位置具有对称性，因此可将三维空间计算简化为二维空间计算。根据 5.1.1 节和 5.1.2 节建立二维接地极腐蚀模型，如图 5.4 所示。计算区域的网格剖分图如图 5.4(b)所示。选择接地极表面几个典型的位置作为计算结果的分析对象，如图 5.4(c)所示。其中，点 A、B、C、D 分别为接地极上表面左端点、中点、右端点以及下表面左端点。接地极局部放大图如图 5.4(c)所示。仿真计算设定的几何参数：土壤半径为 5dm，引下线长为 0.6dm，水平接地极长为 3dm，引下线和水平接地

极的直径都为 0.02dm，接地极埋深为 0.6dm。通过建立的腐蚀模型，计算接地极腐蚀进行 30 天后，腐蚀进行过程中接地极腐蚀电位、腐蚀电流密度、腐蚀速率、附近土壤 pH 及接地极腐蚀界面变形情况，从而分析接地极自然腐蚀行为的演变规律。

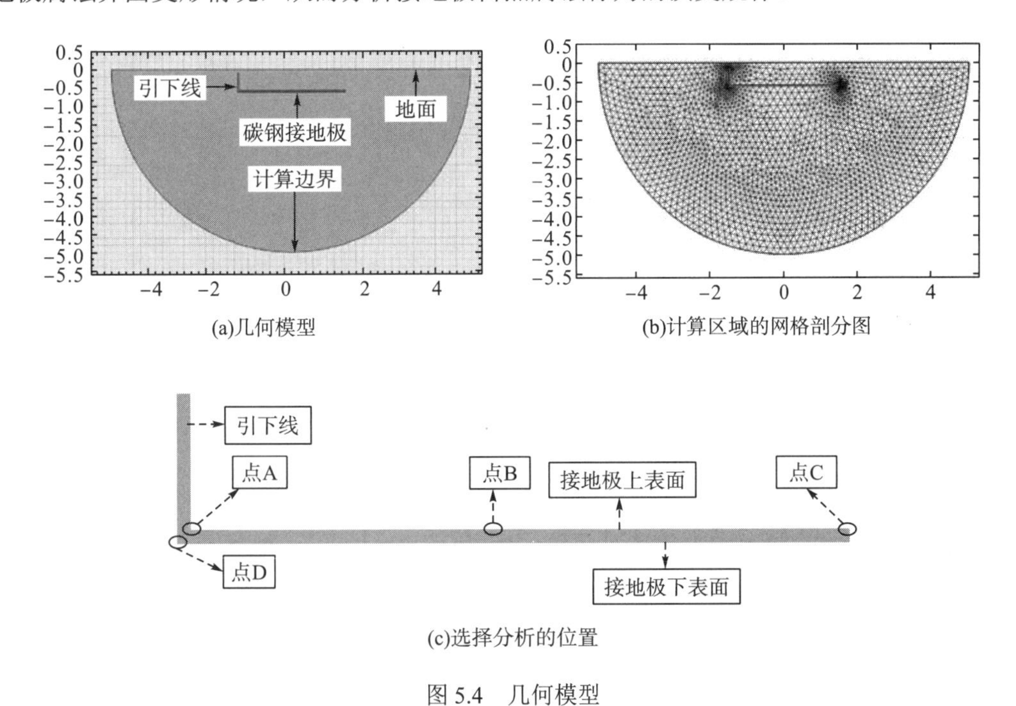

(a)几何模型　(b)计算区域的网格剖分图

(c)选择分析的位置

图 5.4　几何模型

1. 接地极腐蚀电位和腐蚀电流密度

腐蚀电位和腐蚀电流密度是描述接地极腐蚀行为的重要参量。腐蚀电位是金属达到一个稳定腐蚀状态时测得的电位，是阳极反应和阴极反应的混合电位。腐蚀电流是电极在腐蚀电位条件下所对应的电流。腐蚀进行到 30 天时，土壤的电解质电位分布如图 5.5(a)所示，可以看出电解质电位在接地极附近达到最大，远离接地极表面电解质电位减小。接地极腐蚀电位随着腐蚀的进行逐渐负移，到一定程度后逐渐稳定，其随时间的变化规律如图 5.5(b)所示。

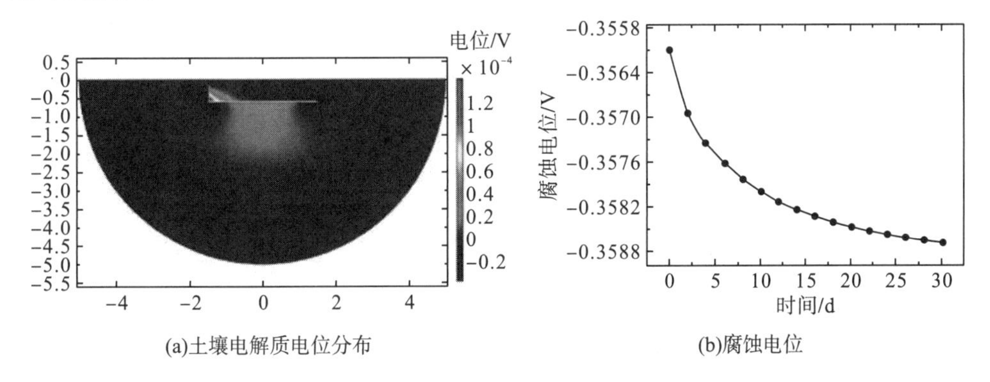

(a)土壤电解质电位分布　(b)腐蚀电位

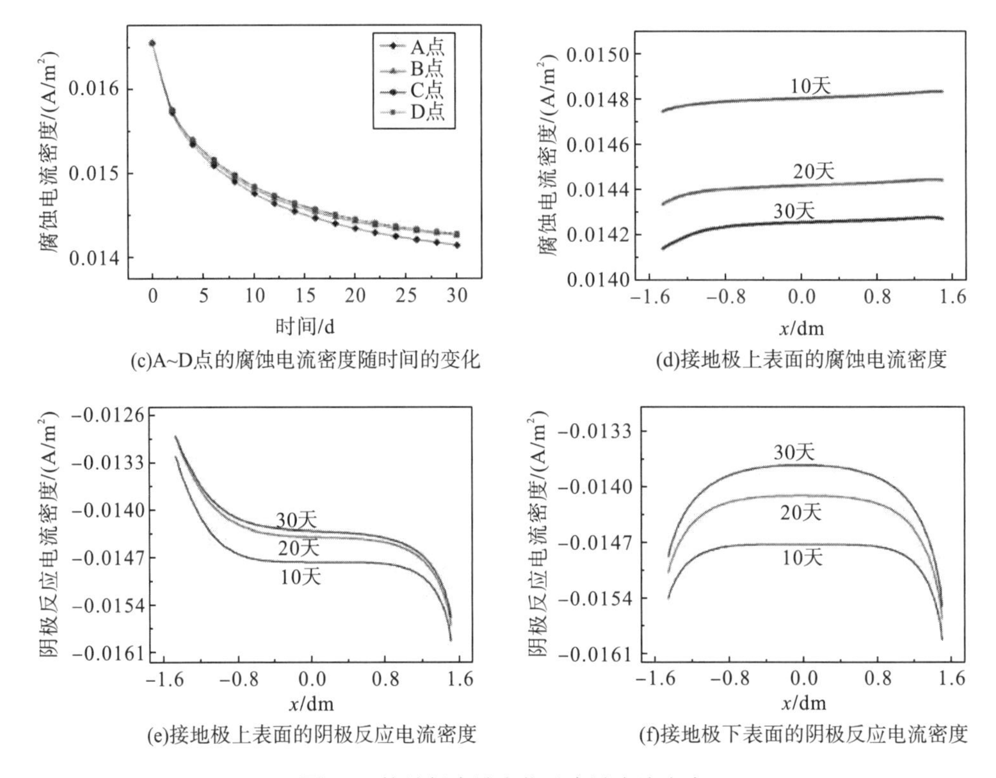

(c)A~D点的腐蚀电流密度随时间的变化

(d)接地极上表面的腐蚀电流密度

(e)接地极上表面的阴极反应电流密度

(f)接地极下表面的阴极反应电流密度

图 5.5 接地极腐蚀电位及腐蚀电流密度

选择如图 5.4(c)所示的处于典型位置的 A、B、C、D 四个点，得到其四个位置处的腐蚀电流密度随时间变化的分布，可以看出在这四个位置处的腐蚀电流密度变化趋于相同，因此，这几个点所处位置处腐蚀程度基本相同。接地极表面基本表现为均匀腐蚀，这一结论在图 5.5(d)所示的接地极上表面腐蚀电流分布情况中也可以看出。接地极上下表面阴极反应电流密度如图 5.5(e)、(f)所示，相对于上表面阳极铁腐蚀溶解形成的腐蚀电流密度，上表面阴极反应电流密度的端部规律更加明显，接地极两端的反应电流密度变化较大，下表面阴极反应电流密度具有相似规律，但下表面两端腐蚀剧烈程度接近。

2. 接地极附近土壤的 pH

由于设置的初始土壤溶液为中性，所以接地极表面四个点 A、B、C、D 处附近土壤溶液的 pH 初始值为 7，在腐蚀模型中氢离子的产生或消耗涉及水的电离及氢离子的还原，而阴极氧的还原反应生成的氢氧根离子会直接影响土壤溶液的 pH。腐蚀进行到 30 天时，氢离子的浓度分布如图 5.6(a)所示。选择如图 5.4(c)所示的接地极表面的 A、B、C、D 四个位置，分析其附近土壤的 pH 随着腐蚀进行的变化情况，从图 5.6(b)可以看出，A 点附近土壤处在引下线和接地极交界处，pH 变化较大，而在接地极表面左右端点附近的土壤 pH 变化比较接近。氢离子浓度的分布和变化同时说明了该区域氢氧根离子的变化趋势，在接地极附近土壤的 pH 较高，造成附近土壤局部碱化。同时，由于氧气直接参与阴极反应，所以随着腐蚀的进行氧气逐渐被消耗，导致阴极反应受到氧气扩散过程的制约，氧的还原反应受到限制，氢氧根离子的生成速率逐渐减小，维持在一个稳定水平，因此，土壤

pH 上升到一定值后逐渐趋于稳定。

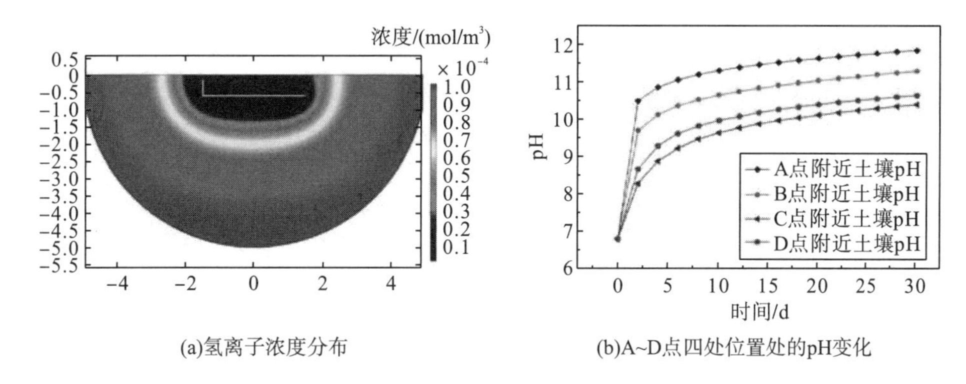

(a)氢离子浓度分布　(b)A~D点四处位置处的pH变化

图 5.6　氢离子浓度

3. 接地极腐蚀速率分布

接地极腐蚀速率计算如式(5.21)所示，描述了局部腐蚀电流密度与腐蚀速率之间的关系。选择如图 5.4(c)所示的接地极表面的 A、B、C、D 四个位置作为分析对象，得到了这四个位置处腐蚀速率随着腐蚀进行的变化规律，其变化关系如图 5.7(a)所示。由于受到氧气扩散、物质分布、接地极表面结构等因素影响，接地极表面的腐蚀速率并不是处处相同，而是存在一定差异，从而造成局部腐蚀程度不同，接地极上表面腐蚀速率分布图如图 5.7(b)所示。

接地极的腐蚀速率变化受到阴阳极电化学反应控制，对于接地极与土壤构成的腐蚀系统而言，阴极氧气还原反应是影响腐蚀速率的一个重要因素，其原因是阴极氧气扩散受阻，氧气供给不足，导致阳极铁溶解反应受到阻碍。此外，还有一个因素同样制约接地极的腐蚀速率，随着腐蚀的进行腐蚀产物逐渐沉积在接地极表面，同时阻碍了接地极腐蚀界面与土壤的有效接触面，因此接地极腐蚀速率初始阶段最大，进行到一定程度后逐渐减小。同时，从图 5.7(b)中可以看出接地极发生自然腐蚀时，表面的腐蚀速率基本相同，表现为均匀腐蚀。

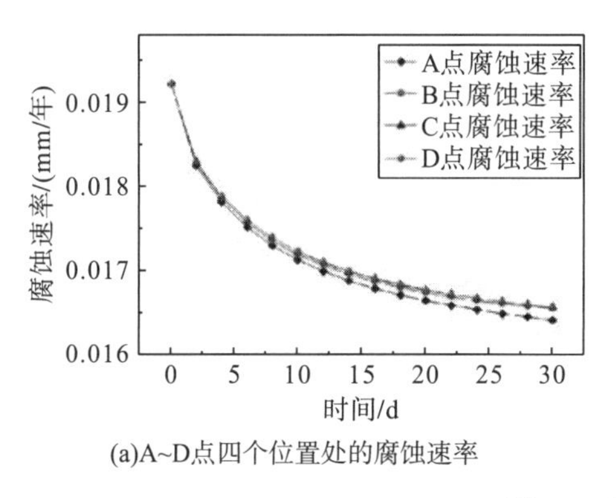

(a)A~D点四个位置处的腐蚀速率

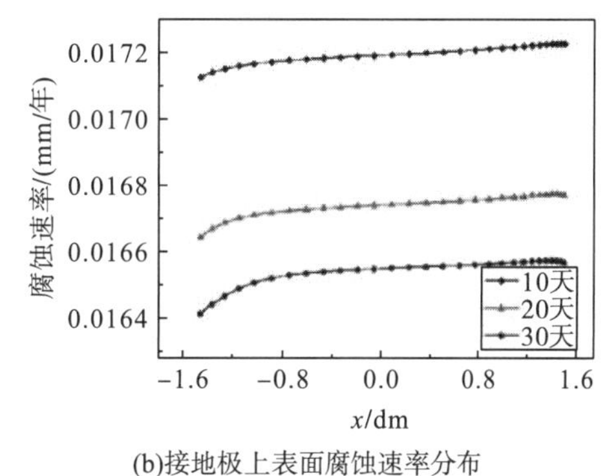

(b)接地极上表面腐蚀速率分布

图 5.7　腐蚀速率

4. 接地极表面腐蚀形变分布

阳极铁腐蚀溶解及腐蚀产物沉积共同作用，使接地极表面逐渐发生形变，形成了凹凸不平的新的接触界面，从而进一步反作用于腐蚀过程。接地极上表面、下表面、右表面以及引下线右表面腐蚀形变规律如图 5.8 所示。图 5.8 描述了腐蚀发生 30 天各腐蚀界面的形变情况。

从接地极上表面腐蚀形变情况可以看出，腐蚀形变分布具有端部规律，即接地极与引下线连接处腐蚀程度较严重，并在其表面形成了凹坑和凸起。接地极右表面腐蚀深度较小，其最大腐蚀深度大约是上表面最大腐蚀深度的三分之一。引下线右表面腐蚀程度分布也出现了一定的端部规律，即引下线和接地极接触部位的腐蚀程度较为严重，其最大腐蚀深度与接地极上表面接近。接地极上表面和引下线右表面连接处腐蚀程度出现了明显的端部规律，形成了明显的凹坑和凸起，形成这种现象的原因可能和接地极与引下线在该处的连接结构有关。由于接地极表面形成了腐蚀微电池，在阳极铁溶解和腐蚀产物沉积的共同作用下，接地极初始界面发生变化，造成腐蚀表面的凹坑和凸起，并导致接地极与土壤接触面结构和物质性质发生了变化，这种变化是影响接地极散流特性的一个重要因素。此外，由于阳极部位铁的溶解腐蚀，接地极有效散流面积逐渐减小，散流效率降低，影响了接地极的散流性能。

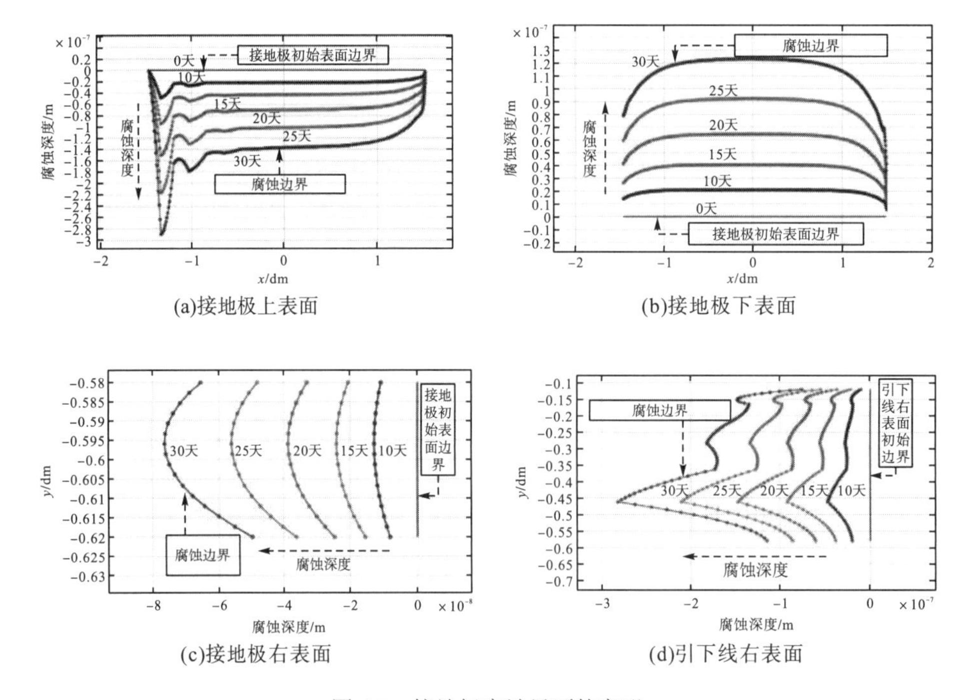

图 5.8　接地极腐蚀界面的变形

5.2　直流电流作用下接地极的腐蚀行为

随着直流输电技术的发展，我国已成为直流输电大国。直流接地极是直流输电系统中不可或缺的接地设施，在单极大地回线方式运行和双极运行时，直流接地极分别担任着导引入地电流和不平衡电流的重任[14]。水平型直流接地极是一种常规的接地电极，在国内外直流输电工程中得到了较广泛的应用。

直流接地极埋设在土壤中除了受到土壤腐蚀，存在直流入地电流时还会发生直流电解腐蚀。当直流输电线路以大地为回路时，入地电流将由作为阳极运行的接地极流入土壤，在阳极发生金属铁的溶解反应，并在土壤中以杂散电流的形式流经作为阴极运行的直流接地极流回线路。直流电流会导致接地极阳极金属溶解过程加速，腐蚀加快，导致接地极的直流电解腐蚀情况非常严重。直流腐蚀和直流电流的幅值密切相关，对于接地极而言，其直流电解腐蚀过程机理非常明确，即直流电流通过作为阳极运行的接地极时加速了金属铁向亚铁离子的转化速度，而阴极运行的接地极由于处于阴极保护状态，腐蚀速率非常小。然而，目前对于直流电流对碳钢接地极腐蚀的影响研究主要是采用实验测量方法，在考虑自然腐蚀和直流电流作用共存情况下，尚没有较为精细的接地极直流腐蚀模型，这让研究接地极直流腐蚀行为的演变规律变得非常困难。基于上述原因，本章结合电化学腐蚀基本原理和接地极直流泄漏电流分布特性，建立了接地极直流腐蚀模型。针对直流输电系统中直流接地极的电解腐蚀问题，在 5.1 节中的自然腐蚀模型的基础上分析了直流电解腐蚀机理，建立了入地直流电流与腐蚀变量之间的函数关系，对含有引下线水平布置的直线型圆钢接地极的直流电解腐蚀过程进行仿真计算，得到了接地极腐蚀电位、腐蚀速率、腐蚀形变等重要变量的仿真计算结果，并分析了直流电流对阳极运行和阴极运行的直流接地极的腐蚀行为的影响规律，为直流接地极的腐蚀状态评估、预测及土壤中金属的腐蚀防护提供理论指导。

5.2.1　接地极直流腐蚀微观机理

接地极的自然腐蚀反应如 5.1 节所述，在有直流电流通过接地极表面时，入地电流流入的接地极作为阳极运行，接地极表面发生式(5.1)所示的金属铁的溶解反应和式(5.2)所示的氧的还原反应，土壤中的回流电流流回的接地极作为阴极运行，接地极表面除了发生金属铁的溶解反应和氧的还原反应还会发生水的还原反应。

1. 作为阳极运行的直流接地极

当直流接地极有入地电流 I_{in} 时，在金属相内部，该电流的流通是通过电子的定向移动实现的；在金属相与土壤溶液相的交界处，泄漏电流向土壤的流通是通过交界面物质的电化学反应的电子得失实现的；入地电流离开接地极后在土壤中形成电解质电流，电解质电流的流动过程满足式(5.17)。入地电流进入接地极后，在接地极金属相内部产生传导电流 I 沿着接地极轴向流通，入地电流在接地极中流通的同时向土壤溶液相扩散形成泄漏电流

I_o，最终所有入地电流通过接地极与土壤接触面流向大地，从而使接地极起到散流作用。对于碳钢接地极而言，入地电流流出接地极时，阳极发生铁的氧化反应，并形成阳极溶解电流 i_a，同时在阴极发生氧的还原反应，并形成阴极反应电流 i_c。由基尔霍夫定律可知，流入接地极的入地电流等于流出接地极表面的泄漏电流之和，而泄漏电流是由铁金属转换成亚铁离子形成的，因此，流入接地极的入地电流等于铁金属阳极溶解电流之和与阴极电流 i_c 绝对值之和的差值。对于作为阳极运行的直流接地极而言，直流泄漏电流引起的腐蚀溶解过程的微观机理示意图如图 5.9 所示。

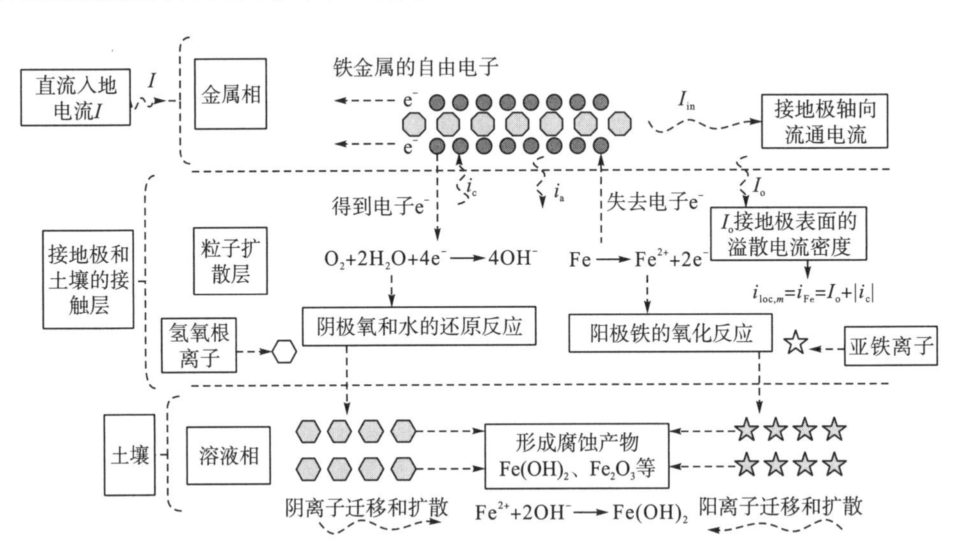

图 5.9 作为阳极运行的直流接地极腐蚀溶解过程微观机理示意图

对于作为阳极运行的直流接地极而言，其表面所有阳极反应产生的总电流 $\sum i_a$、所有阴极反应产生的总电流 $\sum i_c$ 与泄漏电流 I_o 的关系如式(5.35)所示，入地电流与接地极泄漏电流关系如式(5.36)所示。

$$\sum_1^n I_o = \sum_1^n i_a + \sum_1^n i_c \tag{5.35}$$

$$I_{in} = \sum_1^n I_o \tag{5.36}$$

其中，I_o 表示入地电流散流时在接地极表面形成的泄漏电流；I_{in} 表示流入接地极的入地电流；i_a 是阳极电流，规定符号为正；i_c 是阴极电流，规定符号为负。对于作为阳极运行的碳钢接地极在土壤中的腐蚀行为，式(5.35)、式(5.36)可表示为

$$I_{in} = i_{Fe} + i_{O_2} \tag{5.37}$$

式(5.37)为入地电流与阴、阳极反应产生的总电流的关系，i_{Fe} 和 i_{O_2} 分别是阳极总电流和阴极总电流。

2. 作为阴极运行的直流接地极

对于直流输电系统中作为阴极运行的直流接地极而言，土壤中直流性质的回流电流是

以杂散电流的形式从土壤流向接地极，其方向与阳极运行的接地极方向相反，由基尔霍夫定律可知，从作为阳极运行的直流接地极流入的入地电流等于流入作为阴极运行的直流接地极的回流电流。此时，接地极自然腐蚀过程同时存在，作为阴极运行的接地极的回流电流和自然腐蚀阴极反应电流方向一致，即方向都为流入接地极，回流电流与阳极电流的差值即为阴极反应电流。

回流电流流入接地极的同时，输电系统导线回路的移动电荷在接地极表面聚集被阴极反应过程吸收，从而导致阴极反应过程加速，阴极反应需要的电子由导线回路提供后，阳极铁的失电子速率减小，即阳极反应过程减慢。此时，经过入地电流的回流，对于作为阴极运行的接地极而言，相当于对该接地金属进行了阴极保护，其阳极腐蚀溶解速度将大大降低。作为阴极运行的直流接地极腐蚀过程微观机理示意图如图 5.10 所示。

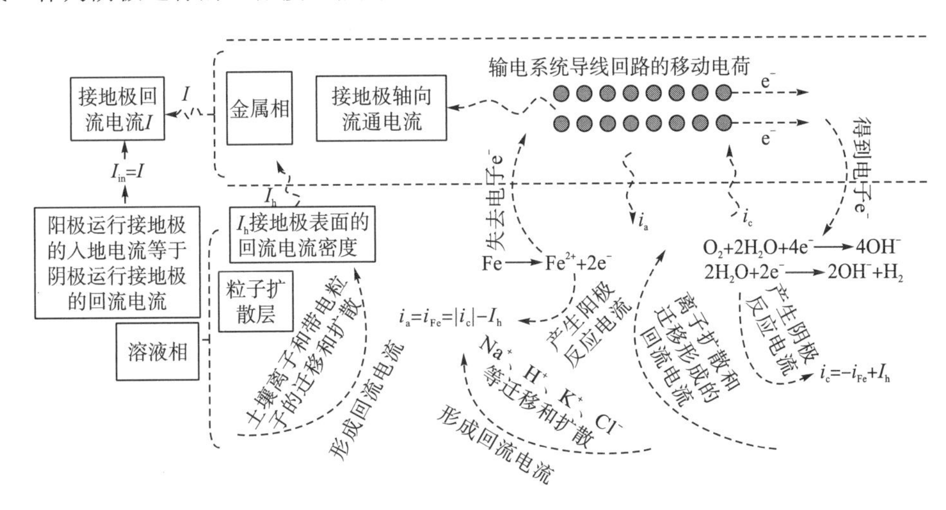

图 5.10 作为阴极运行的直流接地极腐蚀过程微观机理示意图

对于作为阴极运行的直流接地极而言，其表面所有阳极反应产生的总电流 $\sum i_a$ 、所有阴极反应产生的总电流 $\sum i_c$ 与回流电流 I_h 的关系如式(5.38)所示，入地电流与作为阴极运行的接地极回流电流关系为

$$\sum_1^n I_h = \sum_1^n i_a + \sum_1^n i_c \tag{5.38}$$

$$I_{in} = \sum_1^n I_h \tag{5.39}$$

其中，I_h 表示流入作为阴极运行的直流接地极的电流；I_{in} 表示入地电流。

对于作为阴极运行的碳钢接地极在土壤中的腐蚀行为，式(5.38)、式(5.39)可表示为

$$I_{in} = i_{Fe} + i_{O_2} + i_{H_2O} \tag{5.40}$$

式(5.40)为入地电流与阴、阳极反应产生的总电流的关系，i_{Fe} 是阳极产生的总电流，i_{O_2} 与 i_{H_2O} 之和表示阴极产生的总电流。

5.2.2 接地极直流腐蚀溶解和腐蚀产物沉积过程

当有入地电流流入接地极，并从接地极表面流向土壤时，阳极金属铁溶解速率发生变化，阳极溶解电流与接地极表面泄漏电流满足式(5.37)。接地极在土壤溶液中处于自然腐蚀状态(即无入地电流流入接地极的状态)时，接地极表面铁的溶解速度与接地极表面发生的阳极反应有关，其表述关系如式(5.20)所示。

自然腐蚀时，局部电流密度$i_{\mathrm{loc},m}$和阳极电流密度$i_{\mathrm{Fe},j}$满足关系：

$$i_{\mathrm{loc},m}=i_{\mathrm{Fe},j} \tag{5.41}$$

对于作为阳极运行的接地极而言，当有入地电流流经接地极时，传导电流从接地极表面流入大地，导致$i_{\mathrm{loc},m}$发生变化，对于接地极表面一个特定的点而言，局部电流$i_{\mathrm{loc},m}$与接地极表面泄漏电流的关系为

$$i_{\mathrm{loc},m}=i_{\mathrm{Fe},j}=I_{\mathrm{o},j}+\left|i_{\mathrm{c},j}\right| \tag{5.42}$$

其中，$i_{\mathrm{Fe},j}$是阳极铁溶解电流密度；$I_{\mathrm{o},j}$和$i_{\mathrm{c},j}$分别是接地极表面泄漏电流密度和阴极反应电流密度。对于作为阴极运行的接地极而言，式(5.42)可表示为

$$i_{\mathrm{loc},m}=i_{\mathrm{Fe},j}=-\left(\left|i_{\mathrm{c},j}\right|-\left|I_{\mathrm{h},j}\right|\right) \tag{5.43}$$

从式(5.43)可以看出，当有入地电流流入接地极时，接地极表面泄漏电流导致阳极铁腐蚀溶解电流增大，表面泄漏电流密度越大，阳极铁溶解电流密度越大，阳极铁溶解电流与入地电流成正相关。

亚铁离子通量由阳极铁溶解速度决定，对于入地电流流入的作为阳极运行的接地极而言，其表面铁的溶解速度可表示为式(5.44)，而对于回流电流流入的作为阴极运行的接地极而言，其表面铁的溶解速度则表示为式(5.45)。

$$\boldsymbol{n}\cdot\boldsymbol{v}=\sum_{l}\sum_{m}\frac{R_{l,m}M_l}{\rho_l}=-\frac{i_{\mathrm{loc,Fe}}M_{\mathrm{Fe}}}{n_m F\rho_{\mathrm{Fe}}}=-\left(I_{\mathrm{o},j}+\left|i_{\mathrm{c},j}\right|\right)\frac{M_{\mathrm{Fe}}}{n_m F\rho_{\mathrm{Fe}}} \tag{5.44}$$

$$\boldsymbol{n}\cdot\boldsymbol{v}=\sum_{l}\sum_{m}\frac{R_{l,m}M_l}{\rho_l}=-\frac{i_{\mathrm{loc,Fe}}M_{\mathrm{Fe}}}{n_m F\rho_{\mathrm{Fe}}}=-\left(\left|i_{\mathrm{c},j}\right|-\left|I_{\mathrm{h},j}\right|\right)\frac{M_{\mathrm{Fe}}}{n_m F\rho_{\mathrm{Fe}}} \tag{5.45}$$

由式(5.44)可以看出，在入地电流的作用下，接地极阳极铁溶解速度加快，亚铁离子产生速率增大，土壤溶液中亚铁离子浓度升高，如图5.3所示。接地极表面生成的亚铁离子和阴极反应生成的氢氧根离子在土壤溶液中扩散，结合初级腐蚀产物$Fe(OH)_2$，同时，亚铁离子易水解生成$Fe(OH)_2$，在氧气充足的条件下$Fe(OH)_2$容易被氧化生成铁的其他更稳定的氧化物，如式(5.8)、式(5.9)所示。

5.2.3 接地极直流腐蚀过程分析

腐蚀产物沉积过程的数学描述如5.1节所示，腐蚀体系涉及的电化学反应如表5.1中所示，物质扩散系数和平衡反应如表5.2和表5.3所示。结合5.1节关于自然腐蚀的分析和5.2节关于直流腐蚀的分析，建立碳钢接地极直流腐蚀模型，并对含有引下线水平埋设的直线型圆钢接地极的直流腐蚀行为进行仿真计算，分析直流入地电流对碳钢接地极腐蚀

行为的影响规律。本章仿真计算的主要目的是研究直流电流对接地极腐蚀过程的影响规律，由于直流接地极不同运行状态下流入接地极的入地电流大小不同，所以暂时不考虑实际运行状态时入地电流的大小。在所建立的自然腐蚀模型和直流腐蚀行为研究的基础上，对小入地电流通入碳钢接地极情况下的直流腐蚀过程进行仿真计算，分析其腐蚀行为的演变规律。

1. 直流泄漏电流分布特性分析

直流入地电流通过接地极耗散在土壤中，同时在接地极表面形成泄漏电流。对于作为阳极运行的直流接地极，入地电流通过接地极表面流向土壤。对于作为阴极运行的直流接地极，土壤中的电流流入接地极。电流通过作为阳极运行的直流接地极、土壤、作为阴极运行的直流接地极形成回路。在研究接地极直流腐蚀行为之前，需要分析接地极的泄漏电流分布特性和回流电流分布特性。基于现有学者在泄漏电流方面的研究[15-18]，利用有限元仿真软件 COMSOL Multiphysics 对含有引下线的水平直线型圆钢接地极表面泄漏电流密度和回流电流密度进行了仿真计算，结果如图 5.11 所示。

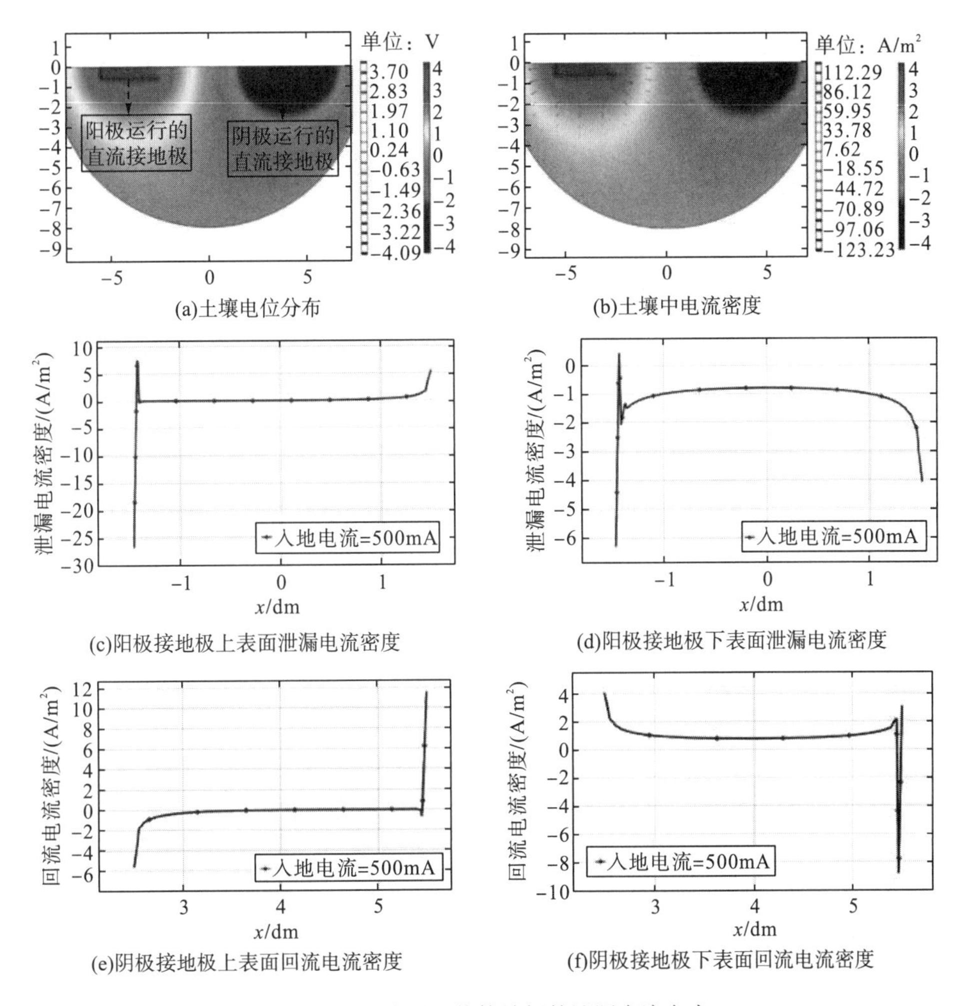

图 5.11　含有引下线接地极的泄漏电流密度

图 5.11(a)是入地电流为 500mA 时的土壤电位分布。图 5.11(b)给出了入地电流在土壤中回流时的电流流动方向。作为阳极运行的直流接地极上表面的泄漏电流分布和下表面的泄漏电流分布如图 5.11(c)和(d)所示。作为阴极运行的直流接地极上下表面回流电流密度如图 5.11(e)和(f)所示。理论计算结果[15-18]和仿真计算结果接近，从结果可以看出，水平埋设的直线型圆钢接地极表面的泄漏电流分布具有明显的端部效应，即在接地极两端泄漏电流密度值远大于中间部位的值。同时，由于引下线的存在，泄漏电流的分布在引下线和接地极交界处发生畸变，尤其是上表面交界处畸变更明显。从阴极运行的接地极表面回流电流分布可以看出，除了接地极端部，其他部位的电流密度较均匀，和阳极运行的直流接地极相似，阴极运行的接地极回流电流具有明显的端部效应。

泄漏电流从接地极表面向土壤的流动过程是通过接地极和土壤接触面使金属铁转化为亚铁离子实现的，满足如式(5.42)和式(5.43)所示的泄漏电流密度和阴阳极反应电流密度的关系，可为后续分析入地电流引起的直流腐蚀行为奠定理论基础。

2. 腐蚀电位和腐蚀电流密度

采用不同幅值的直流电流模拟实际直流入地电流，对直流入地电流和回流电流作用下的直流接地极腐蚀过程进行仿真计算。腐蚀过程进行到一定程度后，直流接地极周围土壤整体电位分布和回流电流流向如图 5.12 所示。

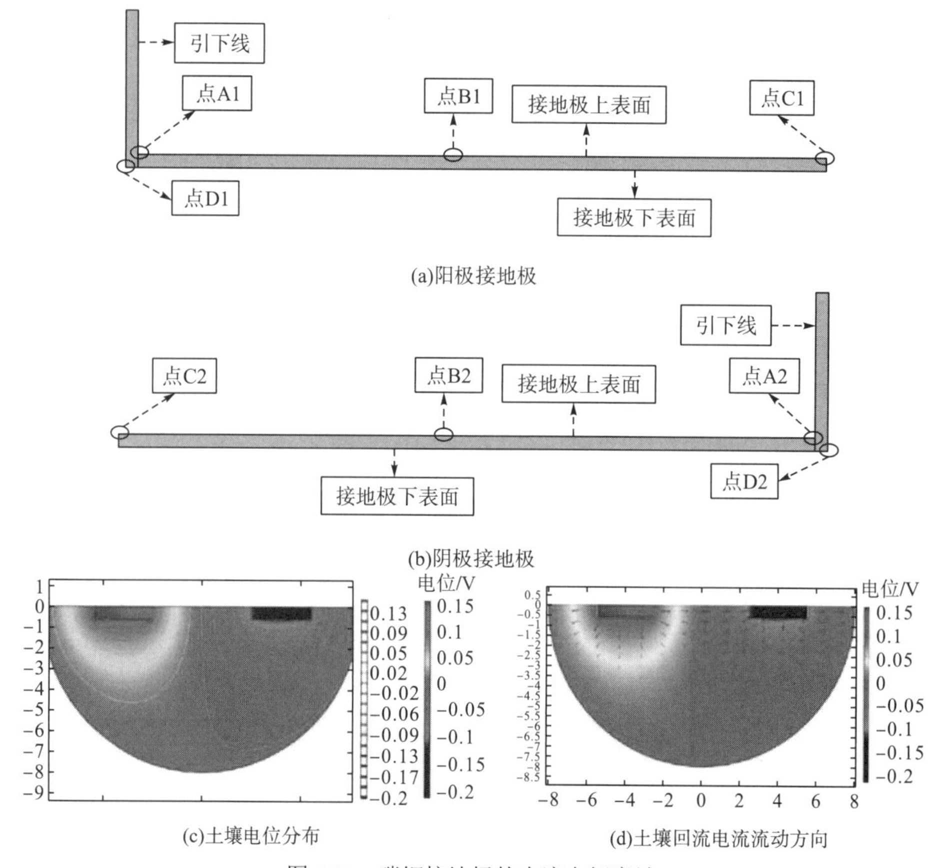

图 5.12 碳钢接地极的直流电解腐蚀

图 5.12(a)和(b)分别为阳极接地极和阴极接地极并标出了能够反映接地极不同部位腐蚀情况的 8 个位置，图 5.12(c)和(d)为接地极直流腐蚀行为发生后土壤的电位分布和回流电流的流动方向。直流电流进入接地极后，在接地极表面由铁金属转变成亚铁离子的形式将金属相电流转换成土壤溶液相中以离子形式存在的杂散电流，杂散电流在土壤中流动扩散，并回流至阴极运行的直流接地极，杂散电流在土壤中的回流方向如图 5.12(d)所示。通过仿真计算结果，分别对阳极运行和阴极运行的直流接地极在入地电流作用下的腐蚀规律进行分析。

1)作为阳极运行的直流接地极

在自然腐蚀情况下，接地极腐蚀的阴极反应和阳极反应在同一电位下进行。两个电极反应互相耦合的混合电位就是腐蚀电化学中的自然腐蚀电位，对接地极而言即接地极的电极电位。但在外界电流流入接地极时，接地极电位明显发生变化。作为阳极运行的接地极电位和腐蚀电流密度如图 5.13 所示。

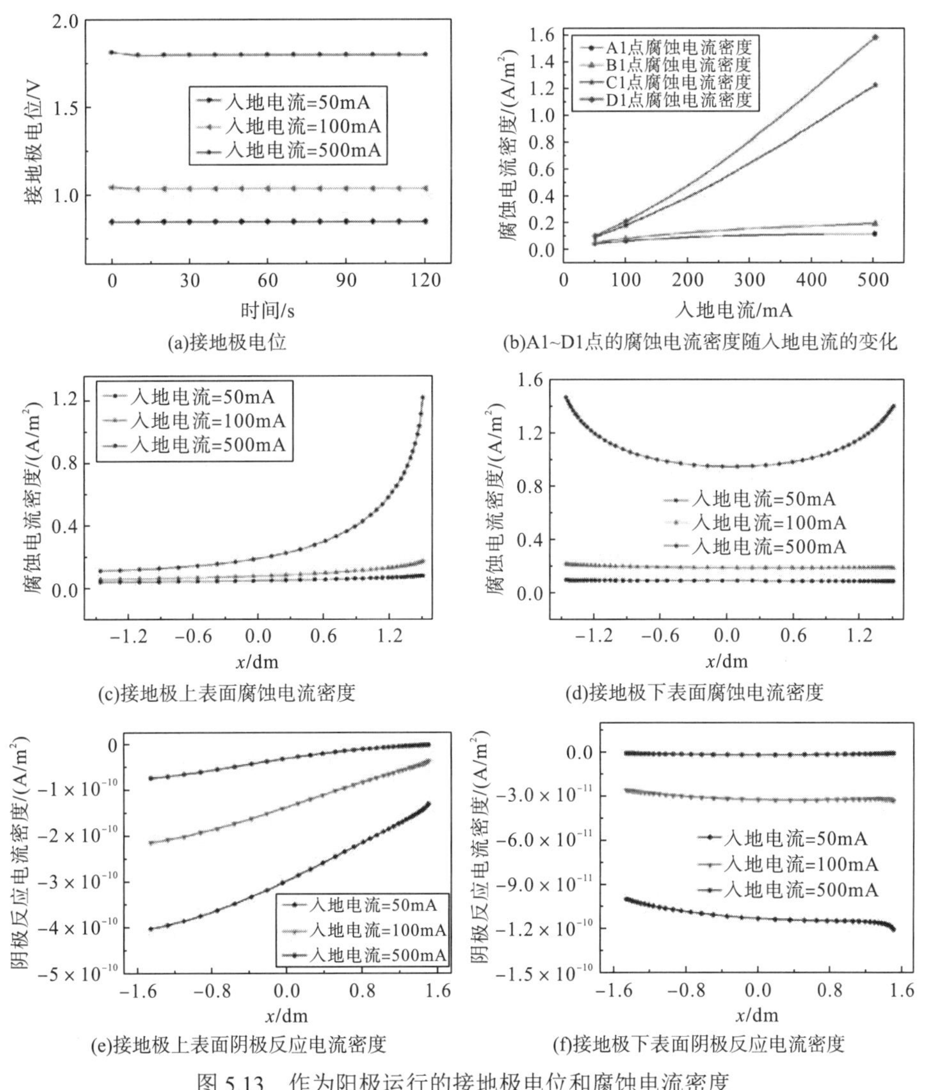

图 5.13 作为阳极运行的接地极电位和腐蚀电流密度

图 5.13(a)为不同入地电流流入时接地极电位的变化情况，随着入地电流的增大接地极电位逐渐升高，此时的接地极电位已大大偏移其自然腐蚀电位，正向电位偏移主要是直流泄漏电流造成，该接地极电位就是阳极铁溶解的电极电位。图 5.13(b)中给出了 A1、B1、C1、D1 位置处腐蚀电流密度随入地电流大小变化的关系。其中，A1～D1、A2～D2 的 8 个分析对象的位置如图 5.12(a)、(b)所示。同时，将阳极运行的接地极表面四个位置标记为 A1、B1、C1、D1，阴极运行的接地极表面四个位置标记为 A2、B2、C2、D2。

在 A1 点和 B1 点处，随着入地电流的增大腐蚀电流密度变化较小，而在其他两个位置处的腐蚀电流密度变化较大。从图 5.13(c)和(d)可以看出腐蚀电流密度具有明显的端部规律，即接地极两端位置处腐蚀电流密度较大。接地极上表面泄漏电流分布如图 5.11(c)所示，在引下线与接地极上表面交界处泄漏电流分布出现明显的畸变。上表面腐蚀电流密度如图 5.13(c)所示，可以发现除了上表面交界处，接地极腐蚀电流和接地极泄漏电流分布规律相同，接地极的直流泄漏电流分布特性对腐蚀过程的影响作用非常明显。

对比图 5.11(d)和图 5.13(d)可以发现明显的相似性，即泄漏电流分布和腐蚀电流分布都具有明显的端部效应。造成接地极腐蚀电流分布出现端部规律的原因主要是接地极泄漏电流分布特性，泄漏电流的不均匀分布导致接地极的局部腐蚀过程受到影响，从而出现腐蚀电流分布不均的情况。

随着入地电流的增大接地极表面腐蚀电流分布的端部效应越明显，如图 5.13(c)和(d)所示。在直流入地电流的作用下，接地极上下表面阴极反应电流密度随入地电流的变化如图 5.13(e)和(f)所示。随着入地电流幅值的增大，阳极反应电流密度即腐蚀电流密度逐渐增大，如图 5.13(c)、(d)所示。同时，阴极反应电流密度逐渐减小，且此时阴极反应电流密度远远小于接地极自然腐蚀状态下阴极反应电流密度，如图 5.5(e)和(f)所示，因此，直流电流通入接地极后，总的作用效果是阳极反应产生的铁的溶解电流密度大幅度增长，而阴极反应过程受到抑制。

2)作为阴极运行的直流接地极

对于作为阴极运行的直流接地极而言，从阳极接地极流入的入地电流经过土壤流通最终回流到阴极接地极，因此，阳极入地电流的大小与阴极接地极表面总的回流电流相等，即入地电流越大回流电流越大。作为阴极运行的接地极电位和腐蚀电流密度如图 5.14 所示。

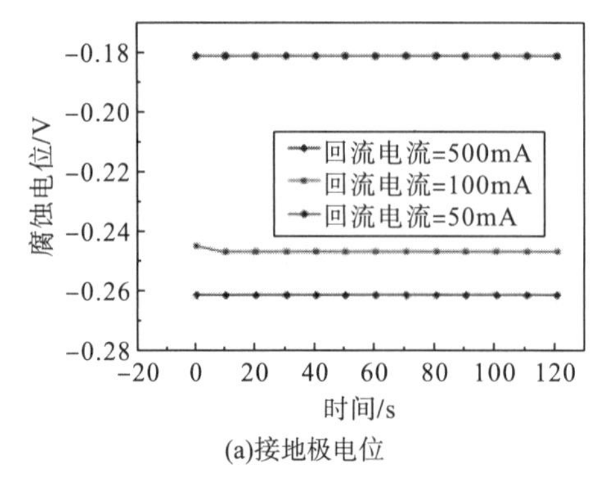

(a)接地极电位

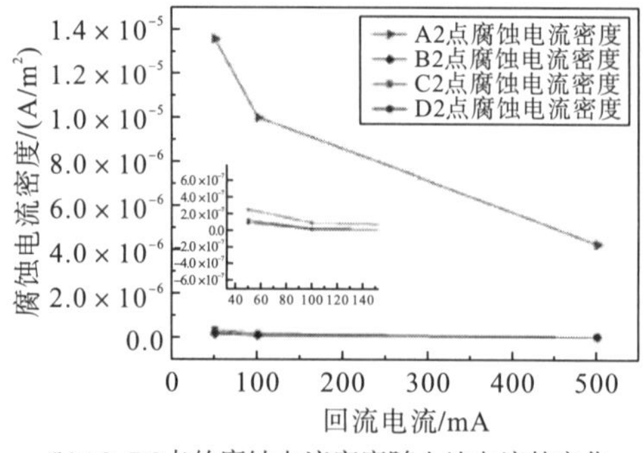

(b)A2~D2点的腐蚀电流密度随入地电流的变化

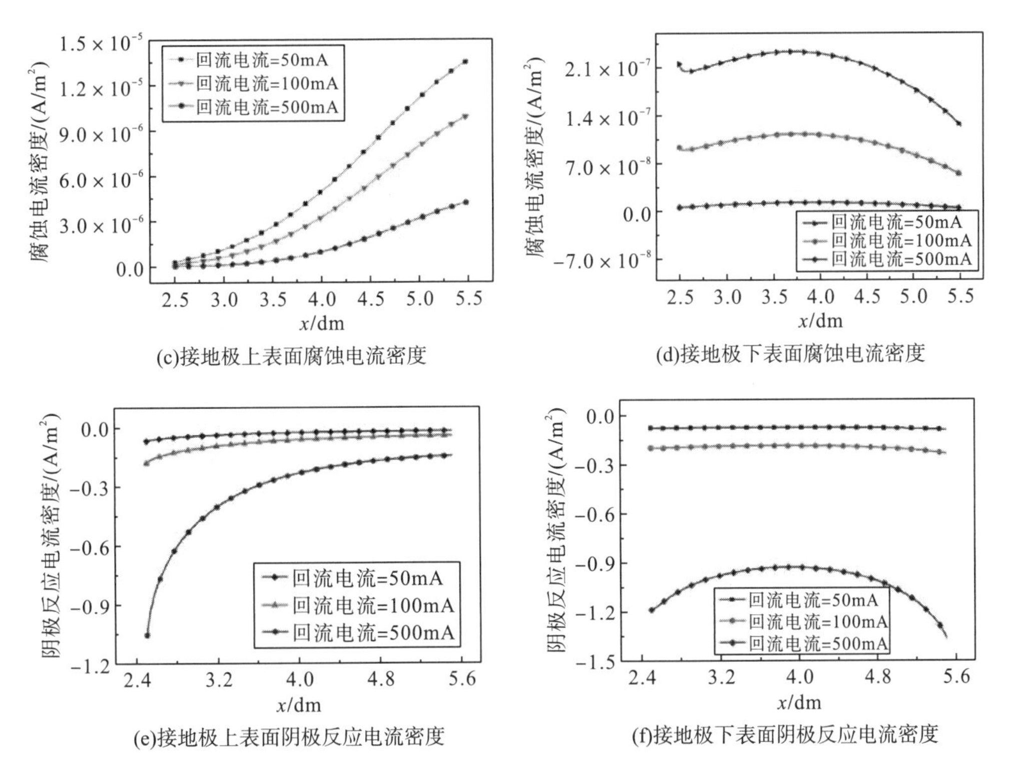

(c)接地极上表面腐蚀电流密度

(d)接地极下表面腐蚀电流密度

(e)接地极上表面阴极反应电流密度

(f)接地极下表面阴极反应电流密度

图 5.14　作为阴极运行的接地极电位和腐蚀电流密度

从图 5.14(a)可以看出，随着回流电流的增大接地极腐蚀电位逐渐负移，而阴极接地极表面的腐蚀电流密度在逐渐减小，如图 5.14(c)和(d)所示。回流电流增大的同时阳极反应电流密度即腐蚀电流密度逐渐减小，其原因是作为阴极运行的直流接地极处于阴极保护状态，阳极铁的腐蚀溶解过程被外界电流信号所抑制，和式(5.43)中理论分析保持一致。同时，阴极接地极表面的阴极反应过程被加速，接地极上下表面的阴极反应电流密度如图 5.14(e)和(f)所示。处于阴极保护状态下的接地极腐蚀电流密度明显远远小于自然腐蚀状态，且随着接地极表面回流电流的增大，对阳极铁的腐蚀溶解过程的抑制效果越明显，如图 5.14(c)和(d)所示。在回流电流为 500mA 时，接地极的自然腐蚀过程几乎停止。

3. 接地极附近土壤的 pH

如前所述，选择作为阳极运行的接地极表面四个位置 A1～D1 和作为阴极运行的接地极表面四个位置 A2～D2 为分析对象，分析入地电流为 500mA 时的氢离子浓度变化，如图 5.15 所示。

阳极接地极和阴极接地极附近土壤 pH 的变化情况如图 5.15(a)和(b)所示。通过了解接地极表面土壤的酸碱性可以间接分析腐蚀反应过程物质的变化情况。图 5.15(a)表明，在入地电流流入后的短时间内接地极附近土壤酸碱度基本没有变化，维持在初始状态。在入地电流的作用下，阳极铁腐蚀溶解速度加快，而接地极表面阴极反应受到抑制，氢氧根离子的产生速率大大减小，pH 变化较小，这说明亚铁离子的水解和次生反应消耗的氢氧根离子与阴极反应产生的氢氧根离子达到平衡，宏观表现为 pH 基本没有变化。对于作为阴极运行的接地极附近的土壤而言，由于受到回流电流的影响，接地极阳极铁溶解反应减缓，而阴极反应加速，即阴极位置氧和水的还原反应加速，同时生成氢氧根离子的速率增大，而消耗氢氧根离子的速率下降，从而导致接地极表面附近土壤 pH 增大，出现局部碱化的情况，该结果与文献[19]的实验测试结果接近，直流电流作用时会使阴极保护下钢材料附近的 pH 升高。

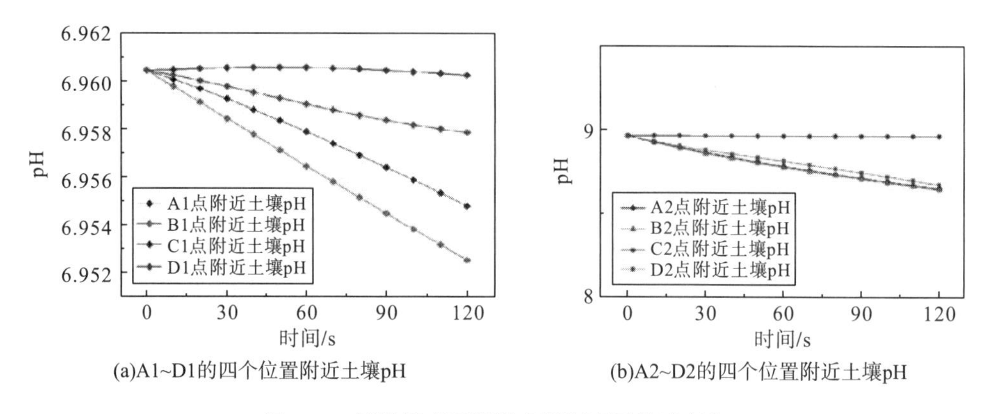

(a)A1~D1的四个位置附近土壤pH (b)A2~D2的四个位置附近土壤pH

图 5.15 接地极表面附近土壤氢离子浓度变化

4. 接地极腐蚀速率

1) 作为阳极运行的直流接地极

腐蚀速率通常表示的是单位时间的腐蚀程度平均值，腐蚀速率是反映接地极表面电化学腐蚀反应剧烈程度的重要参量。图 5.16 给出了不同大小入地电流流入接地极时作为阳极运行的直流接地极上下表面腐蚀速率。

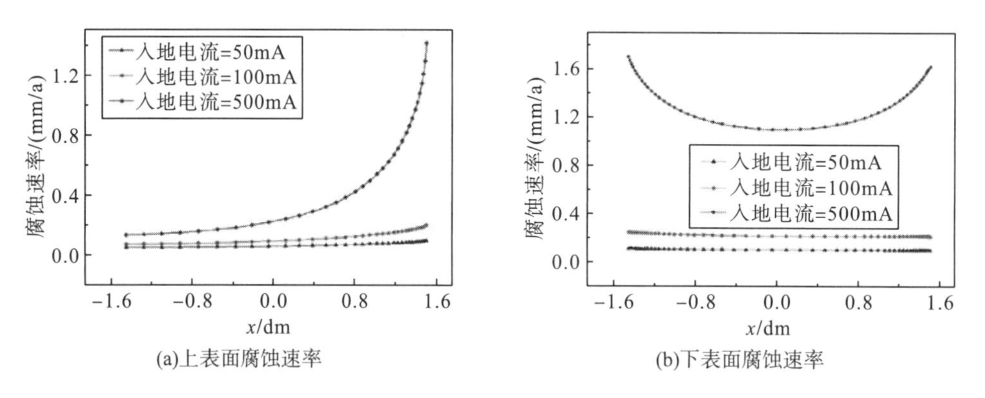

(a)上表面腐蚀速率 (b)下表面腐蚀速率

图 5.16 阳极接地极腐蚀速率

结合接地极上下表面泄漏电流分布特性和腐蚀电流分布规律，对比腐蚀速率发现，接地极表面腐蚀电流密度和腐蚀速率分布规律与泄漏电流分布特性保持一致，都呈现出一定的端部效应。根据式(5.21)可知，接地极局部腐蚀电流密度与腐蚀速率具有线性相关性，所以接地极的腐蚀电流密度和腐蚀速率变化趋势应相同，图 5.13 和图 5.16 也表明，两者具有相同的分布规律。式(5.44)描述了泄漏电流与腐蚀速率之间的关系，与自然腐蚀相比，在泄漏电流的作用下，阳极铁的溶解速度与泄漏电流密度呈线性相关，所以泄漏电流的分布特性是导致腐蚀电流密度和腐蚀速率具有端部效应的原因。此外，对比接地极上下表面腐蚀速率可知，接地极下表面的腐蚀速率比上表面大，且下表面腐蚀速率的端部效应更明显，其他部位的腐蚀速率比较均匀。

2) 作为阴极运行的直流接地极

由于腐蚀速率和腐蚀电流密度是正相关线性关系，因此，接地极表面的腐蚀速率分布和腐蚀电流密度分布相同。不同回流电流进入阴极接地极表面后，回流电流和腐蚀速率满足式(5.45)，接地极表面腐蚀速率变化如图 5.17 所示。

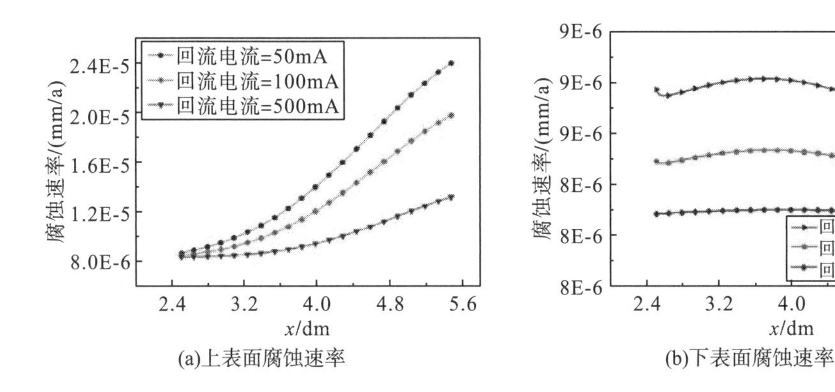

(a)上表面腐蚀速率　　(b)下表面腐蚀速率

图 5.17 阴极接地极腐蚀速率分布

根据图 5.17 可知，作为阴极运行的直流接地极腐蚀速率远远小于阳极运行状态。对比自然腐蚀状态发现，三种情况下接地极腐蚀速率存在以下关系：作为阳极运行的接地极>自然腐蚀接地极>作为阴极运行的接地极。因此，该规律不仅对分析直流作用下接地极腐蚀行为的演变规律具有重要意义，而且能够对土壤中金属的腐蚀防护如阴极保护(在外加电流激励情况下，将被保护金属作为阴极)提供有效的理论指导。

5. 接地极表面腐蚀形变分布

在 5.1 节中详细叙述了利用 ALE 方法追踪接地极表面腐蚀边界的方法，通过对计算对象进行网格剖分，描述计算边界在空间中任意的形式运动，从而实现对腐蚀边界形变的计算。

1) 作为阳极运行的直流接地极

在不同大小入地直流流入情况下，随着腐蚀的进行，作为阳极运行的直流接地极上下表面的形变分布如图 5.18 所示。

式(5.45)和式(5.31)给出了接地极腐蚀溶解速度和腐蚀产物沉积通量。在腐蚀溶解和腐蚀产物沉积共同作用下，接地极表面实际腐蚀边界逐渐发生变化，造成接地极有效散流边界结构发生变化。图 5.18(a)～(c)分别给出了三个不同入地电流通入情况下接地极上表面腐蚀形变分布，可以看出，在入地电流幅值较小时，上表面腐蚀比较均匀，沿面形变差异小，随着入地电流的增大上表面形变出现不均匀分布。图 5.18(c)所示接地极上表面端部的形变发生了较大变化，腐蚀形变量达到其他部位的 3 倍左右。对比 5.13(c)中接地极上表面腐蚀电流密度和图 5.16(a)中腐蚀速率可知，直流入地电流向土壤扩散过程中接地极表面泄漏电流具有明显的端部规律，造成腐蚀电流密度出现相似规律，如图 5.13(c)所示。腐蚀电流密度是影响腐蚀形变的主要因素，也是造成接地极表面形变的主要原因。

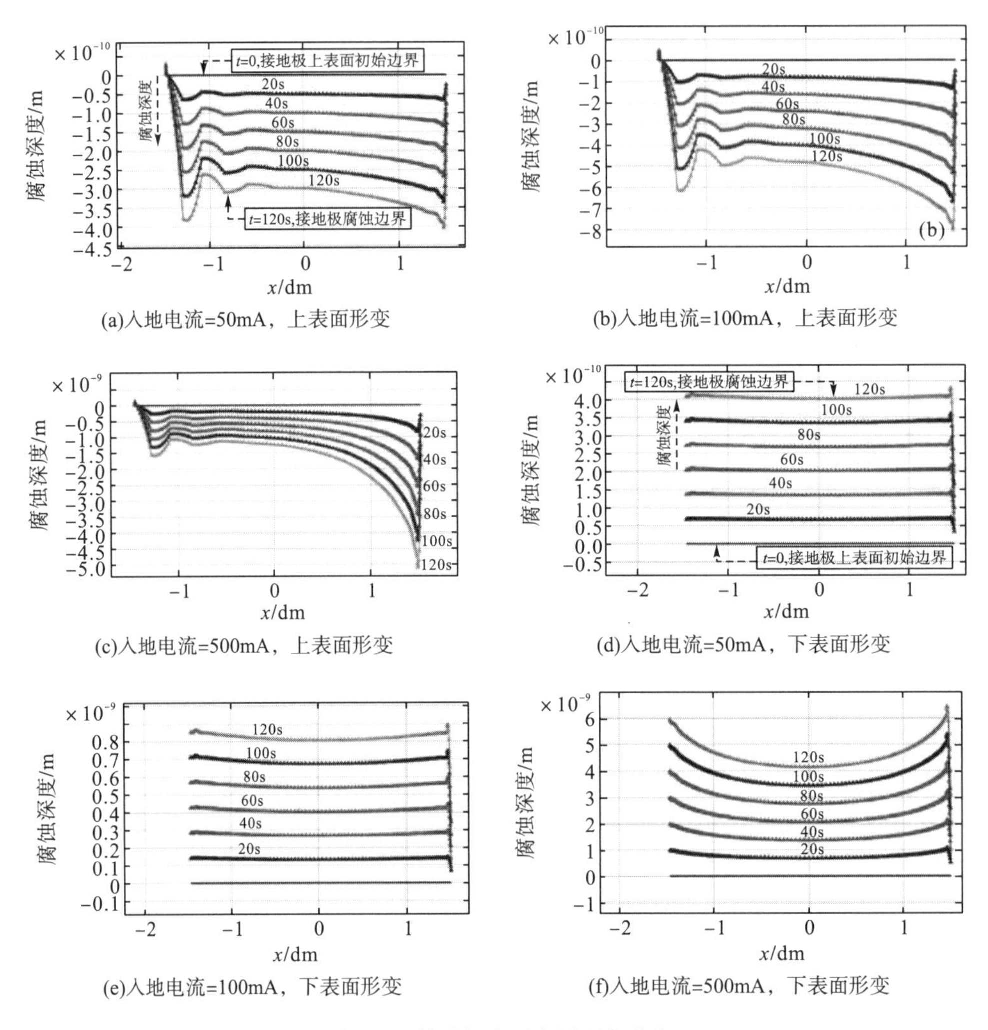

图 5.18 接地极表面腐蚀形变分布

类似地，图 5.18(d)～(f)给出了相同大小入地电流情况下接地极下表面腐蚀形变分布。在入地电流较小时下表面形变分布非常均匀，在入地电流逐渐增大时形变的不均匀程度逐渐明显，端部腐蚀形变越严重，其原因与上述分析的造成接地极上表面腐蚀形变不均匀的原因相同，都是因为泄漏电流密度不均匀致使腐蚀电流密度出现同样的端部规律，从而使得腐蚀形变随之改变。

2) 作为阴极运行的直流接地极

不同大小回流电流流入接地极时，随着腐蚀的进行，作为阴极运行的直流接地极上下表面的形变分布如图 5.19 所示。

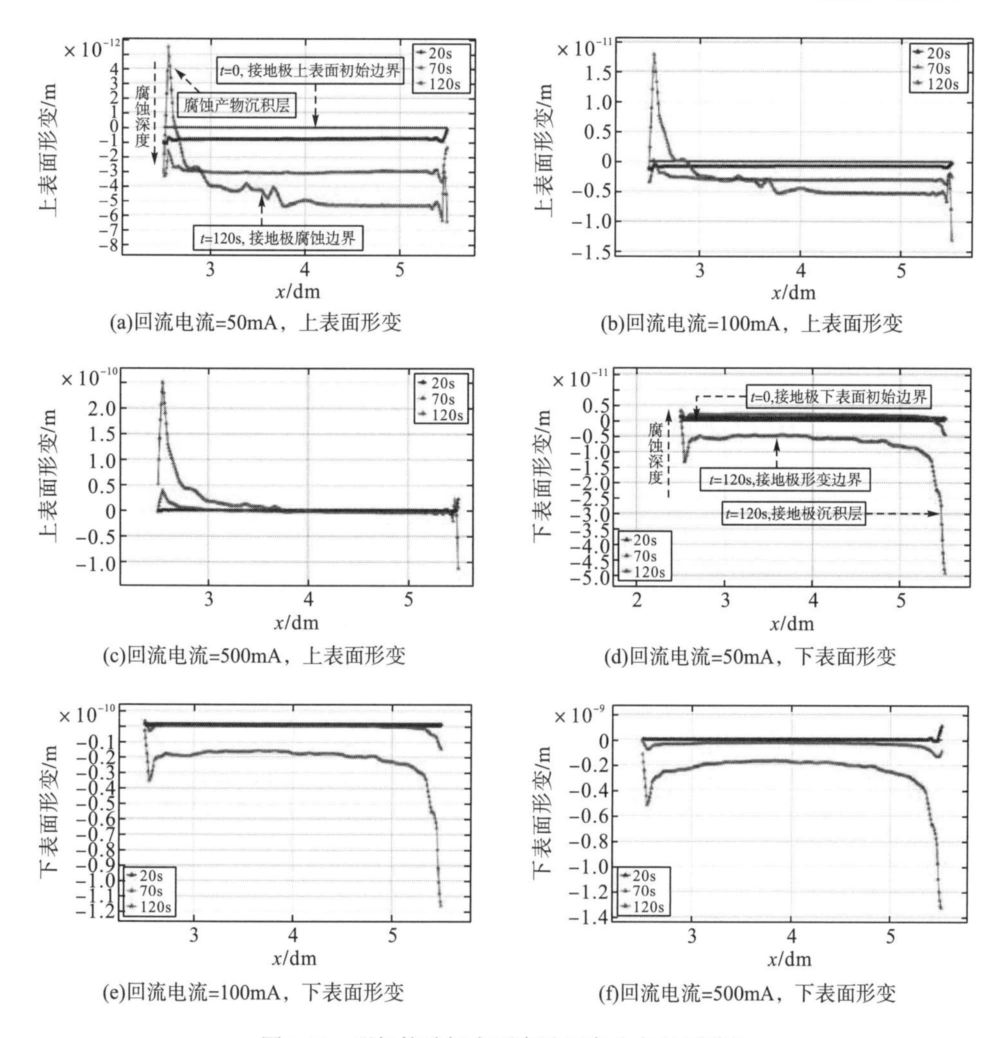

(a)回流电流=50mA，上表面形变　(b)回流电流=100mA，上表面形变

(c)回流电流=500mA，上表面形变　(d)回流电流=50mA，下表面形变

(e)回流电流=100mA，下表面形变　(f)回流电流=500mA，下表面形变

图 5.19　阴极接地极表面腐蚀形变分布(见彩版)

根据图 5.17 中阴极接地极表面腐蚀速率分布可知，随着回流电流的增大，接地极腐蚀速率逐渐下降并趋近零，且接地极上表面与引下线交界处附近的腐蚀速率较大，因此，在该部位引起的接地极腐蚀形变也较大。在其他部位，由于接地极腐蚀速率非常小，尤其是 C2 端点附近腐蚀速率接近零，因此这些部位的接地极形变主要是由于腐蚀产物沉积引起的，如图 5.19(a)～(c)中接地极上表面形成的腐蚀产物沉积层引起的凸起。对比图 5.19(a)～(c)可得，回流电流越大，接地极腐蚀程度越低，由腐蚀产物沉积引起的表面形变越明显。

阴极接地极下表面腐蚀速率分布如图 5.17(b)所示，其分布比较均匀，因此，由腐蚀引起的形变是均匀的，但由于回流电流流入情况下接地极下表面腐蚀速率非常小，其腐蚀溶解引起的形变几乎可以忽略，从而使得下表面的形变主要由腐蚀产物沉积过程决定。图 5.19(d)～(f)表明，回流电流越大，接地极腐蚀溶解程度越低。

5.3 交流电流作用下接地极的自然腐蚀行为

金属的交流腐蚀是一个很复杂的过程，相对于一般金属的交流腐蚀，电力系统接地极的交流腐蚀行为更加显著。其原因是，交流入地电流通过接地极表面进行散流时，泄漏电流作用于接地极腐蚀过程，导致接地极更容易发生交流腐蚀。因此，在金属交流腐蚀基本理论和接地极直流腐蚀行为研究的基础上，本章通过仿真计算，针对碳钢接地极的交流腐蚀行为进行了研究。

金属的交流腐蚀行为与交流电流频率和电流密度密切相关[20-23]，大量实验研究发现，随着交流电流幅值的增大，金属腐蚀速率加快，交流电流密度是决定金属交流腐蚀速率的重要因素之一。此外，频率对交流腐蚀行为的影响也很大，目前大量研究发现，金属的交流腐蚀行为存在一个频率临界值，当交流电流频率低于临界值时，金属的腐蚀速率与频率呈负相关；当交流电流频率高于临界值时，金属的腐蚀速率与频率呈正相关，对于不同的腐蚀系统该临界值不同[22,23]。我国工频交流电频率是 50Hz，因此，本章主要考虑工频下的接地极交流腐蚀行为。后续分析仍采用 COMSOL Multiphysics 软件对含有引下线水平埋设的直线型圆钢接地极的交流腐蚀过程进行仿真计算，分析接地极交流腐蚀过程的演变规律。

5.3.1 接地极交流腐蚀微观机理

1. 接地极交流腐蚀过程

由于交流电流的正负周期变换特性，在交流电流流过接地极表面，当电流处于正半周期内时，相当于正向电流流向土壤，电流对接地极腐蚀起到加速作用，在交流电流的负半周期内，电流方向改变，接地极阳极腐蚀溶解过程受到抑制。在交流电流的正半周期内，接地极发生的电化学反应如式(5.1)、式(5.2)所示。在交流电流的负半周期内，阳极铁的氧化反应过程变慢，即式(5.1)的铁腐蚀溶解过程受到抑制[24,25]，此时接地极有净电流流入，在接地极表面主要发生阴极反应，如式(5.46)和式(5.47)所示。

交流电流的正半周期：

$$2H_2O-4e^- \longrightarrow O_2+4H^+ \tag{5.46}$$

交流电流的负半周期：

$$2H^++2e^- \longrightarrow H_2 \tag{5.47}$$

接地极的交流腐蚀行为如图 5.20 所示。

根据曹楚南提出的金属交流腐蚀机理[24]，其认为交流电作用下金属的阳极溶解速度增大的原因是，在交流电正负半周期内，溶解电流密度在正半周期内的平均增加量比负半周期内的减少量小，总的影响结果就是引起金属的阳极溶解速度加快。当金属处于自然腐蚀状态时，其阳极反应产生的溶解电流密度就是金属的腐蚀电流密度，如下：

$$I_{corr}=I_{0,a}\exp(\frac{E_{corr}-E_{e,a}}{b_a}) \tag{5.48}$$

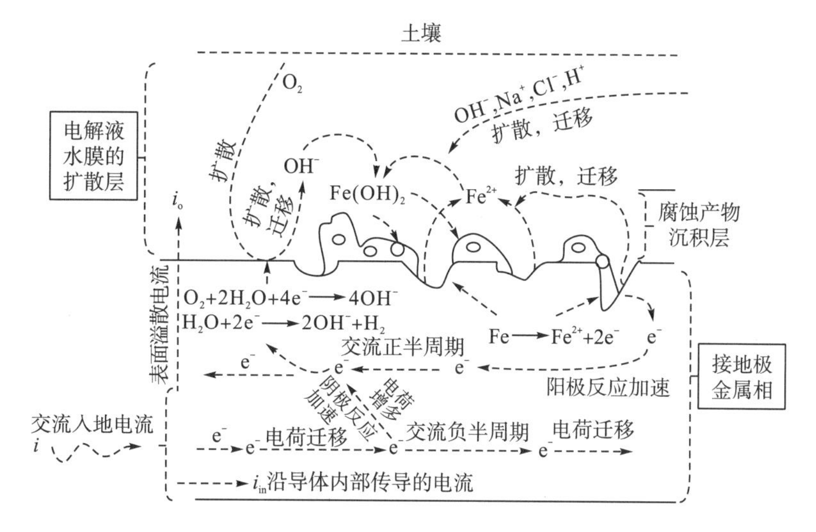

图 5.20 接地极的交流腐蚀行为

其中，I_{corr} 表示腐蚀电流密度；$I_{0,\mathrm{a}}$ 表示交换电流密度；b_{a} 表示阳极 Tafel 斜率；E_{corr} 表示金属的腐蚀电位；$E_{\mathrm{e,a}}$ 为平衡电位。$E_{\mathrm{e,a}}$ 可由能斯特方程描述为

$$E_{\mathrm{eq}} = E^0 - \frac{RT}{nF}\ln\left(\prod_j a_j^{\nu_j}\right) \tag{5.49}$$

其中，ν_j 表示化学计量系数；n 表示参加反应的电子数；E^0 是标准电位，其计算式如下：

$$E^0 = \frac{-\sum \nu_j \mu_j^0}{nF} \tag{5.50}$$

其中，μ_j^0 表示标准电化学位。当有交流电作用于金属腐蚀过程时，用 Tafel 公式描述金属的阳极溶解速度，在交换电流密度和 Tafel 斜率保持不变的情况下，当金属的电位偏离腐蚀电位 ΔE 时，金属的阳极溶解电流密度为

$$I_{\mathrm{a}} = I_{0,\mathrm{a}} \exp\left(\frac{E_{\mathrm{corr}} + \Delta E - E_{\mathrm{e,a}}}{b_{\mathrm{a}}}\right) = I_{\mathrm{corr}} \exp\left(\frac{\Delta E}{b_{\mathrm{a}}}\right) \tag{5.51}$$

在交流电流的作用下接地极表面自然腐蚀电位发生偏离，腐蚀过程发生变化，阳极铁溶解电流密度与自然腐蚀电流密度及交流电流引起的电位变化相关。当有交流入地电流通过接地极时，交流电流正负周期变化引起接地极电位改变，在交流电流正半周期内，铁的腐蚀溶解过程加速，腐蚀速率增大，接地极表面有净电流流出。在交流电流的负半周期内，相当于接地极处于阴极保护状态，阳极铁的腐蚀溶解大幅减小，阴极氧的还原反应过程加速，同时发生水的还原反应，即式(5.46)的反应。

2. 金属铁溶解速率和腐蚀产物沉积过程

根据电化学产生的通量密度与局部电流的关系式(5.19)，将式(5.51)交流腐蚀产生的局部溶解电流密度计算式代入其中，便得到新的通量密度计算式：

$$R_{d,l,m} = \frac{-\nu_{d,l,m} I_a}{n_m F} = \frac{-\nu_{d,l,m} I_{\mathrm{corr}}}{n_m F} \exp\left(\frac{\Delta E}{b_{\mathrm{a}}}\right) \tag{5.52}$$

因此，交流电流作用下铁的腐蚀溶解速度可表示为

$$\boldsymbol{n}\cdot\boldsymbol{v}=\sum_{l}\sum_{m}\frac{R_{d,l,m}M_l}{\rho_l}=-\frac{i_{\text{loc,Fe}}M_{\text{Fe}}}{n_mF\rho_{\text{Fe}}}=-\frac{I_{\text{corr}}M_{\text{Fe}}}{n_mF\rho_{\text{Fe}}}\exp\left(\frac{\Delta E}{b_{\text{a}}}\right) \tag{5.53}$$

其中，M_{Fe} 为溶解物质铁的摩尔质量，其大小为 0.056 kg/mol；ρ_{Fe} 为铁的密度，其大小为 7800kg/m^3；F 是法拉第常数。接地极表面腐蚀产物沉积过程如 5.1 节所述腐蚀沉积动力学描述，表面形变的追踪依然用 ALE 方法描述。

5.3.2 接地极交流腐蚀过程分析

1. 交流泄漏电流分布特性分析

接地极表面的泄漏电流分布直接影响着接地极表面的腐蚀电流分布，是影响接地极交流腐蚀的重要因素之一。为分析接地极工频交流泄漏电流的分布特性，建立了如图 5.4 所示的二维几何模型，利用有限元仿真软件 COMSOL Multiphysics 对含有引下线水平布置的直线型圆钢接地极的表面泄漏电流分布进行仿真计算，得到了接地极表面泄漏电流分布，以及图 5.4(c)所示 A～D 四个位置处的泄漏电流随时间的变化。对接地极通入 50～500mA 幅值的正弦工频交流电流，分别得到了接地极上下表面的泄漏电流分布，如图 5.21～图 5.23 所示。图 5.21 为入地电流 $i=500\sin(100\pi t)$ mA 时，一个周期内接地极上表面泄漏电流的分布。

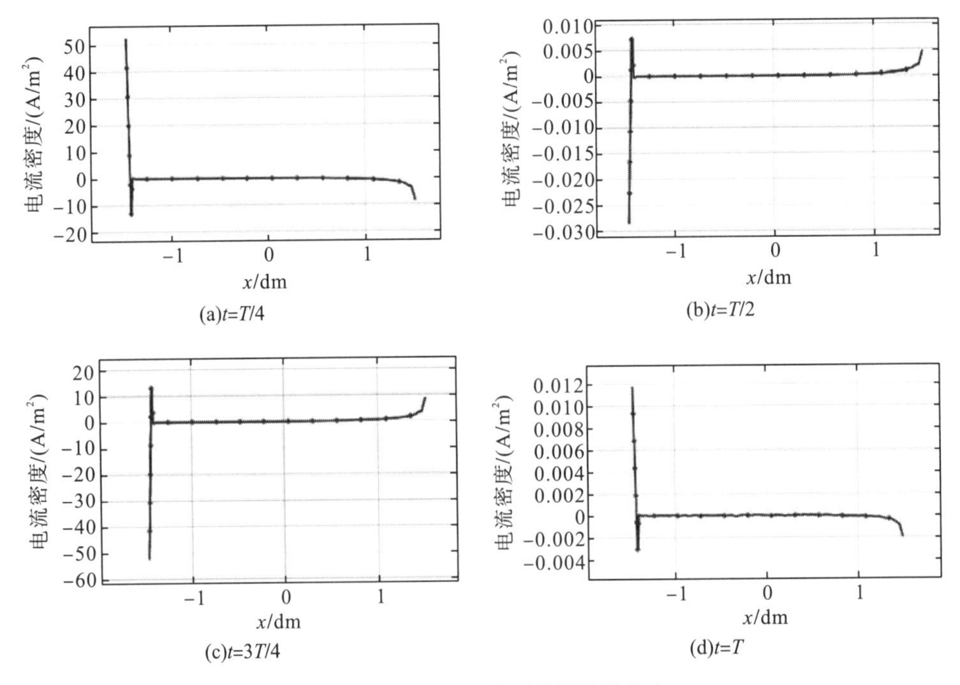

图 5.21 接地极上表面泄漏电流分布

图 5.21(a)～(d)分别是 t 为 $T/4$、$T/2$、$3T/4$、T 时的接地极上表面泄漏电流分布。可以看出泄漏电流分布具有明显的端部效应，除了端部，接地极泄漏电流分布均匀，但是在引

下线和接地极交界处泄漏电流分布发生了较大的畸变，在接地极右端处泄漏电流密度较大。此外，由于工频交流电流的周期性变化，接地极上表面泄漏电流的方向和幅值也在不停发生变化。接地极下表面泄漏电流分布如图 5.22 所示，与上表面相比，下表面电流分布的端部效应更加明显，在接地极左右两端的电流密度远大于中间部位，和文献[15]～文献[18]中计算结果一致。同样地，随着交流周期性变化，接地极下表面泄漏电流密度大小和方向都在发生变化，并在四分之一个周期奇数倍时，泄漏电流密度远大于偶数倍时的值。

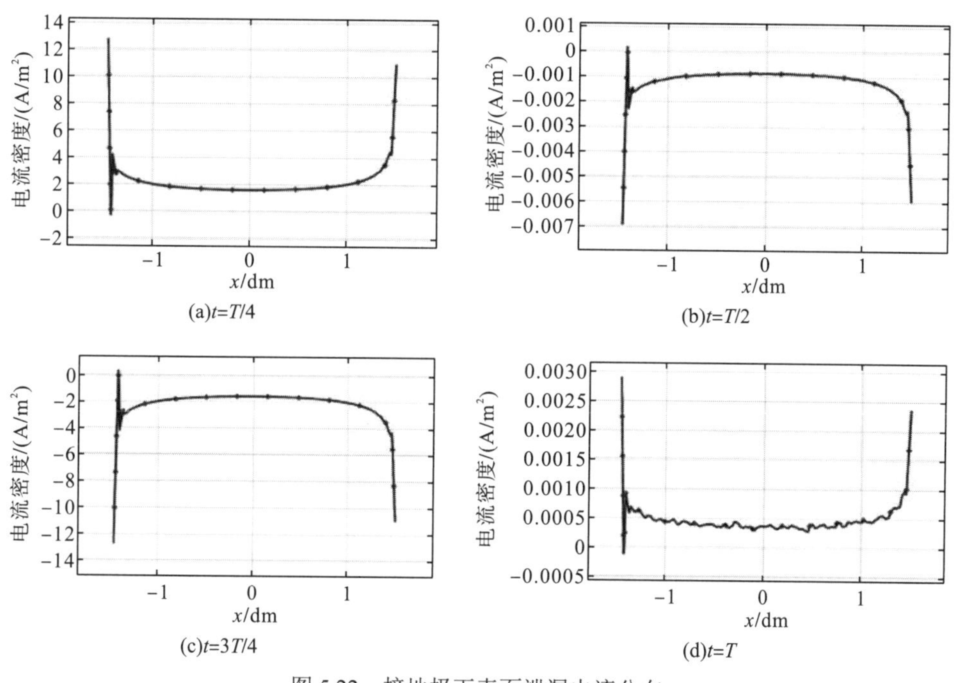

图 5.22　接地极下表面泄漏电流分布

选择图 5.4(c)所示的四个位置 A、B、C、D，这四个位置处的泄漏电流分布特性如图 5.23 所示，从图中可以看出，四个位置处的电流分布都是以正弦或者余弦规律变化，但是不同位置处的泄漏电流密度大小不同，引下线与接地极交界位置的 A 点处电流密度远大于其他三个位置，接地极中间位置 B 点的泄漏电流密度最小，如图 5.23(b)所示。

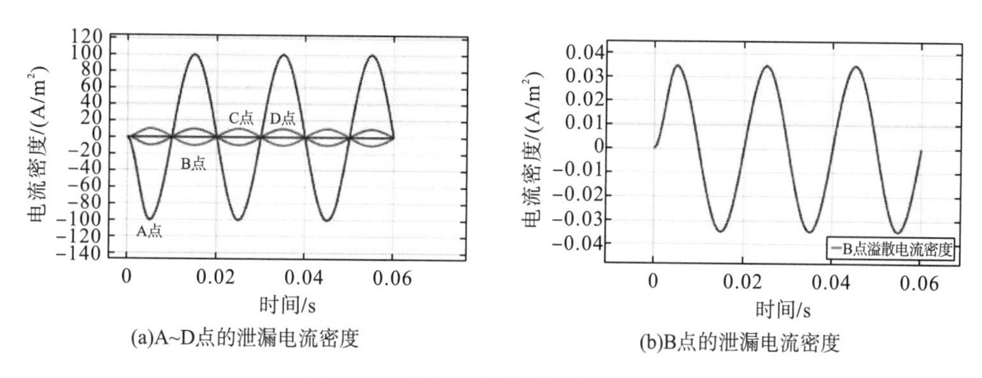

图 5.23　泄漏电流密度随时间的变化

2. 腐蚀电位和腐蚀电流密度分布

在 5.1 节建立的含有引下线碳钢接地极自然腐蚀模型的基础上，结合接地极的交流散流特性分析，建立如图 5.4(a)所示的二维仿真几何模型，对接地极的交流腐蚀行为进行仿真计算，计算交流腐蚀进行 120s 后接地极腐蚀电位和腐蚀电流密度的变化情况，如图 5.24 所示。

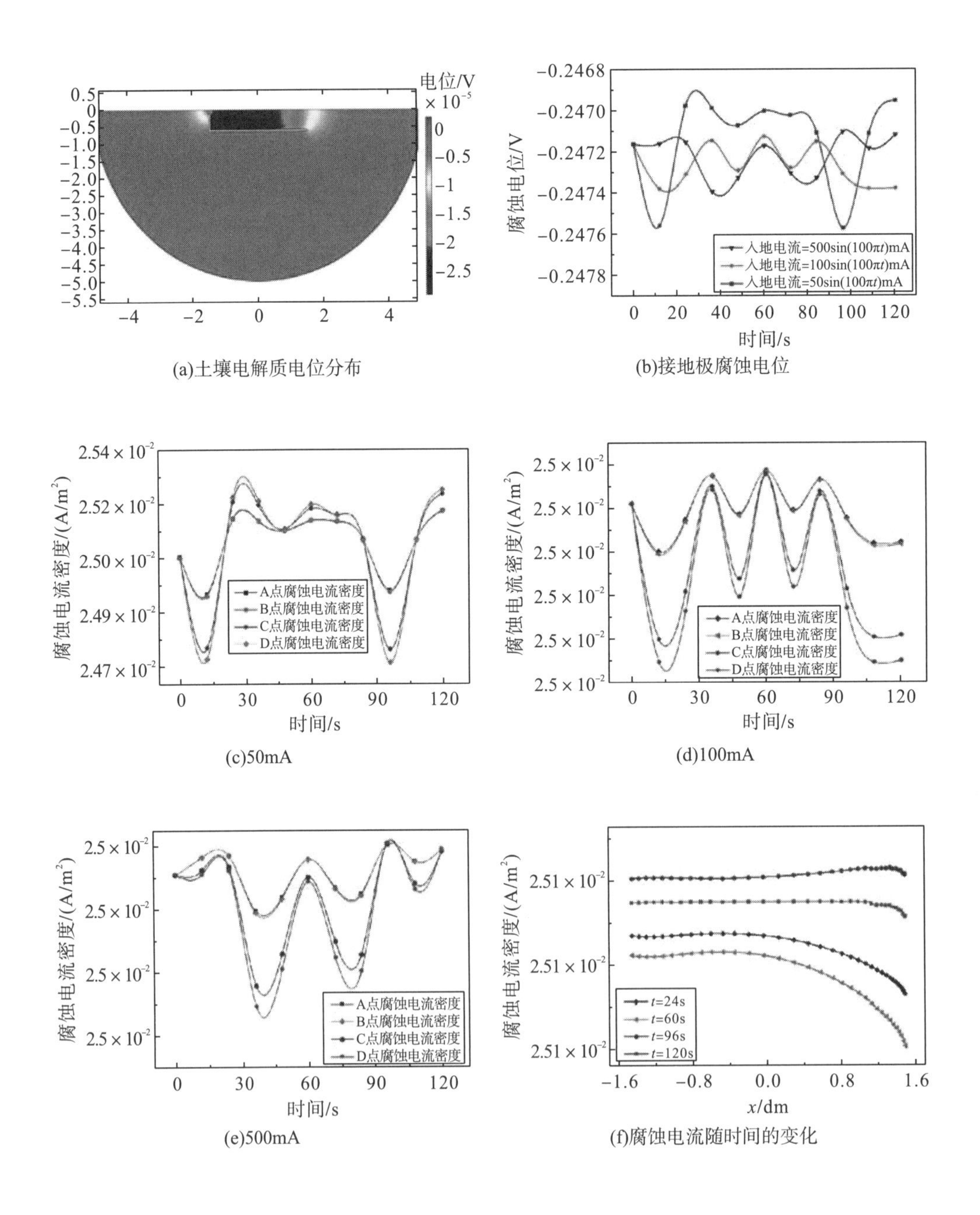

(a)土壤电解质电位分布 (b)接地极腐蚀电位

(c)50mA (d)100mA

(e)500mA (f)腐蚀电流随时间的变化

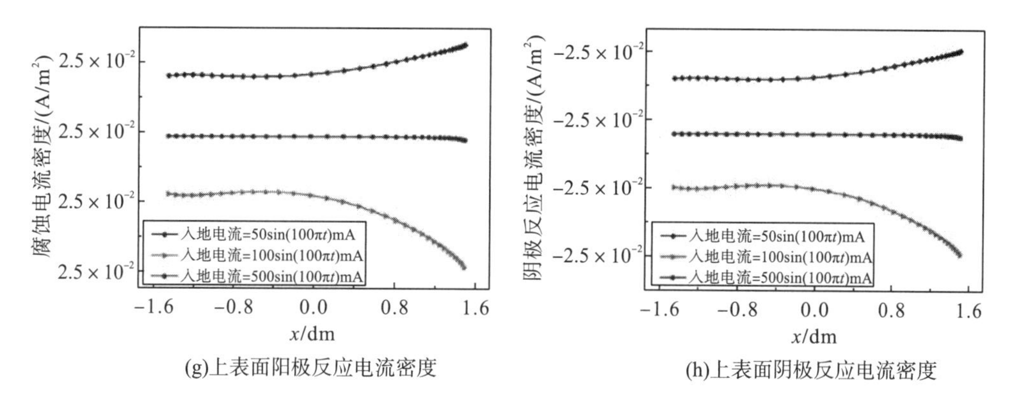

(g)上表面阳极反应电流密度　　(h)上表面阴极反应电流密度

图 5.24　腐蚀电位及腐蚀电流密度

图 5.24(a)和(b)分别为土壤电解质的电位分布和不同幅值入地电流通入情况下接地极腐蚀电位随时间的变化关系，可以看出在三个不同幅值入地电流流入的情况下，接地极腐蚀电位不同，但腐蚀电位的值始终在−0.2472V 附近波动，其电位波动近似于正弦或余弦变化，这与通入的交流电流有直接关系。图 5.24(c)～(e)分别为入地电流为 50mA、100mA、500mA 时 A、B、C、D 四个位置处腐蚀电流密度随时间的变化关系。图 5.24(f)为入地交流电流幅值为 500mA 时接地极上表面腐蚀电流分布图。从腐蚀电流密度变化图可看出，接地极表面的腐蚀电流密度随着入地电流的变化也在随之变化，并呈现出一定幅值的波动，在接地极右端和下表面左端处的幅值变化较大，但腐蚀电流密度的变化都维持在 0.025A/m^2 左右。

在前文中分析了接地极的交流泄漏电流分布特性，得到其表面泄漏电流密度与时间的关系，如图 5.23(a)所示。对比图 5.23(a)和 5.24(c)～(e)可知，随着接地极表面泄漏电流密度的变化，腐蚀电流密度随之变化，但腐蚀电流密度的变化频率比泄漏电流密度变化频率小，呈现出滞后趋势，其原因可能是电子在腐蚀界面的传递速度远远大于电极反应的变化速度，即电化学反应要滞后于表面泄漏电流分布，因此，接地极表面的泄漏电流分布特性并不能同步反映到阴阳极电化学反应过程中。图 5.24(f)为接地极上表面腐蚀电流密度分布情况，可以看出，上表面的分布是比较均匀的，但是腐蚀电流密度的大小并不是单调增大或减小。从分析结果可以发现，随着入地电流的增加，接地极表面腐蚀电流密度的分布也存在波动现象，呈现先增大后减小的循环变化。

不同幅值交流电流作用下接地极上表面阳极反应电流密度和阴极反应电流密度如图 5.24(g)、(h)所示，在交流电流作用下，接地极表面阴阳极反应电流密度分布基本相同，因此，交流电流不仅促进了阳极铁溶解过程且同时促进了阴极反应过程。

3. 接地极附近土壤的 pH

土壤溶液的初始状态为中性，A～D 四个位置处附近土壤 pH 的变化情况如图 5.25 所示。

根据图 5.25 可知，氢离子的浓度在交流腐蚀过程中变化很小，几乎保持在初始状态，其原因可能是由于交流腐蚀反应进行的时间较短，以及阴极氧的还原反应在入地交流电流的负半周期内受到抑制，氢氧根离子生成速率减小，而亚铁离子的生成通量增加导致氢氧根离子消耗速率增大，从而使 pH 在短时间内变化较小。

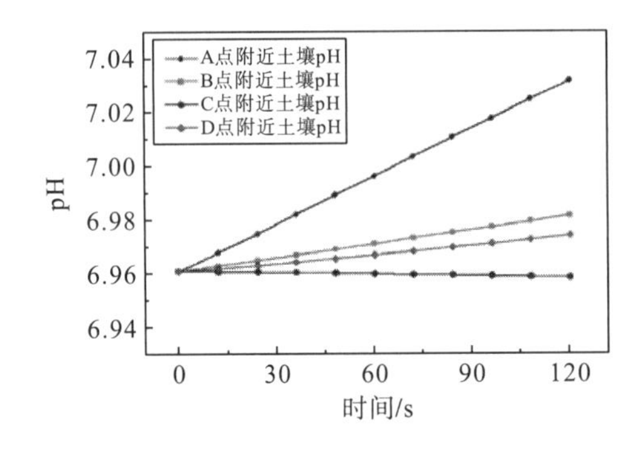

图 5.25　A～D 四个位置附近土壤 pH

4. 接地极腐蚀速率分布

接地极的腐蚀速率是反映其腐蚀状态的重要变量，如图 5.26 所示为交流腐蚀行为下的接地极腐蚀速率变化，并给出了接地极局部腐蚀速率随入地电流幅值的改变而发生的变化，如图 5.26(b)所示描述了 A 点局部腐蚀速率和入地电流之间的变化关系。

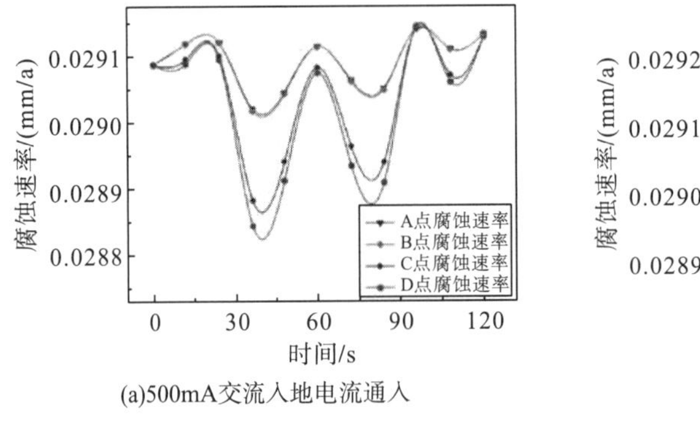

(a)500mA交流入地电流通入

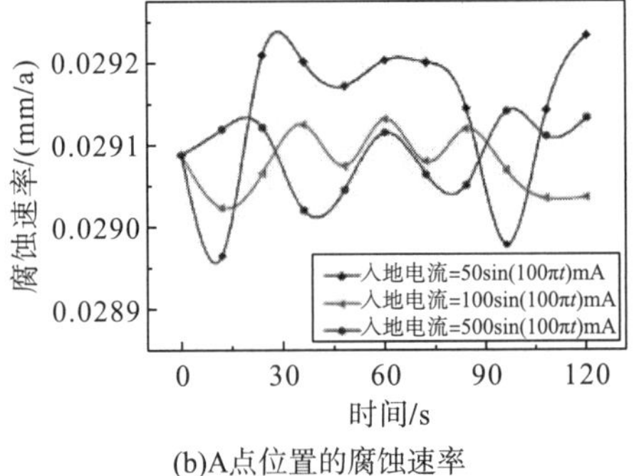

(b)A点位置的腐蚀速率

图 5.26　接地极腐蚀速率

由于腐蚀速率和腐蚀电流密度存在正相关关系，如式(5.53)所示，所以相同入地电流情况下接地极腐蚀电流密度和腐蚀速率变化趋势相同，如图 5.24(e)和图 5.26(a)所示。结合接地极的交流散流特性和腐蚀电流密度分布，对比腐蚀速率变化图可以发现，由于接地极表面泄漏电流分布存在端部效应，因此除了接地极与引下线交界处发生畸变外，接地极表面两端处的泄漏电流密度远大于中间部位，这一特性在腐蚀电流密度和腐蚀速率分布中也有体现。从图 5.24(e)和图 5.26(a)可以看出，C 点和 D 点即接地极上表面右端点处和下表面左端点处，腐蚀电流密度的变化幅度比接地极和引下线交界处及中间部位大，和接地极泄漏电流分布特性相同。因此，可以推断泄漏电流对腐蚀电流密度和腐蚀速率的促进作用。对接地极通入了三个幅值不同的工频正弦交流电流，接地极 A 点位置处的局部腐蚀速率变化如图 5.26(b)所示，虽然幅值大小发生了变化，但是腐蚀速率变化较小，基本维持在很小的范围内变动，即交流电流幅值较小时，幅值的变化对腐蚀过程的影响程度差别较小。

5. 接地极表面腐蚀形变分布

在 5.1 节内容中详细地叙述了 ALE 方法在追踪腐蚀边界移动过程中的应用，在本章的交流腐蚀行为仿真计算中依然采用该方法。选择接地极的上下表面作为分析对象，得到了不同入地电流情况下的接地极表面形变分布图，如图 5.27 所示。图 5.27(a)～(c)分别是 50mA、100mA、500mA 工频交流入地电流通入情况下的接地极上表面腐蚀形变分布，图 5.27(d)～(f)是相同条件的接地极下表面的腐蚀形变分布。

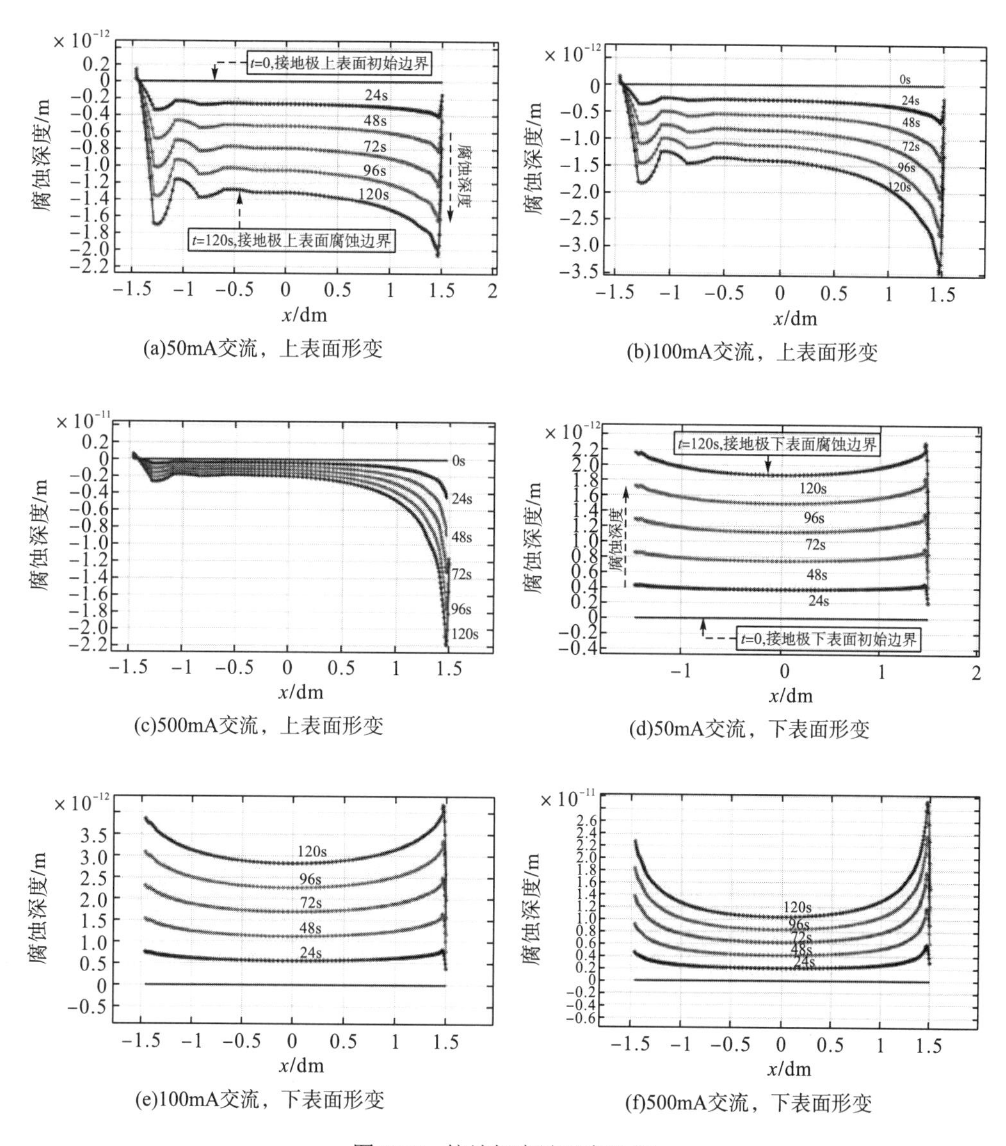

(a)50mA交流，上表面形变

(b)100mA交流，上表面形变

(c)500mA交流，上表面形变

(d)50mA交流，下表面形变

(e)100mA交流，下表面形变

(f)500mA交流，下表面形变

图 5.27　接地极腐蚀形变分布

根据图 5.24(f)中接地极上表面腐蚀电流密度分布及图 5.26 中腐蚀速率分布可以看出，接地极阳极金属的溶解过程引起接地极表面形状发生变化，而金属溶解程度和腐蚀电流密度相关，接地极端部腐蚀溶解速率较中间部位剧烈，在入地电流较小时，接地极形变程度比较均匀，如图 5.27(a)所示。入地电流为 50mA 时的腐蚀程度，随着入地电流幅值的增大而加深，端部形变更明显，形变程度远大于其他部位，该规律和接地极交流泄漏电流分布特性相似，除了泄漏电流在引下线和接地极交界处畸变外，接地极泄漏电流分布在端部明显较大。图 5.27(d)～(f)表明，与上表面的形变相比，接地极下表面的形变量和腐蚀深度比较均匀。随着入地电流幅值的增大接地极下表面腐蚀程度加深，同时端部变化越来越明显。根据图 5.27(f)可知，在入地电流为 500mA 时，接地极下表面端部形变要比入地电流为 50mA 和 100mA 时剧烈。结合如图 5.22 所示的接地极下表面交流泄漏电流分布特性可得，在交流电流周期性变化的同时，接地极下表面泄漏电流幅值和方向发生变化，泄漏电流密度在接地极端部呈现明显的增大，即在发生交流腐蚀时，接地极下表面端部电流密度受泄漏电流的影响也具有端部效应，并在腐蚀形变过程中出现相同的端部规律，导致接地极下表面端部腐蚀形变较其他部位严重。

参考文献

[1] Enning D, Garrelfs J. Corrosion of iron by sulfate-reducing bacteria: new views of an old problem[J]. Applied & Environmental Microbiology, 2014, 80(4): 1226-1236.

[2] Gardiner C P, Melchers R E. Corrosion of mild steel in porous media[J]. Corrosion Science, 2002, 44(11): 2459-2478.

[3] Wang W, Sun H Y, Sun L J, et al. Numerical simulation for crevice corrosion of 304 stainless steel in sodium chloride solution[J]. Chem. Res. Chinese U., 26(5): 822-828.

[4] Yin L, Jin Y, Leygraf C, et al. A FEM model for investigation of micro-galvanic corrosion of Al alloys and effects of deposition of corrosion products[J]. Electrochimica Acta, 2016, 192: 310-318.

[5] Heppner K L, Evitts R W, Postlethwaite J. Prediction of the crevice corrosion incubation period of passive metals at elevated temperatures: Part II-Model verification and simulation[J]. Can. J. Chem. Eng., 80(5): 857-864.

[6] Chang H Y, Park Y S, Hwang W S. Initiation modeling of crevice corrosion in 316L stainless steels[J]. Journal of Materials Processing Technology, 2000, 103(2): 206-217.

[7] Chang H Y, Park Y S, Hwang W S. Modeling of crevice solution chemistry on the initiation stage of crevice corrosion in Fe-Cr alloys[J]. Metals and Materials, 1998, 4(6): 1199-1206.

[8] Wen S, Wang L, Wu T, et al. An arbitrary Lagrangian-Eulerian model for modelling the time-dependent evolution of crevice corrosion[J]. Corrosion Science, 2014, 78: 233-243.

[9] Zoski C G. Handbook of Electrochemistry Preface[M]. Amsterdam: Elsevier Science Ltd, 2007.

[10] 姚允斌, 解涛, 高英敏. 物理化学手册[M]. 上海: 上海科学技术出版社, 1985.

[11] 张雄, 陆明万, 王建军. 任意拉格朗日-欧拉描述法研究进展[J]. 计算力学学报, 1997, 14(1): 91-102.

[12] Stein E, Borst R D, Hughes T J R. Encyclopedia of computational mechanics [J]. Encyclopedia of Computational Mechanics, 2004(3): 325-406.

[13] Wu J, Wang H, Chen X, et al. Study of a novel cathode tool structure for improving heat removal in electrochemical micro-machining [J]. Electrochimica Acta, 2012, 75(4): 94-100.

[14] 陈莹. 高压直流接地极腐蚀特性研究[J]. 硅谷, 2014(20): 157-158.

[15] 曹庆洲. 接地极电流溢散特性及对接地极腐蚀的影响研究[D]. 重庆: 重庆大学, 2016.

[16] 陈先禄, 王长运, 刘渝根, 等. 接地极电流分布的一种简化计算方法[J]. 重庆大学学报(自然科学版), 2006, 29(10): 16-19.

[17] 袁涛, 司马文霞, 李晓莉. 两种常见接地极电流分布的探讨[J]. 高电压技术, 2008, 34(2): 239-242.

[18] 盛剑霓. 工程电磁场数值分析[M]. 西安: 西安交通大学出版社, 1991.

[19] Qian S, Cheng Y F. Accelerated corrosion of pipeline steel and reduced cathodic protection effectiveness under direct current interference [J]. Construction & Building Materials, 2017, 148: 675-685.

[20] Wendt J L, Chin D T. The AC corrosion of stainless steel-II. The breakdown of passivity of ss304 in neutral aqueous solutions [J]. Corrosion Science, 1985, 25(10): 889-900.

[21] Ormellese M, Brenna A, Lazzari L. Effects of AC-interference on passive metals corrosion[C]// NACE International Corrosion Conference & EXPO. March 13-17, 2011, Houston, Texas, USA.

[22] Fu A Q, Cheng Y F. Effects of alternating current on corrosion of a coated pipeline steel in a chloride-containing carbonate/bicarbonate solution [J]. Corrosion Science, 2010, 52(2): 612-619.

[23] Muralidharan S, Kim D K, Ha T H, et al. Influence of alternating, direct and superimposed alternating and direct current on the corrosion of mild steel in marine environments [J]. Desalination, 2007, 216(1): 103-115.

[24] 曹楚南. 腐蚀电化学原理[M]. 3 版. 北京: 化学工业出版社, 2008.

[25] Xu L Y, Su X, Yin Z X, et al. Development of a real-time AC/DC data acquisition technique for studies of AC corrosion of pipelines [J]. Corrosion Science, 2012, 61(4): 215-223.

第六章　腐蚀接地网接地参数数值计算方法

国内接地网多由碳钢材料组成，长期投运的接地装置难以避免发生腐蚀。接地网腐蚀后接地性能下降，严重危害电力系统的安全稳定运行，容易导致潜在的电力安全隐患。准确计算不同腐蚀程度下接地网频率响应参数可为接地网腐蚀状态评估奠定理论基础，保证电力设备的安全稳定运行。因此，准确计算水平分层土壤中不同腐蚀程度接地网接地参数的频域响应具有重要的意义。根据本书第二章、第三章、第四章的内容可以准确求解水平分层土壤电流场格林函数、水平分层土壤参数(土壤层电阻率、土壤层厚度、土壤层数量)和未腐蚀接地网的接地参数，为解决复杂水平分层土壤中腐蚀接地网接地参数频域响应的计算问题奠定了理论基础。

现有腐蚀接地网接地参数计算方法通常把接地网腐蚀状态划分为严重腐蚀和未腐蚀两种情况，并将接地网的腐蚀情况直接等效为接地导体的断裂情况，难以准确评估不同腐蚀程度接地网接地参数的频域响应[1,2]。另有部分算法将腐蚀产物近似为接地导体表面的高电阻率涂层，但接地网腐蚀产物具有非均匀分布和膨胀特性等特点，该类方法仍存在难以准确等效接地网实际腐蚀情况等不足[1,2]。

为解决上述问题，本章主要介绍接地网腐蚀特性分析过程中涉及的有限元基本理论、接地网腐蚀行为对接地网接地参数的影响、考虑腐蚀产物膨胀特性的腐蚀接地网精细化计算模型、水平分层土壤中腐蚀接地网接地参数的频域响应计算方法。需注意感应地线电流、故障电流和雷击电流的频率分量主要在 1MHz 以内，因此，本章提出的方法主要应用于1MHz 以内腐蚀接地网接地参数的分析计算。

6.1　腐蚀产物的理化特性分析

本小节重点分析接地极腐蚀产物组成成分及理化性质。碳钢材料在土壤中的腐蚀过程因环境的不同生成的腐蚀产物成分会存在一定差异，如 Jian 等[3]对 Q235 碳钢在模拟土壤中的自然腐蚀产物进行了分析，发现其腐蚀产物主要含有 α-FeOOH 、γ-FeOOH 、Fe_3O_4 等物质；Yan 等[4]对钢材料在上海土壤环境和富含铁元素的土壤环境中的自然腐蚀产物成分进行了分析，其腐蚀产物包括 Fe_2O_3 、FeS 、α-FeOOH 等成分。而在交流电流的作用下腐蚀产物成分存在一定变化，Guo 等[5]和 Jiang 等[6]研究发现交流电流影响下土壤中钢管腐蚀产物成分主要是 α-FeOOH 、Fe_2O_3 、Fe_3O_4 。目前关于碳钢材料腐蚀特性的研究中主要以实验室条件下的腐蚀产物为研究对象，缺乏关于实际运行的碳钢接地极腐蚀产物的相关研究。为准确分析实际工况下接地极的腐蚀情况，本小节主要分析电网实际投运的碳钢接地极腐蚀产物的化学性质和腐蚀产物沉积层结构。

实际应用中碳钢材料的交流腐蚀行为较为普遍，亦容易收集其原始腐蚀材料制作样品，在本节实验测试中，采集了国家电网某供电公司交流输电线路在同一片土壤区域投运3年、5年、10年的圆柱形Q235碳钢接地极材料，以及自然腐蚀状态下埋地1年的接地极，样品材料如图6.1所示。

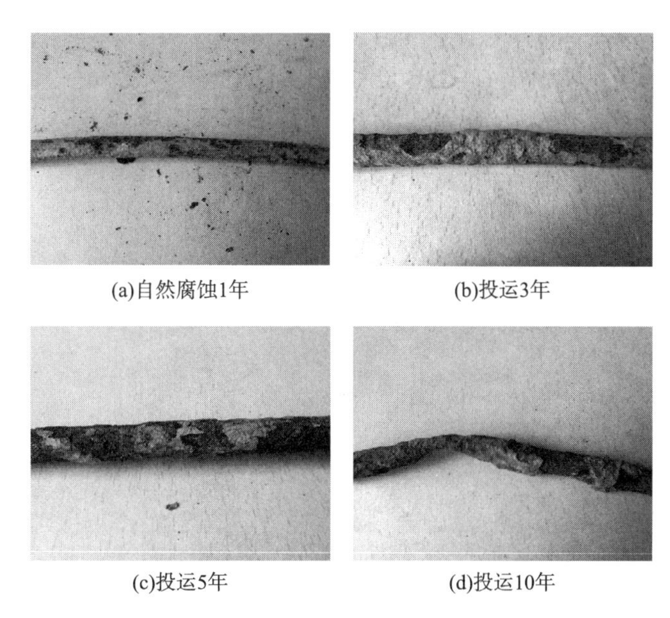

(a)自然腐蚀1年　(b)投运3年

(c)投运5年　(d)投运10年

图6.1　腐蚀后的Q235碳钢接地极

在不破坏腐蚀产物结构的前提下，采集图6.1所示接地极的腐蚀产物，制作成表6.1所示的样品。Q235碳钢材料的化学成分组成如表6.2所示[3]。

表6.1　腐蚀产物样品

腐蚀样品1	腐蚀样品2	腐蚀样品3	腐蚀样品4
图6.1(a)	图6.1(b)	图6.1(c)	图6.1(d)

表6.2　Q235碳钢材料的化学成分(质量分数，%)

碳钢材料	C	Si	Mn	S	P	Cu
Q235	0.176	0.233	0.057	0.023	0.019	0.033

制作的8种样品有两个类型，其中4种样品是粉末状，用于X-射线衍射（X-ray diffraction，XRD）实验，对腐蚀产物进行物相分析；另外4种则是没有被破坏腐蚀产物沉积层结构的块状样品，用于电镜扫描实验以观察腐蚀产物的微观结构。

6.1.1　接地极腐蚀产物的物相分析

利用D/Max2500pc X射线衍射仪对制作好的4个腐蚀产物样品进行物相分析实验，得到4个样品的化学成分，实验测得的结果如图6.2所示。

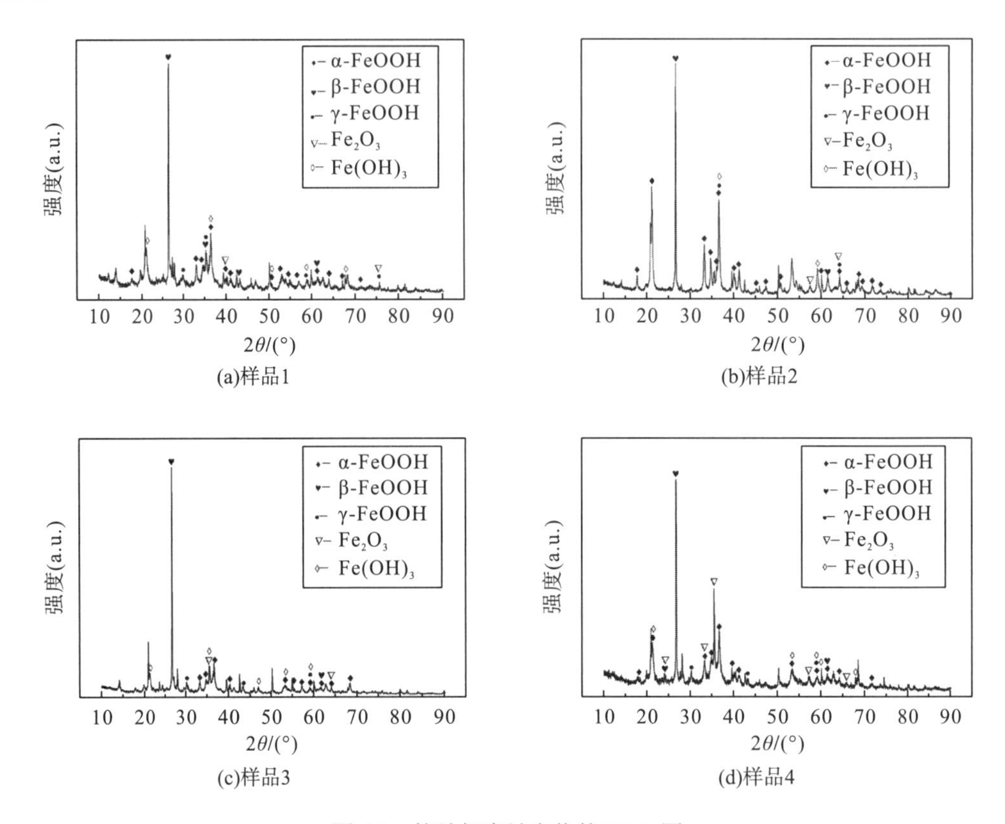

(a)样品1

(b)样品2

(c)样品3

(d)样品4

图 6.2 接地极腐蚀产物的 XRD 图

通过对比 4 个样品的实验测量结果发现，不管是自然腐蚀还是交流腐蚀，其腐蚀产物主要成分都为α-FeOOH，其他成分主要为β-FeOOH、Fe_2O_3 等。第五章分析结果表明，交流入地电流对接地极腐蚀过程具有加速作用。然而，根据 4 个腐蚀产物样品成分分析可得，交流电流对腐蚀产物化学性质并没有明显改变。此外，对比样品 2、样品 3、样品 4 发现，随着腐蚀时间的推移，腐蚀产物沉积层形成后逐渐转变成了更为稳定的铁的化合物，因此，接地极腐蚀进行 3～10 年过程中，稳定的腐蚀产物化学性质并没有改变。腐蚀产物沉积层形成后包裹在接地极表面，在一定程度上阻止了接地极自然腐蚀过程，但同时由于腐蚀产物(如α-FeOOH)电导率极低，入地电流在作用于接地极腐蚀过程的同时，腐蚀产物沉积层反作用于接地极散流过程，从而影响接地极正常散流过程。

6.1.2 接地极腐蚀产物的微观结构分析

接地极腐蚀产物大多为铁的稳定化合物，且电导率很低，因此，分析腐蚀产物的微观结构对研究接地极进一步的腐蚀行为(如腐蚀产物完全包裹了接地极)有重要意义。利用 JEOL JSM-7800F 场发射扫描电镜对接地极腐蚀产物样品进行微观结构观察，电镜扫描图像如图 6.3 所示。

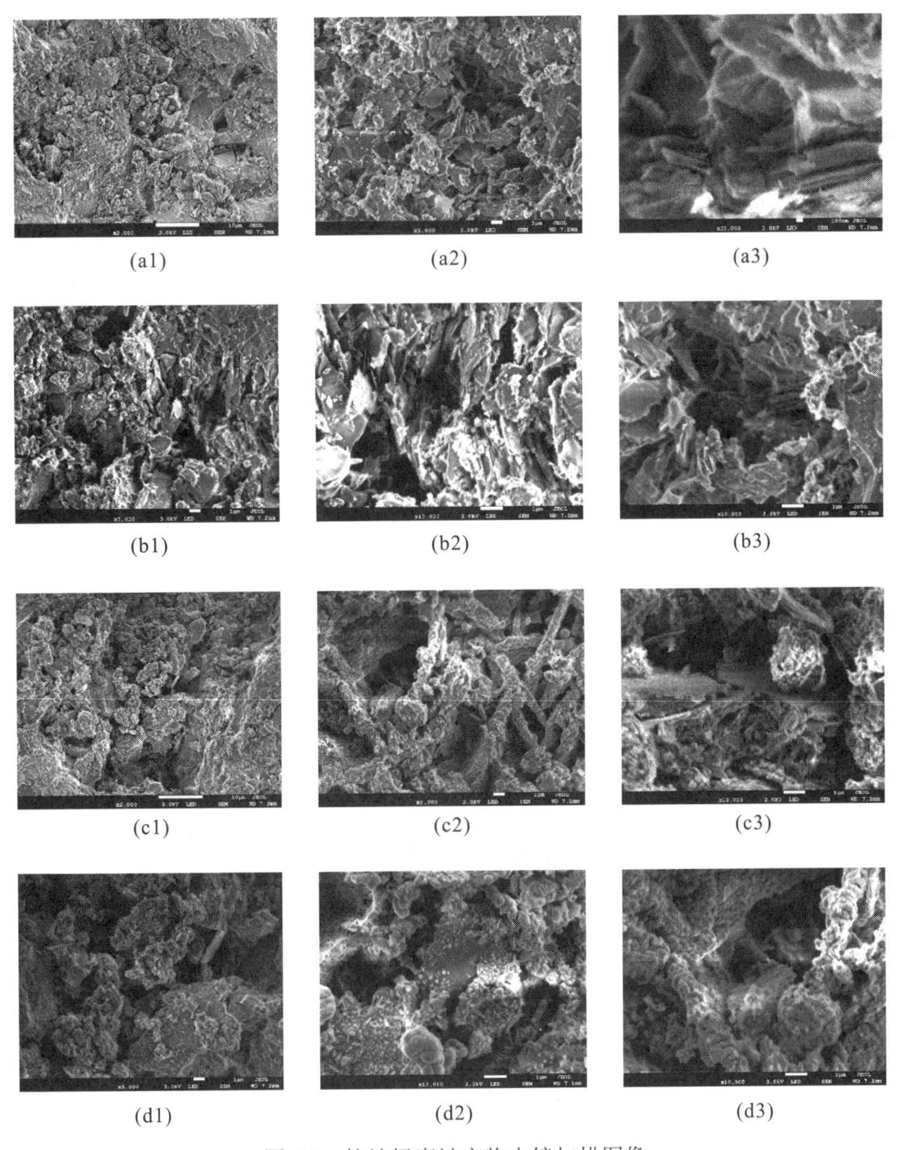

图 6.3　接地极腐蚀产物电镜扫描图像

注：a1～a3 为样品 1；b1～b3 为样品 2；c1～c3 为样品 3；d1～d3 为样品 4

根据图 6.3 可知，腐蚀产物沉积层结构较疏松，存在许多孔洞和缝隙。在腐蚀开始时，接地极表面铁原子和土壤中的电解液水膜处于直接接触状态。当腐蚀进行到一定程度后，腐蚀产物沉积层覆盖在接地极表面阻碍了铁原子和电解液水膜的接触，腐蚀产物沉积越多，阻碍作用越大，宏观表现为接地极自然腐蚀速率减小。同时，根据图 6.3 中腐蚀产物微观结构可以看出沉积层存在孔洞和缝隙，这些孔洞和缝隙遍布腐蚀产物沉积层使得水分子和氧气分子能够在其中扩散转移，从而接触到腐蚀产物沉积层覆盖下的碳钢材料，发生进一步腐蚀。因此，碳钢接地极在土壤中发生腐蚀后，由于土壤结构的致密性，腐蚀产物不易脱落，并沉积在接地极表面，阻碍了接地极的进一步腐蚀。腐蚀产物沉积层存在较多的孔洞和缝隙，所以腐蚀产物层的形成只能阻碍腐蚀过程的进一步进行而无法完全阻断腐蚀进行，宏观表征就是自然腐蚀状态下接地极腐蚀速率会逐渐减小。

在入地电流的存在下，腐蚀产物沉积层的存在无法明显阻碍阳极铁的腐蚀溶解过程，因为此时电流腐蚀造成的阳极铁溶解速度远大于自然腐蚀状态，氧气分子和水分子的扩散对腐蚀过程的制约作用大大减小。相对于交流电流作用后的腐蚀产物微观结构，自然腐蚀状态的沉积层结构较为致密，而交流作用后的腐蚀产物沉积层分布较多的孔洞和缝隙，其原因可能是在入地电流作用下，土壤溶液中的各种离子在电场作用下更容易在微观的孔洞和缝隙中扩散和迁移，造成了其微观结构的孔洞和缝隙分布更多。

6.2 腐蚀产物对接地网接地参数的影响

6.2.1 腐蚀接地网接地参数的有限元分析理论

采用有限元法分析接地网腐蚀产物对接地网接地参数的微观影响。接地网表面长期存在工频或其他低频分量的稳态电流，如杆塔接地网上架空地线与输电线之间的感应电流等[7]。根据稳态泄漏电流的性质可知，泄漏电流在土壤介质中磁通的变化可忽略不计，接地网在土壤电流场中的空间电磁场可近似为一个电准静态场。首先，列写土壤介质中的空间电位方程[8,9]：

$$-\gamma\nabla^2\varphi = I\delta\left(r,r'\right) \tag{6.1}$$

式中，γ 为土壤电导率；I 为空间源点，接地参数计算分析过程中通常为接地网表面的泄漏电流；$\delta\left(r,r'\right)$ 为狄拉克函数，用于表示源点所在的空间位置。随着计算机计算能力的不断提高，有限元法在各种数值计算方法中具有不可替代的优势，并广泛用于解决电磁场分析等复杂问题。埋设于土壤中的接地网有限元计算模型如图 6.4 所示。

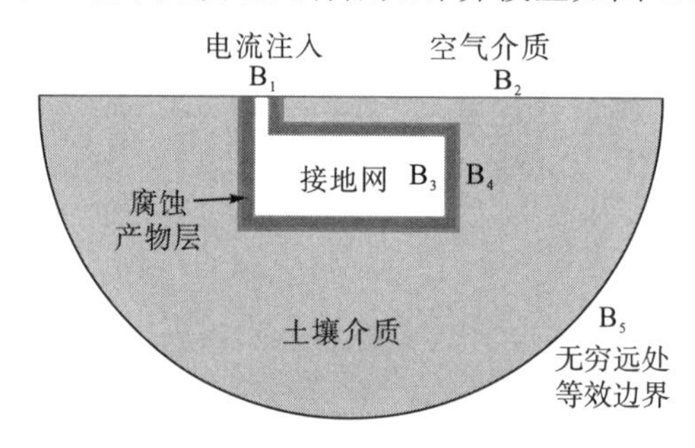

图 6.4 接地网有限元计算模型

图 6.4 中，B_1 为引下线导体的截面，B_2 为土壤与空气的分界面，B_3 为接地网与腐蚀产物的分界面，B_4 为腐蚀产物和土壤的分界面，B_5 为无穷远处的等效边界。根据土壤介质中的电位连续性和电流连续性，可列出接地网散流过程的边界为[10]

$$\begin{cases} \left.\dfrac{\partial\varphi}{\partial n}\right|_{B_2} = 0, \quad \left.\dfrac{\partial\varphi}{\partial n}\right|_{B_1} = \dfrac{I}{\pi r_0^2} \\ \varphi_{B_3}^{+} = \varphi_{B_3}^{-}, \quad \varphi_{B_4}^{+} = \varphi_{B_4}^{-}, \quad \varphi_{B_5} = 0 \end{cases} \tag{6.2}$$

式中，r_0为圆钢接地导体的截面半径。有限元计算方法的基本思想为采用离散的小单元对待求空间进行剖分，结合式(6.1)给定的电位控制方程和式(6.2)给定的边界条件，可求解每一个单元上的待求参量。进一步通过求解组装所有离散单元上的参量，最终可求得求解域内任意一点场量的分布情况。

6.2.2　开域边界条件的处理方法

水平分层土壤电流场中接地网接地参数计算的参考零电位点理论上在无限远处，因此，接地网接地参数计算是一个开域计算问题。实际计算过程中，远离源点处的电位会迅速衰减。为了避免截断误差，需要选择足够远处的电位为零电位点，通常假定模拟土壤的半球形区域的半径至少为接地网尺寸的 5～10 倍，大幅增加了求解土壤散流矩阵的时间复杂度和空间复杂度。为了减少计算量，可通过开域边界条件的处理方法，将开域电磁场分析问题转换为闭域电磁场分析问题，建立关于土壤坐标系变换的计算模型如图 6.5 所示[9,10]。

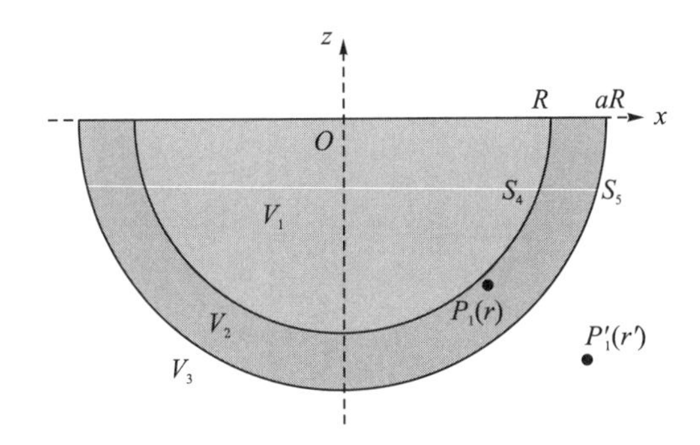

图 6.5　坐标变换计算模型

图 6.5 中，V_1为求解区域，V_2为映射区域，V_3为非求解区域。通过上述模型可将在非求解区域 V_3(求解区域外)中的点映射至映射区域 V_2中，有效模拟非求解区域 V_3内场量对求解区域 V_1内场量的影响。因此，V_1区域的半径可大大减小，仅需稍大于接地网尺寸即可。假定接地网在 V_1区域中坐标保持不变，半径为 R。将求解区域外 V_3($r>aR$)区域内的所有点，映射至 V_2中，V_2区域的宽度为$(a-1)R$，其中边界 S_5为无穷远($r=\infty$)处的映射边界。取区域 V_3中任意一点，$P_1'(r')$对应 V_2中的映射点$P_1(r)$，进行坐标变换：

$$r = aR - (a-1)R\frac{R}{r'} \tag{6.3}$$

式中，$r=\sqrt{x^2+y^2+z^2}$，$r'=\sqrt{x'^2+y'^2+z'^2}$，边界 S_5的半径必然大于边界 S_4的半径，则 $a>1$。根据该坐标变换方法，可求得坐标变换后 V_2区域内任意一点的坐标。结合 6.2.1 节中有限元计算基本原理及边界条件，可实现求解域内任意场量的快速计算。

6.2.3　腐蚀接地网有限元分析模型搭建

实际接地网通常为较复杂的大型金属结构，不利于微观泄漏电流规律的分析。为简化计算过程，选取工程上常用的单根水平圆钢接地极、单根垂直圆钢接地极和单根水平扁钢接地极三种接地极为研究对象。圆钢接地极分为水平接地极和垂直接地极，长度均取 5m，圆钢直径为 12mm。扁钢主要用于水平接地极，水平扁钢接地极长度为 5m，宽度为 40mm，厚度为 5mm。水平接地极和水平扁钢埋深为 0.8m。上述接地极埋设于电阻率为 100Ω·m、相对磁导率为 16 的均匀土壤中。本书第五章分析结果表明，泄漏电流是影响接地极腐蚀的主要原因，泄漏电流呈现端部效应，不考虑端点处接地极其他部分均呈现均匀分布，可采用高电阻率涂层等效不同接地极的腐蚀情况[11]。Zhang 等[12]指出，接地网腐蚀产物电阻率的范围为 900～1100Ω·m，因此，后续分析中腐蚀产物电阻率设定为 1000Ω·m。同时，雷击电流或故障电流等高频分量电流通常并不长期存在于接地极，分析接地极腐蚀过程中忽略高频暂态入地电流对接地极的影响[8]。同时，接地极导体上长期存在的三相不平衡电流和架空地线的感应电流多为工频 50Hz，通常采用准静态场等效实际的低频电磁场，因此，注入电流选取 1A 直流。以土壤表面为 xOy 面，建立 3 种典型腐蚀接地极的模型，如图 6.6 所示。

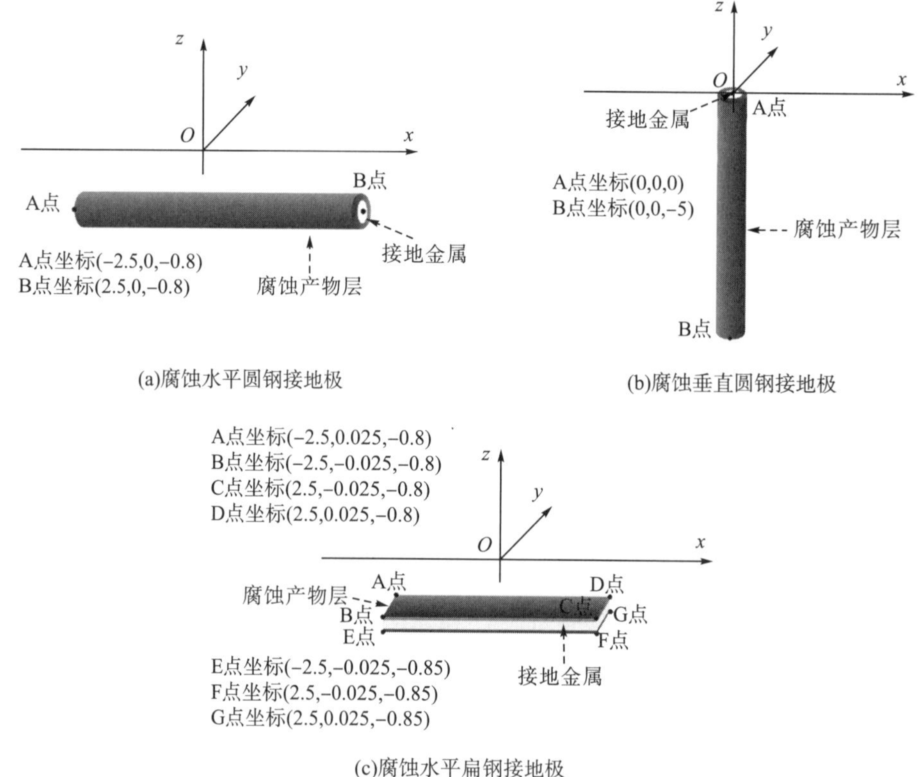

图 6.6 有限元计算模型

水平圆钢接地极和垂直圆钢接地极的腐蚀情况表现为圆钢接地极表面覆盖一层高电阻率的腐蚀产物，水平扁钢接地极的腐蚀情况表现为上下表面(xOy 面)覆盖一层腐蚀产物。土壤介质结构的分层情况并不影响接地网的腐蚀过程，为简化计算，本章分析过程中均采用均匀土壤模型。为了避免开域空间计算量过大和传统计算方法中的截断误差问题，采用了 6.2.2 节中的开域边界条件处理方法，将开域问题转化为闭域问题。因此，均匀土壤模型采用略大于接地极尺寸的半径为 8m 的半球形模型(求解区域)，映射区域的厚度为 2m，如图 6.7 所示。

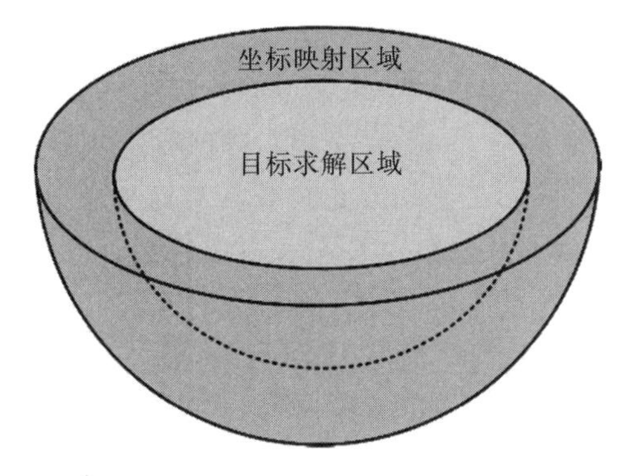

图 6.7　土壤介质的分析模型

6.2.4　不同腐蚀程度下接地网的接地参数

接地网的接地参数主要包括泄漏电流、接地电阻等，因此，本章节重点分析接地网腐蚀行为作用下的泄漏电流和接地电阻。研究腐蚀深度 1～5mm 的水平圆钢接地极和垂直圆钢接地极，腐蚀产物厚度为 1～5mm，腐蚀后的圆钢导体半径对应为 5～1mm(未发生腐蚀的圆钢接地极半径仍为 6mm)。

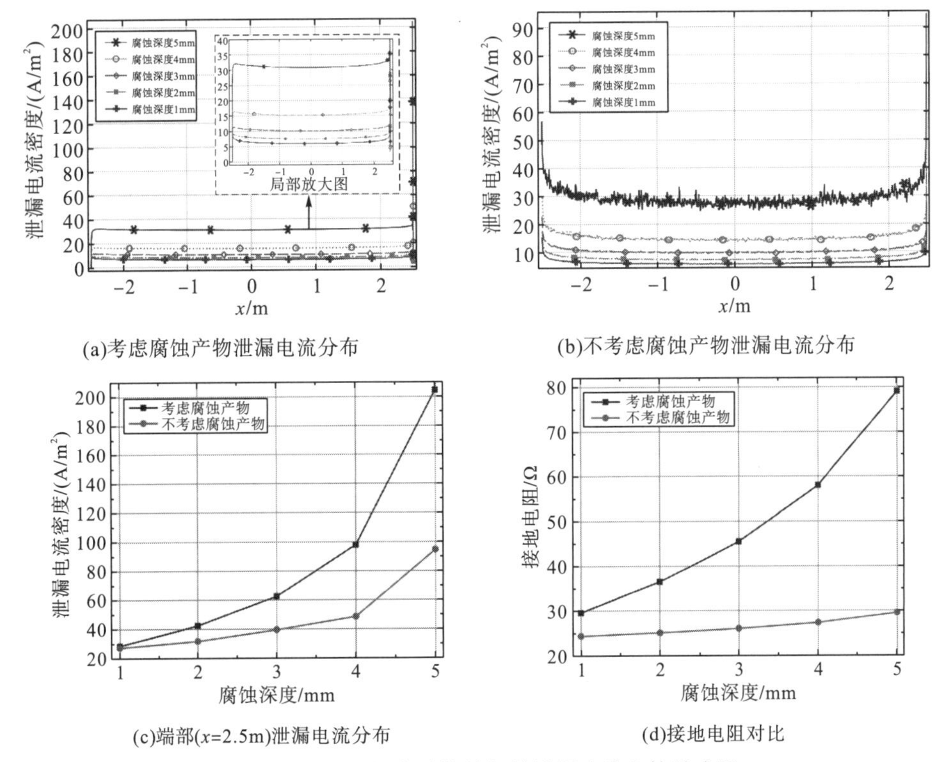

图 6.8　水平圆钢腐蚀接地极的泄漏电流和接地电阻

图 6.8 表明，水平圆钢接地极腐蚀程度增加，接地极金属部分散流面积减小，接地极表面泄漏电流密度增加。考虑腐蚀产物和不考虑腐蚀产物的水平圆钢接地极端点处的泄漏电流显著不同。不考虑腐蚀产物的圆钢接地极为半径变细的接地极，泄漏电流分布仍呈现端部效应。考虑腐蚀产物后的接地极泄漏电流，在注入侧端点(x=−2.5m)处减小，在另一侧端点(x=2.5m)处显著增加。对比同一腐蚀深度下考虑腐蚀产物和不考虑腐蚀产物的泄漏电流分布。以腐蚀深度 5mm 的情况为例，考虑腐蚀产物影响后的端点 x=2.5m 处的泄漏电流密度为 200A/m^2，不考虑腐蚀产物时该处的泄漏电流仅约为 98A/m^2，然而，两种情况下非端点处的泄漏电流分布均为 30A/m^2 左右。可以推断，腐蚀产物对接地导体的端部泄漏电流影响较大，导体直径对导体其他部分的泄漏电流影响较大。泄漏电流较大的区域，接地极长期作阳极运行，腐蚀程度更严重，腐蚀深度从 1mm 增加到 5mm 的过程中，考虑腐蚀产物的接地电阻从 30Ω 增加到 80Ω，不考虑腐蚀产物的接地电阻仅从 25Ω 增加至 30Ω，因此，计算水平腐蚀圆钢接地极接地电阻需要考虑腐蚀产物的影响。

垂直圆钢接地极和水平圆钢接地极类似，分别在考虑腐蚀产物情况下和不考虑腐蚀产物情况下，计算腐蚀深度 1～5mm 时垂直圆钢接地极的泄漏电流和接地电阻，如图 6.9 所示。

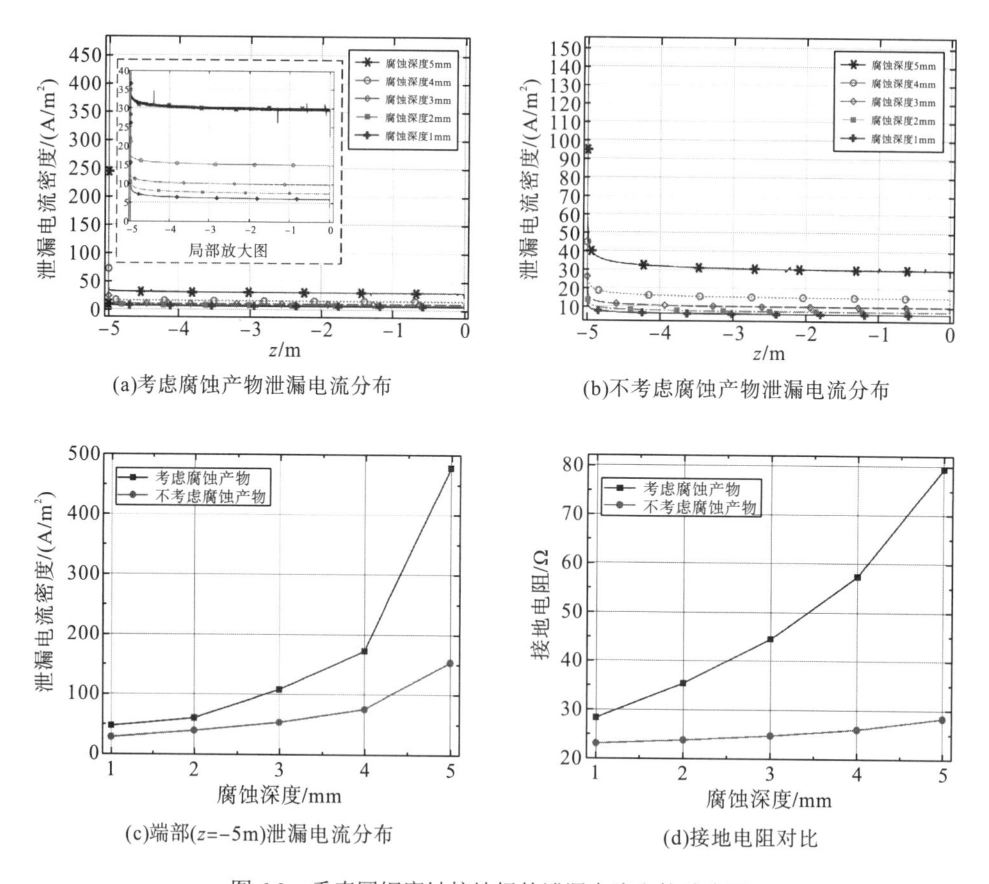

(a)考虑腐蚀产物泄漏电流分布

(b)不考虑腐蚀产物泄漏电流分布

(c)端部(z=−5m)泄漏电流分布

(d)接地电阻对比

图 6.9 垂直圆钢腐蚀接地极的泄漏电流和接地电阻

垂直圆钢接地极泄漏电流分布和腐蚀程度之间的关系和水平圆钢接地极类似，腐蚀深度增加，金属部分散流面积减小，接地极表面泄漏电流密度增加。腐蚀产物对垂直圆钢接地极端部泄漏电流密度影响较大。以端部 z=−5m 处且腐蚀深度为 5mm 的泄漏电流为例，考虑腐蚀产物的情况下端点处泄漏电流密度约为 490A/m^2，不考虑腐蚀产物的情况下泄漏电流密度为 155A/m^2 左右。考虑腐蚀产物和不考虑腐蚀产物对垂直圆钢接地极非端部泄漏电流影响不大，腐蚀深度 5mm 时两种情况下计算出的非端点处泄漏电流密度均约为 30A/m^2。非端部处泄漏电流主要受到接地极导体半径的影响。腐蚀深度从 1mm 增加到 5mm 的过程中，考虑腐蚀产物的接地电阻从 28Ω 增加到 79Ω，不考虑腐蚀产物的接地电阻仅从 23Ω 增加至 29Ω。上述分析表明，计算垂直腐蚀圆钢接地极接地电阻仍需考虑腐蚀产物的影响。

扁钢接地极上下两个表面接触面积最大，假设上下表面同时腐蚀，总腐蚀深度为 1～5mm，即上表面腐蚀深度为 0.5～2.5mm，下表面腐蚀深度为 0.5～2.5mm。计算总腐蚀深度 1～5mm 的水平扁钢接地极泄漏电流分布和接地电阻如图 6.10 所示。

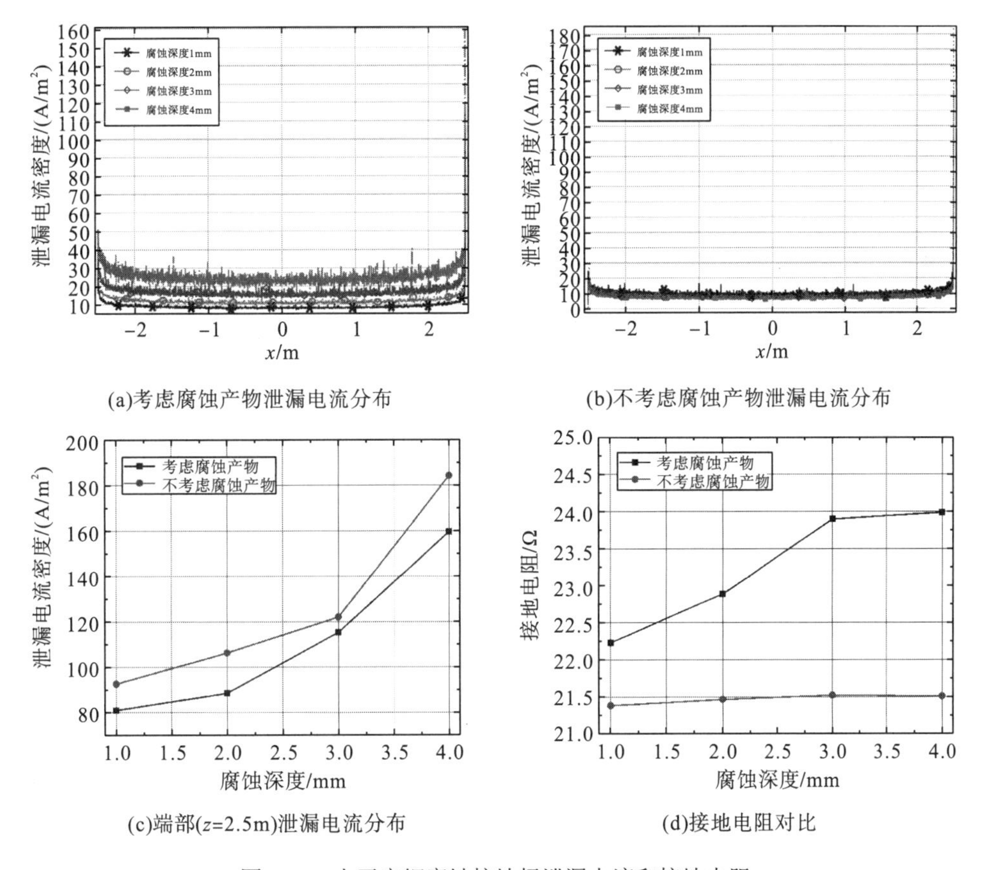

图 6.10　水平扁钢腐蚀接地极泄漏电流和接地电阻

不考虑腐蚀产物的水平扁钢接地极泄漏电流几乎不随腐蚀深度变化而变化，考虑腐蚀产物的水平扁钢接地极泄漏电流随着腐蚀深度的增加而增加。端部 z=2.5m 处的泄漏电流同样随着腐蚀深度增加而增加，考虑腐蚀产物的泄漏电流略大于不考虑腐蚀产物的泄漏电流。腐蚀产物对扁钢端点处和非端点处的泄漏电流密度均具有较大影响。腐蚀深度从 1mm 增加到 5mm 的过程中，考虑腐蚀产物的接地电阻从 22.3Ω 增加到 24Ω，不考虑腐蚀产物的接地电阻仅从 21.4Ω 增加至 21.5Ω。造成上述现象的原因可能如下：水平扁钢的用钢量明显高于圆钢类接地极，即便存在一定腐蚀，接地极的散流面积也能得到保证，相比于圆钢类接地极，扁钢接地极的接地电阻和泄漏电流分布均受到较小腐蚀影响。综上所述，计算腐蚀扁钢类接地极接地电阻仍需考虑腐蚀产物影响。

6.3 腐蚀接地网精细化计算模型

6.2 节的分析结果已表明接地参数计算过程中考虑腐蚀产物的重要性，本节重点研究腐蚀接地网精细化计算模型。腐蚀接地网主要包括两部分，即腐蚀溶解后半径变小的接地网金属部分和腐蚀产物部分。6.2 节的分析侧重于规律研究，假设接地网溶解部分的厚度等于腐蚀产物的厚度。对于实际工程而言，接地网腐蚀产物是由接地网金属溶解部分和土壤中水分、氧气等其他物质结合产生，腐蚀产物的体积通常略大于接地导体溶解部分的体积，即腐蚀产物存在一定膨胀特性。接地网接地参数分析计算中通常以接地导体表面覆盖一层腐蚀产物等效腐蚀接地网，而实际腐蚀接地网通常为非均匀腐蚀，腐蚀接地网的直径难以直接测量，腐蚀产物厚度无法确定，无法建立准确的分析计算模型。为解决上述问题，需要进行进一步研究。

接地网的腐蚀形变需要分析接地网电化学腐蚀原理。土壤是多相物质组成的复杂介质。埋设于土壤介质中的碳钢接地网是独立的金属导体，碳钢接地网表面应同时包含阳极反应和阴极反应。泄漏电流流出接地网的部分相当于阳极，其反应式为[13]

$$\begin{cases} Fe \longrightarrow Fe^{2+} + 2e^- \\ Fe \longrightarrow Fe^{3+} + 3e^- \end{cases} \tag{6.4}$$

式中，碳钢接地网中单质 Fe 最终被氧化为 Fe^{2+} 还是 Fe^{3+} 取决于土壤介质中氧气等氧化剂的含量。当氧化剂含量不充分时，单质 Fe 被氧化为 Fe^{2+}，当氧化剂含量充分时，单质 Fe 被氧化为 Fe^{3+}。

在多根接地导体的相互影响下，导体之间的屏蔽效应和连接点处，均存在部分电流回流进导体中，这部分导体相当于阴极。在碱性及中性土壤环境中，土壤中 OH^- 较多，阴极发生吸氧反应[14]：

$$O_2 + 2H_2O + 4e^- \longrightarrow 4OH^- \tag{6.5}$$

在酸性土壤环境中，土壤中 H^+ 较多，阴极发生析氢反应：

$$2H^+ + 2e^- \longrightarrow H_2 \tag{6.6}$$

结合式(6.4)～式(6.6)可得[11]

$$Fe^{2+} + 2OH^- \longrightarrow Fe(OH)_2 \tag{6.7}$$

$$4Fe(OH)_2 + O_2 + 2H_2O \longrightarrow 4Fe(OH)_3 \tag{6.8}$$

$Fe(OH)_2$ 和 $Fe(OH)_3$ 是可溶于水的腐蚀产物生成过程中的中间物质。中间物质可在土壤中进一步发生反应[11]：

$$2Fe(OH)_3 \longrightarrow Fe_2O_3 + 3H_2O \tag{6.9}$$

$$Fe(OH)_3 \longrightarrow FeOOH + H_2O \tag{6.10}$$

$$Fe(OH)_2 + 2Fe(OH)_3 \longrightarrow Fe_3O_4 + 4H_2O \tag{6.11}$$

其中，Fe_3O_4、Fe_2O_3 和 FeOOH 是不可溶于水的腐蚀产物的最终物质。潮湿的环境土壤中容易生成腐蚀产物 Fe_3O_4，较干燥的土壤中，容易生成更稳定的腐蚀产物 Fe_2O_3 和 FeOOH[15]。

式(6.9)～式(6.11)已经表明接地网腐蚀产物的主要成分为 Fe_2O_3、Fe_3O_4 和 FeOOH，其中 FeOOH 分为 α-FeOOH 和 γ-FeOOH。根据上述不同物质之间物质的量的关系，结合各物质的密度和摩尔质量，可求得接地金属导体 Fe 溶解量和腐蚀产物之间的体积关系。假设腐蚀产物体积为 V_c。腐蚀产物中某一物质 i 占腐蚀产物总体积 V_c 的百分数为 p_i。腐蚀产物中 α-FeOOH、γ-FeOOH、Fe_2O_3 和 Fe_3O_4 中任一物质 i 的物质的量为

$$n_i = \frac{p_i V_c}{M_i / \rho_i} \tag{6.12}$$

假设 1mol Fe^{2+}/Fe^{3+} 离子溶解生成 k_i mol 物质 i，可得

$$n_{Fe^{2+}/Fe^{3+}} = \frac{n_{\alpha-FeOOH}}{k_{\alpha-FeOOH}} + \frac{n_{\beta-FeOOH}}{k_{\beta-FeOOH}} + \frac{n_{Fe_2O_3}}{k_{Fe_2O_3}} + \frac{n_{Fe_3O_4}}{k_{Fe_3O_4}} \tag{6.13}$$

式中，$n_{Fe^{2+}/Fe^{3+}}$ 为 Fe^{2+}/Fe^{3+} 离子物质的量，Fe^{2+}/Fe^{3+} 离子全部来自接地网的溶解量，接地网腐蚀模型需要确定溶解量和腐蚀量之间的膨胀关系，将式(6.13)转化为各物质体积之间的关系。

$$\frac{V_{Fe}}{M_{Fe}/\rho_{Fe}} = \left(\frac{\dfrac{p_{\alpha-FeOOH}}{M_{\alpha-FeOOH}/\rho_{\alpha-FeOOH}}}{k_{\alpha-FeOOH}} + \frac{\dfrac{p_{\beta-FeOOH}}{M_{\beta-FeOOH}/\rho_{\beta-FeOOH}}}{k_{\beta-FeOOH}} + \frac{\dfrac{p_{Fe_2O_3}}{M_{Fe_2O_3}/\rho_{Fe_2O_3}}}{k_{Fe_2O_3}} + \frac{\dfrac{p_{Fe_3O_4}}{M_{Fe_3O_4}/\rho_{Fe_3O_4}}}{k_{Fe_3O_4}} \right) V_c \tag{6.14}$$

式中，V_{Fe} 为接地网导体的溶解体积；M_i 和 ρ_i 分别为物质 i 的摩尔质量和密度。查阅相关文献，各成分物质的密度和摩尔质量如表 6.3 所示[12,14]。

表 6.3　腐蚀产物成分参数

类别	Fe	α-FeOOH	γ-FeOOH	Fe_2O_3	Fe_3O_4
密度/(g/cm^3)	7.80	4.26	4.09	6.24	6.18
摩尔质量/(g/mol)	56	89	89	160	232

为确定系数 $k_{\alpha\text{-FeOOH}}$、$k_{\beta\text{-FeOOH}}$、$k_{Fe_2O_3}$ 和 $k_{Fe_3O_4}$，列写接地网腐蚀过程中涉及上述物质的方程式分别为[14]

$$Fe^{3+} + O^{2-} + OH^- = FeOOH \tag{6.15}$$

$$Fe^{3+} + 1.5O^{2-} = 0.5Fe_2O_3 \tag{6.16}$$

$$\frac{2}{3}Fe^{3+}+\frac{1}{3}Fe^{2+}+\frac{4}{3}O^{2-} = \frac{1}{3}Fe_3O_4 \tag{6.17}$$

式中，Fe^{2+} 和 Fe^{3+} 全部来自溶解的接地金属导体，OH^- 和 O^{2-} 全部来自土壤中的物质，α-FeOOH 和 γ-FeOOH 为 FeOOH 的两种形式。溶解 1mol Fe 可生成 1mol FeOOH，或生成 0.5mol Fe_2O_3，或生成 $\frac{1}{3}$ mol Fe_3O_4。因此，系数 $k_{\alpha\text{-FeOOH}}$ 和 $k_{\beta\text{-FeOOH}}$ 均为 1，系数 $k_{Fe_2O_3}$ 为 0.5，系数 $k_{Fe_3O_4}$ 为 $\frac{1}{3}$。

结合表 6.1 中腐蚀产物的成分参数和系数 k_{FeOOH}、$k_{Fe_2O_3}$ 和 $k_{Fe_3O_4}$，可得

$$C_e=\frac{V_c}{V_{Fe}}=\frac{13.929}{4.787p_{\alpha\text{-FeOOH}}+4.596p_{\beta\text{-FeOOH}}+6.550p_{Fe_2O_3}+6.698p_{Fe_3O_4}} \tag{6.18}$$

式中，C_e 为接地网腐蚀产物的膨胀系数。各物质在腐蚀产物中的比例（$p_{\alpha\text{-FeOOH}}$、$p_{\beta\text{-FeOOH}}$、$p_{Fe_2O_3}$ 和 $p_{Fe_3O_4}$），可通过对采集的接地网腐蚀样本进行 XRD 分析得到。在计算过程中，扁钢接地网多以等效系数形式转化为圆钢接地网进行计算[16]。以单根圆钢腐蚀接地极为例分析精细化计算模型的建模流程，如图 6.11 所示。

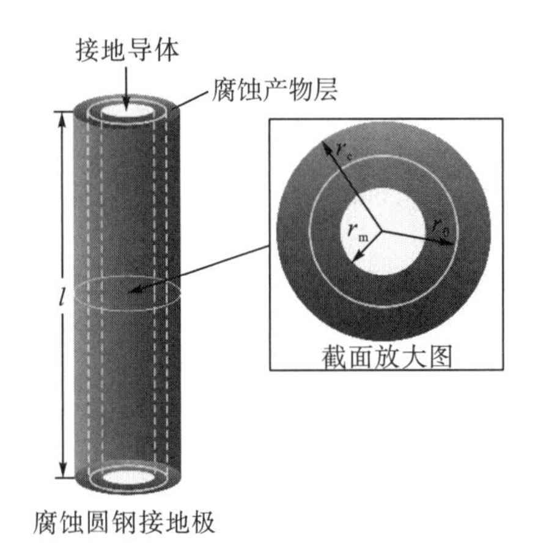

图 6.11　腐蚀接地极精细化计算模型

图 6.11 中，r_m 为腐蚀后的圆钢接地导体半径，r_0 为腐蚀前的圆钢接地导体半径，r_c 为包含腐蚀产物的接地导体的半径，l 为圆钢腐蚀接地导体长度。圆钢接地极腐蚀前的半径通常为已知量，常采用 10mm 或 12mm 圆钢，即 r_0 通常为 5mm 或 6mm。圆钢腐蚀接地极的金属部分半径 r_m 可通过研磨掉腐蚀产物层后测得，可视为已知量。接地极的溶解部分厚度 r_0-r_m 仍为已知量。考虑腐蚀产物膨胀特性后其厚度 r_c 可结合接地导体金属溶解部分厚度 r_0-r_m 和膨胀系数 C_e 求得。

$$r_c=\sqrt{\left(C_e+1\right)r_0^2-C_e r_m^2} \tag{6.19}$$

通过式(6.19)可求得考虑腐蚀产物膨胀特性后腐蚀产物的厚度 r_c。腐蚀接地网精细化计算模型的建模流程如图 6.12 所示[14]。

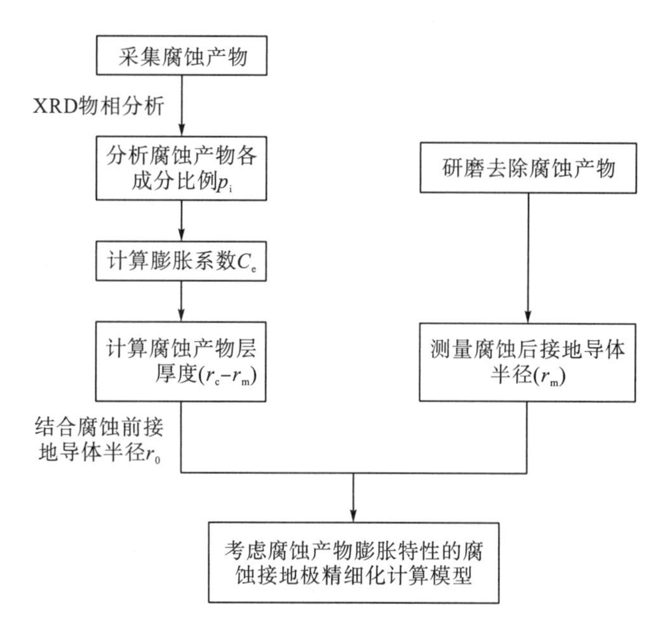

图 6.12　腐蚀接地网精细化计算模型建模流程图

6.4　腐蚀接地网接地参数的计算方法

6.4.1　边界元法的计算原理

根据边界元法求解过程的不同，可分为直接边界元法和间接边界元法[17]。在接地计算的过程中，直接边界元法通过直接求解接地导体在土壤中产生的电场与电位参数得到接地体的接地性能，而间接边界元法则通过建立接地导体的场源分布积分方程，先对接地导体的场源进行求解，再基于场源分布实现接地参数的计算[18,19]。在入地电流的散流过程中，由于腐蚀产物层与土壤的导电特性不一致，导致其分界面积累了部分自由电荷。接地极表面的泄漏电流与分界面的自由电荷是引起土壤中各点的电气参数变化的场源，因此考虑边界上场源的分布情况对分析腐蚀接地极接地性能至关重要。本章主要采用间接边界元法对含腐蚀产物层接地极进行分析，下面以拉普拉斯方程问题的研究过程为例，对间接边界元法的基本原理进行阐述，进而可根据边界元法基本原理实现对腐蚀接地极接地性能的研究。

如图 6.13 所示，在无限区域 Ω 中，存在边界 Γ 将无限区域 Ω 剖分为 Ω_1 与 Ω_2 两个区域，其中电位函数已知的边界为 Γ_u，表面电荷已知的边界为 Γ_q，u_1 和 u_2 分别为区域 Ω_1 与 Ω_2 中任意一点的电位，P 和 Q 为区域中任意两点，P' 和 Q' 为边界 Γ 上任意两点。

则对于区域 Ω_1 与区域 Ω_2 中除源点外任意一点的电位均满足拉普拉斯方程：

$$\nabla^2 u = 0 \tag{6.20}$$

若假设区域 Ω_1 中的场源集中于点 Q 上，则区域 Ω_1 的拉普拉斯方程的基本解满足下列方程：

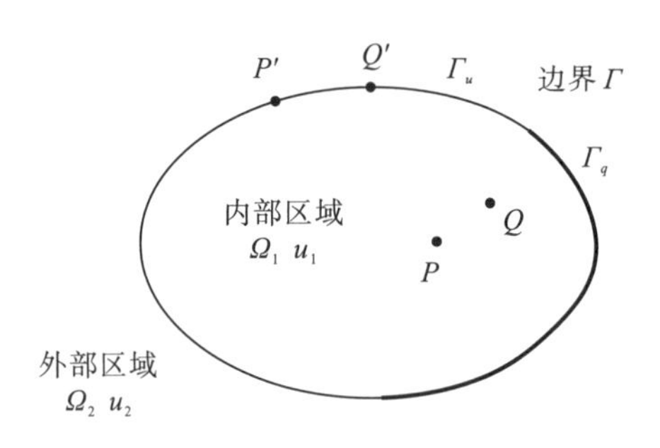

图 6.13　边界元法边界示意图

$$\nabla^2 u^*(P,Q)+\delta(P-Q)=0 \tag{6.21}$$

式中，$\delta(P-Q)$为狄拉克函数，满足式(6.22)及式(6.23)所示条件：

$$\delta(P-Q)=\begin{cases}0, & P\neq Q\\ \infty, & P=Q\end{cases} \tag{6.22}$$

$$\int_{\Omega}\delta(P-Q)\mathrm{d}\Omega(Q)=1 \tag{6.23}$$

根据高斯定理得到基本解函数u^*与电位函数u满足第二格林公式：

$$\begin{aligned}&\int_{\Omega_1}\left[u^*(P,Q)\nabla^2 u(Q)-u(Q)\nabla^2 u^*(P,Q)\right]\mathrm{d}\Omega(Q)\\ &=\int_{\Gamma}\left[u^*(P,Q')\frac{\partial u_1(Q')}{\partial n(Q')}-u_1(Q')\frac{\partial u^*(P,Q')}{\partial n(Q')}\right]\mathrm{d}\Gamma(Q')\end{aligned} \tag{6.24}$$

结合式(6.21)～式(6.23)，可将式(6.24)左侧两项积分化简为

$$\int_{\Omega_1}u^*(P,Q)\nabla^2 u_1(Q)\mathrm{d}\Omega(Q)=0 \tag{6.25}$$

$$\int_{\Omega_1}u_1(Q)\nabla^2 u^*(P,Q)\mathrm{d}\Omega(Q)=-\int_{\Omega}u(Q)\delta(P-Q)\mathrm{d}\Omega(Q)=\begin{cases}-u_1(P), & P\text{在}\Omega_1\text{内}\\ -\dfrac{1}{2}u_1(P), & P\text{在}\Gamma\text{上}\\ 0, & P\text{不在}\Omega_1\text{内}\end{cases} \tag{6.26}$$

则对于区域Ω_1内任意点P的电位方程可表示为

$$\int_{\Gamma}\left[u^*(P,Q')\frac{\partial u_1(Q')}{\partial n(Q')}-u_1(Q')\frac{\partial u^*(P,Q')}{\partial n(Q')}\right]\mathrm{d}\Gamma(Q')=u_1(P) \tag{6.27}$$

区域Ω_2内任意点P的电位方程为

$$\int_{\Gamma}\left[u^*(P,Q')\frac{\partial u_2(Q')}{\partial n(Q')}+u_2(Q')\frac{\partial u^*(P,Q')}{\partial n(Q')}\right]\mathrm{d}\Gamma(Q')=0 \tag{6.28}$$

根据边界连续条件，在区域Ω_1与区域Ω_2的分界面Γ上$u_1=u_2$，则当P位于边界Γ上时，根据式(6.27)与式(6.28)可得

$$\int_{\Gamma}u^*(P,Q')\left[\frac{\partial u_1(Q')}{\partial n(Q')}+\frac{\partial u_2(Q')}{\partial n(Q')}\right]\mathrm{d}\Gamma(Q')=u_1(P) \tag{6.29}$$

令$\dfrac{\partial u_1(Q')}{\partial n(Q')}+\dfrac{\partial u_2(Q')}{\partial n(Q')}=\sigma(Q')$，即为边界$\Gamma$上的场源分布，当区域$\Omega_1$中的$P$点趋近于边

界 Γ 上的 P' 点时，可将式(6.29)改写为

$$\int_{\Gamma} u^*(P',Q')\sigma(Q')\mathrm{d}\Gamma(Q') = u_1(P') \tag{6.30}$$

对等式两边进行微分可得到[20]：

$$-\frac{1}{2}\sigma(Q') + \int_{\Gamma} \frac{\partial u^*(P',Q')}{\partial n(Q')}\sigma(Q')\mathrm{d}\Gamma(Q') = \frac{\partial u_1(P')}{\partial n(P')} \tag{6.31}$$

假设边界 Γ 上的电位函数 u 和函数的法向导数 $\dfrac{\partial u}{\partial n}$ 为已知数，分别为 $\overline{u}$ 和 $\overline{q}$，则可得

$$\int_{\Gamma} u^*(P',Q')\sigma(Q')\mathrm{d}\Gamma(Q') = \overline{u}(P') \tag{6.32}$$

$$-\frac{1}{2}\sigma(Q') + \int_{\Gamma} \frac{\partial u^*(P',Q')}{\partial n(Q')}\sigma(Q')\mathrm{d}\Gamma(Q') = \overline{q}(P') \tag{6.33}$$

如图 6.14 所示对边界 Γ 进行剖分处理，其中将边界 Γ_1 剖分为 n_1 个边界元，将边界 Γ_2 剖分为 n_2 个边界元，假设每个边界元为常量且每个边界元上的场源集中在边界元中点 P_i' 处，则可将式(6.32)与式(6.33)用离散的形式表示出来。

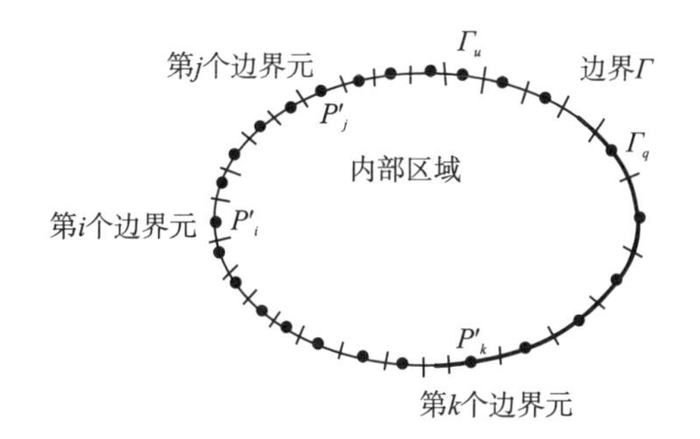

图 6.14　边界剖分示意图

对于边界 Γ_u 上的点，可将式(6.32)离散为

$$u(P_i') = \sum_{j=1}^{n}\int_{\Gamma_j} u^*(P_i',Q')\sigma(Q')\mathrm{d}\Gamma(Q') \quad (i=1,2,\cdots,n_1) \tag{6.34}$$

对于边界 Γ_q 上的点，可将式(6.33)离散为

$$q(P_k') = -\frac{1}{2}\sigma(Q') + \sum_{j=1}^{n}\int_{\Gamma_j} \frac{\partial u^*(P_k',Q')}{\partial n(Q')}\sigma(Q')\mathrm{d}\Gamma(Q') \quad (k=1,2,\cdots,n_2) \tag{6.35}$$

式中，点 P_i' 和点 P_k' 为边界元 Γ_i 和 Γ_k 的中点；点 Q' 为边界元 Γ_j 中的任意一点。为简化式(6.34)与式(6.35)，可将 a_{ij} 与 b_{kj} 表示为

$$\begin{cases} a_{ij} = \displaystyle\int_{\Gamma_j} u^*(P_i',Q')\mathrm{d}\Gamma(Q') \\ b_{kj} = -\dfrac{1}{2} + \displaystyle\int_{\Gamma_j} \frac{\partial u^*(P_k',Q')}{\partial n(Q')}\mathrm{d}\Gamma(Q') \end{cases} \tag{6.36}$$

可将式(6.34)与式(6.35)改写为矩阵形式：

$$\begin{pmatrix} \boldsymbol{A} \\ \boldsymbol{B} \end{pmatrix} \cdot \boldsymbol{\sigma} = \begin{pmatrix} \boldsymbol{u} \\ \boldsymbol{q} \end{pmatrix} \tag{6.37}$$

式中，向量$\boldsymbol{\sigma}$表示边界$\varGamma$上的场源分布密度函数$\left[\sigma_1,\sigma_2,\cdots,\sigma_n\right]^{\mathrm{T}}$。则通过对矩阵进行求解可得到边界上的场源分布。

6.4.2 基于边界元法的腐蚀接地网电位矩阵

腐蚀接地网接地参数计算模型仍可以基于第五章中的电位矩阵，但需要重点考虑腐蚀产物的影响[1]。接地网腐蚀主要分为接地金属导体腐蚀溶解和腐蚀产物沉积两部分。腐蚀溶解导致接地网导体变细，腐蚀沉积导致接地网表面附着腐蚀产物。腐蚀接地网整体表现为半径变细的接地导体表面附着一层腐蚀产物。

针对腐蚀接地网的土壤阻抗系数矩阵 $\boldsymbol{Z}^{\mathrm{c}}$，需重点分析腐蚀分段导体的法向阻抗 $Z_{j,i}^{l_n,\mathrm{c}}$。$Z_{j,i}^{l_n,\mathrm{c}}$ 的物理意义为源点分段 i 在场点分段 j 上产生的电位系数，需要考虑腐蚀产物层的影响。边界元法非常适合于解决涉及多种介质的电磁计算问题，并可将全域空间内的场量求解问题转化为介质边界上的场量求解问题，有效减少计算量。本章节采用边界元法分析腐蚀接地网的接地参数计算问题。首先将腐蚀产物层剖分为 m 个腐蚀产物剖分单元，如图 6.15 所示。

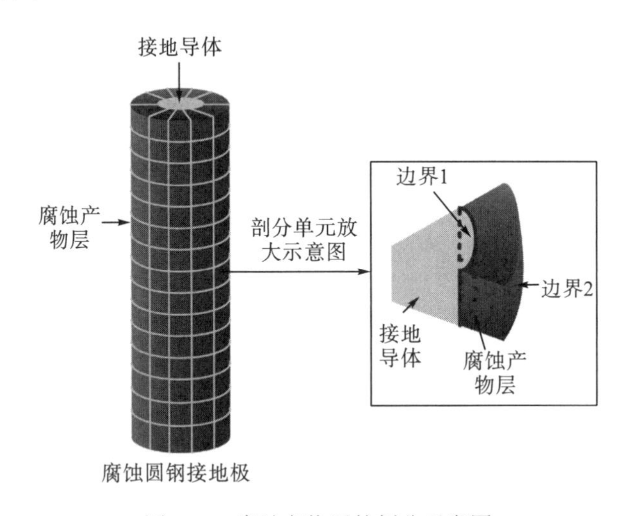

图 6.15 腐蚀产物层的剖分示意图

图 6.15 中，边界 1 为接地导体和腐蚀产物的分界面，边界 2 为腐蚀产物层和土壤的分界面。泄漏电流从导体流入腐蚀产物层，再进入土壤中，至无穷远处。根据电磁场基本原理可知，在两种非导电介质表面存在积累电荷。假定在每个腐蚀产物剖分单元的边界 2 上的电荷呈均匀分布，则 m 个剖分单元表面的面电荷密度为$\eta_1,\eta_2,\cdots,\eta_m$，每个剖分单元边界 2 对应的面积为$\Delta s_1,\Delta s_2,\cdots,\Delta s_m$。每个腐蚀产物层剖分单元的面电荷密度可理解为面上分布的点电荷源，面电荷可通过点电荷的表面积分求得。

泄漏电流为法向电流，方向从导体垂直指向介质中。求解泄漏电流是计算其他接地网接地参数的基础，因此，后续场量分析以场量的法向分量为主，并通过场量分析实现腐蚀接地网接地参数的计算。选定任意腐蚀产物剖分单元 k。分析腐蚀剖分单元 k 上边界 1 表面的场量，根据导电介质分界面上场量的条件可得

$$\boldsymbol{J}_{k,1n}^{\mathrm{m}} = \boldsymbol{J}_{k,1n}^{\mathrm{c}} \tag{6.38}$$

式中，$\boldsymbol{J}_{k,1n}^{\mathrm{m}}$ 为腐蚀剖分单元 k 的边界 1 上接地导体侧的法向电流密度；$\boldsymbol{J}_{k,1n}^{\mathrm{c}}$ 为腐蚀剖分单元 k 的边界 1 上腐蚀产物侧的法向电流密度。腐蚀剖分单元 k 的边界 2 上存在腐蚀产物和土壤两种介质，满足边界条件：

$$\boldsymbol{J}_{k,2n}^{\mathrm{c}} = \boldsymbol{J}_{k,2n}^{\mathrm{s}} \tag{6.39}$$

$$\boldsymbol{D}_{k,2n}^{\mathrm{c}} - \boldsymbol{D}_{k,2n}^{\mathrm{s}} = \int_{\Delta s_k} \eta_k \mathrm{d}s = \eta_k \Delta s_k \tag{6.40}$$

式中，$\boldsymbol{J}_{k,2n}^{\mathrm{c}}$ 和 $\boldsymbol{D}_{k,2n}^{\mathrm{c}}$ 为腐蚀剖分单元 k 的边界 2 上腐蚀产物侧的法向电流密度和法向电位移矢量；$\boldsymbol{J}_{k,2n}^{\mathrm{s}}$ 和 $\boldsymbol{D}_{k,2n}^{\mathrm{s}}$ 为腐蚀剖分单元 k 的边界 2 上土壤侧的法向电流密度；η_k 和 Δs_k 为腐蚀剖分单元 k 的分界面 2 上的面密度电荷和面积。根据微观欧姆定律和电位移矢量的定义，式(6.39)和式(6.40)均可转化为关于边界 2 腐蚀产物侧电场强度 $\boldsymbol{E}_{k,2n}^{\mathrm{c}}$ 和土壤侧电场强度 $\boldsymbol{E}_{k,2n}^{\mathrm{s}}$ 的表达式。进一步可根据转化后的两个公式消去边界 2 土壤侧电场强度 $\boldsymbol{E}_{k,2n}^{\mathrm{s}}$，边界 2 腐蚀产物侧 $\boldsymbol{E}_{k,2n}^{\mathrm{c}}$ 的公式为[18]

$$\boldsymbol{E}_{k,2n}^{\mathrm{s}} = \frac{\rho_{\mathrm{c}}}{\varepsilon_{\mathrm{c}}\rho_{\mathrm{c}} - \varepsilon_{\mathrm{s}}\rho_{\mathrm{s}}} \int_{\Delta s_k}\int_{\Delta s_k} \eta_k \mathrm{d}s = \frac{\rho_{\mathrm{c}}}{\varepsilon_{\mathrm{c}}\rho_{\mathrm{c}} - \varepsilon_{\mathrm{s}}\rho_{\mathrm{s}}} \eta_k \Delta s_k \tag{6.41}$$

式中，ε_{c} 为腐蚀产物介电常数；ε_{s} 为土壤介电常数；ρ_{s} 为靠近分界面 2 处的土壤电阻率，通常为浅层土壤电阻率；ρ_{c} 为腐蚀产物电阻率。根据电磁场基本原理可知，分界面 2 土壤侧电场强度 $\boldsymbol{E}_{2n}^{\mathrm{c}}$ 由分界面 1 上的法向电流密度和分界面 2 上的电荷产生，电场强度 $\boldsymbol{E}_{k,2n}^{\mathrm{c}}$ 的表达式为[21]

$$\begin{aligned}\boldsymbol{E}_{k,2n}^{\mathrm{c}} = \boldsymbol{n}_k \cdot \boldsymbol{E}_k^{\mathrm{c}} = \frac{\eta_k \Delta s_k}{2\varepsilon_{\mathrm{c}}} + \frac{1}{4\pi\varepsilon_{\mathrm{c}}\Delta s_k} \sum_{\substack{i=1\\ i\neq k}}^{m} \left[\eta_i \int_{\Delta s_k}\int_{\Delta s_i} \frac{\boldsymbol{n}_k \cdot \boldsymbol{r}_j - \boldsymbol{r}_i}{\left|\boldsymbol{r}_j - \boldsymbol{r}_i\right|^3} \mathrm{d}s_i \mathrm{d}s_j \right] \\ + \frac{1}{\Delta s_k} \sum_{i=1}^{n} \left[\frac{I_{m_i}}{l_i} \int_{\Delta s_k}\int_{l_i} \boldsymbol{n}_k \cdot \left[-\nabla \cdot G\left(\boldsymbol{r}_j - \boldsymbol{r}_i\right) \right] \mathrm{d}l_i \mathrm{d}s_j \right]\end{aligned} \tag{6.42}$$

式中，$\boldsymbol{E}_{k,2n}^{\mathrm{c}}$ 为单元 k 在分界面 2 处的法向电场强度；$\boldsymbol{n}_k$ 为分界面处的法向单位向量；$\boldsymbol{E}_k^{\mathrm{c}}$ 为单元 k 在分界面 2 处的电场强度；第一项为腐蚀剖分单元 k 上表面电荷产生的电场，第二项为其他腐蚀剖分单元(不包含腐蚀单元 k)上表面电荷产生的电场，第三项为分段接地圆柱导体上泄漏电流产生的电场。$\boldsymbol{r}_j$ 为场点的距离向量，即腐蚀剖分单元 k 中边界 2 表面的距离向量；$\boldsymbol{r}_i$ 为源点的距离向量，在第二项中为其他腐蚀剖分单元边界 2 表面的距离向量，在第三项中为泄漏电流 I_{m_i} 所在分段圆柱导体 i 的距离向量；l_i 为分段圆柱导体 i 的长度。结合式(6.41)、式(6.42)可得

$$\eta_k = \frac{1}{\Delta s_k}\frac{(\varepsilon_c\rho_c - \varepsilon_s\rho_s)2\varepsilon_c}{\rho_c 2\varepsilon_c - (\varepsilon_c\rho_c - \varepsilon_s\rho_s)}\left[\begin{array}{l}\sum\limits_{\substack{i=1\\i\neq k}}^{m}\left[\frac{\eta_i}{4\pi\varepsilon_c\Delta s_k}\int_{\Delta s_k}\int_{\Delta s_i}\frac{\boldsymbol{n}_k\cdot\boldsymbol{r}_j-\boldsymbol{r}_i}{\left|\boldsymbol{r}_j-\boldsymbol{r}_i\right|^3}\mathrm{d}s_i\mathrm{d}s_j\right]\\ +\sum\limits_{i=1}^{n}\left\{\frac{I_{mi}}{l_i\Delta s_k}\int_{\Delta s_k}\int_{l_i}\boldsymbol{n}_k\cdot\left[-\nabla\cdot G\left(\boldsymbol{r}_j-\boldsymbol{r}_i\right)\right]\mathrm{d}l_i\mathrm{d}s_j\right\}\end{array}\right] \tag{6.43}$$

式(6.43)表明，腐蚀产物层剖分单元 k 边界 2 上的面电荷密度 η_k 可通过其他腐蚀剖分单元边界 2 上的面电荷密度 $\eta_i\left(i\neq k\right)$ 和分段圆柱导体上的泄漏电流 I_{mi} 两部分求得，即剖分单元的面电荷密度是线性相关的。根据式(6.43)可求得每一个腐蚀剖分单元分界面 2 上的电荷密度，结合 Galerkin 法可得

$$U_{m_j}^{c} = \sum_{i=1}^{m}\left[\frac{\eta_i}{4\pi\varepsilon_c\Delta s_i}\int_{\Delta l_j}\int_{\Delta s_i}\frac{1}{\left|\boldsymbol{r}_j-\boldsymbol{r}_i\right|}\mathrm{d}s_i\mathrm{d}l_j + \frac{I_{m_i}}{l_j l_i}\int_{l_j}\int_{l_i}G(\boldsymbol{r}_j-\boldsymbol{r}_i)\mathrm{d}l_i\mathrm{d}l_j\right] \tag{6.44}$$

式中，$U_{m_j}^{c}$ 为腐蚀接地网分段圆柱导体 j 的 m 类节点电位，第一项为腐蚀剖分单元分界面 2 上的电荷在场点 j 处产生的电位，第二项为分段圆柱导体上的泄漏电流在场点 j 处产生的电位。将式(6.43)和式(6.44)写成矩阵形式，可得[19]

$$\begin{bmatrix}\boldsymbol{A} & \boldsymbol{B}\\ \boldsymbol{C} & \boldsymbol{D}\end{bmatrix}\begin{bmatrix}\boldsymbol{\eta}^{c}\\ \boldsymbol{I}_{\mathbf{m}}^{c}\end{bmatrix} = \begin{bmatrix}\boldsymbol{0}\\ \boldsymbol{U}_{\mathbf{m}}^{c}\end{bmatrix} \tag{6.45}$$

式中，$\boldsymbol{\eta}^{c}$ 为接地网腐蚀产物层剖分单元边界 2 上的面电荷密度矩阵；$\boldsymbol{I}_{\mathbf{m}}^{c}$ 为腐蚀接地网分段圆柱导体上的泄漏电流矩阵；$\boldsymbol{U}_{\mathbf{m}}^{c}$ 为考虑腐蚀产物影响后的 m 类电压矩阵；系数矩阵 $\boldsymbol{A}$ 和系数矩阵 $\boldsymbol{B}$ 可通过式(6.44)求解，系数矩阵 $\boldsymbol{C}$ 和系数矩阵 $\boldsymbol{D}$ 可通过式(6.45)求解。

为分析考虑腐蚀产物的接地网和未考虑腐蚀产物的接地网之间的关系，建立模型如图 6.16 所示。

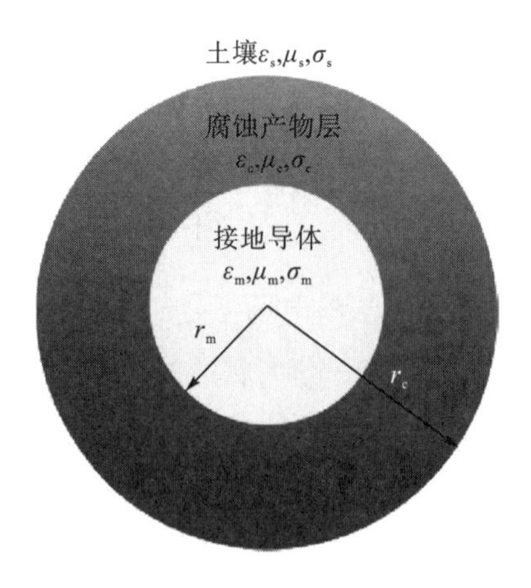

图 6.16 腐蚀接地导体截面

图 6.16 中，r_m 为金属接地导体的半径，r_c 为腐蚀接地网导体包含腐蚀产物层的半径，腐蚀产物层厚度为 $r_c - r_m$。腐蚀接地网池漏电流分布主要受到接地导体本身结构的影响，腐蚀产物本身对接地导体泄漏电流分布的影响不大。式(6.45)中考虑腐蚀产物影响的泄漏

电流向量$\boldsymbol{I}_{\mathrm{m}}^{\mathrm{c}}$和仅考虑腐蚀后导体变细金属部分的泄漏电流向量$\boldsymbol{I}_{\mathrm{m}}^{r_0}$相同。根据不含腐蚀产物接地网的电位矩阵计算基本原理可知，腐蚀接地网的导纳矩阵$\boldsymbol{Y}_{\mathrm{e,e}}^{\mathrm{c}}$、$\boldsymbol{Y}_{\mathrm{m,m}}^{\mathrm{c}}$、$\boldsymbol{Y}_{\mathrm{e,m}}^{\mathrm{c}}$、$\boldsymbol{Y}_{\mathrm{m,e}}^{\mathrm{c}}$为对应节点的自导纳或互导纳。自导纳和互导纳是针对金属导体本身，主要受到接地导体本身轴向阻抗的影响。腐蚀接地网的导纳矩阵$\boldsymbol{Y}_{\mathrm{e,e}}^{\mathrm{c}}$、$\boldsymbol{Y}_{\mathrm{m,m}}^{\mathrm{c}}$、$\boldsymbol{Y}_{\mathrm{e,m}}^{\mathrm{c}}$、$\boldsymbol{Y}_{\mathrm{m,e}}^{\mathrm{c}}$可等效为仅考虑腐蚀变细金属导体的导纳矩阵$\boldsymbol{Y}_{\mathrm{e,e}}^{r_0}$、$\boldsymbol{Y}_{\mathrm{m,m}}^{r_0}$、$\boldsymbol{Y}_{\mathrm{e,m}}^{r_0}$、$\boldsymbol{Y}_{\mathrm{m,e}}^{r_0}$。将腐蚀变细的圆柱导体半径$r_0$代入导纳矩阵求解，则可直接求解对应腐蚀接地网导纳矩阵中的元素$y_{m_i,m_i}^{r_0}$、$y_{m_i,e_i}^{r_0}$、$y_{e_i,m_i}^{r_0}$和$y_{e_i,e_i}^{r_0}$，具体的求解方法见本书4.2节。结合考虑腐蚀产物的式(6.44)和未考虑腐蚀产物的不等电位计算模型式(6.45)，可得

$$\begin{bmatrix} \boldsymbol{Y}_{\mathrm{e,e}}^{r_0} & \boldsymbol{Y}_{\mathrm{e,m}}^{r_0} & \boldsymbol{0} & \boldsymbol{0} \\ \boldsymbol{Y}_{\mathrm{m,e}}^{r_0} & \boldsymbol{Y}_{\mathrm{m,m}}^{r_0}+\left(\boldsymbol{Z}^{r_0}\right)^{-1} & \boldsymbol{0} & \boldsymbol{0} \\ \boldsymbol{0} & \boldsymbol{B}\left(\boldsymbol{Z}^{r_0}\right)^{-1} & \boldsymbol{A} & \boldsymbol{0} \\ \boldsymbol{0} & \boldsymbol{D}\left(\boldsymbol{Z}^{r_0}\right)^{-1} & \boldsymbol{C} & -\boldsymbol{E} \end{bmatrix} \begin{bmatrix} \boldsymbol{U}_{\mathrm{e}}^{r_0} \\ \boldsymbol{U}_{\mathrm{m}}^{r_0} \\ \boldsymbol{\eta}^{\mathrm{c}} \\ \boldsymbol{U}_{\mathrm{m}}^{\mathrm{c}} \end{bmatrix} = \begin{bmatrix} \boldsymbol{I}_{\mathrm{e}}^{\mathrm{c}} \\ \boldsymbol{0} \\ \boldsymbol{0} \\ \boldsymbol{0} \end{bmatrix} \tag{6.46}$$

式中，$\boldsymbol{Y}_{\mathrm{e,e}}^{r_0}$、$\boldsymbol{Y}_{\mathrm{m,m}}^{r_0}$、$\boldsymbol{Y}_{\mathrm{e,m}}^{r_0}$和$\boldsymbol{Y}_{\mathrm{m,e}}^{r_0}$为半径为$r_0$的圆柱接地导体的导纳矩阵；$\boldsymbol{Z}^{r_0}$为半径为$r_0$的圆柱接地导体的土壤阻抗系数矩阵，具体的求解方法见本书4.2节；$\boldsymbol{E}$为单位矩阵；腐蚀系数矩阵$\boldsymbol{A}$、$\boldsymbol{B}$、$\boldsymbol{C}$、$\boldsymbol{D}$可通过式(6.44)和式(6.45)求解。$\boldsymbol{I}_{\mathrm{e}}^{\mathrm{c}}$为腐蚀接地网的注入电流，容易通过测量等方式获得，可视为已知量。通过式(6.46)可求得腐蚀接地网的腐蚀产物表面电荷密度矩阵$\boldsymbol{\eta}^{\mathrm{c}}$和考虑腐蚀产物影响后的腐蚀接地网m类节点的电位矩阵$\boldsymbol{U}_{\mathrm{m}}^{\mathrm{c}}$。根据腐蚀接地网的电位矩阵$\boldsymbol{U}_{\mathrm{m}}^{\mathrm{c}}$和泄漏电流矩阵$\boldsymbol{I}_{\mathrm{m}}^{\mathrm{c}}$可进一步求得接地电阻、地表电位升、跨步电压等其他接地参数。

6.5　工程实例分析

为验证本章介绍的腐蚀接地网接地参数计算方法，选取了较为典型的水平接地极、杆塔接地网和简化接地网作为研究对象，主要计算不同频率下接地网的接地电阻和泄漏电流。水平接地极的长度为10m，直径为10mm，总计分10段。杆塔接地网由4根5m的圆钢组成一个方框结构，并焊接4根10m端部导体，5m的方框导体分为5段，端部导体分为10段。简化接地网选取9个4m×4m的小正方形网格，每个小正方形网格边长分为4段，构成边长为12m的正方形网格，每一边长分为12段。水平接地极和杆塔接地网中的圆钢直径均为10mm。实际接地网通常以扁钢为主，简化接地网选取宽40mm的扁钢。三种接地装置均采用碳钢材料，碳钢电阻率ρ_{m}为$1\times10^{-7}\Omega\cdot\mathrm{m}$，碳钢相对磁导率$\mu_{\mathrm{r,m}}$为636，埋深$h_0$为0.8m，具体参数和各m类节点的分段编号如图6.17所示。腐蚀产物的电阻率取1000Ω·m，相对磁导率近似为1。将上述接地装置埋设于水平三层土壤中，如表6.4所示。

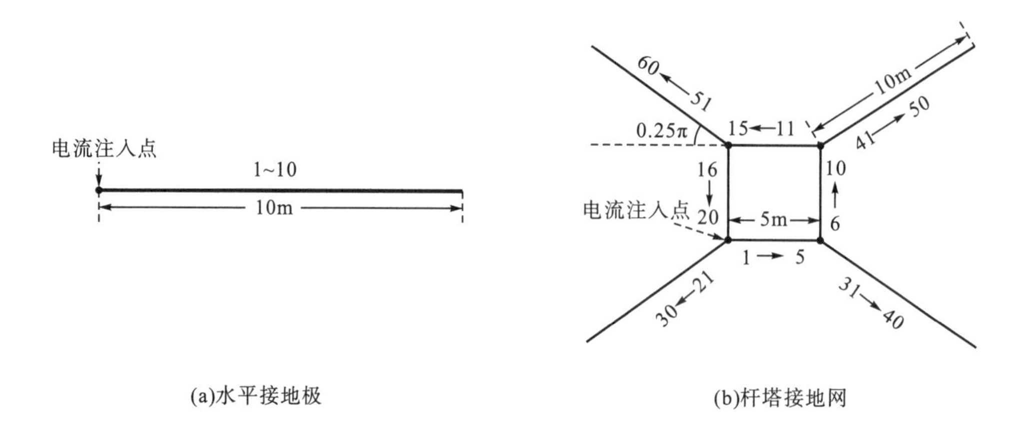

(a)水平接地极　　(b)杆塔接地网

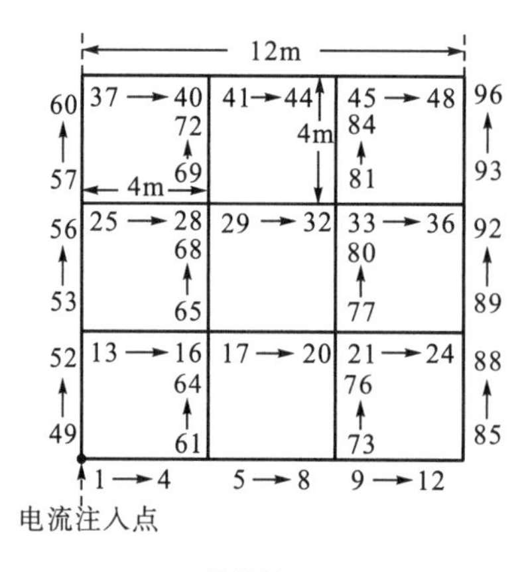

(c)简化接地网

图 6.17　典型接地网计算模型

表 6.4　水平三层土壤参数

土壤层数	土壤电阻率/(Ω·m)	土壤厚度/m
1	386	4.5
2	175	3.2
3	65	∞

6.5.1　腐蚀水平接地极接地参数计算

分析图 6.17 中所示水平接地极在 0～1MHz 范围内的频域响应。其中不含腐蚀产物的水平接地极参数前文已给出。接地极腐蚀产物具有一定膨胀特性，假定腐蚀后水平接地极的腐蚀产物厚度为 2mm，接地极导体金属部分直径为 8.5mm(溶解 1.5mm)，计算结果如图 6.18 所示。

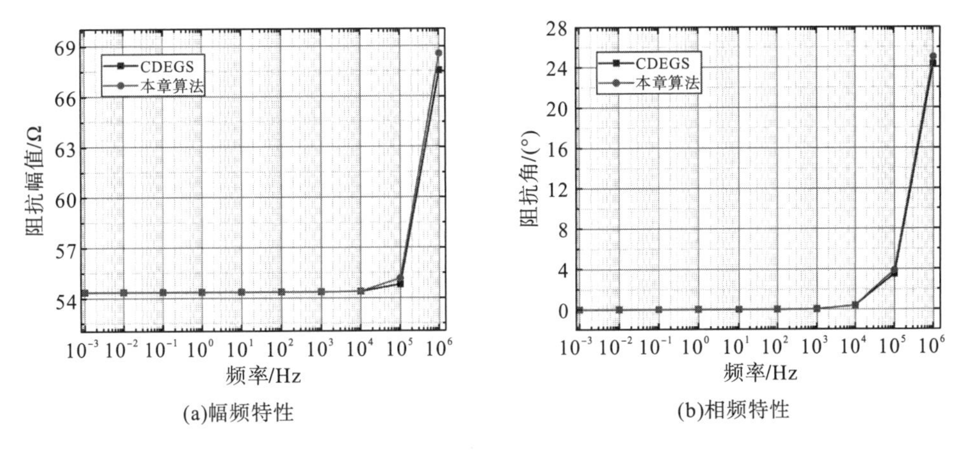

(a)幅频特性　(b)相频特性

图 6.18　腐蚀水平接地极接地阻抗的频域响应

图 6.18 表明，本章方法计算结果和 CDEGS 计算结果基本一致，验证了本章方法的正确性。接地阻抗从 100kHz 附近开始显著增加。对比上述结果可知，由于腐蚀产物本身为不导磁、弱导电的物质，主要影响接地阻抗的幅值，几乎不影响接地阻抗的相频特性。相频特性部分主要受到不同频率下接地导体的感抗影响，腐蚀后导体直径仅减小了 1.5mm，导致接地阻抗的幅频特性几乎不变。上述结果表明，10kHz 内的接地网接地参数频域响应几乎保持不变。为进一步分析不同频率响应下接地网的泄漏电流分布，计算水平接地极每一分段上泄漏电流频率为 10kHz、100kHz 和 1MHz 时的频域响应，如图 6.19 所示。

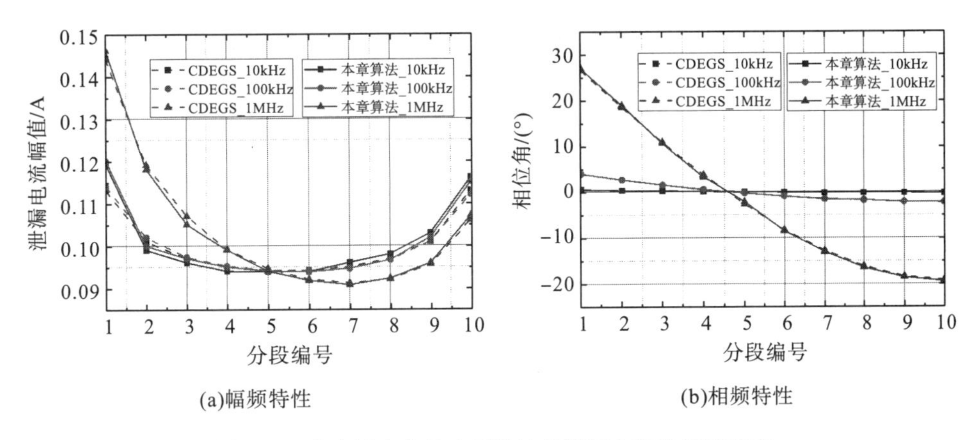

(a)幅频特性　(b)相频特性

图 6.19　含腐蚀产物的水平接地极泄漏电流的频域响应

本章算法和 CDEGS 软件计算结果基本一致，验证了本章算法的正确性。频率为 10kHz、100kHz 和 1MHz 的水平接地极泄漏电流均具有端部效应，泄漏电流集中在水平接地极两端。图 6.19 表明，随着注入电流频率的增加，靠近电流注入点的泄漏电流幅值和相位均显著增大，靠近另一端点处泄漏电流幅值和相位逐渐减小。由于腐蚀产物电阻率普遍高于土壤电阻率，腐蚀产物一定程度上抑制了泄漏电流的端部效应。总体而言，100kHz 内腐蚀水平接地极泄漏电流的变化较小。

6.5.2 腐蚀杆塔接地网接地参数计算

杆塔接地网的参数如图 6.17 所示，采取 CDEGS 软件和本章算法计算杆塔接地网在 0～1MHz 频率范围内的接地阻抗。假设杆塔接地网为均匀腐蚀，腐蚀产物厚度为 2mm，腐蚀后接地网直径为 8.5mm，接地阻抗的频域响应如图 6.20 所示。

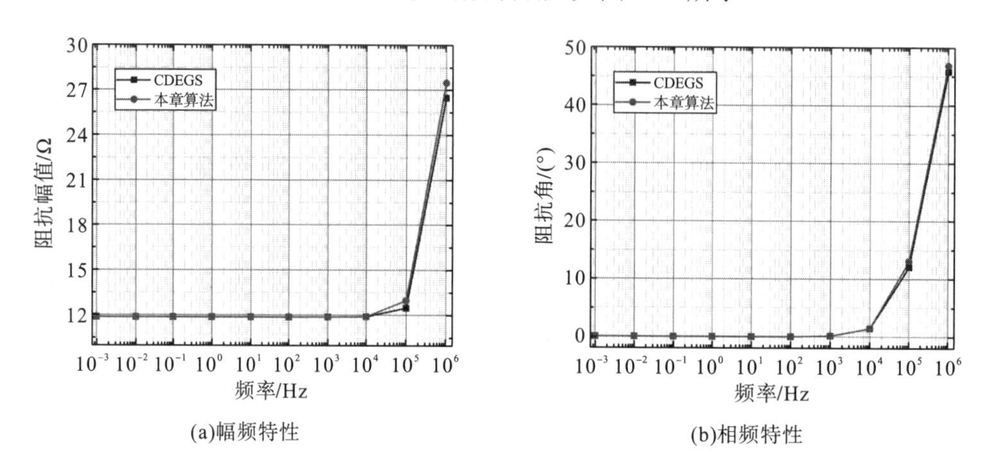

(a)幅频特性 (b)相频特性

图 6.20 含腐蚀产物的杆塔接地网接地阻抗的频域响应

根据图 6.20 可知，本章方法计算结果和 CDEGS 计算结果基本一致，验证了本章方法的正确性。计算结果与含腐蚀产物水平接地极接地阻抗的频域特性相似，接地阻抗从 100kHz 附近开始显著上升。上述结果表明，10kHz 内的接地网接地参数频域响应几乎保持不变。为进一步分析杆塔接地网表面不同频率的泄漏电流分布，计算杆塔接地网每一分段上泄漏电流频率为 10kHz、100kHz 和 1MHz 时的频域响应，如图 6.21 所示。

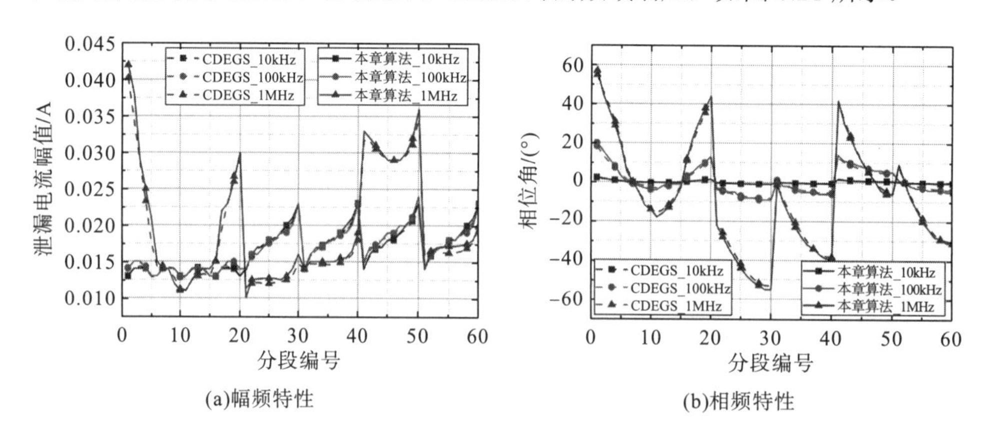

(a)幅频特性 (b)相频特性

图 6.21 含腐蚀产物的杆塔接地网泄漏电流的频域响应

本章算法和 CDEGS 软件计算结果基本相同，验证了本章算法的正确性。杆塔接地网 4 根方框导体距离较近且存在屏蔽效应，因此方框导体上的泄漏电流明显小于 4 根端部导体上的泄漏电流。类似于水平接地极，杆塔接地网泄漏电流幅值在 100kHz 时逐渐开始发生畸变，频率为 1MHz 的泄漏电流分布极其不对称。100kHz 的泄漏电流的相位几乎在-10°～20°范围内。随着频率增加，泄漏电流的相位变化更为明显，1MHz 的泄漏电流的相位基本在-60°～60°范围内。

6.5.3　腐蚀简化接地网接地参数计算

12m×12m 的简化接地网如图 6.17 所示。接地网通常为扁钢材质，宽为 40mm，厚度可忽略。由于圆钢更加有利于接地网接地参数数值计算，采用换算系数 0.22，可将扁钢等效为直径为 17.6mm 的圆钢[16]。假设简化接地网为均匀腐蚀，腐蚀产物厚度为 2mm，腐蚀后接地网等效直径为 16mm，接地阻抗的频域响应如图 6.22 所示。

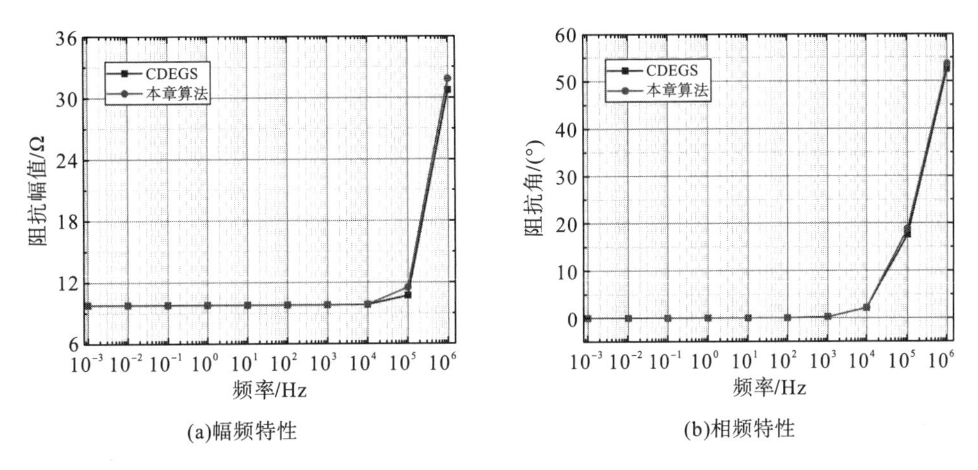

图 6.22　含腐蚀产物的简化接地网接地阻抗的频域响应

图 6.22 表明，本章方法计算结果和 CDEGS 计算结果基本一致，验证了本章方法的正确性。腐蚀前后简化接地网的接地阻抗从 100kHz 附近开始显著上升。根据接地阻抗计算结果可知，10kHz 内的接地网接地参数频域响应几乎保持不变。为进一步分析腐蚀简化接地网表面不同频率的泄漏电流分布，计算杆塔接地网每一分段上泄漏电流频率为 10kHz、100kHz 和 1MHz 时的频域响应，如图 6.23 所示。

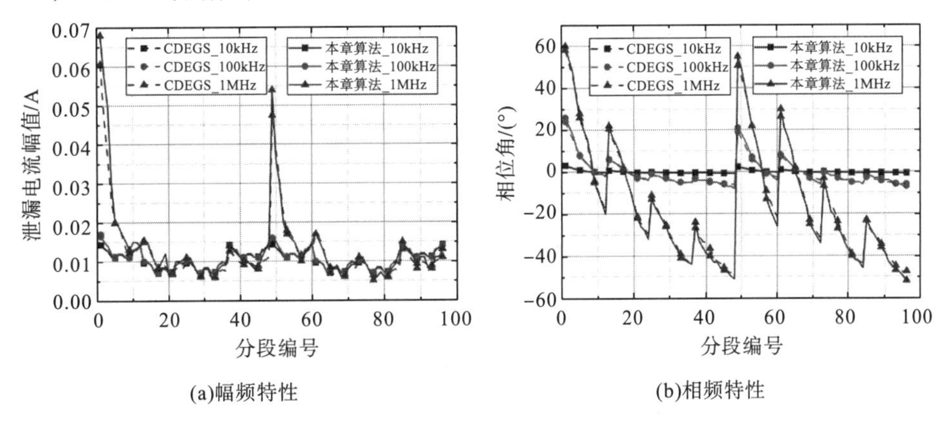

图 6.23　含腐蚀产物的简化接地网泄漏电流的频域响应

本章算法和CDEGS软件计算结果基本一致，验证了本章算法的正确性。简化接地网泄漏电流幅值在100kHz范围内几乎保持不变，泄漏电流相位存在一定增加。1MHz的泄漏电流在幅值和相位两方面均发生较大变化，其原因可能为碳钢材料的电感在微亨级别。在靠近电流注入点(1号节点和49号节点)处的泄漏电流幅值较大，其他节点处均有不同程度的变化。简化接地网是一个对称结构，其中相互平行的导体(如1～12号导体和13～24号导体)之间泄漏电流幅值相位变化具有相似性，相互垂直的导体(如1～12号导体和49～60号导体)之间泄漏电流幅值相位变化也具有相似性。

参考文献

[1] 许磊, 李琳. 基于电网络理论的变电站接地网腐蚀及断点诊断方法[J]. 电工技术学报, 2012, 27(10): 270-276.

[2] 张绅, 刘崇新, 冯陈佳, 等. 一种应用于接地网故障诊断的混合算法[J]. 中国电机工程学报, 2019, 39(21): 6419-6428.

[3] Jian L I, Hang S U, Chai F, et al. Simulated corrosion test of Q235 steel in diatomite soil[J]. Journal of Iron and Steel Research, International, 2015, 22(4): 352-360.

[4] Yan M, Sun C, Dong J, et al. Electrochemical investigation on steel corrosion in iron-rich clay[J]. Corrosion Science, 2015, 97: 62-73.

[5] Guo Y, Meng T, Wang D, et al. Experimental research on the corrosion of X series pipeline steels under alternating current interference [J]. Engineering Failure Analysis, 2017, 78: 87-98.

[6] Jiang Z, Du Y, Lu M, et al. New findings on the factors accelerating AC corrosion of buried pipeline[J]. Corrosion Science, 2014, 81(81): 1-10.

[7] Dan Y, Zhang Z, Li Y, et al. Novel grounding electrode model with axial construction space consideration[J]. Energies, 2019, 12(24): 4765.

[8] Zhang Z, Dan Y, Zou J, et al. Research on discharging current distribution of grounding electrodes[J]. IEEE Access, 2019, 7(99): 59287-59298.

[9] 李景丽, 袁涛, 杨庆, 等. 考虑土壤电离动态过程的接地体有限元模型[J]. 中国电机工程学报, 2011, 31(22): 149-157.

[10] 李景丽, 袁涛, 杨庆, 等. 考虑土壤非线性的接地网有限元分析[J]. 高电压技术, 2011, 37(1): 249-256.

[11] 高攀. 碳钢接地极电流溢散对腐蚀过程的影响研究[D]. 重庆：重庆大学, 2018.

[12] Zhang Z L, Zou J, Dan Y, et al. Analysis the influence of corrosion layer on the grounding performance of grounding electrodes[J]. IET Generation Transmission & Distribution，2020, 14(13): 2602-2609.

[13] Zhang Z L, Gao P, Dan Y H, et al . A simulation study of the direct current corrosion characteristics of carbon steel grounding electrode with ground lead[J]. International Journal of Electrochemical Science, 2018, 13(12): 11974-11985.

[14] Dan Y, Zhang Z, Gan P F, et al. Research on grounding performance of corroded grounding devices based on an accurate corrosion model[J]. CSEE Journal of Power and Energy Systems, 2020. DOI：10. 17775/CSEEJPES. 2020. 03280.

[15] 曹楚南. 腐蚀电化学原理[M]. 3版. 北京：化学工业出版社, 2008.

[16] 解广润. 电力系统接地技术[M]. 北京：中国电力出版社, 1991.

[17] 姚振汉, 王海涛. 边界元法[M]. 北京：高等教育出版社, 2010.

[18] 郭卫. 应用边界元法的复杂土壤中接地网性能研究[D]. 武汉：武汉大学, 2013.

[19] 郭卫, 李晓萍, 文习山, 等. 边界元法在块状土壤结构接地中的应用研究[J]. 电网技术, 2013, 37(5): 1414-1419.

[20] 田中正隆, 田中喜久昭. 边界元法的基础与应用[M]. 郎德宏, 译. 北京: 煤炭工业出版社, 1987.

[21] 张曾, 文习山. 任意块状结构土壤中接地的边界元法分析[J]. 电网技术, 2010, 34(9): 170-174.

第七章　工频接地电阻的测量方法

接地网是电力系统中的重要组成部分，也是最重要的防雷设施之一，保证了电力系统的安全稳定运行。接地网具备良好的接地特性是提高供电可靠性、减少雷击跳闸事故的重要保证，而接地电阻是衡量接地网接地性能的重要技术指标，只有接地电阻较小时才能确保故障电流能从接地网有效散流到大地，避免电力事故的发生。然而，由于接地网长期埋设于环境复杂的土壤中，极易受到周围环境的影响，很可能出现腐蚀甚至断裂的现象，导致接地网的接地电阻增大，接地性能也随之下降，因此，定期对接地电阻进行测量就成为输电线路运维的重要工作内容。

本章首先介绍一系列经典工频接地电阻测量方法。经典工频接地电阻测量方法中以三极法应用最为广泛，但该类方法以接地网的电位补偿点作为测量对象，测量输电杆塔接地电阻过程中存在需要断开接地引下线、布极距离较长等不足，导致了测量效率低下等问题。为解决上述问题，进一步介绍两类改进的工频接地电阻测量方法：选频式工频接地电阻测量方法和短距离布极工频接地电阻测量方法。

7.1　经典工频接地电阻测量方法

7.1.1　钳表法[1,2]

随着接地电阻测量理论研究的不断深入，出现了许多基于不同理论研究的杆塔接地电阻测量装置。在20世纪90年代诞生的钳表式接地电阻测量仪为不断开接地引线测量杆塔接地电阻开辟了新途径。钳表式接地电阻测量仪测量杆塔接地电阻打破了传统的断开接地引线测量模式，测量时不必完全断开所有接地引线，保留一根接地引线与杆塔连接，其余接地引线都连接至被保留的接地引线上，然后钳住保留的接地引线即可实现被测杆塔的接地电阻测量，如图7.1所示。

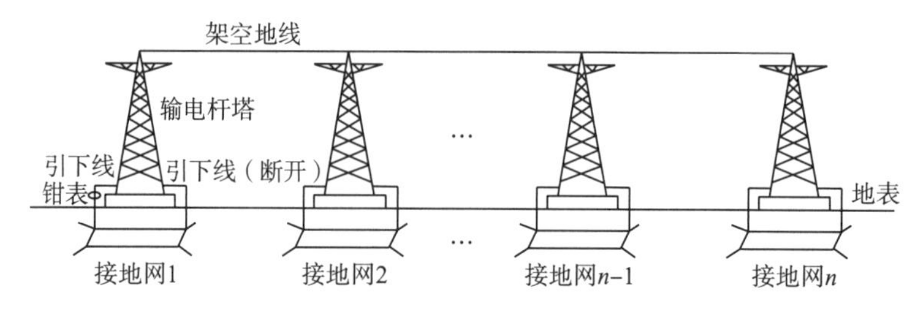

图7.1　钳表法测量示意图

为保证架空地线的避雷性能，架空地线通常会与输电杆塔直接连接。同时，接地网通过引下线和输电杆塔连接。因此，在不断开引下线的情况下，输电杆塔和架空地线会将远端输电杆塔的接地网并联到当前杆塔的接地网，如图 7.1 所示。根据图 7.1 搭建电路模型，如图 7.2 所示。

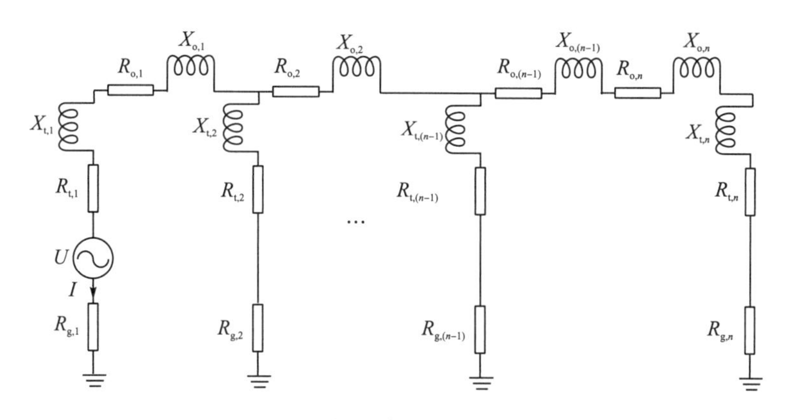

图 7.2　钳表法的电路示意图

图 7.2 中下标 t 代表输电杆塔，下标 o 代表架空地线，下标 g 代表接地电阻。钳表法测量结果为感应电压 U 和电流 I 之比。在低频信号注入下，架空地线和杆塔本身的阻抗通常可以忽略，则图 7.2 可简化为图 7.3。

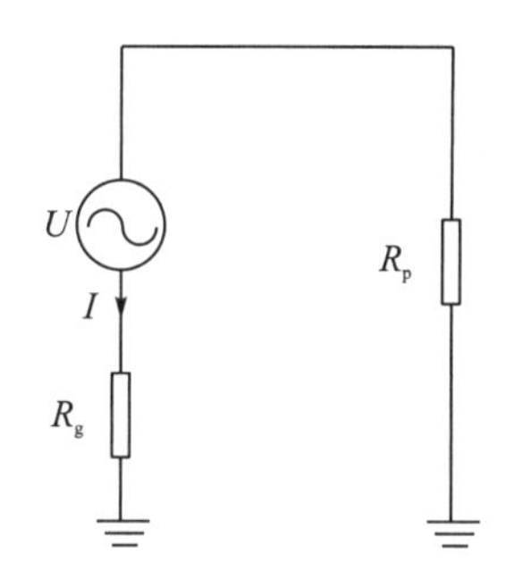

图 7.3　钳表法的简化电路图

图 7.3 中，R_g 为目标杆塔的接地电阻，R_p 为其他杆塔接地电阻的并联值。根据图 7.3 可得，钳表法测量的电阻为目标杆塔接地电阻 R_g 和其他杆塔接地电阻并联值 R_p 之和。杆塔并联的基数越多，R_p 越趋近于 0，测量结果越准确。比如，当并联杆塔大于 10 基时，测量误差小于 10%，并联杆塔大于 20 基时，测量误差小于 5%。当杆塔并联基数较少时，钳表法则存在一定误差。

7.1.2　三极法[2,3]

三极法主要采用接地网本身作为电流注入极，外置一个电压测试极和一个电流回流极进行接地电阻测量。测量过程中，两个辅助电极需要尽量和接地极布置在一条直线上，辅助电极布置测量方式示意图如图 7.4 所示[4]。

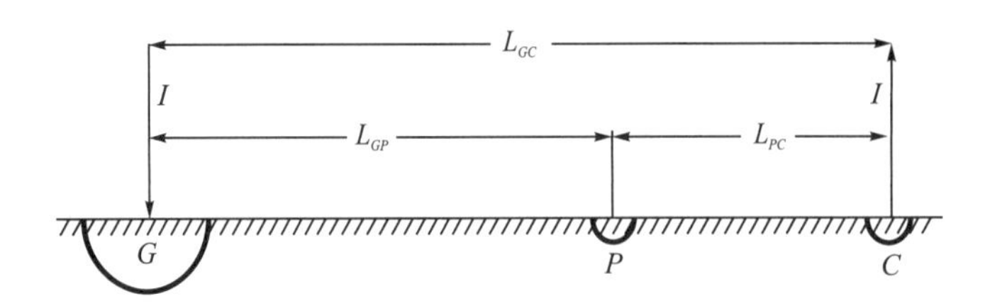

图 7.4 三极法测量接地电阻辅助电极布置方式示意图

图 7.4 中，G 为等效接地极，P 为电压测量极，C 为电流回流极；L_{GC} 为等效接地极 G 到电流回流极 C 的距离，L_{GP} 为等效接地极 G 到电压测量极 P 的距离；L_{PC} 为电压测量极 P 到电流回流极 C 的距离；I 为注入的测试电流。

实际接地电阻的电位参考值为无穷远处，并且没有电流回流极。在测量过程中，只有将电流回流极设置在无穷远处的土壤才能减小对接地电阻的影响，但是实际测量过程中不可能将测量距离布置无限长[5,6]。三极法采用电位补偿理论有效地解决了这个问题。三极法的主要思路是，依据电位叠加理论寻找得到理论上的电位补偿点(即测量误差为零的点)，并将电压极置于电位补偿点即可实现准确测量。

图 7.4 中，接地极、大地和电流极共同构成电流回路，通过接地引线注入接地极中的测量信号大部分沿着接地极方向向周围土壤散流，最后从电流极流出。由于散流效应，被测杆塔周围大地中电位发生变化，布置测量用电压极至理论点为补偿点，并测量其电位大小 U，此电压 U 除以注入测量电流 I 的值为被测杆塔接地电阻值 R。具体计算过程如下。

以半球形等效接地极为例进行电位补偿理论分析。设半球形接地极半径为 a，测量信号电流大小为 I。根据叠加原理知：注入测量信号在接地引线与辅助电流极间产生的电位差为

$$U_1 = \frac{I\rho}{2\pi a} - \frac{I\rho}{2\pi L_{GP}} \tag{7.1}$$

同理，辅助电流极流出的电流在接地极与辅助电压极间产生的电位差为

$$U_2 = -\frac{I\rho}{2\pi L_{GC}} + \frac{I\rho}{2\pi L_{PC}} \tag{7.2}$$

将式(7.1)和式(7.2)相加得出叠加后 G、P 间的电压为

$$U = U_1 + U_2 = \frac{I\rho}{2\pi}\left(\frac{1}{a} - \frac{1}{L_{GP}} - \frac{1}{L_{GC}} + \frac{1}{L_{PC}}\right) \tag{7.3}$$

根据式(7.3)可知，被测杆塔接地电阻理论值为

$$R = \frac{U}{I} = \frac{\rho}{2\pi}\left(\frac{1}{a} - \frac{1}{L_{GP}} - \frac{1}{L_{GC}} + \frac{1}{L_{PC}}\right) \tag{7.4}$$

根据文献[7]可知，理论上半球形接地极接地电阻准确值为

$$R_0 = \frac{V}{I} = \frac{\rho}{2\pi a} \tag{7.5}$$

因此，三极法理论所得接地电阻值 R 与理论标准值 R_0 间的误差为

$$\begin{aligned}\varDelta = R - R_0 &= \frac{\rho}{2\pi}\left(\frac{1}{a} - \frac{1}{L_{GP}} - \frac{1}{L_{GC}} + \frac{1}{L_{PC}}\right) - \frac{\rho}{2\pi a} \\ &= \frac{\rho}{2\pi}\left(-\frac{1}{L_{GP}} - \frac{1}{L_{GC}} + \frac{1}{L_{PC}}\right)\end{aligned} \tag{7.6}$$

为实现杆塔接地电阻的准确测量，需使测量误差 $\varDelta$ 为 0，得

$$\frac{1}{L_{PC}} - \frac{1}{L_{GP}} - \frac{1}{L_{GC}} = 0 \tag{7.7}$$

另设 $L_{GP} = kL_{GC}$，则 $L_{PC} = (1-k)L_{GC}$，代入式(7.7)中得

$$\left(\frac{1}{1-k} - \frac{1}{k} - 1\right)L_{GC} = 0 \tag{7.8}$$

对式(7.8)进行化简，可得

$$k^2 + k - 1 = 0 \tag{7.9}$$

求解式(7.9)，可得[8,9]

$$k = \frac{-1+\sqrt{5}}{2} \approx 0.618 \tag{7.10}$$

根据上述分析可得，当 $k \approx 0.618$ 时，三极法能够实现接地电阻的准确测量。测量过程中，不必将辅助电压极布置于无穷远处，只需要将辅助电压极置于 0.618 倍接地引线与辅助电流极距离的位置，即 $L_{GP} = 0.618L_{GC}$，依此便可利用三极法实现杆塔接地电阻的准确测量。上述理论计算过程是将接地装置等效为半球形接地极，但实际工程中接地装置大部分为水平辐射状埋地铺设，理论分析与实际工程存在一定的误差。详细内容参见文献[10]。

综上所述，三极法在理论上找到了电位补偿点，与电位降法相比辅助电压极不必置于无穷远处，提高了测量效率，理论分析误差较小，一定程度上达到了工程高效、准确测量的要求。

7.1.3　多极法[11]

三极法在理论上可以准确地测量杆塔接地电阻值，但仍需较长的布线距离，主要适用于杆塔所在地区土壤电阻率均匀且适宜长距离布线的区域。针对丘陵地带接地网的接地电阻测量问题，可采用多电极测量方法有效缩短布线距离，适用于一些难以长距离布线测量的情况。根据电极数目分类，本节主要介绍了四极法、五极法和六极法。

1. 四极法

四极法是指在三极法的基础上多增加了一个辅助电流极，使得注入测量电流多一个回路流出，增强注入测量电流的散流性能，更好地反映土壤的性质，使得测量结果在土壤电阻率不均匀的地区更加准确(图 7.5)。此外，在保证测量准确性的前提下，通过理论分析验证，四极法可以在原有三极法的基础上有效缩短布线距离，进一步增强测量方法的适用性。

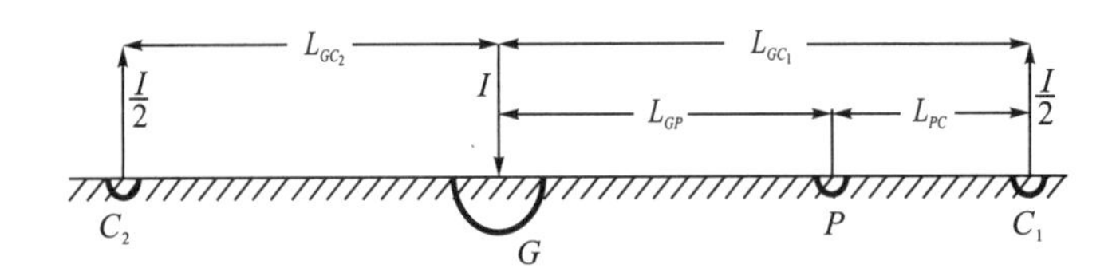

图 7.5 四极法测量布极原理图

如图 7.5 为四极法测量布极原理图，流入接地极的电流为 I，理想情况下流出两个电流极的电流应分别为 $I/2$，则可以得出接地极 G、辅助电流极 C_1 和 C_2 在 P 处产生的电势 V_0、V_1、V_2 分别为

$$\begin{cases} V_0 = \dfrac{I\rho}{2\pi}\left[\dfrac{1}{a} - \dfrac{1}{L_{GP}}\right] \\ V_1 = \dfrac{(I/2)\rho}{2\pi L_{GC_1}} + \dfrac{(I/2)\rho}{2\pi(L_{GC_1} - L_{GP})} \\ V_2 = \dfrac{(I/2)\rho}{2\pi L_{GC_1}} + \dfrac{(I/2)\rho}{2\pi(L_{GC_1} + L_{GP})} \end{cases} \tag{7.11}$$

根据式(7.11)可求得 G、P 之间的电势差为

$$V_{GP} + V_0 + V_1 + V_2 = \frac{I\rho}{2\pi}\left[\frac{1}{a} - \frac{1}{L_{GP}} - \frac{1}{L_{GC_1}} + \frac{1}{2(L_{GC_1} - L_{GP})} + \frac{1}{2(L_{GC_1} + L_{GP})}\right] \tag{7.12}$$

根据式(7.12)可知，测量得到的接地电阻值为

$$R = \frac{V_{GP}}{I} = \frac{\rho}{2\pi}\left[\frac{1}{a} - \frac{1}{L_{GP}} - \frac{1}{L_{GC_1}} + \frac{1}{2(L_{GC_1} - L_{GP})} + \frac{1}{2(L_{GC_1} + L_{GP})}\right] \tag{7.13}$$

测量的相对误差为

$$\Delta R = \frac{R - R_0}{R_0} = \frac{1}{a}\left[-\frac{1}{L_{GP}} - \frac{1}{L_{GC_1}} + \frac{1}{2(L_{GC_1} - L_{GP})} + \frac{1}{2(L_{GC_1} + L_{GP})}\right] \tag{7.14}$$

若令 $\Delta R = 0$，则可以求得

$$L_{GP} / L_{GC_1} \approx 0.75 \tag{7.15}$$

根据式(7.15)可得，误差补偿点应在 $0.75L_{GC_1}$ 处，能够实现接地电阻的准确测量。若令电压极与被测接地极之间的距离保持不变，采用四极法测量与三极法测量相比，有 $0.75L_{GC_1} = 0.618L_{GC}$，即 $L_{GC_1} = 0.824L_{GC}$。因此，采用四极法测量时，两电流极与接地极的距离均可缩短(1−0.824)/1×100%=17.6%。

2. 五极法

根据四极法的测量原理，类推得到五极法测量理论，测量布极原理图如图 7.6 所示。

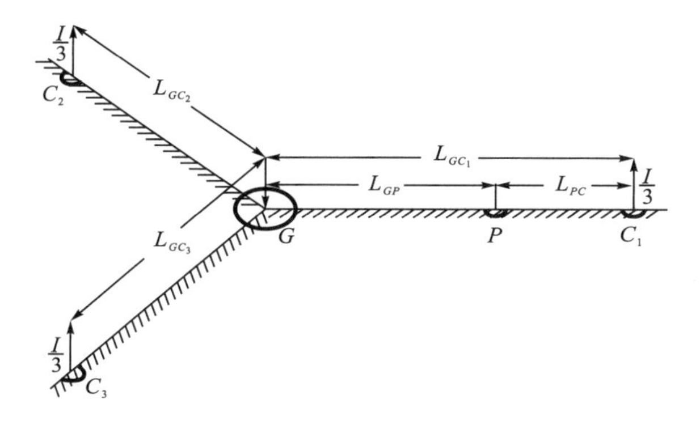

图 7.6　五极法测量布极原理图

图 7.6 中，流入接地极 G 的测量电流为 I，理想情况下流出三个电流极的电流为 $I/3$，则可以得出接地极 G、辅助电流极 C_1、C_2 和 C_3 在 P 处产生的电势 V_0、V_1、V_2 和 V_3 分别为

$$\begin{cases} V_0 = \dfrac{I\rho}{2\pi}\left[\dfrac{1}{a} - \dfrac{1}{L_{GP}}\right] \\ V_1 = -\dfrac{(I/3)\rho}{2\pi L_{GC_1}} + \dfrac{(I/3)\rho}{2\pi(L_{GC_1} - L_{GP})} \\ V_2 = -\dfrac{(I/3)\rho}{2\pi L_{GC_1}} = \dfrac{(I/3)\rho}{2\pi\sqrt{L_{GC_1}^2 + L_{GP}^2 - 2L_{GC_1}L_{GP}\cos(2\pi/3)}} \\ V_3 = -\dfrac{(I/3)\rho}{2\pi L_{GC_1}} + \dfrac{(I/3)\rho}{2\pi\sqrt{L_{GC_1}^2 + L_{GP}^2 - 2L_{GC_1}L_{GP}\cos(4\pi/3)}} \end{cases} \tag{7.16}$$

根据式(7.16)可求得 G、P 之间的电势差为

$$V_{GP} = V_0 + V_1 + V_2 + V_3 = \frac{I\rho}{2\pi}\left[\frac{1}{a} - \frac{1}{L_{GP}} - \frac{1}{L_{GC_1}} + \frac{1}{3(L_{GC_1} - L_{GP})} + \frac{2}{3\sqrt{L_{GC_1}^2 + L_{GP}^2 + L_{GC_1}L_{GP}}}\right] \tag{7.17}$$

根据式(7.17)可知，测量得到的接地电阻值为

$$R = \frac{V_{GP}}{I} = \frac{\rho}{2\pi}\left[\frac{1}{a} - \frac{1}{L_{GP}} - \frac{1}{L_{GC_1}} + \frac{1}{3(L_{GC_1} - L_{GP})} + \frac{2}{3\sqrt{L_{GC_1}^2 + L_{GP}^2 + L_{GC_1}L_{GP}}}\right] \tag{7.18}$$

测量的相对误差为

$$\Delta R = \frac{R - R_0}{R_0} = \frac{1}{a}\left[-\frac{1}{L_{GP}} - \frac{1}{L_{GC_1}} + \frac{1}{3(L_{GC_1} - L_{GP})} + \frac{2}{3\sqrt{L_{GC_1}^2 + L_{GP}^2 + L_{GC_1}L_{GP}}}\right] \tag{7.19}$$

若令 $\Delta R = 0$，则可以求得

$$L_{GP} / L_{GC_1} \approx 0.82 \tag{7.20}$$

根据式(7.20)可得，五极法测量的误差补偿点即电压极的位置在 $0.82L_{GC_1}$ 处，能够实现接地电阻的准确测量。若令电压极与被测电极之间的距离保持不变，采用五极法测量与

三极法测量相比，则 $0.82L_{GC_1}=0.618L_{GC}$，即 $L_{GC_1}\approx 0.754L_{GC}$。因此，采用五极法测量时，两电流极与接地极的距离均可缩短(1−0.754)/1×100%=24.6%。

3. 六极法

根据四极法、五极法的测量原理进行进一步拓展，可得六极法测量原理。六极法测量布极示意图如图 7.7 所示。

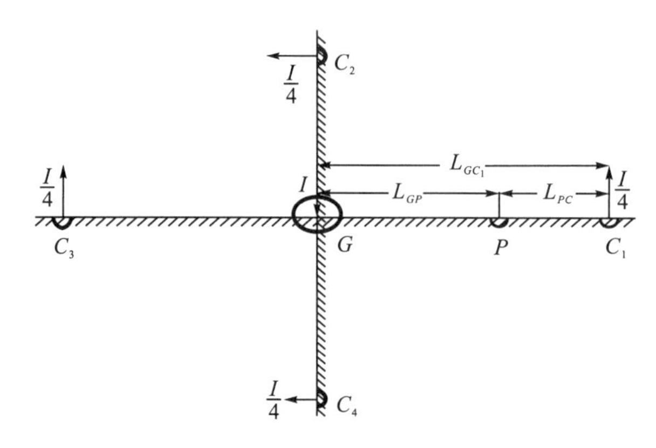

图 7.7　六极法测量布极原理图

同理，采用六极法进行测量时，计算测量得到的接地电阻值为

$$R=\frac{\rho}{2\pi}\left[\frac{1}{a}-\frac{1}{L_{GP}}-\frac{1}{L_{GC_1}}+\frac{1}{4(L_{GC_1}-L_{GP})}+\frac{1}{2\sqrt{L_{GC_1}^2+L_{GP}^2}}+\frac{1}{4(L_{GC_1}+L_{GP})}\right] \tag{7.21}$$

根据式(7.21)可得测量的相对误差 ΔR 为

$$\Delta R=\frac{R-R_0}{R_0}=\frac{1}{a}\left[-\frac{1}{L_{GP}}-\frac{1}{L_{GC_1}}+\frac{1}{4(L_{GC_1}-L_{GP})}+\frac{1}{2\sqrt{L_{GC_1}^2+L_{GP}^2}}+\frac{1}{4(L_{GC_1}+L_{GP})}\right] \tag{7.22}$$

若令 $\Delta R=0$，则可以求得

$$L_{GP}/L_{GC_1}\approx 0.86 \tag{7.23}$$

根据式(7.23)可得，六极法测量的误差补偿点即电压极的位置在 L_{GC_1} 处。采用六极法测量时，若令电压极与被测接地极之间的距离保持不变，即与三极法时相同，则 $0.86L_{GC_1}=0.618L_{GC}$，即 $L_{GC_1}=0.719L_{GC}$。综上分析，六电极法测量用辅助电流极与接地极的距离均可缩短(1−0.719)/1×100%=28.1%。

7.1.4　高频并联法[12]

三极法及多极法在测量过程中均需要断开接地引线。大部分杆塔有四根接地引线，若每次进行接地电阻测量时均需要断开引下线，直接导致了测量工作量大、测量效率低等问题。为解决该问题，工程上也常采用一种不断开接地引线的接地电阻测量方法，即高频并联法。

若不断开接地引线，杆塔接地网通过接地引线与杆塔连接，杆塔通过避雷线与邻近的杆塔连接，其等效示意图如图 7.8 所示，其中 R_x 是被测杆塔接地电阻值，$R_1 \sim R_n$ 分别是其余杆塔接地电阻值。

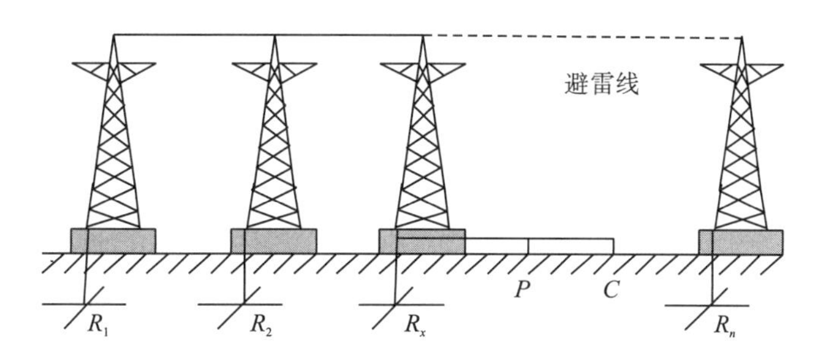

图 7.8　不断开接地引线时接地电阻测量等效物理模型

根据图 7.8 所示的不断开接地引线是接地电阻测量等效物理模型，采用电路模型进行等效，如图 7.9 所示。

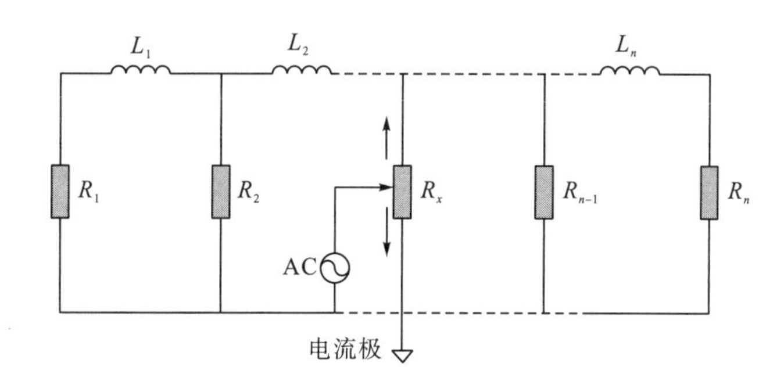

图 7.9　不断开接地引线测量接地电阻的电路简易模型

图 7.9 中忽略了杆塔自身参数，仅仅考虑了杆塔的接地电阻和避雷线的电感。若注入直流信号或是工频交流信号，避雷线电感可忽略不计，此时同样通过布置电压极 P、电流极 C 的方法来测量杆塔接地电阻值，测量所得电阻值为所有杆塔接地电阻的并联值，如式(7.24)所示。

$$R_{\text{loop}} = \frac{1}{\dfrac{1}{R_1} + \dfrac{1}{R_2} + \cdots + \dfrac{1}{R_x} + \cdots + \dfrac{1}{R_{n-1}} + \dfrac{1}{R_n}} \tag{7.24}$$

测量所得电阻值 $R_{\text{loop}} \ll R_x$，测量结果误差较大。为了使 $R_{\text{loop}} \approx R_x$，可以充分利用避雷线电感特性，即避雷线感抗值与注入电流频率有关，X_L 随着 f 的增大而增大。同时，杆塔数量越多，避雷线等效电感值越小，其测量精度越低，因此为了更好地说明其测量原理，选取误差最小的情况即采用三基杆塔进行简化分析，其简化模型如图 7.10 所示。

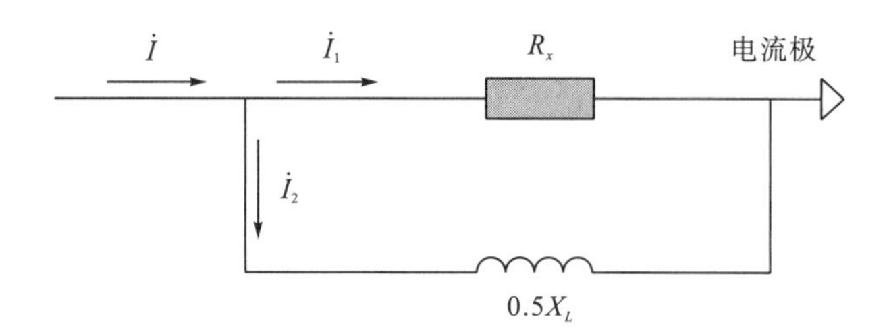

图 7.10 三基杆塔的等效简化模型

根据简化模型可知，当感抗值 X_L 显著增大时，绝大多数电流会通过接地引线流入接地极中，即流过 R_x，通过简化后的测量模型，可以得到下式：

$$\frac{1}{R_{\text{loop}}}=\frac{1}{R_x}+\frac{1}{0.5X_L} \tag{7.25}$$

当频率足够高时可使式(7.25)中第二项趋近于 0，测量值接近于杆塔接地电阻真实值，上述通过注入高频电流利用避雷线电感值的方法，通常被称为高频并联法。

7.2 选频式工频接地电阻测量方法

根据 7.1 节可知，传统的接地电阻测量方法在测量过程中大多需要断开接地引下线，存在测量方式较为烦琐、误差较大、适用范围受限、测量效率低等问题。因此，本节介绍了一种高效、准确、适用范围广的选频式工频接地电阻测量方法，主要包括选频式杆塔接地电阻测量模型和选频式杆塔接地电阻测量方法。

7.2.1 选频式杆塔接地电阻测量模型

选频式杆塔接地电阻测量方法是一种不断开接地引线的杆塔接地电阻测量方法，其核心思想的出发点是基于 7.1.4 节中的高频并联法。本方法仍采用国际电工委员会推荐的三极法的布极方式。建立了不断开接地引线测量杆塔接地电阻的等效电路模型，如图 7.11 所示[13]。

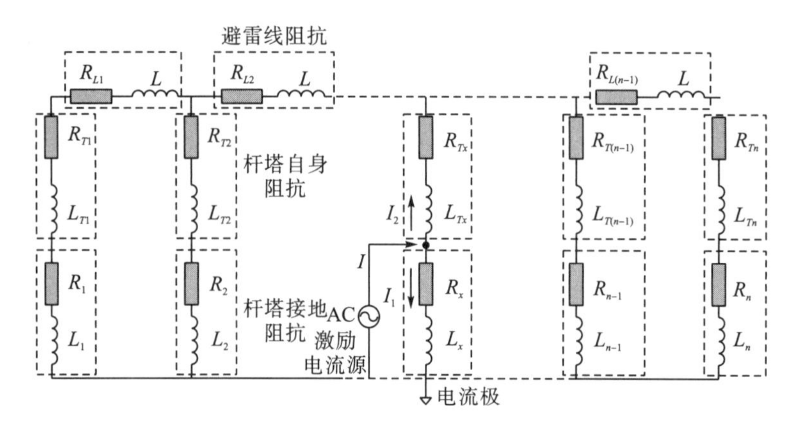

图 7.11 不断开接地引线测量杆塔接地电阻物理模型

图 7.11 中，R_L、L 是避雷线电阻、等效电感；R_{Tn} 是杆塔自身电阻；R_n、L_n 是周围杆塔接地网电阻、电感；R_x、L_x 是被测杆塔接地网电阻、电感。

根据《交流电气装置的接地设计规范》(GB/T 50065—2011)[14]可知，杆塔接地电阻值一般在 4～10Ω，输电系统中常采用的避雷线型号为 LGJ-185 钢绞线，其电感值 $L_{LGJ}=12.8\mu\text{H}$[15]。当档距为几百米时，避雷线等效电感为毫亨(mH)级，若测量信号达到千赫兹(kHz)时，避雷线感抗值将达到几十甚至几百欧姆，区别于测量信号为工频信号时，避雷线感抗值小于 0.01Ω。在实际输电线路中，避雷线还采用 OPGW（optical fibre composite overhead ground wire，光纤复合架空地线）光缆。依据《光纤试验方法规范》[16]提供的常用 OPGW 结构参数（内径 $R_1=2.48\text{mm}$，外径 $R_2=10.6\text{mm}$），可以计算 OPGW 光纤复合架空地线单位长度的电感值：

$$\begin{aligned} L_{\text{OPGW}} &= \frac{\Phi}{Ih} = \frac{\mu_0}{2\pi(R_2^2-R_1^2)}\int_{R_1}^{R_2}\left(\rho-\frac{R_1^2}{\rho}\right)\text{d}\rho \\ &= \frac{\mu_0}{2\pi(R_2^2-R_1^2)}\left(R_2-R_1-R_1^2\ln\frac{R_2}{R_1}\right) \end{aligned} \tag{7.26}$$

其中，真空磁导率 $\mu_0=4\pi\times10^{-7}$。将 R_1、R_2 的值代入式(7.26)，可以求得 OPGW 光纤复合架空地线的单位电感值为

$$L_{\text{OPGW}}=16.24\mu\text{H} \tag{7.27}$$

当两杆塔之间的距离达到几百米时，电感值同样达到了毫亨(mH)级。现有输电杆塔多采用一根钢绞线、一根 OPGW 光缆的避雷线布置方式。因此，后续分析中考虑该种双避雷线并行情况下的杆塔接地电阻测量，并根据式(7.27)可求得该情况下的输电线路避雷线的等效电感值 L。

避雷线电感为毫亨(mH)级，杆塔电感为微亨(μH)级，接地网导体电感为微亨(μH)级，避雷线和杆塔本身为金属，电阻可忽略不计。因此，R_{Tn}、R_L 可以被忽略。然而，L、L_n（作为被测量影响成分）却不能被忽略，图 7.11 可简化为图 7.12。

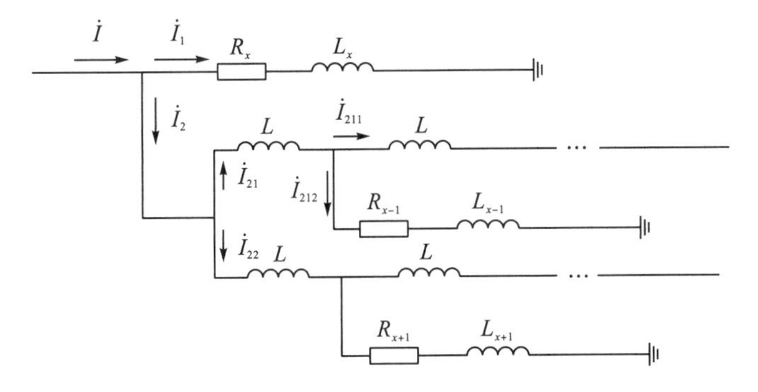

图 7.12　不断开接地引线测量杆塔接地电阻简化等效电路 I

为便于电路定量分析，根据《交流电气装置的接地设计规范》(GB/T 50065—2011)[14]，图 7.12 所示电路中取各参数典型值：两杆塔之间的距离选为 350m，R_x、R_n 都设定为 5Ω，L_n、L_x 设定为 20μH，依据图 7.12 所示电路，I_1、I_2 可以被近似计算为

$$\begin{cases} I_1 \approx \dfrac{\sqrt{R_{x+1}^2 + (\omega L + \omega L_{x+1})^2 / 2}}{\sqrt{R_x^2 + (\omega L_x)^2} + \sqrt{R_{x+1}^2 + (\omega L + \omega L_{x+1})^2 / 2}} I \\ I_2 \approx \dfrac{\sqrt{R_x^2 + (\omega L_x)^2}}{\sqrt{R_x^2 + (\omega L_x)^2} + \sqrt{R_{x+1}^2 + (\omega L + \omega L_{x+1})^2 / 2}} I \end{cases} \tag{7.28}$$

取 $R_x = 5\Omega$，$R_{x+1} = 5\Omega$，$L_x = 20\mu\text{H}$，$L_{x+1} = 20\mu\text{H}$，L 为钢绞线与 OPGW 光纤复合架空地线并行运行时的等效值，结合两输电线路杆塔之间的距离，得出：

$$L = \left(12.8\mu H \cdot \text{m}^{-1} \cdot 350\text{m}\right) \| \left(16.24\mu H \cdot \text{m}^{-1} \cdot 350\text{m}\right) = 2.51\text{mH} \tag{7.29}$$

式中，$\|$为并联符号，L 的计算结果为 $2.5053 \cdot 10^3 \mu H$，约等于 2.51mH。

并联的计算方式为：

$$L = \frac{\left(12.8\mu H \cdot \text{m}^{-1} \cdot 350\text{m}\right) \cdot \left(16.24\mu H \cdot \text{m}^{-1} \cdot 350\text{m}\right)}{\left(12.8\mu H \cdot \text{m}^{-1} \cdot 350\text{m}\right) + \left(16.24\mu H \cdot \text{m}^{-1} \cdot 350\text{m}\right)}$$

将式(7.29)代入式(7.28)，当 I 是高频信号时(取 f=3kHz)：

$$\begin{cases} I_1 \approx \dfrac{\sqrt{R_{x+1}^2 + (\omega L + \omega L_{x+1})^2 / 2}}{\sqrt{R_x^2 + (\omega L_x)^2} + \sqrt{R_{x+1}^2 + (\omega L + \omega L_{x+1})^2 / 2}} I \approx \dfrac{7}{8} I \\ I_2 \approx \dfrac{\sqrt{R_x^2 + (\omega L_x)^2}}{\sqrt{R_x^2 + (\omega L_x)^2} + \sqrt{R_{x+1}^2 + (\omega L + \omega L_{x+1})^2 / 2}} I \approx \dfrac{1}{8} I \end{cases} \tag{7.30}$$

依据上述计算规律，I_{21}、I_{22}、I_{211}、I_{212} 可以被近似计算：

$$\begin{cases} I_{21} = \dfrac{1}{16} I \\ I_{22} = \dfrac{1}{16} I \\ I_{211} = \dfrac{1}{169} I \\ I_{212} = \dfrac{1}{169} I \end{cases} \tag{7.31}$$

当注入电流 I 不是很大时，流入被测杆塔周围杆塔的电流会越来越小，几乎为零。所以，有理由认为不断开接地引线测量杆塔接地电阻时只与被测杆塔邻近的两基杆塔有关，进而图 7.12 电路可以转化为图 7.13 所示电路。

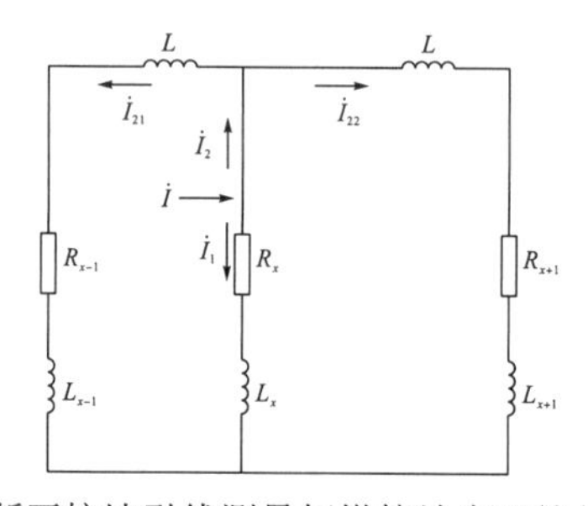

图 7.13　不断开接地引线测量杆塔接地电阻简化等效电路 II

注入电流 I 的频率较高时，$\mathrm{j}\omega L$ 与 $R_{x+1}+\mathrm{j}\omega L_{x+1}$ 相比，数值大小相差较大，所以，可以忽略 $R_{x+1}+\mathrm{j}\omega L_{x+1}$。图 7.13 所示的测量电路可以进一步简化为图 7.14。

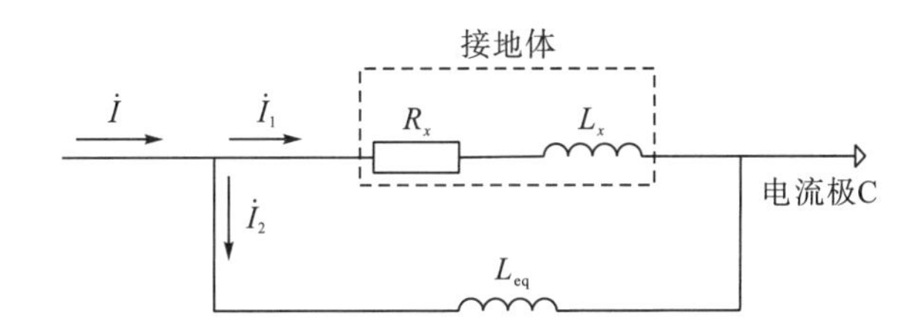

图 7.14 不断开接地引线测量杆塔接地电阻简化等效电路III

图 7.14 中，L_{eq} 为与被测杆塔邻近的两基杆塔避雷线的等效电感值。

1. 模型的误差分析

图 7.14 中的模型忽略了一些次要或者影响较小的因素，因此，有必要进行误差分析。依据图 7.14 所示电路模型计算结果为

$$Z=\frac{\omega^2 R_x L_{eq}^2+\mathrm{j}\left[\omega L_{eq}R_x^2+\omega^3 L_x L_{eq}(L_x+L_{eq})\right]}{R_x^2+\left[\omega(L_x+L_{eq})\right]^2} \tag{7.32}$$

则 $|Z|=\sqrt{\dfrac{\omega^4 L_{eq}^2 L_x^2+R_x^2\omega^2 L_{eq}^2}{R_x^2+\omega^2(L_{eq}^2+2L_{eq}L_x+L_x^2)}}$，根据《交流电气装置的接地设计规范》(GB/T 50065—2011)[14]，取规程范围内典型值进行误差分析计算，取 $L_x=20\mu\mathrm{H}$，$L_{eq}=2.5\mathrm{mH}$，R_x 取山区土壤电阻率较高地区接地电阻的最大值，即取 $R_x=20\Omega$，且由于 $|Z|$ 是关于 $\omega=2\pi f$ 的函数，为方便计算取 $f=10\mathrm{kHz}$，则测量相对误差 $\varDelta$ 为

$$\varDelta=\frac{|Z|-R_x}{R_x}\approx\frac{\sqrt{\dfrac{38884.69+9859600}{24088.44}}-20}{20}\times 100\%=1.36\% \tag{7.33}$$

通过分析表明，在一定误差范围内，本节建立的不断开接地引线杆塔接地电阻测量等效模型对分析选频式杆塔接地电阻测量方法具有时效性。进一步验证了该模型在不断开接地引线条件下的杆塔接地电阻测量的准确性，且具有良好的效果。

图 7.14 所示模型是在不断开接地引线条件下得出的杆塔接地电阻简化测量模型，其有效的前提条件是基于此模型实现杆塔接地电阻的准确测量。因此，有必要对图 7.14 所建模型进行分析，得出不断开接地引线条件下准确测量的必要条件，进一步提高杆塔接地电阻测量的准确性与可靠性。

2. 准确测量的必要条件分析

在图 7.14 中，注入电流 $\dot{I}$ 有两个分流回路，如图中 $\dot{I}_1$ 和 $\dot{I}_2$ 方向所示，其中 $\dot{I}_2$ 通过临近杆塔与被测杆塔之间的避雷线及自身形成回路，而 $\dot{I}_1$ 流经接地引线至接地极中散流，最后由电流极流出形成测量回路。因此，接地阻抗测量值为

$$|Z| = \frac{U}{I} \tag{7.34}$$

准确的接地阻抗值为

$$|Z_x| = \frac{U}{I_1} \tag{7.35}$$

设分流系数为$k_1 = \frac{I_1}{I}$，代入式(7.34)中化简得

$$|Z| = \frac{U}{I} = \frac{k_1 U}{I_1} = k_1 |Z_x| \tag{7.36}$$

根据式(7.36)可得，不断开接地引线接地电阻测量值Z与接地电阻准确值R_x的绝对误差为

$$\Delta = |Z| - R_x = k_1 |Z_x| - R_x = k_1 \sqrt{R_x^2 + (2\pi f L_x)^2 - R_x} \tag{7.37}$$

为使不断开接地引线条件下的接地阻抗值与接地电阻实际值相等，即$|Z| = R_x$，则测量绝对误差应为0，如下：

$$\Delta = k_1 \sqrt{R_x^2 + (2\pi f L_x)^2} - R_x = 0 \tag{7.38}$$

根据式(7.38)可知，使得Δ为零的必要条件为

$$\begin{cases} k_1 = 1 \\ 2\pi f L_x = 0 \end{cases} \tag{7.39}$$

又由图 7.14 可知，现实测量中$k_1 < 1$且$2\pi f L_x \neq 0$，但可以在一定程度上尽量满足式(7.39)所示的条件，即

$$\begin{cases} k_1 \approx 1 \\ 2\pi f L_x \approx 0 \end{cases} \tag{7.40}$$

由上述分析可知，不断开接地引线准确测量杆塔接地电阻的必要条件为需同时满足$k_1 \approx 1$和$2\pi f L_x \approx 0$两个条件，实际测量得到均为存在误差的离散数据，很难实现上述准确测量的必要条件，因此，为适应现场测量需求，需要对不断开接地引线准确测量杆塔接地电阻的必要条件进行简化处理。

依据图 7.14 电路模型，注入测量信号后的杆塔接地电阻测量值为

$$|Z| = \sqrt{\frac{\omega^4 L_{eq}^2 L_x^2 + R_x^2 \omega^2 L_{eq}^2}{R_x^2 + \omega^2 (L_{eq}^2 + 2L_{eq} L_x + L_x^2)}} \tag{7.41}$$

式中，$\omega = 2\pi f$。由于式(7.41)求出的杆塔接地阻抗值恒大于被测杆塔的接地电阻值，若要依据图 7.14 所示模型求出被测杆塔接地电阻的尽可能准确值，需求解出其对应的极小值近似代替被测杆塔的接地电阻值。所以需对式(7.41)进行求导，对ω求导得

$$|Z'(\omega)| = \frac{L_{eq}(2\omega^2 L_x^2 + R_x^2)\left[R_x^2 + \omega^2 (L_{eq} + L_x)^2\right] - \omega L_{eq}(\omega^3 L_x^2 + R_x^2 \omega^2)(L_{eq} + L_x)^2}{\left[R_x^2 + \omega^2 (L_{eq} + L_x)^2\right]^2 \sqrt{\dfrac{\omega^2 L_x^2 + R_x^2}{R_x^2 + \omega^2 (L_{eq} + L_x)^2}}} \tag{7.42}$$

不断开接地引线准确测量杆塔接地电阻的条件为

$$\begin{cases} k_1 = \dfrac{\omega L_{eq}}{\sqrt{R_x^2 + \omega^2 (L_{eq}^2 + 2L_{eq}L_x + L_x^2)}} \approx 1 \\ X_x = \omega L_x \approx 0 \end{cases} \tag{7.43}$$

将式(7.43)代入式(7.42)中化简得

$$|Z'(\omega)| = \frac{R_x\omega^2 L_{eq}^3 - R_x\omega^2 L_{eq}^3}{\omega^3 L_{eq}^3} = 0 \tag{7.44}$$

综上所述，不断开接地引线准确测量的必要条件恰好转化为：$|Z'(\omega)| = 0$。而实际测量环境中 $k_1 < 1$ 且 $2\pi f L_x \neq 0$，所以仅能尽量满足 $|Z'(\omega)| = 0$。将 $\omega = 2\pi f$ 代入，可得简化后不断开接地引线杆塔接地电阻准确测量的必要条件为

$$|Z'(f)| \approx 0 \tag{7.45}$$

根据式(7.45)可以得出满足准确测量条件的最佳测量频率。根据该最优频率测量信号可以求出在不断开接地引线的条件下满足准确测量条件的被测杆塔接地电阻的准确值。

7.2.2　选频式杆塔接地电阻测量方法

本章通过注入等时间间隔、不同频率的高频信号测量杆塔接地电阻，测量所得的数据均为离散的接地阻抗值，而实现准确测量的必要条件为 $|Z'(f)| = 0$，所以，需要找到一种合理的优化算法求解多项式 $Z'(f)$。本章采用最小二乘拟合算法，应用已知的频率点、测量所得的对应接地阻抗值及导数定义来拟合 $Z'(f)$，以此进一步求解被测杆塔的接地电阻值。此外，由于注入的测量信号频率既不能过大以增大接地极感性效应，又不能使注入测量电流信号更多流入邻近杆塔造成测量误差。因此，首先需要进一步确定注入信号频率的准确范围，以实现对不断开接地引线的杆塔接地电阻的准确测量。由于频率范围的确定与杆塔接地电阻值紧密相关，根据《杆塔工频接地电阻测量》(DL/T 887—2004)[17]，可以得到不同土壤电阻率下接地电阻的标准值，如表 7.1 所示。

表 7.1　不同土壤电阻率下杆塔接地电阻标准值

土壤电阻率 ρ/(Ω·m)	0～100	100～500	500～1000	1000～2000	>2000
接地电阻标准值 R/Ω	≤10	≤15	≤20	≤25	≤30

1. 电流频率范围的确定方法

由上文分析得到的满足准确测量的条件为 $k_1 \approx 1$ 且 $2\pi f L_x \approx 0$，即要求接地电阻值远远大于接地极感抗值且远远小于避雷线感抗值，如下式：

$$2\pi f L_x \ll R_x \ll 2\pi f L_{eq} \tag{7.46}$$

将式(7.46)转换为如下不等式：

$$\frac{R_x}{2\pi L_{eq}} \ll f \ll \frac{R_x}{2\pi L_x} \tag{7.47}$$

将上文分析的典型参数 $R_x = 10\Omega$，$L_x = 10\mu H$，$L_{eq} = 10mH$ 代入式(7.47)中得

$$159\text{Hz} \ll f \ll 159\text{kHz} \tag{7.48}$$

式(7.48)得到了一个比较宽泛的注入电流频率范围，结合实际测量需要，将选频式杆塔接地电阻的注入电流频率范围初步确定为1～15kHz，即在1～15kHz范围内每隔1kHz进行测量。在该范围内测量得到多组频率值，并根据测量所得到的离散数据进行处理，得到最佳频率点，求解出接地电阻值。

式(7.48)中已经初步推导出了一个注入电流频率范围为1～15kHz，通过构建两个数学函数，分别确定注入电流频率范围的上限值与下限值。若要使注入电流绝大部分流入接地极中，则需要满足的条件如式(7.47)所示。

1)注入电流频率下限值的确定

由图7.14所示的选频式杆塔接地电阻测量的等效模型，测量所得结果为接地阻抗值$R_x + 2\pi fL_x$与避雷线的等效感抗值$2\pi fL_{\text{eq}}$的并联结果，要使该测量结果接近真实接地电阻值的准确条件为

$$R_x + 2\pi fL_x \ll 2\pi fL_{\text{eq}} \tag{7.49}$$

设注入电流频率下限函数$\delta(f)$为

$$\delta(f) = \frac{R_x + 2\pi fL_x}{2\pi fL_{\text{eq}}} \tag{7.50}$$

当式(7.51)中$\delta(f) \to 0$时，即可以满足式(7.50)给出的条件，因此，选取表7.1中选频式杆塔接地电阻测量的典型参数$(R_x = 10\Omega, L_x = 10\mu\text{H}, L_{\text{eq}} = 10\text{mH})$代入式(7.50)，绘制出$\delta(f)$随频率$f$变化的曲线图，如图7.15所示。

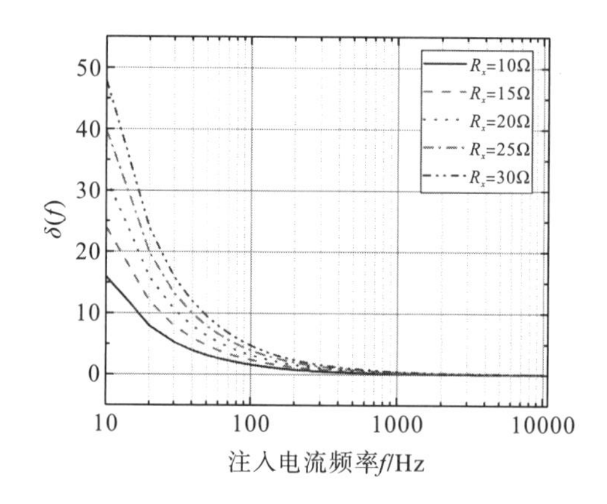

图7.15 $\delta(f)$随注入电流频率f变化曲线(见彩版)

根据该曲线可以看出，当接地电阻标准值从10Ω变化到30Ω时，函数$\delta(f)$变化幅度并不大，当f在1kHz以后取值时，$\delta(f)$的值的变化量非常小，几乎接近于零。结合之前确定的初步频率范围的下限值，在不同土壤电阻率范围内，注入电流频率的下限值均可以设定为1kHz。

2)注入电流频率上限值的确定

同理，依据图7.14建立的选频式杆塔接地电阻测量模型，为使接地阻抗值接近于接

地电阻值，接地极感抗部分需要尽可能小，即需要满足不等式(7.47)，则进一步转化为：$2\pi fL_x / R_x \to 0$。本章设注入电流频率下限值确定函数$\Delta(f)$为

$$\Delta(f) = 2\pi fL_x / R_x \tag{7.51}$$

当式(7.51)中$\Delta(f) \to 0$时，即可以满足式(7.47)给出的条件，因此，选取选频式杆塔接地电阻测量的典型参数代入式（7.51），取表 7.1 中杆塔接地电阻标准值以及测量模型的典型值，并描绘$\Delta(f)$随频率f的变化曲线，如图 7.16 所示。

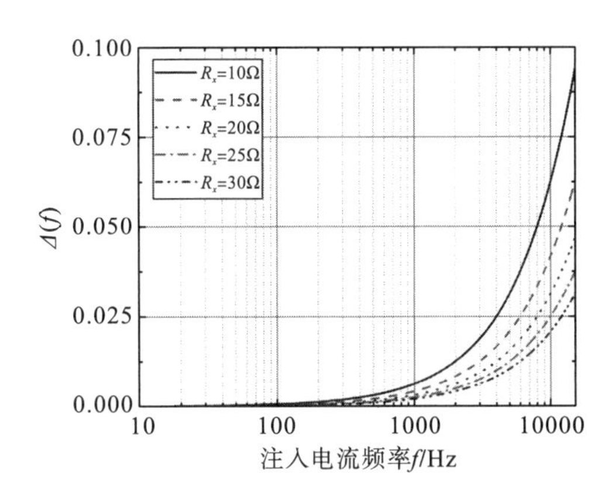

图 7.16 $\Delta(f)$随注入电流频率f变化曲线(见彩版)

从图 7.16 中可以看出，$\Delta(f)$的值随着频率的增大而逐渐增大，但$\Delta(f)$的值只有趋近于 0 才可以减少误差。因此，本章设定$\Delta(f)=0.05$对应的频率值为频率上限值，在保证有足够的频率段进行选频处理的同时，也能满足准确测量的条件。则可确定在不同土壤电阻率下，注入电流频率的上限值。

依据文中确定的注入电流频率上、下限值，得到了在不同土壤电阻率下，注入电流选频的频率范围，如表 7.2 所示。

表 7.2 不同土壤电阻率下注入电流频率范围

土壤电阻率 ρ/(Ω·m)	0～100	100～500	500～1000	1000～2000	>2000
注入电流频率范围/kHz	1～4	1～6	1～8	1～10	1～12

根据表 7.2 可得到不同土壤电阻率段对应的不同的选频范围。若测量的接地电阻值小，则可采用各个频率段测量，此时，若注入较高频率的电流，测量误差就会增大，但当注入频率范围大的时候，土壤电阻率值也大，对应的接地电阻标准值也大。因此，当注入一个较高的频率范围时，若测量结果仍为一个较小的值，说明该基杆塔的接地电阻值并未超标。

2. 测量数据的处理方法

基于上述提出的选频式杆塔接地电阻测量的注入电流频率范围，可以测量得到多个离散的接地阻抗值$\left(f, Z(f)\right)$，而实现准确测量的条件为$\left|Z(f)\right|'' = 0$，依据数值分析理论，根据曲线上的若干点，可以应用数据拟合的办法求得反映已知点变化规律的曲线。所以，需

要找到一种合理的优化算法求解多项式 $Z(f)$ 。

由于测量所得数据必须位于拟合出的平滑的曲线上，若采用减少整体误差的拟合方法，则可能出现测量数据并不经过该曲线，进一步增大误差的情况。三次样条插值法是通过一条平滑的曲线来对已知点进行拟合的方法，适合于构建多项式来连接所有主干点中的每两点，最后得到一条平滑曲线。杆塔接地电阻阻抗值曲线图类似于三次曲线，因此，本章采用三次样条差值算法，应用已知的频率点、测量所得的对应接地阻抗值来拟合 $Z(f)$ 并实现 $|Z(f)|''=0$ 的求解，以此进一步求解被测杆塔的接地电阻值。具体分析如下。

通常，在 $[a,b]$ 上以 $x_i(i=0,1,2,\cdots,n)$ 为节点的三次插值样条函数定义如下：给定区间 $[a,b]$ 上的一个划分 $\varDelta$ ： $a=x_0<x_1<x_2<\cdots<x_n=b$ 和区间 $[a,b]$ 上的一个函数 $f(x)$ ，若函数 $S(x)$ 满足下列条件：

(1) 一致通过 $n+1$ 个插值点 (x_i,y_i) ，即 $S(x_i)=f(x_i)=y_i,\ i=0,1,2,\cdots,n$ ；

(2) 二阶连续，即 $S(x)\in C^2[a,b]$ ；

(3) 三次分段，即在每一个区间 $[x_i,x_{i-1}](i=0,1,2,\cdots,n)$ 上均为三次多项式。

则称 $S(x)$ 为函数 $f(x)$ 的三次差值样条函数。在构建三次差值样条函数时，已知这是一个分段函数，最高次数为三次，在各个点二次连续可导保证了最终函数曲线的光滑性。当每两个点求一次三次函数时，有 n 个点，那么就需要 $4(n-1)$ 个方程，目前有 n 个点的坐标，有 $n-2$ 个连接点，有 n 个函数两次连续可导，就共有 $4n-6$ 个方程，还差两个条件，利用曲线首尾处二次导为 0，即为自然三次样条。

对测量所得的一组数据 $(f_i,Z_i)(i=0,1,2,\cdots,n)$，可用三次自然样条函数 $Z(f)$ 求解它们在各插值点的函数值及一阶导数 $Z'(f)$ 和二阶导数 $Z''(f)$ 。三次样条函数 $Z(f)$ 是分段三次多项式函数且满足三次样条插值函数的三个条件，由差值条件 $Z(f_i)=Z_i$ ，其中 $i=0,1,2,\cdots,n$ ，经过两次积分，可得三次样条差值函数 $Z(f)$ 的表达式：

$$M_i=Z''(f_i)=\frac{x-x_i}{-h_{i-1}}M_{i-1}+\frac{x-x_{i-1}}{h_{i-1}}M_i \tag{7.52}$$

$$\begin{aligned}Z(f)=&\frac{M_{i-1}}{6h_{i-1}}(x_i-x)^3+\frac{M_i}{6h_{i-1}}(x-x_{i-1})^3+\left(\frac{Z_{i-1}}{h_{i-1}}-\frac{M_{i-1}}{6}h_{i-1}\right)(x_i-x)\\&+\left(\frac{Z_i}{h_{i-1}}-\frac{M_i}{6}h_{i-1}\right)(x-x_{i-1})\end{aligned} \tag{7.53}$$

式中， $h_{i-1}=x_i-x_{i-1}$ ， $x_{i-1}\leqslant x\leqslant x_i$ ，其中 $i=0,1,2,\cdots,n$ 。利用函数 $Z(f)$ 在点 f_i 处具有连续二阶导数的条件，增加自然边界条件 $Z''(f_0)=0$ 和 $Z''(f_n)=0$ ，最后得到如下方程：

$$\begin{bmatrix}2 & u_0 & & & \\ \lambda_1 & 2 & u_1 & & \\ & \vdots & \vdots & & \\ & & \lambda_{n-1} & 2 & u_{n-1} \\ & & & \lambda_n & 2\end{bmatrix}\begin{bmatrix}M_0\\M_1\\\vdots\\M_{n-1}\\M_n\end{bmatrix}=\begin{bmatrix}\beta_0\\\beta_1\\\vdots\\\beta_{n-1}\\\beta_n\end{bmatrix} \tag{7.54}$$

$$\begin{cases} u_i = \dfrac{h_{i+1}}{h_i + h_{i+1}} \\ \lambda_i = 1 - u \\ \beta_i = \dfrac{6}{h_i + h_{i+1}}\left(\dfrac{Z_{i+1} - Z_i}{h_{i+1}} - \dfrac{Z_i - Z_{i-1}}{h_i}\right) \end{cases} \tag{7.55}$$

式中，$i = 0,1,2,\cdots,n-1, u_0 = 0, \beta_0 = 0, \beta_n = 0, \lambda_n = 0$。求解方程组，得到$M_i(i = 0,1,2,\cdots,n)$代入$Z(f)$公式，即可得到每个子区间$\left[f_{i-1}, f_i\right](i = 0,1,2,\cdots,n)$的三次样条函数，即为求解所得的接地阻抗曲线。此时，分段求解除端点之外的二阶导数值为 0 的点，并求得准确测量频率f_0，将求得的准确测量频率代入运用$\left(f, Z(f)\right)$拟合得到的多项式$Z(f)$中，则可得到杆塔接地电阻的准确测量值。

7.2.3　选频式杆塔接地电阻测量方法的影响因素分析

为验证选频式杆塔接地电阻测量方法的准确性和可行性，从仿真角度出发，建立了选频式杆塔接地电阻测量的电路模型，验证不同接地电阻值时注入电流频率范围的准确性，且对避雷线电感值和接地体等效电感值这两个参数进行仿真。

1. 选频式杆塔接地电阻测量仿真模型

借助 Multisim 电路仿真软件，建立如图 7.17 所示的不断开接地引线下杆塔接地电阻测量模型，激励源有效值为$I = 1\text{A}$，为频率可变的恒流源，电路图中各参数设置均参照 7.2.2 节中参数分析的典型值，其中，待求的杆塔自身电阻选取不同土壤电阻率频率段的标准值，其余杆塔的接地电阻值随机赋值。

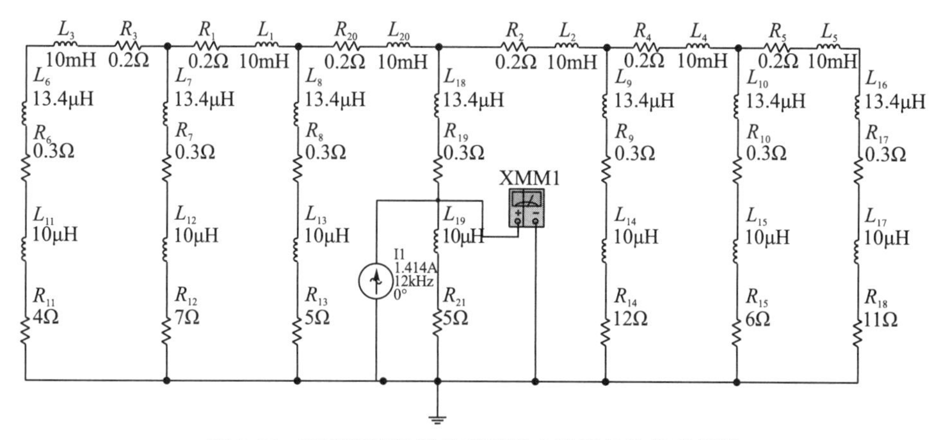

图 7.17　不断开接地引线下接地电阻测量的仿真模型

对图 7.17 中的参数采用控制变量法进行仿真分析，测量接地阻抗两端的电压值，验证不同接地电阻值时，注入电流频率范围的准确性，并分析避雷线电感和接地体等效电感这两个因素对测量结果的影响。

2. 不同接地电阻值的影响分析

杆塔接地电阻值作为被测参数，有必要对不同的杆塔接地电阻标准值进行测量仿真分析计算。在不同的杆塔接地电阻测量标准下，选取了五个典型的杆塔接地电阻值（$R_x = 5\Omega$，$R_x = 12\Omega$，$R_x = 18\Omega$，$R_x = 22\Omega$，$R_x = 28\Omega$），并注入不同频率范围的电流，通过仿真测得杆塔接地电阻随注入电流频率变化的曲线，如图 7.18 所示。

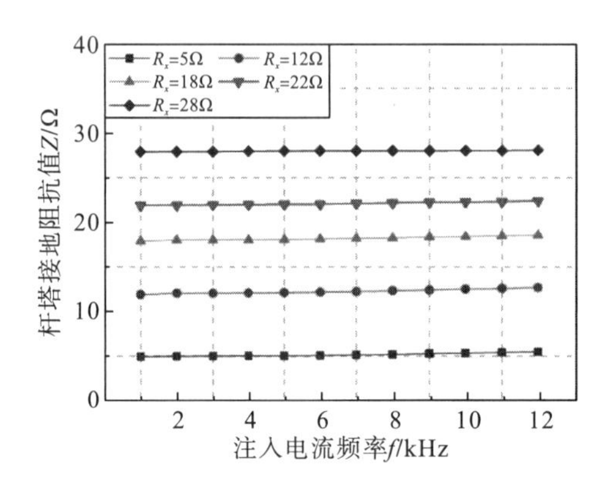

图 7.18 杆塔接地阻抗随频率的变化曲线

将测量结果与接地电阻的真实值进行对比，并绘制出如图 7.19 所示的接地阻抗值的相对误差曲线。

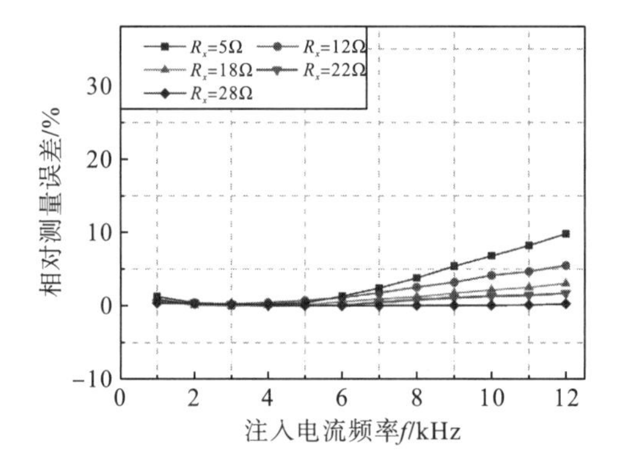

图 7.19 相对测量误差曲线

由图 7.18 中可以看出，频率在 1～12kHz 的范围内，存在一个相对水平的频率段，即存在一个特征频率点，且随着注入电流频率的增大，相对水平的频率段越大，即其特征频率点的值越大，这与表 7.2 所得出的注入电流频率的范围相符合。从图 7.19 可以看出，随着测量频率的增大，相对误差值增大，这是由于当接地电阻标准值较小时，若频率过高将导致感抗值所占的比例增大，进而导致测量误差增大。因此，当注入高频电流测量较小值的接地电阻时，会导致其测量的相对误差较大，但可以看出 $R_x = 5\Omega$ 时，测量的绝对误差最大值仅为 0.65Ω，此时，测量结果远远小于推荐标准电阻值，与 7.2.2 节分析结论一致。

因此，针对不同的接地电阻值的范围，需要注入不同的电流频率，在该频率段的整体误差较小，能够较准确地算出特征频率点，拟合出曲线并求得较为准确的接地电阻值。

3. 不同接地体等效电感值的影响分析

接地体电感值的大小直接影响了杆塔接地电阻值，尤其是注入高频电流时，接地体感抗值会逐渐增大。因此，通过改变测量模型中 L_x 的值，保持接地电阻值 $R_x=10\Omega$，避雷线电感值 $L_{eq}=10\text{mH}$，绘制出接地阻抗值随注入电流频率的变化曲线，如图 7.20 所示。

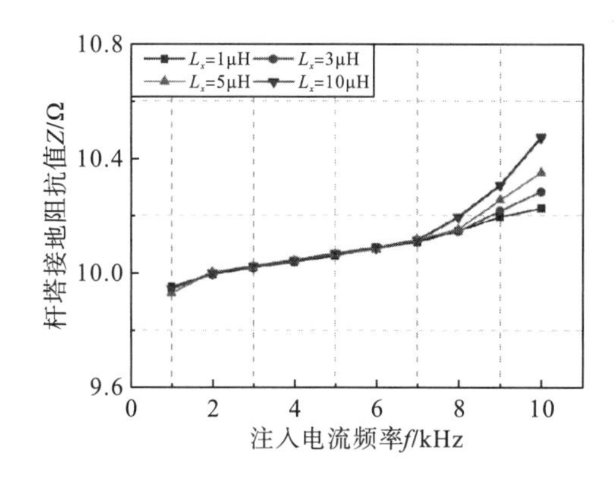

图 7.20　不同接地体等效电感下杆塔接地阻抗值随频率的变化曲线

将测量结果与接地电阻的真实值进行对比，并绘制出如图 7.21 所示的接地阻抗值的相对误差曲线。

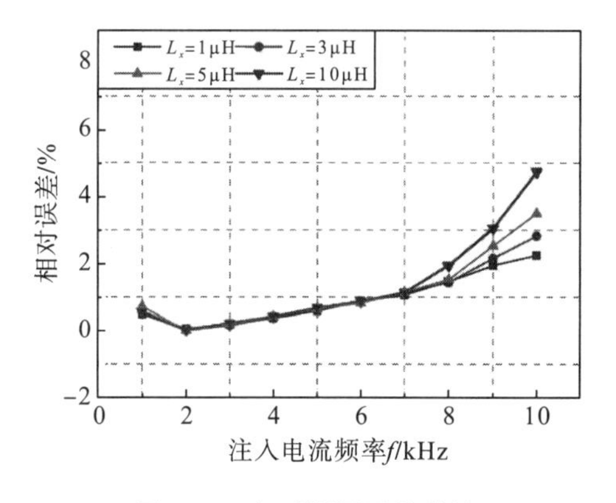

图 7.21　相对测量误差曲线

由图 7.20 和图 7.21 可以看出，随着接地体电感值的增大，选频法测量杆塔接地电阻的误差逐渐增大，即 R_x 一定时，电感值 L_x 越大，被测阻抗值 Z_x 误差越大。这是由于在频率一定的条件下，接地体电感值越大，在接地阻抗中所占的比例越大，电感效应越明显。但从图 7.21 可以看出，采用选频法测量时，误差均在工程测量误差要求范围以内，因此该方法能够有效地进行杆塔接地电阻准确测量。

4. 不同避雷线电感值的影响分析

避雷线电感值的大小直接关系到注入电流的分流情况，对杆塔接地电阻的测量起着重要的作用。同样，保持该测量模型中杆塔接地电阻值 $R_x = 10\Omega$，接地体电感值 $L_x = 10\mu H$，通过改变避雷线电感值，绘制出接地阻抗值随注入电流频率变化的曲线图，如图 7.22 所示。

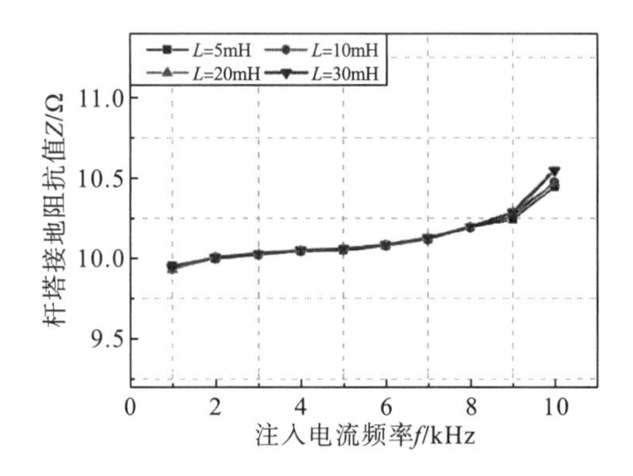

图 7.22 不同避雷线电感下杆塔接地阻抗值随频率的变化曲线

将测量结果与接地电阻的真实值进行对比，并绘制出如图 7.23 所示的接地阻抗值的相对误差曲线。

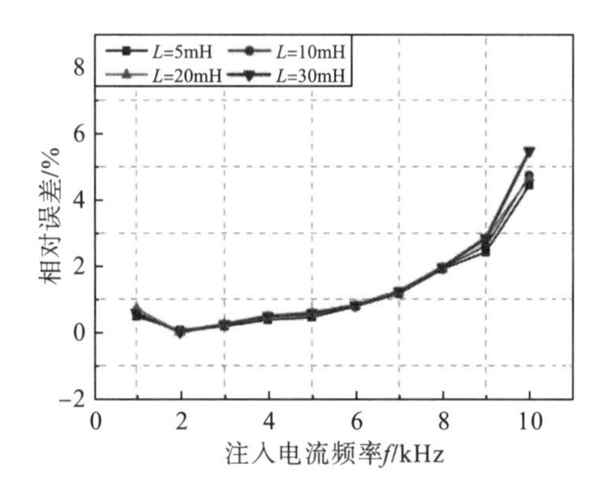

图 7.23 相对测量误差曲线

由图 7.22 和图 7.23 可以看出：不同避雷线电感值下，接地电阻测量值变化情况不明显，说明实际测量中，避雷线电感值并不影响接地电阻测量的准确性。这是由于即使避雷线电感值很小，注入高频信号时，呈现出来的感抗值也会远大于接地阻抗值，对电流分流影响甚小。

7.2.4 工程实例分析

分别进行实验室等效电路模型试验与现场试验，验证选频式杆塔接地电阻测量方法，采用高频并联法、钳表法以及三极法测量杆塔接地电阻值，与选频式杆塔接地电阻测量方法(简称选频法)进行对比分析。

1. 实验室试验

在实验室环境下，采用功率电感与功率电阻搭建了不断开接地引线下的杆塔接地电阻测量模型，如图 7.24 所示，分别将该等效模型的参数设定为 7.2.3 节中仿真模型所示典型参数值，其中接地极等效电感 $L_x = 10\mu H$ 以及避雷线电感 $L = 10mH$，在该实验室试验中，主要对杆塔接地电阻值进行试验分析。

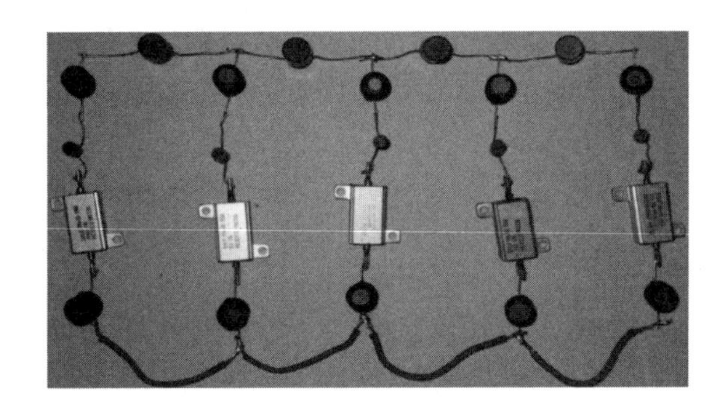

图 7.24 实验室等效电路模型

杆塔接地电阻作为被测参数，选取 4 个典型的杆塔接地电阻值，采用选频法进行测量，另采用高频并联法对比分析，测得数据如表 7.3 所示。

表 7.3 不同接地电阻值的试验数据

实际接地电阻值/Ω	5	10	15	25
选频法测量值/Ω	5.021	10.216	15.031	25.585
高频并联法测量值/Ω	5.627	10.632	15.213	25.992

对比选频法、高频并联法测量结果与实际接地电阻，两类方法测量结果的相对误差如表 7.4 所示。

表 7.4 不同接地电阻值的试验数据相对误差

实际接地电阻值/Ω	5	10	15	25
选频法/%	0.42	2.16	0.21	2.34
高频并联法/%	12.54	6.32	1.42	3.97

由表 7.4 中数据可计算得出选频法和高频并联法的相对误差随实际接地电阻值的变化曲线，如图 7.25 所示。

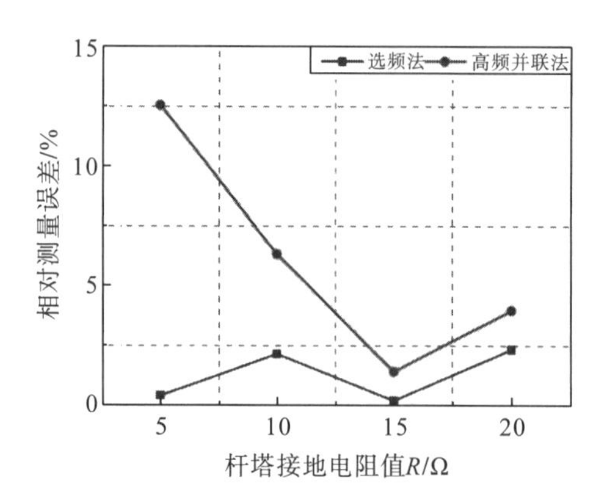

图 7.25 选频法和高频并联法的误差分析曲线

由误差分析曲线看出，相对于高频并联法，选频式杆塔接地电阻测量方法的相对误差整体较小，其中，相对误差的最大值为 2.34%；高频并联法的最大相对误差为 12.54%。因此，选频式杆塔接地电阻测量方法的误差在工程允许范围内，总体精度高于高频并联法。

2. 现场试验

为了进一步验证选频式杆塔接地电阻准确测量方法的有效性，利用本章试验装置在重庆市江津区、沙坪坝区和浙江省衢州市进行了现场测量，测量的杆塔包括 110kV 桥双线 19 号杆塔、110kV 平几西线 9 号杆塔、35kV 天歌线 9 号杆塔、220kV 陈学东线 12 号杆塔、110kV 安龙线 5466 杆塔、220kV 航梅线 1753 杆塔，在不断开接地引线的情况下，采用选频法进行测量，与断开接地引线情况下三极法测量结果以及钳表法的测量结果进行对比，现场测量如图 7.26 所示。

图 7.26 现场测量

1) 不同布极方向的测量数据分析

由于三极法与选频法在测量前都需要布极，而前文提出布极需要垂直于接地极埋设方位并给出了接地极埋设方位的判断方法，因此，在 110kV 桥双线 19 号杆塔测量时，在已知接地极埋设方位的条件下，通过改变布极的方向，分别测量接地电阻值，并与三极法以及钳表法的测量结果进行对比分析，以验证布极方位对准确测量杆塔接地电阻的重要性。现场电极的布置图以及测量时布极示意图如图 7.27 所示。

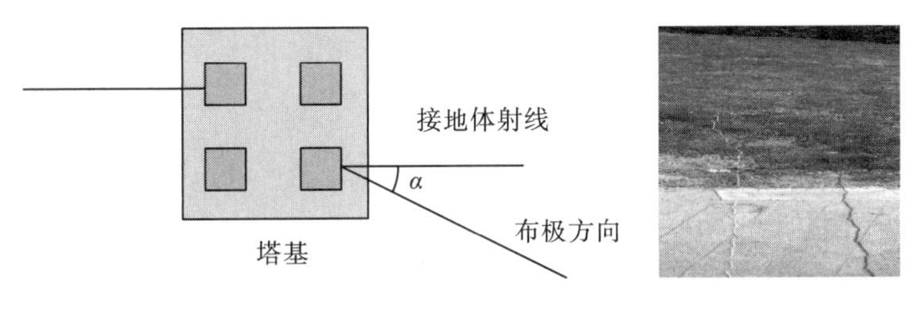

图 7.27　现场电极布置图

根据图 7.27，分别测量夹角 α 为 0°、30°、45°、60°以及 90°的情况，现场试验测量所得数据如表 7.5 所示。

表 7.5　不同布极角度下杆塔接地电阻测量值

测量角度	0°	30°	45°	60°	90°
三极法电阻值/Ω	1.93	1.98	2.04	2.21	2.31
选频法电阻值/Ω	1.97	2.01	2.09	2.25	2.42

采用 90°布极时各方法的测量值作为标准值，将钳表法和选频法测得结果与其进行比较，并进行误差分析，所得数据如表 7.6 所示。

表 7.6　不同布极角度下测量相对误差

测量角度	0°	30°	45°	60°	90°
三极法相对误差/%	16.45	14.29	11.69	4.33	0
选频法相对误差/%	18.60	16.94	13.64	7.02	0

将表 7.6 的数据绘制成如图 7.28 所示的误差曲线图。由图中更可以直观地看出，无论采用三极法或者选频法测量，当沿着接地极布极时，相对测量误差最大为 18.60%，随着角度的增大，相对测量误差逐渐减小。因此，可以看出布极方向对测量准确性十分重要，当布极方向垂直于接地极测量时，结果最接近杆塔接地电阻真实值。

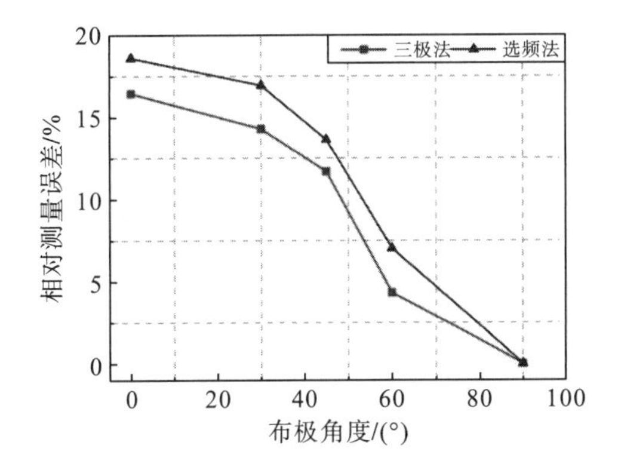

图 7.28　不同布极角度下的相对误差曲线

2)不同土壤电阻率下测量数据分析

为了进一步验证该方法的正确性，在准确布极的前提下，采用该试验装置对不同土壤电阻率条件下的杆塔进行了测量，再利用三极法以及钳表法进行测量，并进行了对比分析，测量所得数据如表 7.7 所示。

表 7.7 现场测量杆塔接地电阻值以及土壤电阻率值

杆塔名称	土壤电阻率/(Ω·m)	三极法/Ω	钳表法/Ω	选频法/Ω
110kV 桥双线 19 号杆塔	68	2.31	3.4	2.42
110kV 平几西线 9 号杆塔	138	8.65	9.42	8.78
35kV 天歌线 9 号杆塔	76	4.58	5.75	4.34
220kV 陈学东线 12 号杆塔	45	5.41	6.54	5.32
110kV 安龙线 5466 杆塔	156	9.61	12.53	9.94
220kV 航梅线 1753 杆塔	98	8.47	9.65	8.37

由表 7.7 中可以看出，试验中所测量的杆塔接地极电阻均在标准值范围以内，将选频法以及钳表法测量所得的杆塔接地电阻值与三极法进行对比，并进行误差分析，计算所得数据如表 7.8 所示。

表 7.8 现场测量杆塔接地电阻值的相对测量误差(%)

编号	杆塔名称	钳表法	选频法
1	110kV 桥双线 19 号杆塔	3.4	2.42
2	110kV 平几西线 9 号杆塔	9.42	8.78
3	35kV 天歌线 9 号杆塔	5.75	4.34
4	220kV 陈学东线 12 号杆塔	6.54	5.32
5	110kV 安龙线 5466 杆塔	12.53	9.94
6	220kV 航梅线 1753 杆塔	9.65	8.37

将表 7.8 中的测量误差绘制成图 7.29 所示的曲线图，能够更加直观地显示分析所得测量结果。

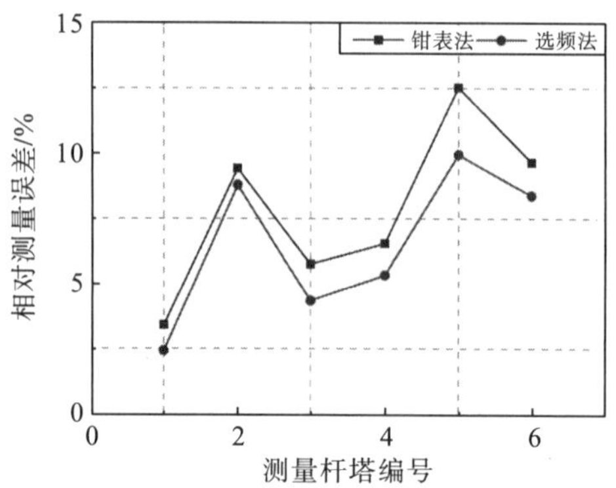

图 7.29 现场测量杆塔接地电阻值的相对测量误差曲线图

从图 7.29 中可以直观地看出，相比较于钳表法，选频式杆塔接地电阻测量方法能够更加准确地测量杆塔接地电阻值，在现场应用情况良好，且本节方法不用断开接地引线，综合考虑了土壤电阻率的影响，具有更好的适用性，能够实现快速准确地测量杆塔接地电阻值。

7.3　短距离布极工频接地电阻测量方法

目前工程中广泛使用的接地电阻测量方法是以三极法为主的布极测量方法，布极测量方法主要的思路是以电位补偿点作为电位参考点，以杆塔接地网相对参考点电位升作为测量对象，进而得到杆塔接地电阻。通过建立合理的物理模型进行电位补偿点位置的准确计算是传统接地电阻测量方法的理论核心，也正是这种物理假设决定了传统方法在测量过程中需要较长的布极距离。为解决现有接地电阻测量方法存在测量引线较长的问题，本节介绍了一种基于格林定理的短距离布极测量方法，主要包括基于格林定理的工频接地电阻测量模型和基于格林定理的工频接地电阻测量方法。

7.3.1　基于格林定理的工频接地电阻测量模型

1. 基于格林定理的电位理论基础

格林定理涉及矢量场和标量场的运算，其公式形式简洁灵活，故该定理在场论研究中得到了广泛使用。设 V 是被闭合曲面 S 包围的封闭区域，现研究该封闭区域内可微的任意矢量 $\boldsymbol{F}$，按照散度定理，对于任意矢量 $\boldsymbol{F}$，可得[18,19]

$$\int_V \nabla\cdot\boldsymbol{F}\mathrm{d}V=\oint_S \boldsymbol{F}\cdot\mathrm{d}S \tag{7.56}$$

$$\boldsymbol{F}=\phi\nabla\psi \tag{7.57}$$

式中，ϕ 和 ψ 都是标量函数，在体积 V 内和表面 S 上具有连续的一阶和二阶导数，则通过求散度运算可以得到：

$$\int_V \nabla\cdot\boldsymbol{F}\mathrm{d}\boldsymbol{V}=\oint_V \nabla\cdot(\phi\nabla\psi)\mathrm{d}V=\oint_S \phi\nabla\psi\cdot\mathrm{d}S \tag{7.58}$$

将式(7.58)中的散度进一步展开为

$$\nabla\cdot(\phi\nabla\psi)=\nabla\phi\cdot\nabla\psi+\phi\nabla\cdot\nabla\psi=\nabla\phi\cdot\nabla\psi+\phi\nabla^2\psi \tag{7.59}$$

将式(7.59)代入式(7.58)可得

$$\int_V \nabla\phi\cdot\nabla\psi\mathrm{d}V+\int_V \phi\nabla^2\psi\mathrm{d}V=\oint_S \phi\nabla\psi\cdot\mathrm{d}S \tag{7.60}$$

式(7.60)称为格林定理第一恒等式。如果把式(7.57)中等号右边两个标量函数的位置进行交换，即 $\boldsymbol{F}=\psi\nabla\phi$，可得[20]

$$\int_V \nabla\psi\cdot\nabla\phi\mathrm{d}V+\int_V \psi\nabla^2\phi\mathrm{d}V=\oint_S \psi\nabla\phi\cdot\mathrm{d}S \tag{7.61}$$

式(7.61)减去式(7.60)可得

$$\int_V (\psi\nabla^2\phi-\phi\nabla^2\psi)\mathrm{d}V=\oint_S (\psi\nabla\phi-\phi\nabla\psi)\cdot\mathrm{d}S \tag{7.62}$$

式(7.62)称为格林定理第二恒等式。因此，格林定理如式(7.60)和式(7.62)所示。根

据电磁场基本原理，可得

$$\nabla^2\left(\frac{1}{|\boldsymbol{r}-\boldsymbol{r}'|}\right)=-4\pi\delta(\boldsymbol{r}-\boldsymbol{r}') \tag{7.63}$$

当$\boldsymbol{r}\neq\boldsymbol{r}'$时，式(7.63)中等号右边项为0。测量杆塔接地电阻的关键是要对杆塔接地网电位进行准确测量。首先分析图 7.30 中封闭区域内的电位分布情况，为接地极电位表达式的分析奠定理论基础。

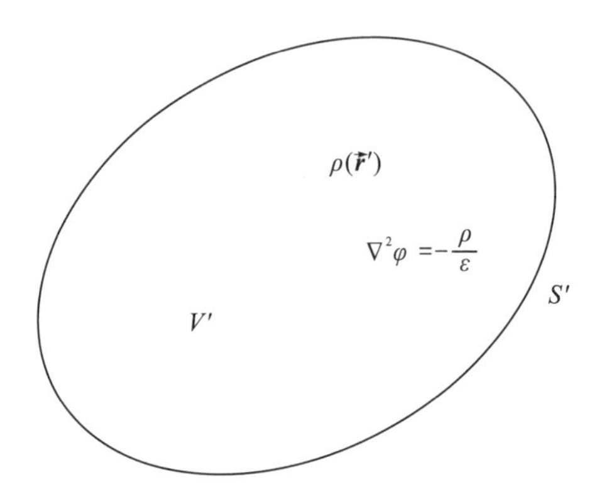

图 7.30 封闭区域电位分布研究示意图

在闭合曲面S'包围的体积V'内任意取一点为坐标原点，令该坐标下点$\boldsymbol{r}$作为研究的电位考察点，$\boldsymbol{r}'$为体积$\boldsymbol{V}'$内任一异于点$\boldsymbol{r}$的固定点，任一点处体电荷密度分布为$\rho(\boldsymbol{r})$，$\varphi(\boldsymbol{r})$表示全部电荷在点$\boldsymbol{r}$产生的电位。定义如下函数：

$$\psi=\frac{1}{|\boldsymbol{r}-\boldsymbol{r}'|} \tag{7.64}$$

$$\phi=\varphi(\boldsymbol{r}) \tag{7.65}$$

$$\nabla^2\varphi(\boldsymbol{r})=\frac{\rho(\boldsymbol{r})}{\varepsilon(\boldsymbol{r})} \tag{7.66}$$

式(7.66)叫作泊松方程。将式(7.64)、式(7.65)、式(7.66)代入格林第二恒等式(7.62)中，可得

$$\begin{aligned}\varphi(\boldsymbol{r})=&\frac{1}{4\pi\varepsilon}\int_{V'}\frac{\rho(\boldsymbol{r}')}{|\boldsymbol{r}-\boldsymbol{r}'|}\mathrm{d}V'+\frac{1}{4\pi}\oint_S\frac{1}{|\boldsymbol{r}-\boldsymbol{r}'|}\frac{\partial\varphi(\boldsymbol{r}')}{\partial n}\mathrm{d}S'\\&-\frac{1}{4\pi}\oint_S\varphi(\boldsymbol{r})\frac{\partial}{\partial n}\left(\frac{1}{|\boldsymbol{r}-\boldsymbol{r}'|}\right)\mathrm{d}S'\end{aligned} \tag{7.67}$$

式中的体积分项代表外表面S'包围的V'内的体电荷对内点的贡献，而两项面积分项和则代表S'外所有电荷(不管如何分布)对内电位的贡献，它们是通过S'上的电位和电位的法向偏导数(一类和二类边值条件)的相应积分项来体现的，后文中以格林边界命名该边界条件。

2. 杆塔接地网电位计算模型

根据基于格林定理的电位方程可知，在使用该表达式计算接地极电位时必须要了解杆塔接地网所处空间的介质分布情况，以便能对该空间内的电荷分布和边界条件进行理论分

析。目前的输电线路杆塔接地网以45°散射状接地极为主，其结构如图7.31所示。

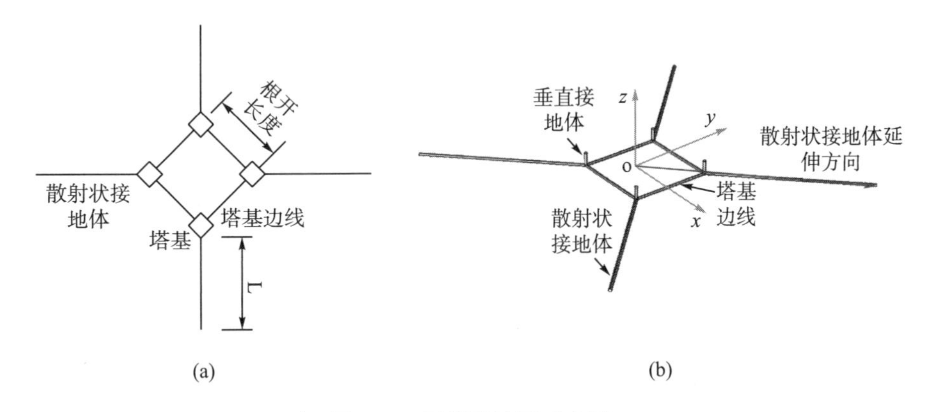

图7.31 杆塔接地网示意图

图7.31表明，输电杆塔接地装置主体由4个混凝土塔基构成，而4个塔基在平面上呈正方形的形式布置，4个塔基分别为正方形的4个角，并由四根碳钢水平接地极相连，使得4个塔基接地极成为统一的连接导体。此外，在每个塔基处沿对角线方向分别延伸出一根散射状的碳钢水平接地极，同时每个塔基又由垂直接地极与接地引线相连，使输电线路的故障电流或雷电流主要从4个散射状水平接地极散入大地。工程上对杆塔水平接地极的埋深有一定要求，一般为0.6～0.8m，以确保电流能有效散入大地。杆塔接地网所处空间介质分布情况如图7.32所示。

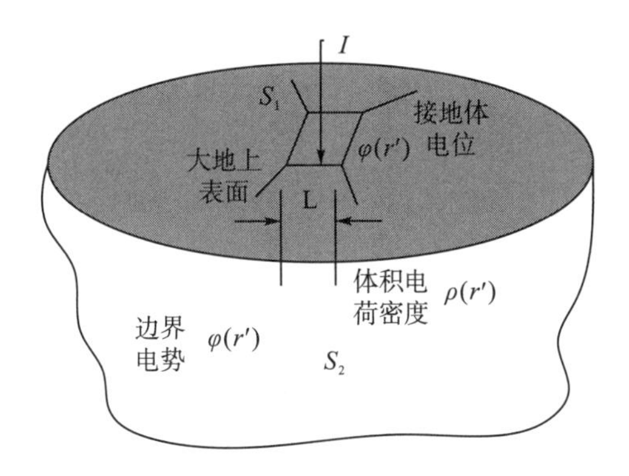

图7.32 杆塔接地网所处空间介质分布

杆塔接地网埋设于大地上表面 S_1 下一定深度处，在土壤介质中可任取一曲面 S_2 与上表面 S_1 围合成一包络整个杆塔接地网的封闭区域 V_1，设该区域内的电荷分布为 $\rho(r')$，边界曲面上任一点 r' 处的电势为 $\varphi(r')$，则接地极上任一点 r' 处的电位可表达为

$$\begin{aligned}\varphi(r)=&\frac{1}{4\pi\varepsilon}\int_{V'}\frac{\rho(r')}{|r-r'|}\mathrm{d}V'+\frac{1}{4\pi}\oint_{S_1+S_2}\frac{1}{|r-r'|}\frac{\partial\varphi(r')}{\partial n}\mathrm{d}S'\\&-\frac{1}{4\pi}\oint_{S_1+S_2}\varphi(r')\frac{\partial}{\partial n}\left(\frac{1}{|r-r'|}\right)\mathrm{d}S'\end{aligned}\tag{7.68}$$

根据式(7.68)可知，研究杆塔接地网的电位分布情况需要从边界电位分布和杆塔接地网所处空间的电荷分布两方面研究。

1)格林边界的影响

在均质平坦大地表面对杆塔接地网进行布极测量时需要在杆塔接地网上注入测试电流，由于接地极一般由导电性能较好的材料构成，因此测试电流会经接地极流入大地。若忽略杆塔接地网的埋深，杆塔接地网可以近似看成由无数个大地表面上的点电流源组成。另外，在对杆塔接地网进行布极测量时需要在大地表面布置若干个电流极以回收注入的测试电流，从而形成电流回路，各电流极亦可近似以大地表面的点电流源来研究，如图7.33所示。

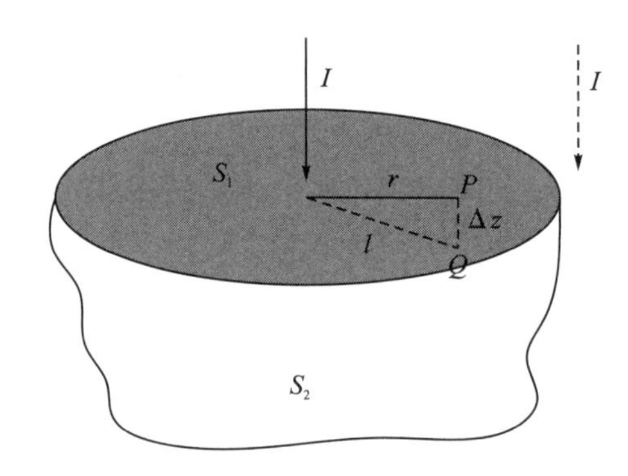

图7.33 地表电势梯度的边界条件分析

下面单独分析单个点电流源I在均质平坦大地上均匀散流时的边界电位分布情况。对于图7.33所示的大地任意区域，将其外表面分为大地上表面S_1和与上表面S_1相互围合的曲面S_2，并在上表面任意一点注入点电流源I(该点电流源可在上表面S_1上或者S_1以外的上表面区域)，在点电流源I作用下，对于图7.33所示竖直方向上相距Δz的P、Q两点，其电势为

$$\begin{cases}\varphi_P=\dfrac{\rho_{\mathrm{r}}I}{2\pi r}\\ \varphi_Q=\dfrac{\rho_{\mathrm{r}}I}{2\pi l}\end{cases} \tag{7.69}$$

式中，ρ_{r}为土壤电阻率；r和l分别为P、Q到点电流源的距离。此外，由几何关系可以得到：

$$l=\sqrt{r^2+\Delta z^2} \tag{7.70}$$

若n表示上表面在任意一点P处的法线方向(即竖直方向)，结合式(7.69)和式(7.70)可以得到：

$$\frac{\partial\varphi_P(\boldsymbol{r}')}{\partial n}=\lim_{\Delta z\to 0}\frac{\varphi_P-\varphi_Q}{\Delta z}=\lim_{\Delta z\to 0}\frac{\rho_{\mathrm{r}}I\Delta z^2}{2\pi r\sqrt{r^2+\Delta z^2}\left(\sqrt{r^2+\Delta z^2}+r\right)}=0 \tag{7.71}$$

式(7.71)表明，大地表面点电流源的作用下，大地上表面任意点均有$\dfrac{\partial\varphi_P(\boldsymbol{r}')}{\partial n}=0$成立。

由于电流极本身可以当作点电流源近似处理计算，所以在单个或多个电流极回收电流作用下的大地上表面电位仍然满足式(7.71)。而对于结构复杂的杆塔接地网，设沿杆塔接地网轴线上的线泄漏电流密度大小为 $K(s)$，则 $K(s)\,\mathrm{d}s$ 为微电流源。忽略接地极埋深，在接地极测试电流作用下有

$$\frac{\partial\varphi_P(r')}{\partial n}=\int_s\lim_{\Delta z(s)\to 0}\frac{\rho_r K(s)\Delta z(s)^2}{2\pi r(s)\sqrt{r(s)^2+\Delta z(s)^2}\left(\sqrt{r(s)^2+\Delta z(s)^2}+r(s)\right)}\mathrm{d}s=0 \tag{7.72}$$

从而可以得到在接地极测试电流和电流极回收电流作用下的地表电位均满足 $\frac{\partial\varphi_P(r')}{\partial n}=0$。下面研究 S_1 上任意点的 $\frac{\partial'}{\partial n}\left(\frac{1}{|r-r'|}\right)$ 项。

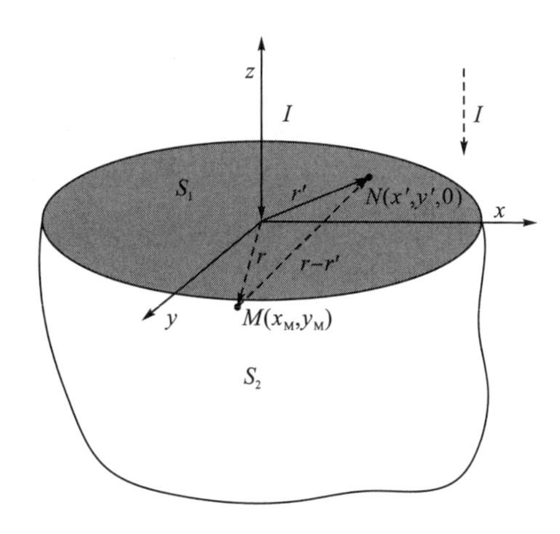

图 7.34　地表电势值的边界条件分析

图 7.34 建立了以大地表面 S_1 为 xoy 平面的空间直角坐标系，$M(x_M,y_M,z_M)$ 为封闭区域内 r 对应的点，$N(x',y',z')$ 为表面 S_1 上 r' 对应的点，显然有 $z'=0$，且：

$$|r-r'|=\sqrt{(x_M-x')^2+(y_M-y')^2+(z_M-z')^2} \tag{7.73}$$

从图中不难看出 z 轴正方向即为封闭区域上表面 S_1 的法线方向，故可以得到：

$$\frac{\partial'}{\partial n}\left(\frac{1}{|r-r'|}\right)=\left[(x_M-x')^2+(y_M-y')^2+(z_M-z')^2\right]^{-\frac{3}{2}}(z_M-z') \tag{7.74}$$

忽略接地极埋深，则 $z_M=z'=0$，故可以得到 $\frac{\partial'}{\partial n}\left(\frac{1}{|r-r'|}\right)=0$。该式说明，在单个点电流源作用下，对于大地表面 S_1 上任意点均有 $\frac{\partial}{\partial n}\left(\frac{1}{|r-r'|}\right)=0$ 成立。同理可得，在接地极测试电流和电流极回收电流共同作用下的大地上表面电位依然满足该关系式。在布极测量杆塔接地电阻时需要在接地极上注入测试电流，并在大地表面布置电流极以回收测试电流，而接地极和电流极可看成是大地表面的无穷多个点电流源，大地上表面 S_1 的电位为大地表面所有点电流源产生电位的叠加。因此，无论是接地极测试电流单独作用、电流极

回收电流单独作用抑或接地极测试电流和电流极回收电流同时作用大地表面电位均满足下式：

$$\frac{1}{4\pi}\int_{S_1}\frac{1}{|r-r'|}\frac{\partial\varphi(r')}{\partial n}\mathrm{d}S'-\frac{1}{4\pi}\int_{S_1}\varphi(r')\frac{\partial'}{\partial n}\left(\frac{1}{|r-r'|}\right)\mathrm{d}S'=0 \tag{7.75}$$

进而可以得到布极测量杆塔接地电阻时接地极上任一点的电位为

$$\varphi(r)=\frac{1}{4\pi\varepsilon}\int_{V'}\frac{\rho(r')}{|r-r'|}\mathrm{d}V'+\left(\frac{1}{4\pi}\int_{S_2}\frac{1}{|r-r'|}\frac{\partial\varphi(r')}{\partial n}\mathrm{d}S'-\frac{1}{4\pi}\int_{S_2}\varphi(r')\left(\frac{1}{|r-r'|}\right)\mathrm{d}S'\right) \tag{7.76}$$

分析曲面 S_2 的特殊情况，如果曲面 S_2 为等势面，则可以将式(7.76)中的 $\varphi(r')$ 提出，并简化为

$$\varphi(r)=\frac{1}{4\pi\varepsilon}\int_{V'}\frac{\rho(r')}{|r-r'|}\mathrm{d}V'+\left(\frac{1}{4\pi}\int_{S_2}\frac{1}{|r-r'|}\frac{\partial\varphi(r')}{\partial n}\mathrm{d}S'+\frac{\varphi(r')}{4\pi}\Omega\right) \tag{7.77}$$

式中，$\Omega=\int_{S_2}\frac{r-r'}{|r-r|^3}\cdot\mathrm{d}S'$ 即为曲面 S_2 对点 r 的立体角，忽略接地极埋深，若点 r 为大地表面接地极上一点，则 $\Omega=\int_{S_2}\frac{r-r'}{|r-r'|}\cdot\mathrm{d}S'=2\pi$。接地极电位可以表达为

$$\varphi(r)=\frac{1}{4\pi\varepsilon}\int_{V'}\frac{\rho(r')}{|r-r'|}\mathrm{d}V'+\left(\frac{1}{4\pi}\int_{S_2}\frac{1}{|r-r'|}\frac{\partial\varphi(r')}{\partial n}\mathrm{d}S'+\frac{\varphi(r')}{2}\right) \tag{7.78}$$

式(7.78)表明，对于围合杆塔接地网的封闭区域，如果曲面 S_2 是等势面，则不管曲面 S_2 是什么曲面形式，边界条件中曲面电势对接地极电位的影响都可以用式 $\frac{\varphi(r')}{2}$ 直接表达。

2) 空间电荷分布的影响

接地极电位不仅受到边界电位条件的影响，同时也与围合接地极的封闭区域内的体电荷密度分布情况有关，所以必须对杆塔接地网局域空间内的体电荷密度分布进行理论研究。在接地极局域空间内存在接地极和土壤两种物理介质，电导率 γ 和介电常数 ε 都是在该局域空间的标量函数，由高斯通量定理和电流连续性方程可以得到：

$$\begin{cases}\nabla\cdot\boldsymbol{D}=\nabla\cdot(\varepsilon\boldsymbol{E})=\nabla\varepsilon\cdot\boldsymbol{E}+\varepsilon\nabla\cdot\boldsymbol{E}=\rho\\ \nabla\cdot\boldsymbol{J}=\nabla\cdot(\gamma\boldsymbol{E})=\nabla\gamma\cdot\boldsymbol{E}+\gamma\nabla\cdot\boldsymbol{E}=0\end{cases} \tag{7.79}$$

$$\nabla\cdot\boldsymbol{E}=\frac{\nabla\gamma\cdot\boldsymbol{E}}{\gamma} \tag{7.80}$$

结合式(7.79)和式(7.80)可得

$$\begin{aligned}\rho&=(\nabla\varepsilon\cdot\boldsymbol{E}+\varepsilon\nabla\cdot\boldsymbol{E})-(\nabla\gamma\cdot\boldsymbol{E}+\gamma\nabla\cdot\boldsymbol{E})=\boldsymbol{E}\cdot(\nabla\varepsilon-\varepsilon\frac{\nabla\gamma}{\gamma})\\&=\gamma\boldsymbol{E}\cdot\frac{\nabla\varepsilon\gamma-\varepsilon\nabla\gamma}{\gamma^2}=\boldsymbol{J}\cdot\nabla\left(\frac{\varepsilon}{\gamma}\right)\end{aligned} \tag{7.81}$$

式(7.81)表明，杆塔接地网局域空间体电荷密度的分布是由该局域空间内的泄漏电流密度和物理介质特性共同决定的。对于曲面 S_1 和曲面 S_2 所围合的封闭区域，若把土壤和

杆塔接地网分别当作均质单一相，即分别把土壤和杆塔接地网的介电常数和电导率视为一定值，则在土壤和杆塔接地网中不存在体电荷分布。而在土壤和接地极的交界面处，接地极和土壤的介电常数ε和电导率γ之间存在差异性，导致$\nabla\left(\dfrac{\varepsilon}{\gamma}\right)$项不为零，因此，当有垂直于接地极表面的泄漏电流分量流经接地极和土壤的交界面时，土壤与接地极交界处就必定有体积电荷的累积。

综上所述，当有电流从杆塔接地网泄入大地或者土壤中有电流流经杆塔接地网时，在接地装置所处的周围空间，仅在接地极和土壤的交界面处存在体积电荷分布，其他区域均没有电荷累积。

3. 测试电流和回收电流共同作用下的空间电位分布

进行接地极的电位测量需要找到基准电压位置，即零电位参考点，通过测量被测点与零电位节点间的电压可以得到被测点电位。在实际测量杆塔接地电阻时理论上可将大地表面的无穷远处作为零电位点，然而在实际测量过程中不可能将电压极布置到无穷远处。事实上由于接地极电位为正值，电流极电位为负值，由电位的连续性可以知道在接地极和电流极之间也一定存在零电位点，但是接地极结构尺寸的复杂性导致无法通过理论计算确定该点的具体位置，因此需要研究接地极和电流极较远区域的电位分布情况来分析零电位点的分布。布极测量杆塔接地电阻时土壤电位由接地极测试电流和电流极回收电流共同决定。

分析中对杆塔接地网的物理模型进行建模。在某一垂直接地极处注入电流并对稳恒电场进行仿真分析。假设土壤为均质各向同性土壤，并以半球形模型等效。仿真模型中，接地极塔基根开长度为10m，散射状水平接地极长度为20m，接地极圆截面直径为12mm，接地极埋深为 0.6m，垂直接地极、水平接地极和散射状接地极采用低碳钢，其电导率为8.41MS/m，相对介电常数为 1(该接地极模型命名为 1#接地极)。土壤半球形模型的半径设置足够大以近似满足无限大半球形模型的假设，模型中半球形土壤的半径为 500m，相对介电常数为 16。为研究接地极测试电流作用下土壤电位分布的规律，在仿真模型中采用了不同的土壤电导率对仿真模型进行了分析。对在接地极测试电流和电流极回收电流作用下较远区域的土壤等势面分布进行计算，如图 7.35、图 7.36 所示。

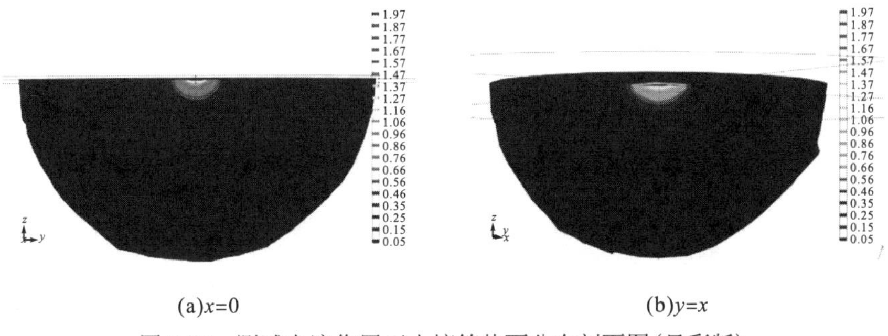

(a)x=0　　(b)y=x

图 7.35　测试电流作用下土壤等势面分布剖面图(见彩版)

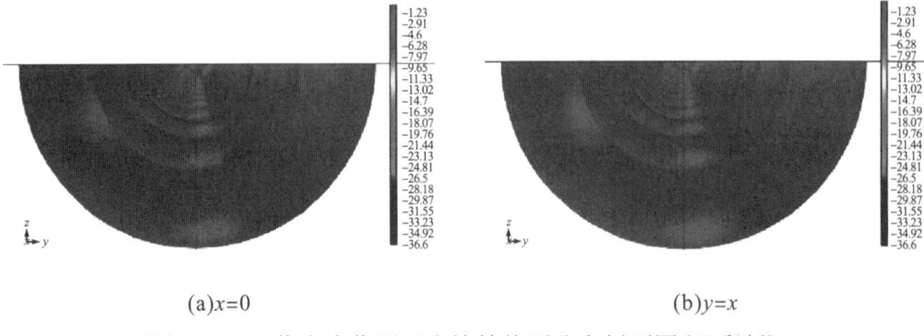

(a)x=0　　　　(b)y=x

图 7.36　回收电流作用下土壤等势面分布剖面图(见彩版)

图 7.35(a)和(b)是测试电流作用下土壤等势面分别为平面 x=0 和平面 y=x 时的剖面图，图 7.36(a)和(b)是电流极回收电流作用下土壤等势面分别为平面 x=0 和平面 y=x 时的剖面图，可以看出在离接地极有一定距离的区域，两种电流作用下的等势面分布是相似的，均由近似半椭球形曲面逐渐变为半球形曲面。

图 7.37(a)和(b)分别是测试电流和回收电流作用下靠近接地极和电流极局部区域的等势面分布情况，图中黄色线条标记处为点(40,0,0)所在等势面，该距离为 2 倍散射状杆塔接地网的长度，从仿真结果可以大致看出，测试电流和回收电流作用下的土壤等势面在黄色线条标记处以外基本重合，即在黄色线条标记以外的电场强度在两种电流作用下大小相等，方向相反。由于在两种电流分别作用下的电势都是以无限远处为零电位点，由叠加原理可以推断，当在接地极上注入测试电流并用 4 个电流极回收电流时，在黄色线条以外的电位都趋于零值，进而可将土壤中与接地极距离大于 2 倍散射状接地极长度 2L 的点直接作为零电位参考点。

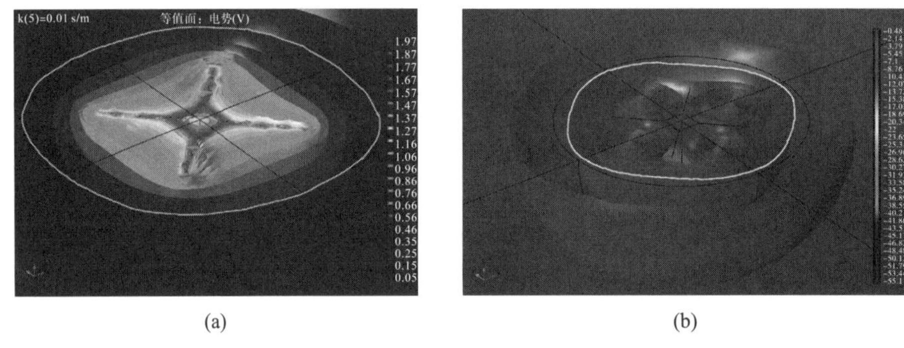

(a)　　　　(b)

图 7.37　2L 区域外等势面分布(见彩版)

为验证上述推断的正确性，对测试电流和回收电流同时作用下的大地电位进行仿真分析。仿真模型中在接地极上注入 1A 的电流，在 4 个电流极上分别注入−0.25A 的电流以回收接地极测试电流，图 7.38 为电导率为 0.01S/m 时的仿真结果。

图 7.38(a)和(b)分别是实际布极测量时土壤电位分布图和半径为 2 倍散射状接地极长度的半球面的电势分布图。从仿真结果可以看出，当在接地极上注入电流而在电流极上回收电流时，接地极处的电位最高，电流极处的电位最低，离接地极较远的大地表面电位都趋于零值，这与上述推断结果一致。单独分析以 2 倍散射状接地极长度为半径的半球形曲

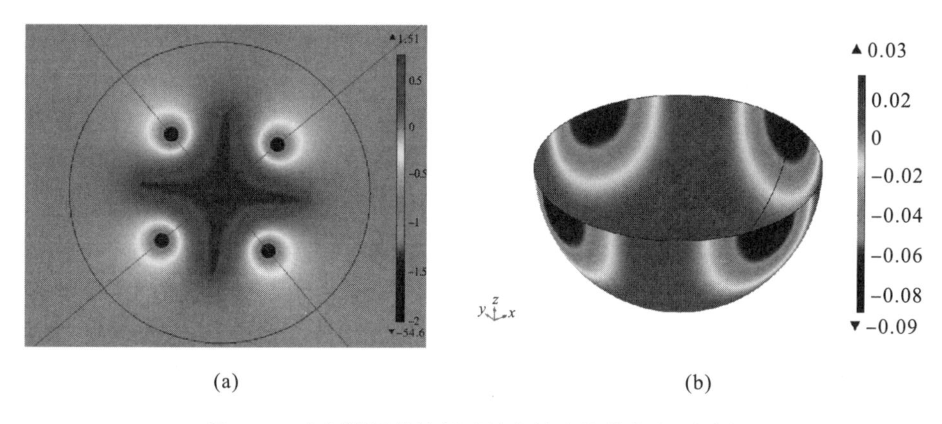

(a) (b)

图 7.38 实际测量接地极时的大地电位分布(见彩版)

面的电位分布情况，如图 7.38(b)中半球形曲面上的电位同样都接近于零，但由于 4 个电流极的局部作用，散射状接地极延伸方向上的电位相对于 x 轴和 y 轴方向上的电位而言更能满足零电位点的要求，因此，从减小测量误差角度可以尽量选择散射状水平接地极方向的电位作为零电位点。上述研究结果证明了将距离散射状接地极长度 2 倍以上的土壤区域作为零电位参考点的可行性。

7.3.2 基于格林定理的工频接地电阻测量方法

7.3.1 节从理论和仿真两方面对杆塔接地网电位及其周围土壤空间电位进行了详细分析，得到了接地极测试电流和电流极回收电流作用下的电位分布特征及相关关系。同时，结合回收电流作用下的等势面特点，确定了格林边界的选择依据和接地极电位计算点，并简化了接地极的电位计算表达式。本节将以回收电流作用下的简化电位表达式为基础，研究电流极的布极方式和格林边界参考点的选择方法，提出基于格林定理的短距离布极杆塔接地电阻的测量方法，下文简称短距测量方法。

利用电位叠加原理很容易得到杆塔接地电阻的计算表达式。若实际布极测量中接地极测试电流和电流极回收电流作用下的接地极电位为 φ_{g12}，则接地极测试电流单独作用下的接地极电位为

$$\varphi_{g1} = \varphi_{g12} - \varphi_{g2} = \varphi_{g12} - \varphi_{b2} / 2 \tag{7.82}$$

于是可得杆塔接地电阻为

$$R = \frac{\varphi_{g1}}{I} = \frac{\varphi_{g12} - \varphi_{b2} / 2}{I} \tag{7.83}$$

式中，φ_{g12} 可通过现场测量接地极与零电位点两端电压得到，7.3.1 节分析结果表明，可沿散射状杆塔接地网方向，选取距离接地极 2 倍散射状杆塔接地网长度处的地表电位作为零电位点。当近似等势面 S_2 上存在一点离接地极较远时，可将 4 个电流极当作点电流源，在测得土壤电阻率的情况下把接地极较远局部空间当作均质土壤，采用叠加原理计算 φ_{b2}。

根据式(7.84)可知，基于格林定理的杆塔接地电阻测量方法关键是通过适当的布极方式，测量测试电流和回收电流同时作用下的杆塔接地网电位，并以格林边界电位补偿回收

电流对接地极电位的影响，从而得到测试电流单独作用下的接地极电位，该电位与接地极测试电流的比值即为杆塔接地电阻值。在计算格林边界电位时需要测得土壤电阻率，土壤电阻率测量可以采用本书第三章中的 Wenner 等间距四极法。

1. 测量布极方法

使用上述理论测量杆塔接地电阻的前提是在电流极回收电流作用下，存在一个围合接地极的近似等势面作为格林边界，并且该近似等势面上大部分点到接地极边线中点的距离大致相等。因此，采用何种电流极布极方式对接地电阻进行测量也就成为布极研究的重要内容。

对电流极进行布置需要预先能够得到各个电流极上的电流大小，所以电流极必须采用关于杆塔接地网对称布置的方式，在塔基外布置电流极至少需要布置 4 个电流极，两种布极方式如图 7.39 所示。

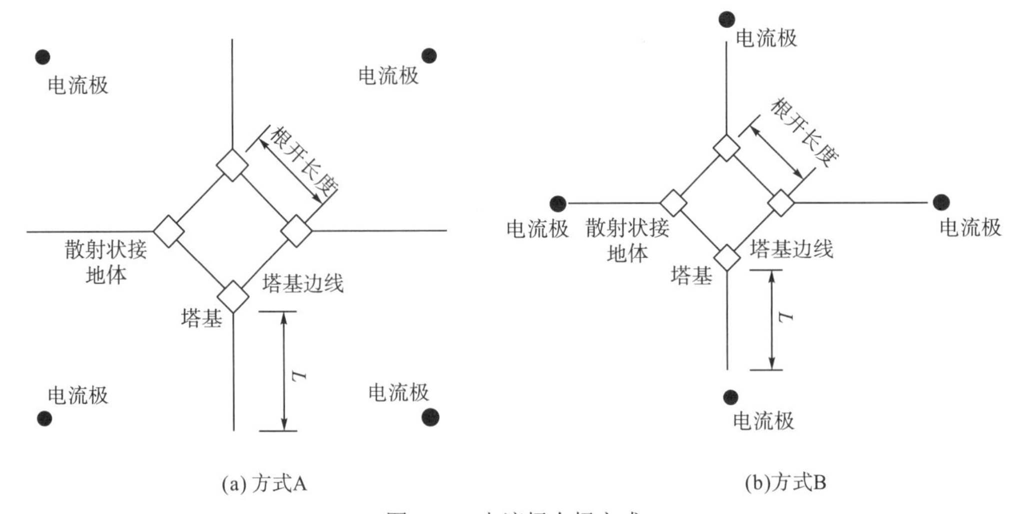

(a) 方式A (b)方式B

图 7.39 电流极布极方式

分析不同布极方式下电流极回收电流对土壤电位分布的影响，在两种布极方式中均在 4 个电流极上加以-0.25A 的激励电流作为回收电流，电流极的布极距离取为 30m 时的仿真结果如图 7.40 所示。

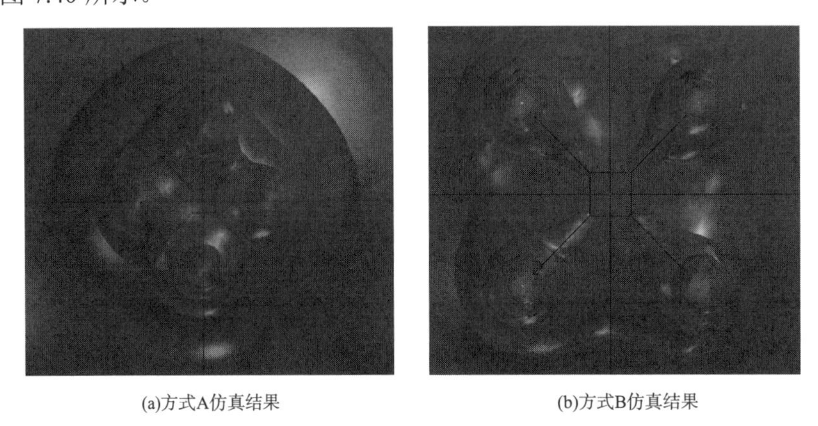

(a)方式A仿真结果 (b)方式B仿真结果

图 7.40 采用不同布极方式时回收电流作用下的土壤电位分布(见彩版)

图 7.40(a)是图 7.39(a)方式下的仿真结果，图 7.40(b)是图 7.39(b)方式下的仿真结果。从仿真结果不难看出，采用图 7.39(a)的布极方式比采用图 7.39(b)的布极方式更容易在电流极围合的区域内得到围合接地极的近似等势面。在采用图 7.39(b)的布极方式时，电流极与接地装置间的距离会比采用图 7.39(a)的布极方式小很多。接地装置由于是等势体，会使得电流极作用下的等势面分布产生较大的畸变，最终导致电流极产生近似等势面的作用被大大削弱，而采用图 7.39(a)的布极方式时电流极和接地装置的距离较远，产生近似等势面的作用受接地极的影响较小，是比较好的电流极布极方式。

电流极布极距离和边界条件参考点是影响接地电阻测量结果的重要因素。在前文中已经提出可以将杆塔接地网任意边线的中点作为电位计算点，等势面可以近似为以该点为球心的半球形曲面。确定合适的电流极位置可以形成比较准确的近似等势面，即格林边界曲面。选择合理的电位参考点可以为格林边界选择提供理论依据。因此，确定电流极布极距离和格林边界参考点是本章短距离布极测量方法的研究重点，分析中在 x 轴上选择格林边界参考点，并以离塔基中心 2 倍散射状杆塔接地网长度的大地表面为零电位点。

为研究电流极的布极距离和格林边界参考点的位置，在采用不同电流极布极距离的同时，在 x 轴上选取不同的点作为格林边界参考点来计算接地电阻。选取的电流极布极距离有 15m、20m、25m、30m、35m 和 40m，选取的格林边界参考点有塔基边线与电流极之间靠近塔基的 1/3 分段点(12，0，0)、塔基边线与电流极之间的中点(15，0，0)和塔基边线与电流极之间靠近电流极的 1/3 分段点(18，0，0)。土壤电导率为 0.01S/m，通过仿真分析得到杆塔接地网布极测量时的实际电位和杆塔接地网的真实接地电阻值，采用短距法测量的接地电阻。杆塔接地电阻测量值与实际杆塔接地电阻误差如表 7.9 所示。

表 7.9　不同电流极距离和格林边界参考点下的测量误差

边界参考点	电流极距离					
	15m	20m	25m	30m	35m	40m
靠近塔基的 1/3 分段点	8%	7%	0.7%	10%	16%	19%
塔基边线与电流极之间的中点	11%	12%	8%	11%	18%	23%
靠近电流极的 1/3 分段点	16%	13%	11%	14%	19%	27%

表 7.9 表明，随着布极距离和参考点位置的改变，测量结果的相对误差也会有较大的不同。从表中结果可以判断，当电流极布极距离为 15m、20m、30m、35m 和 40m 或是格林边界参考点选择在中点(15，0，0)和靠近电流极的 1/3 分段点(18，0，0)处时，杆塔接地电阻较小的测量误差均不能得到有效保证，测量误差的起伏较大；当电流极的布极距离为 25m 且格林边界参考点选择在靠近塔基的 1/3 分段点(12，0，0)处时，接地电阻的测量误差均较小，仅有 0.7%。这说明在布极距离为 25m 的情况下，靠近塔基的 1/3 分段点(12，0，0)所在近似等势面 S_2 上的点到点(12，0，0)的距离能最大程度地近似为一定值，而电流极的布极距离正好和散射状杆塔接地网的距离相当。

从上述分析结果可以看出，在采用短距测量方法进行杆塔接地电阻测量时，将电流极布置在与散射状接地极距离相当的位置能够形成近似等势半球面，并且靠近塔基的 1/3 分段点是比较准确的格林边界电位参考点。

2. 测量误差分析

参考点位置的选择对接地电阻测量结果的准确性起着决定性的作用，位置的些许偏差可能会带来测量结果较大的误差。研究不同边界参考点对接地电阻测量精度的影响，分析中选取的参考点在 x 轴上，且均在靠近塔基的 1/3 分段点附近，如图 7.41 所示。

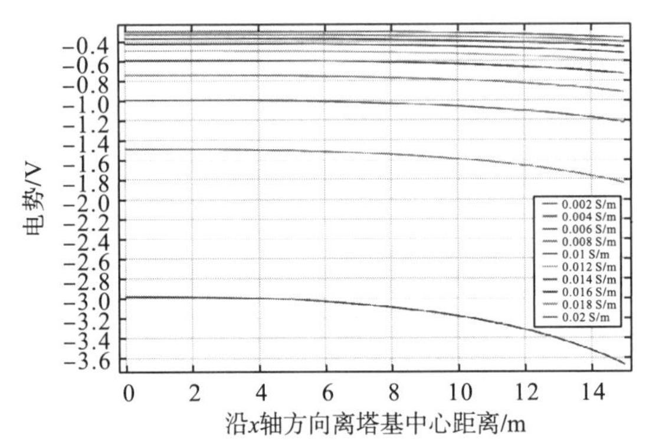

图 7.41 回收电流作用下 x 轴上的电位分布(见彩版)

从图 7.41 可以看出，在塔基边线与电流极间 1/3 分段点(12,0,0)附近的电位有一定的差值。以点 A(10,0,0)和点 B(14,0,0)为例，当土壤电导率为 0.002S/m 时，二者的电位分别为-3.28V 和-3.52V。当分别以这两点作为边界参考点测量接地电阻时，两者测得的接地电阻差值为

$$\Delta R = \frac{-3.28\text{V}/2 + 3.52\text{V}/2}{1\text{A}} = 0.12\Omega \tag{7.84}$$

该情况下实际接地电阻为 10.1Ω，故相对差值为 1.2%。同理可以得到不同土壤电导率下的相对差值，如表 7.10 所示。

表 7.10 相对差值误差表

	土壤电导率/(S/m)									
	0.002	0.004	0.006	0.008	0.010	0.012	0.014	0.016	0.018	0.020
接地电阻值/Ω	10.100	5.053	3.371	2.529	2.025	1.688	1.448	1.268	1.127	1.015
A 点电位/V	−3.282	−1.641	−1.094	−0.821	−0.656	−0.547	−0.469	−0.410	−0.365	−0.328
B 点电位/V	−3.525	−1.762	−1.175	−0.881	−0.705	−0.588	−0.504	−0.441	−0.392	−0.353
相对差值/%	1.2	1.2	1.2	1.2	1.2	1.2	1.2	1.2	1.2	1.2

表 7.10 表明，选取点(12,0,0)较近区域点作为边界条件参考点测量接地电阻时产生的测量误差比较小。在选取边界条件参考点时，有较大的选择范围能控制接地电阻的测量误差，边界参考点的少许偏差不会带来接地电阻测量结果的巨大误差，测量结果的稳定性好。可以看出，选择杆塔塔基边线与电流极之间靠近塔基的 1/3 分段点作为格林边界参考点时的测量精度高，测量结果的稳定性好。

基于格林定理的短距离布极测量方法是根据电位理论分析和等势面分布仿真结果提

出的。使用短距测量方法进行接地电阻测量时，需要在杆塔接地网周围对称地布置 4 个电流极，且 4 个电流极到塔基中心的布极距离与散射状接地极到塔基中心的距离相当，将 2 倍散射状杆塔接地网长度以外的区域作为实际布极测量时的零电位点，以此为电位基准来测量接地装置的实际电位。为消除回收电流对接地极电位的影响，需要测量土壤电阻率以计算格林边界参考点的电位。格林边界选择在塔基边线与电流极间靠近塔基的 1/3 分段点处，从而可以利用计算得到的格林边界电位分析回收电流对接地装置电位的影响。最后，利用布极测量时的接地极电位和回收电流作用下接地极电位计算得到杆塔接地电阻值。短距测量方法的基本步骤如图 7.42 所示。

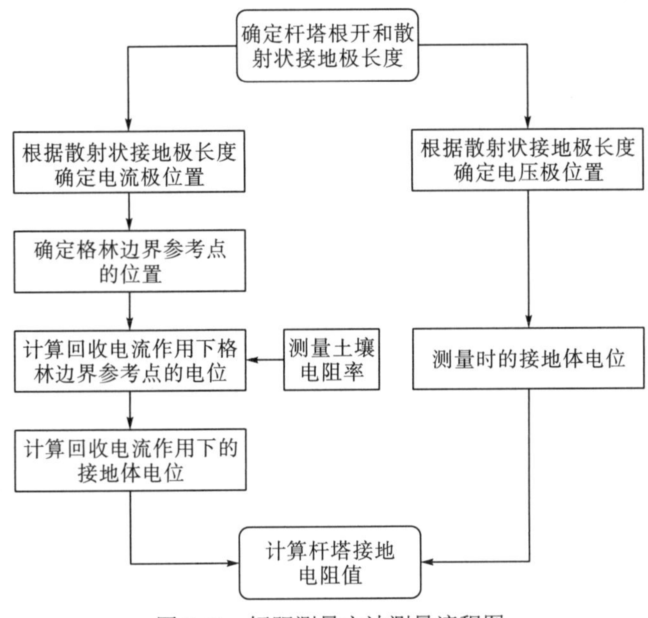

图 7.42　短距测量方法测量流程图

7.3.3　工程实例分析

为了分析短距离布极接地电阻测量方法的准确性，在浙江省衢州和重庆两地开展了接地电阻测量试验。

1. 浙江衢州现场试验

浙江衢州试验现场杆塔具体信息见表 7.11。

表 7.11　衢州试验杆塔信息表

杆塔标号	杆塔编号	电压等级/kV	投运年限/年
金全 4U75 线 34 号	1	220	5
崇总 1838 线 02 号	2	110	3
崇新 1883 线 03 号	3	110	5
崇立 1834 线 03 号	4	110	3

续表

杆塔标号	杆塔编号	电压等级/kV	投运年限/年
柚航 1865 线 3 号	5	110	2
柚航 1865 线 2 号	6	110	2
衢培 2010 线 01 号	7	220	9
衢培 2010 线 02 号	8	220	9
衢培 2010 线 03 号	9	220	9
漾城 2054 线 14 号	10	220	6
漾城 2818 线 002 号	11	220	6

试验仪器包括杆塔接地电阻测量装置、4 个电流电极、一个电压电极及其他测量工具，其中，杆塔接地电阻测量装置具备土壤电阻率的测量功能。试验测量数据主要有接地极根开尺寸、电流极布极距离、土壤电阻率和接地电阻值。测量接地电阻时采用扫频式电流将高频电流信号注入接地极中以实现免拆除引下线[11,21]。为验证测量方法的正确性，将用本章提出测量方法的测量结果与三极法的测量结果进行对比分析。接地极的散射状接地极长度可以通过相关电力部门获取。根据散射状接地极的根开尺寸，确定的电流极布极距离如表 7.12 所示。

表 7.12　衢州地区杆塔尺寸及电流极布极距离

杆塔标号	根开尺寸/m	散射状接地极长度/m	电流极布极距离/m
金全 4U75 线 34 号	10	30	27
崇总 1838 线 02 号	8	25	22
崇新 1883 线 03 号	7	25	22
崇立 1834 线 03 号	7	25	22
柚航 1865 线 3 号	5	20	18
柚航 1865 线 2 号	4	15	14
衢培 2010 线 01 号	4	15	14
衢培 2010 线 02 号	4	15	14
衢培 2010 线 03 号	4	15	14
漾城 2054 线 14 号	12	30	28
漾城 2818 线 002 号	12	30	28

此外，为计算回收电流作用下的接地极电位，需要对土壤电阻率进行测量，并以此为基础计算格林边界电位。格林边界参考点的位置选择及计算结果如表 7.13 所示。

表 7.13　衢州地区边界参考电位

杆塔标号	边界参考点距离/m	土壤电阻率/(Ω・m)	边界电位/V
金全 4U75 线 34 号	17.33	25	−0.16
崇总 1838 线 02 号	14.00	43	−0.34

续表

杆塔标号	边界参考点距离/m	土壤电阻率/(Ω·m)	边界电位/V
崇新 1883 线 03 号	13.17	32	−0.25
崇立 1834 线 03 号	13.17	33	−0.26
柚航 1865 线 3 号	10.17	29	−0.27
柚航 1865 线 2 号	8.00	41	−0.50
衢培 2010 线 01 号	8.00	23	−0.28
衢培 2010 线 02 号	8.00	34	−0.41
衢培 2010 线 03 号	8.00	58	−0.71
漾城 2054 线 14 号	19.33	24	−0.15
漾城 2818 线 002 号	19.33	31	−0.19

接地极电位的测量对于接地电阻测量是必要的，在测量接地极电位时以 2 倍散射状杆塔接地网长度为零电位点。接地极电位的具体测量结果和用于补偿电流极回收电流作用的 1/2 边界电位如表 7.14 所示。

表 7.14 衢州地区接地极电位测量结果

杆塔标号	零电位点距离/m	接地极电位/V	1/2 边界电位/V
金全 4U75 线 34 号	60	2.57	−0.08
崇总 1838 线 02 号	50	2.16	−0.17
崇新 1883 线 03 号	50	3.76	−0.12
崇立 1834 线 03 号	50	3.59	−0.13
柚航 1865 线 3 号	40	2.00	−0.14
柚航 1865 线 2 号	30	2.10	−0.25
衢培 2010 线 01 号	30	3.73	−0.14
衢培 2010 线 02 号	30	2.99	−0.21
衢培 2010 线 03 号	30	3.99	−0.35
漾城 2054 线 14 号	60	2.35	−0.07
漾城 2818 线 002 号	60	1.06	−0.10

依据表 7.14 的测量计算结果，可以采用式(7.84)直接计算得到杆塔接电阻。为便于对接地电阻测量结果的对比分析，现场使用三极法和钳表法对接地电阻进行了测量。采用基于格林定理的短距离布极测量方法、直线三极法和钳表法的测量结果如表 7.15 所示。

表 7.15 衢州地区杆塔接地电阻测量值

杆塔标号	三极法/Ω	钳表法/Ω	短距测量方法/Ω
金全 4U75 线 34 号	2.64	2.67	2.65
崇总 1838 线 02 号	2.28	2.36	2.33
崇新 1883 线 03 号	3.88	3.97	3.88

续表

杆塔标号	三极法/Ω	钳表法/Ω	短距测量方法/Ω
崇立 1834 线 03 号	3.66	3.86	3.72
柚航 1865 线 3 号	2.17	2.19	2.14
柚航 1865 线 2 号	2.38	2.47	2.35
衢培 2010 线 01 号	3.84	3.96	3.87
衢培 2010 线 02 号	3.15	3.33	3.20
衢培 2010 线 03 号	4.37	4.45	4.34
漾城 2054 线 14 号	2.37	2.46	2.42
漾城 2818 线 002 号	1.14	1.23	1.16

2. 重庆现场试验

选取重庆地区部分杆塔进行接地电阻测量。考虑到重庆地区复杂特殊的地形特征，主要选择地势较为平坦的大学城和江津地区的部分杆塔进行了接地电阻的现场测试，重庆地区杆塔信息如表 7.16 所示。

表 7.16 重庆地区试验杆塔信息

杆塔标号	杆塔编号	电压等级/kV	投运年限/年
陈学东线 12 号	1	220	5
屏学西线 11 号	2	110	4
屏学东线 12 号	3	110	4
屏学东线 13 号	4	110	5
学山北线 5 号	5	110	3
学中南线 6 号	6	110	4
学中北线 2 号	7	220	8
学山南线 3 号	8	220	9
龙学线 20 号	9	220	7
龙学线 19 号	10	220	4
马土线 7 号	11	220	6

在测量现场，接地极的散射状杆塔接地网长度可通过查阅图纸获取，视为已知量。根据散射状接地极的根开尺寸，电流极布极距离如表 7.17 所示。

表 7.17 重庆地区杆塔尺寸及电流极布极距离

杆塔标号	根开尺寸/m	散射状接地极长度/m	电流极布极距离/m
陈学东线 12 号	8	25	27
屏学西线 11 号	8	25	27
屏学东线 12 号	6	25	27
屏学东线 13 号	7	20	22

续表

杆塔标号	根开尺寸/m	散射状接地极长度/m	电流极布极距离/m
学山北线 5 号	8	20	22
学中南线 6 号	5	15	16
学中北线 2 号	4	15	16
学山南线 3 号	6	20	22
龙学线 20 号	10	30	32
龙学线 19 号	8	25	28
马土线 7 号	10	30	32

为得到回收电流单独作用下的接地极电位，采用 Wenner 法对土壤电阻率进行了现场测量。以测得的土壤电阻率和确定的格林边界参考点为基础，计算了格林边界电位，格林边界参考点的位置选择及电位计算结果如表 7.18 所示。

表 7.18　重庆地区边界参考电位

杆塔标号	边界参考点距离/m	土壤电阻率/(Ω·m)	边界电位/V
陈学东线 12 号	11.67	27	−0.17
屏学西线 11 号	11.67	35	−0.22
屏学东线 12 号	11.00	42	−0.26
屏学东线 13 号	9.67	18	−0.14
学山北线 5 号	10.00	47	−0.37
学中南线 6 号	7.00	41	−0.44
学中北线 2 号	6.67	28	−0.30
学山南线 3 号	9.33	44	−0.34
龙学线 20 号	14.00	37	−0.20
龙学线 19 号	12.00	43	−0.26
马土线 7 号	14.00	42	−0.22

以 2 倍散射状杆塔接地网长度为零电位参考点对布极测量时的实际接地极电位进行测量。接地极电位的具体测量结果和用于补偿电流极回收电流作用的 1/2 边界电位如表 7.19 所示。

表 7.19　重庆地区边界参考电位

杆塔标号	零电位点距离/m	接地极电位/V	1/2 边界电位/V
陈学东线 12 号	50	3.34	3.45
屏学西线 11 号	50	3.21	3.34
屏学东线 12 号	40	2.49	2.56
屏学东线 13 号	40	2.26	2.44
学山北线 5 号	30	3.25	3.47
学中南线 6 号	30	2.49	2.64
学中北线 2 号	40	3.48	3.65

续表

杆塔标号	零电位点距离/m	接地极电位/V	1/2 边界电位/V
学山南线 3 号	60	3.11	3.21
龙学线 20 号	50	3.30	3.43
龙学线 19 号	60	2.07	2.18

根据表 7.19 的测量计算结果和式(7.84)可以计算得到利用短距测量方法测得的杆塔接电阻值。对比采用基于格林定理的短距离布极测量方法、直线三极法和钳表法的测量结果，如表 7.20 所示。

表 7.20 重庆地区杆塔接地电阻测量值

杆塔标号	三极法/Ω	钳表法/Ω	短距测量方法/Ω
陈学东线 12 号	2.55	2.58	2.53
屏学西线 11 号	3.35	3.39	3.45
屏学东线 12 号	3.41	3.57	3.34
屏学东线 13 号	2.62	2.67	2.56
学山北线 5 号	2.38	2.52	2.44
学中南线 6 号	3.45	3.58	3.47
学中北线 2 号	2.67	2.70	2.64
学山南线 3 号	3.59	3.71	3.65
龙学线 20 号	3.28	3.28	3.21
龙学线 19 号	3.39	3.48	3.43
陈学东线 12 号	2.21	2.23	2.18

3. 试验结果分析

将衢州测得的接地电阻值分布绘制成如图 7.43 所示。

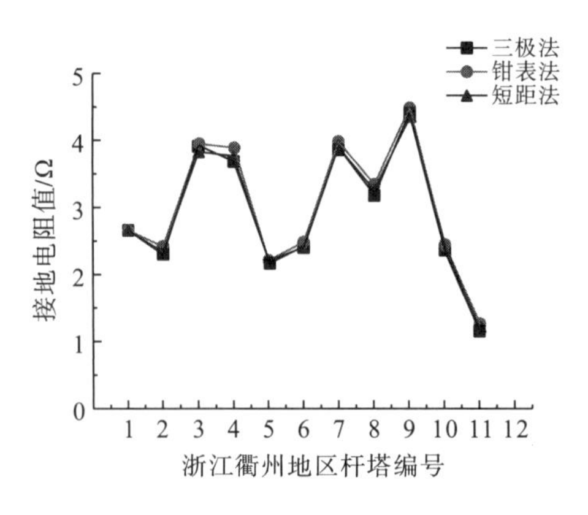

图 7.43 衢州地区杆塔接地电阻测量结果

从图 7.43 中可以看出，使用三极法、钳表法和本章提出的短距离布极测量方法的三条电阻曲线的重合度较高，尤其是三极法和短距离布极测量方法的接地电阻值非常接近，而钳表法比三极法和短距测量方法的接地电阻值略高，这是由于钳表法测得的接地电阻值是被测杆塔接地电阻与其他相邻杆塔接地电阻并联的值。衢州现场试验表明，使用本章提出的测量方法对接地电阻进行测量时具有较高的测量精度，与理论预期结果相吻合。

三极法是目前公认的测量结果较为精确的接地电阻测量方法，若以三极法测得结果为实际杆塔接地电阻的参考值，可以得到钳表法和本章提出的短距测量方法相对于三极法测量结果的相对误差，如图 7.44 所示。

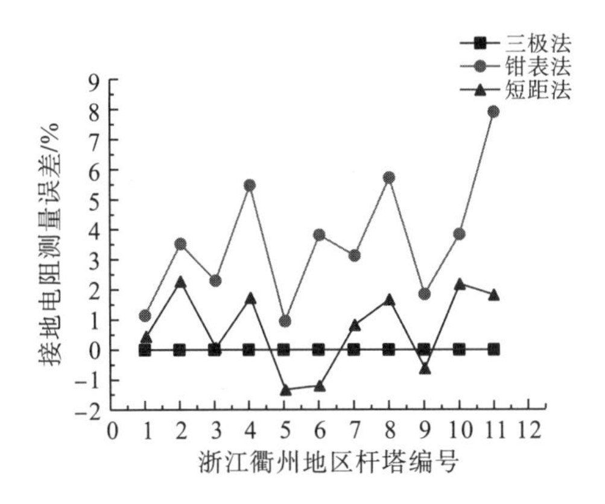

图 7.44　衢州地区接地电阻测量误差

图 7.44 表明，本章提出的短距法相对于三极法的测量误差在 3%以内，而钳表法相对于三极法的测量误差在 8%以内，可见短距法的测量精度相比于钳表法而言更高，并足以满足工程实际需求，充分证明了基于格林定理的短距离布极测量方法的准确性和可靠性。

同样，为直观分析重庆地区的测量结果，将重庆地区测得的接地电阻值绘制成图 7.45。

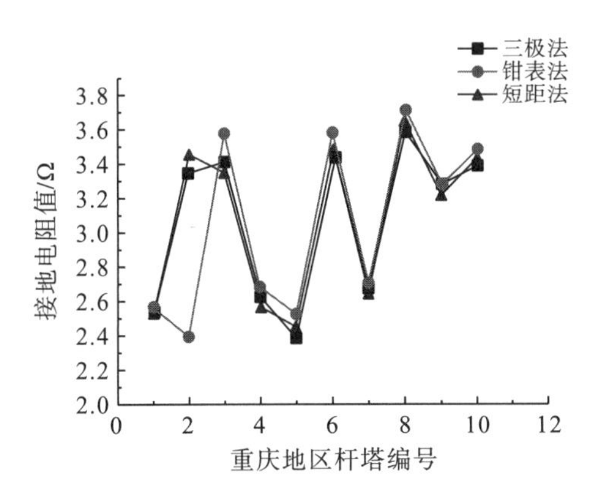

图 7.45　重庆地区杆塔接地电阻测量结果

和衢州现场测量结果情况类似，使用三极法、钳表法和本章提出的短距离布极测量方法的三条测量结果曲线具有较高的重合度，钳表法的测量值依旧比其余两种测量方法的测量结果略高，这是钳表法测量原理所决定的，符合理论分析结果。重庆的现场试验结果表明，使用本章提出的基于格林定理的短距离布极测量方法能够得到较为精确的测量结果。为进一步分析本章提出的方法的测量误差，以三极法测量结果为标准接地电阻值来计算钳表法和本章提出方法的测量误差，其相对误差分布如图 7.46 所示。

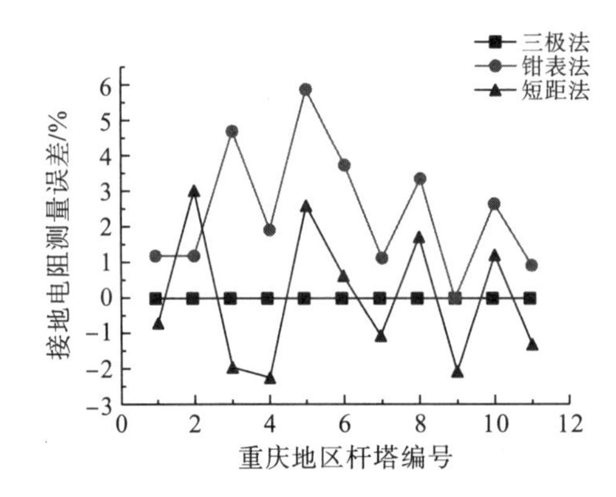

图 7.46 重庆地区接地电阻测量误差

图 7.46 表明，在重庆地区使用本章提出的短距法获取的接地电阻的测量误差基本在 3%以内，测量误差较小，而钳表法相对于三极法的测量误差在 6%以内，钳表法测量原理的局限性决定了其测量精度较低。重庆地区的现场测量结果说明使用本章提出的测量方法对杆塔接地电阻进行测量时其测量误差能够满足工程实际需求，充分证明了该方法的准确性和可靠性。

浙江衢州和重庆地区的现场测量结果均表明，本章提出的基于格林定理的短距离布极测量杆塔接地电阻方法与传统三极法的测量结果十分接近，该方法能有效缩短电极布极距离，并保障其测量精度，对塔基周围复杂地形具有更好的适应性。

参考文献

[1] 李汉明, 王建国, 梁义明, 等. 钳表法测量线路杆塔接地电阻的误差分析[J]. 高电压技术, 2002(6): 48-49.

[2] 张天亮. 杆塔接地电阻监测系统的研究[D]. 济南: 山东建筑大学, 2012.

[3] 郭昆亚. 输电线路杆塔接地电阻测量方法研究[D]. 保定: 华北电力大学(河北), 2008.

[4] 卞志文. 基于 CDEGS 对多辅助电流极法测量地网接地电阻的研究[D]. 武汉: 华中科技大学, 2011.

[5] Dawalibi F, Mukhedkar D. Ground electrode resistance measurements in non uniform soils[J]. IEEE Transactions on Power Apparatus & Systems, 1974, 93(1): 109-115.

[6] Li M T.The measurement of grounding resistance based on third-order cumulant measuring method[J]. International Conference on Signal Processing, 1996, 1(3): 572-575.

[7] 江川. 高压杆塔接地电阻扫频式测量方法及实验研究[D]. 重庆: 重庆大学, 2012.

[8] 吴昊. 杆塔接地电阻准确测量方法及实验研究[D]. 重庆: 重庆大学, 2016.

[9] 向睿. 杆塔接地极腐蚀程度诊断装置及应用研究[D]. 重庆: 重庆大学, 2018.

[10] 李景禄.实用电力接地技术[M].北京: 中国电力出版社, 2002.

[11] 许晓. 多频电流注入式杆塔接地电阻测量装置及应用研究[D]. 重庆: 重庆大学, 2015.

[12] 张启华. 用高频并联法测量杆塔接地电阻的技术及装置[J]. 高电压技术, 2007(1): 194-195.

[13] 徐伟, 刘浔. 考虑火花效应时杆塔接地装置冲击特性的研究[J]. 广东电力, 2014(8): 80-84.

[14] 中国电力企业联合会.交流电气装置的接地设计规范:GB/T 50065-2011.北京: 中国计划出版社.

[15] 张殿生.电力工程高压送电线路设计手册[M]. 北京: 中国电力出版社, 2002.

[16] 中华人民共和国国家质量监督检验检疫总局, 中国国家标准化管理委员会.光纤试验方法规范: GB/T 15972.10-2008[S]. 北京: 中国标准出版社, 2008.

[17] 中华人民共和国国家发展和改革委员会.杆塔工频接地电阻测量: DL/T887-2004[S]. 北京: 中国电力出版社, 2005.

[18] 孙鹏焰, 孟遂民. 多辅助电流极法测量地网接地电阻的研究[J]. 电力学报, 2011, 26(3): 186-91.

[19] 邓军. 基于边界元法的变电站内工频电场计算方法研究[D]. 重庆: 重庆大学, 2010.

[20] 许峰, 张丽丽. 边界存在奇点时推广的格林公式[J]. 教育教学论坛, 2019(52): 221-2.

[21] 刘凤姣, 孟志强, 杨加艳, 等. 雷灾防御中基于多种土壤电阻率测量方法的土壤结构反演研究[J]. 灾害学, 2019, 34(3): 31-5.

第八章 杆塔冲击接地电阻的测量方法

输电线路杆塔的接地装置主要具备防雷作用。避雷线架设于输电线路上方，采用分段接地，或逐基接地的方式通过杆塔和杆塔接地网连接。杆塔接地网需要具备良好的冲击暂态接地性能才能给避雷线提供可靠的避雷性能。冲击接地电阻是反映杆塔接地网冲击接地性能的重要参数。冲击接地电阻过大会导致输电杆塔电位瞬间过高，引起雷击跳闸事故。因此，准确测量杆塔接地网的冲击接地电阻，具有重要的工程意义。

冲击接地电阻和雷电流、土壤介质等因素密切相关，本章介绍雷电流的频域特性、土壤介质的频域特性、两类经典冲击接地电阻测量方法(场试验测量法和冲击系数近似法)。然而，经典测量方法存在测量成本过高、结果不准确等不足。因此，进一步介绍了一种改进的基于离散异频的冲击接地电阻测量方法。

8.1 雷电流的频域特性

8.1.1 雷电流频域分析基本理论

自然界中的雷电流含有频率较高的交流分量，雷电流的高频电流分量和巨大的能量给杆塔接地网冲击接地电阻的测量带来较大难度。本节基于傅里叶变换基本理论，研究不同波形参数的雷电流离散频谱特性和能量特性[1,2]，确定不同波形参数雷电流幅值和能量主要集中的频率范围，为计算接地极的频域响应提供离散频率点和频域范围。

傅里叶变换是以时间为自变量的信号和以频率为自变量的频谱函数之间的变换关系。傅里叶展开式中的加权系数称为信号的频谱，并且时域信号与其频谱之间构成一一对应关系。其中周期信号 $x(t)$ 是定义在 $(-\infty,+\infty)$，每隔一定时间 T 按相同规律重复变化的信号。周期信号满足等式 $x(t)=x(t+mT)$，式中 m 为任意整数，时间 T 称为该信号的周期[3,4]。

根据信号分解的正交函数理论，周期信号在区间 (t_0,t_0+T) 可以展开为完备正交信号空间中的无穷级数。满足狄利克雷(Dirichlet)条件的连续信号可以展开成傅里叶级数，设有周期信号 $x(t)$，周期为 T，角频率为 $\omega_0=2\pi/T$ 。$x(t)$ 可分解为

$$x(t)=a_0+\sum_{k=1}^{\infty}\left[a_k\cos(k\omega_0 t)+b_k\sin(k\omega_0 t)\right] \tag{8.1}$$

式中，a_k 和 b_k 称为傅里叶系数。其中直流分量、余弦分量幅值和正弦分量幅值为

$$\begin{cases} a_0 = \dfrac{1}{T}\displaystyle\int_{t_0}^{t_0+T} x(t)\mathrm{d}t \\ a_k = \dfrac{2}{T}\displaystyle\int_{t_0}^{t_0+T} x(t)\cos(k\omega_0 t)\mathrm{d}t, k=1,2,\cdots \\ b_k = \dfrac{2}{T}\displaystyle\int_{t_0}^{t_0+T} x(t)\sin(k\omega_0 t)\mathrm{d}t, k=1,2,\cdots \end{cases} \tag{8.2}$$

式(8.2)表示任何连续周期信号都可以分解为直流分量和一系列正、余弦分量。其中，第一项是常数项，正、余弦分量的频率是原周期信号频率的整数倍。通常把f_0的分量称为基波，频率为 $2f_0$、$3f_0$、… 的分量分别称为二次谐波、三次谐波、…，根据欧拉公式可用指数形式来表示三角函数：

$$\begin{cases} \cos(k\omega_0 t) = \dfrac{1}{2}(\mathrm{e}^{\mathrm{j}k\omega_0 t} + \mathrm{e}^{-\mathrm{j}k\omega_0 t}) \\ \sin(k\omega_0 t) = \dfrac{1}{2\mathrm{j}}(\mathrm{e}^{\mathrm{j}k\omega_0 t} - \mathrm{e}^{-\mathrm{j}k\omega_0 t}) \end{cases} \tag{8.3}$$

将式(8.3)代入式(8.1)可得

$$x(t) = a_0\sum_{k=1}^{\infty}\left[\frac{a_k - \mathrm{j}b_k}{2}\mathrm{e}^{\mathrm{j}k\omega_0 t} + \frac{a_k + \mathrm{j}b_k}{2}\mathrm{e}^{-\mathrm{j}k\omega_0 t}\right] \tag{8.4}$$

令 $c_k = \dfrac{a_k - \mathrm{j}b_k}{2}$，由于 $a_k = a_{-k}, b_k = -b_{-k}$，故 $c_{-k} = \dfrac{a_k + \mathrm{j}b_k}{2}$。代入式(8.4)可得

$$x(t) = a_0 + \sum_{k=1}^{\infty}(c_k\mathrm{e}^{\mathrm{j}k\omega_0 t} + c_{-k}\mathrm{e}^{-\mathrm{j}k\omega_0 t}) \tag{8.5}$$

考虑到 $\displaystyle\sum_{k=1}^{\infty} c_{-k}\mathrm{e}^{-\mathrm{j}k\omega_0 t} = \sum_{k=-\infty}^{-1} c_k\mathrm{e}^{\mathrm{j}k\omega_0 t}$，令 $c_0=a_0$ 可得连续周期信号的指数傅里叶级数：

$$x(t) = \sum_{k=-\infty}^{\infty} c_k\mathrm{e}^{\mathrm{j}k\omega_0 t} \tag{8.6}$$

c_k 为连续信号的复傅里叶系数，表示为 $c_k = |c_k|\cdot\mathrm{e}^{\mathrm{j}\varphi k}$，其中 $|c_k|$ 反映连续信号中谐波频率为 $k\omega_0$ 的各次谐波信号的幅值，φ_k 反映各次谐波的相位。其频谱为

$$c_k = \frac{1}{T}\int_{-\frac{T}{2}}^{\frac{T}{2}} x(t)\mathrm{e}^{-\mathrm{j}k\omega_0 t}\mathrm{d}t \tag{8.7}$$

当周期信号的周期 T 无限大时，周期信号就转化为非周期的单脉冲信号 $\bar{x}(t)$，可以把非周期信号看成是周期 T 趋于无限大的周期信号，见图 8.1。

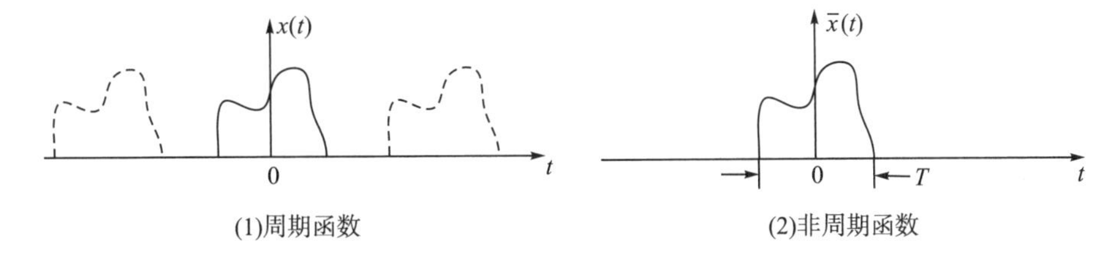

图 8.1　周期函数转化为非周期函数

当信号的周期 T 增大时，谱线间隔 ω_0 变小，若周期 T 趋于无限大，则谱线间隔趋于无限小，离散频谱就变成连续谱了。同时，谱线的长度也趋于无穷小，为了避免在一系列无穷小量中讨论频谱关系，将式(8.7)两边同乘 T 得

$$c_k T = \frac{2\pi c_k}{\omega_0} = \frac{1}{T}\int_{-\frac{T}{2}}^{\frac{T}{2}} x(t)\mathrm{e}^{-\mathrm{j}k\omega_0 t}\mathrm{d}t \tag{8.8}$$

在 $T \to \infty$ 的极限情况下，式(8.8)中的各分量将作如下改变：

$$\begin{cases} T \to \infty \\ \omega_0 = 2\pi / T \to \Delta\omega \to \mathrm{d}\omega \\ k\omega_0 \to k\Delta\omega \to \omega \end{cases} \tag{8.9}$$

同时，$c_k \to 0$，但 $\dfrac{2\pi c_k}{\omega_0}$ 趋近于有限值，且变成一个连续函数，记作 $X(\omega)$。即

$$X(\omega) = \lim_{\omega_0 \to 0}\frac{2\pi c_k}{\omega_0} = \lim_{T\to\infty} c_k T = \lim_{T\to\infty}\int_{-\frac{T}{2}}^{\frac{T}{2}} x(t)\mathrm{e}^{-\mathrm{j}k\omega_0 t}\mathrm{d}t = \int_{-\infty}^{\infty} x(t)\mathrm{e}^{-\mathrm{j}\omega t}\mathrm{d}t \tag{8.10}$$

由式(8.10)可见，$X(\mathrm{j}\omega)$ 是周期函数 $x(t)$ 的周期和频率为 $\omega = k\omega_0$ 分量复振幅的乘积，称为非周期函数 $\bar{x}(t)$ 的频谱密度函数。频谱密度函数 $X(\omega)$ 一般为复函数，可以写为 $X(\omega) = |X(\omega)|\mathrm{e}^{\mathrm{j}\arg x(\omega)}$，频谱密度函数的模 $|X(\omega)|$ 表示非周期信号中频率分量的相对大小，而幅角 $\arg X(\omega)$ 则表示各个频率分量的相位。由式(8.10)可知，当信号周期趋于无限大时，虽然各频率分量的振幅趋于无穷但并不为零，且具有一定的比例关系。非周期信号的频谱密度函数与相同波形的周期信号的复指数频谱包络线具有相似的形状，但幅值不同。

为得到雷电流函数的离散频谱和各次谐波分量的幅值和相位情况，对雷电流函数进行周期延拓，按照周期连续信号的展开公式对表征雷电流的双指数函数进行傅里叶级数展开，根据式(8.12)可计算出连续雷电流信号 $I(t)$ 的傅里叶级数展开式。

$$c_0 = a_0 = \frac{1}{T}\int_0^T MI_\mathrm{m}\left(\mathrm{e}^{-\alpha t} - \mathrm{e}^{-\beta t}\right)\mathrm{d}t = \frac{MI_\mathrm{m}}{T}\left[\frac{1}{\alpha}\left(1-\mathrm{e}^{-\alpha T}\right) - \frac{1}{\beta}\left(1-\mathrm{e}^{-\beta T}\right)\right] \tag{8.11}$$

$$c_k = \frac{a_k - \mathrm{j}b_k}{2} = \frac{1}{T}\int_{t_0}^{t_0+T} MI_\mathrm{m}\left(\mathrm{e}^{-\alpha t} - \mathrm{e}^{-\beta t}\right)\mathrm{e}^{-\mathrm{j}k\omega_0 t}\mathrm{d}t \quad (k = 1,2,\cdots,n) \tag{8.12}$$

8.1.2 雷电流连续频谱特性

为在仿真计算中充分考虑电感效应对接地极冲击特征的影响，雷电流参数应满足波前时间足够短、上升沿足够陡等要求。本章选择 3 种不同波形的雷电流双指数函数：①波形 1 为雷电流初次波的典型波形，具有波前时间短、峰值小的特点，主要适用于考虑电感效应显著的场合；②波形 2 为我国电力行业规定采用的雷电流波形，主要应用于输电线路的防雷设计；③波形 3 为典型雷电击穿大地引起的电磁脉冲感应过电压，主要适用于测试间接浪涌保护器。雷电流一般用双指数函数表示，三种雷电流的波形参数如表 8.1 所示。

表 8.1　雷电流波形参数

类型	波前时间/ μs	半峰值时间/ μs	幅值/kA	双指数函数表达式
波形 1	0.8	48	30	$33112\times(e^{-14725t}-e^{-785609t})$
波形 2	8.6	50	10	$10474\times(e^{-14790t}-e^{-1877833t})$
波形 3	8	20	12	$54288\times(e^{-90719t}-e^{-166988t})$

为研究不同波形参数的雷电流幅值分布特性和能量分布特性，对表 8.1 所示的第一种雷电流波形函数进行正向傅里叶变换，即将表征波形 1 雷电流的双指数函数代入式(8.11)和式(8.12)可得到其连续频谱图，非周期连续雷电流的时域图和频谱图如图 8.2 所示。

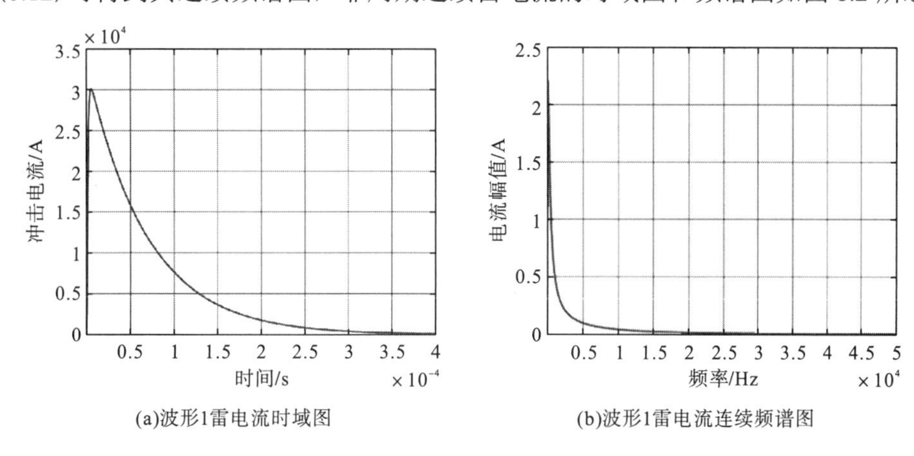

(a)波形1雷电流时域图　　(b)波形1雷电流连续频谱图

图 8.2　0.8/48μs 波形参数的雷电流时域图和频谱图

频谱特性是反映非周期信号的重要特征，可以表征该信号的频率成分及各频率成分的相对关系，由图 8.2(b)可知波形 1 雷电流频率分量主要集中在低频范围，且主要集中在 0～10kHz 的频率范围内。

同样需要研究波形 2 雷电流的频谱特性，将表征波形 2 雷电流的双指数函数代入式(8.11)和式(8.12)可得到其连续频谱图，非周期连续雷电流的时域图和频谱图如图 8.3 所示。

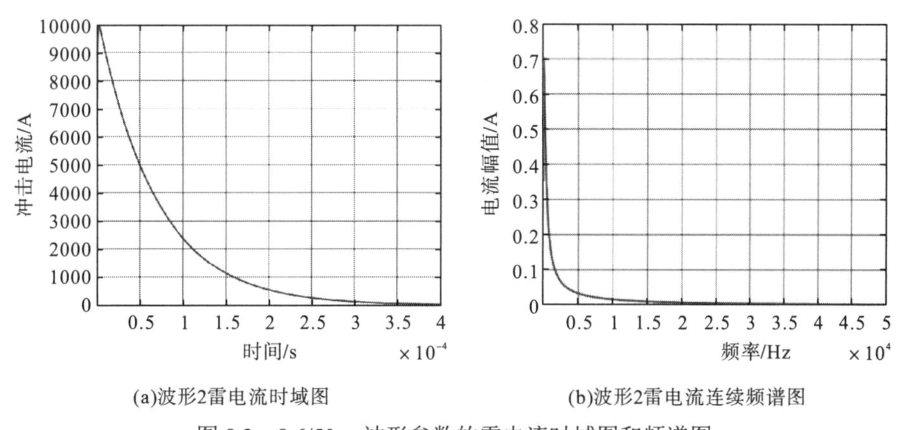

(a)波形2雷电流时域图　　(b)波形2雷电流连续频谱图

图 8.3　8.6/50μs 波形参数的雷电流时域图和频谱图

连续信号的频谱图可以反映信号频率分量的相对大小，由图 8.3 可知，8.6/50μs 的雷电流波形的频率分量同样主要集中在低频范围，且主要集中在 0～10kHz 的频率范围内。

同样对波形 3 雷电流进行傅里叶变换，将表征波形 3 雷电流的双指数函数代入式(8.11)和式(8.12)可得到其连续频谱图，非周期连续雷电流的时域图和频谱图如图 8.4 所示。

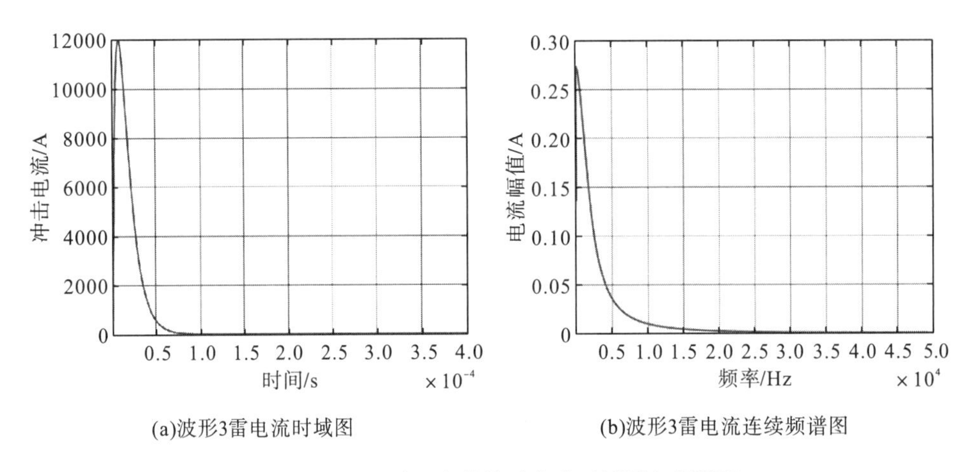

(a)波形3雷电流时域图　　(b)波形3雷电流连续频谱图

图 8.4　8/20μs 波形参数的雷电流时域图和频谱图

波形 3 的雷电流连续频谱图可以表征其频率分量的相对比例，由图 8.4 可知，波形 3 的雷电流频率分量主要集中在低频范围，即 0~10kHz 的频率范围内。

综上分析，3 种波形参数的雷电流频率分量均主要集中在低频范围，即 0～10kHz 范围内。连续频谱特性是非周期信号的重要特征，但其频谱图不能准确反映各个频率分量的电流幅值大小，只能表征其相对比例。为得到 3 种雷电流频率分量的具体电流幅值大小，有必要对非周期连续的雷电流进行周期延拓，并分析雷电流的离散频谱特性。

8.1.3　雷电流离散频谱特性

在非周期连续雷电流函数时域图中可以看到，时间越长，表征雷电流特征的双指数函数幅值减小。表 8.2 表示当时间为 400μs 时，3 种波形参数的雷电流幅值大小。

表 8.2　3 种波形雷电流在 t=400μs 时的电流幅值大小

波形参数	电流幅值/A
0.8/48	0.0916
8.6/50	0.0283
8/20	0.0019

由表 8.2 可知，当时间为 400μs 时 3 种波形参数的雷电流幅值均趋为零。根据连续周期信号的定义可知，满足 $x(t)=x(t+mT)$ 关系的最小 T 即为信号的重复周期。由图 8.2、图 8.3 和图 8.4 可知，满足 3 种不同波形参数的雷电流最小周期为 400μs。因此对函数进行周期延拓时选择雷电流周期 T=400μs，经过周期延拓的 3 种雷电流如图 8.5 所示。

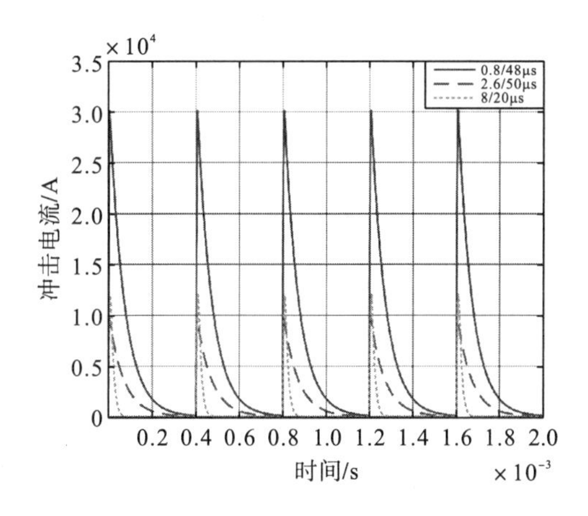

图 8.5 3 种雷电流周期延拓时域图

对经过周期延拓的雷电流进行傅里叶变换，可得 3 种周期连续雷电流的离散频谱图，如图 8.6 所示。

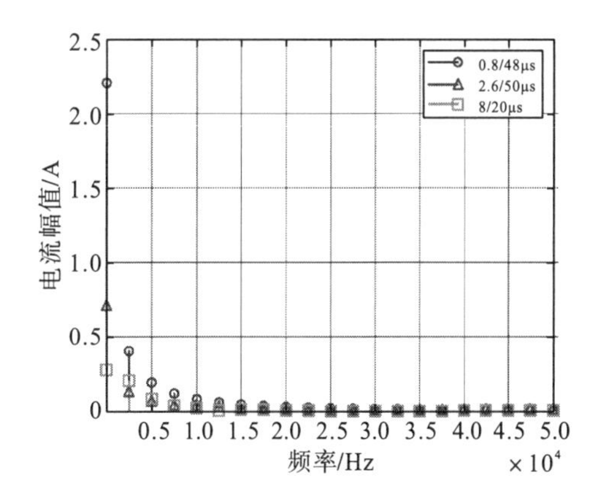

图 8.6 3 种雷电流的离散频谱图

由图 8.6 可知，经过周期延拓后的雷电流基波频率 $f_0 = 1/T = 2.5\text{kHz}$，则雷电流离散频谱图谱线间隔为 8.5kHz，离散频谱图的幅值即各频率分量对应的实际电流幅值。随着谐波频率 kf_0 增大，幅度值随频率的增加不断衰减并最终趋于零。从周期连续雷电流信号的离散频谱图可见，频率越高，电流幅值越趋于零。雷电流的幅值主要集中在低频段，三种波形参数的雷电流幅值均主要集中在 0～10kHz 频率范围内。

8.1.4 雷电流离散频域范围确定

为得到更为准确的雷电流能量集中的频率范围，现对 3 种雷电流波形进行能量谱分析。研究雷电流信号在 1Ω 电阻上所消耗的能量，也称为归一化能量。电流信号在 1Ω 电阻上的瞬时功率为 $|I(t)|^2$，则电流信号 $I(t)$ 能量定义为

$$W = \int_{-T/2}^{T/2} |I(t)|^2 \mathrm{d}t = \int_{-T/2}^{T/2} I(t) \cdot I^*(t) \mathrm{d}t \tag{8.13}$$

连续周期雷电流 $I(t)$ 经过正向傅里叶变换可以用指数形式表示，将雷电流指数形式的傅里叶级数代入式(8.13)，得

$$W=\int_{-T/2}^{T/2}\left|I(t)\right|^2\mathrm{d}t=\int_{-T/2}^{T/2}I(t)\cdot I^*(t)\mathrm{d}t=\int_{-T/2}^{T/2}I^*(t)\sum_{k=-\infty}^{\infty}c_k\mathrm{e}^{\mathrm{j}k\omega_0 t}\mathrm{d}t \tag{8.14}$$

交换式(8.14)的求和与积分次序，得

$$W=\sum_{k=-\infty}^{\infty}c_k\int_{-T/2}^{T/2}I^*(t)\mathrm{e}^{\mathrm{j}k\omega_0 t}\mathrm{d}t=\sum_{k=-\infty}^{\infty}c_k\left(\int_{-T/2}^{T/2}I(t)\mathrm{e}^{-\mathrm{j}k\omega_0 t}\mathrm{d}t\right)^*=\sum_{k=-\infty}^{\infty}c_kc_k^*=\sum_{k=-\infty}^{\infty}\left|c_k\right|^2 \tag{8.15}$$

式(8.15)称为帕塞瓦尔(Parseval)功率守恒定理，该式表明，连续周期的雷电流在时域中的能量等于在频域中各次谐波分量的能量之和，即雷电流经傅里叶变换后总功率保持不变，符合能量守恒定律。对实周期信号，因为存在 $c_k=c_{-k}$，有

$$W=\int_{-T/2}^{T/2}\left|x(t)\right|^2\mathrm{d}t=\sum_{k=-\infty}^{\infty}\left|c_k\right|^2=\left|c_0\right|+2\sum_{k=1}^{\infty}\left|c_k\right|^2 \tag{8.16}$$

将不同波形参数雷电流的正向傅里叶系数，即 c_0 和 c_k 的值代入式(8.16)可得雷电流的总能量。

$$\begin{aligned}W=&\left|c_0\right|+2\sum_{k=1}^{\infty}\left|c_k\right|^2=\left|\frac{MI_\mathrm{m}}{T}\right|\left[\frac{1}{\alpha}(1-\mathrm{e}^{-\alpha T})-\frac{1}{\beta}(1-\mathrm{e}^{-\beta T})\right]\\&+2\sum_{k=1}^{\infty}\left|\frac{MI_\mathrm{m}}{T}\right|\left[\frac{1}{\alpha+\mathrm{j}k\omega_0}\left(1-\mathrm{e}^{-(\alpha+\mathrm{j}k\omega_0)T}\right)\right]-\frac{1}{\beta+\mathrm{j}k\omega_0}\left(1-\mathrm{e}^{-(\beta+\mathrm{j}k\omega_0)T}\right)\end{aligned} \tag{8.17}$$

将 3 种波形的 α、β 代入公式(8.17)，可得 3 种波形参数雷电流的总能量，同理可求出雷电流在不同频率范围内的能量占总能量的百分比，不同波形参数雷电流的能量占比图如图 8.7 所示。

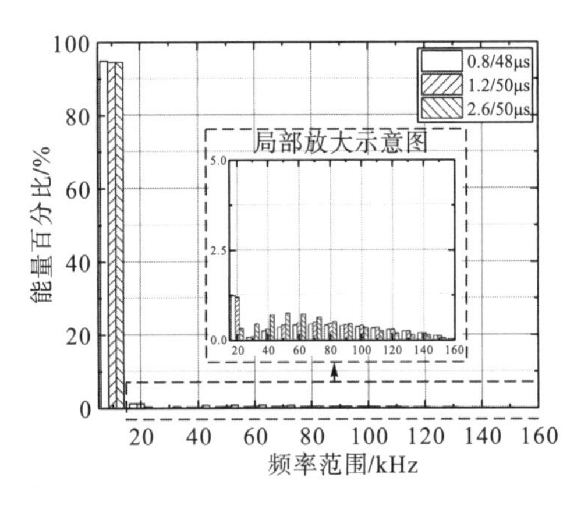

图 8.7 不同波形参数雷电流能量占比图

由图 8.7 可知，3 种波形雷电流的能量均主要集中在低频范围内，在 0～10kHz 频率范围内，雷电流的能量比例均达到 90%以上。其中，3 种不同波形的雷电流在 10kHz 频率范围内的能量占比分别为 94.7%、94.4%和 94.5%，远大于其他频率范围内的能量占比。

综上分析，经过周期延拓的雷电流基波频率为 8.5kHz，3 种波形参数雷电流的频谱图和能量占比图均有集中分布在低频范围的特性，且主要集中在 0～10kHz 范围以内。在该

频率范围内的谐波分量为 $f_0 \sim f_3$，计算接地极电阻频域响应时，只需计算频率范围内谐波分量的阻抗响应即可计算出接地极的冲击电压响应，不同波形参数雷电流的谐波分量电流大小如表 8.3 所示。

表 8.3　三种波形参数的雷电流在不同频率点下电流幅值大小　（单位：A）

频率点	0.8/48μs	8.6/50μs	8/20μs
f_0	8.06	0.71	0.27
f_1	0.38	0.07	0.19
f_2	0.19	0.03	0.07
f_3	0.13	0.02	0.03

8.2　土壤介质的频域特性

8.2.1　土壤介质的频散原理

土壤是由固体颗粒、水分和空气组成的复杂介质，水分和空气常常存在于固体颗粒与颗粒之间，其中水分和空气形成了简单的回路通道。在冲击电流通过接地极向土壤进行散流的过程中，由于电流能量巨大，土壤会被电离甚至被击穿，土壤电阻率和介电常数会发生变化[5]。

冲击电流在通过接地极进行散流时，由于土壤间隙的复杂介质，泄漏电流密度可分为位移电流密度 J_d 和传导电流密度 J_c。两种电流满足：

$$\nabla \times \boldsymbol{H}=\boldsymbol{J}_d+\boldsymbol{J}_c=\sigma\boldsymbol{E}+\frac{\partial(\varepsilon\boldsymbol{E})}{\partial t} \tag{8.18}$$

其中，$\boldsymbol{H}$ 为土壤中的磁场强度；$\boldsymbol{E}$ 为土壤中的电场强度；σ 和 ε 分别为土壤电导率和介电常数。在频域中，总电流密度为

$$\boldsymbol{J}_d+\mathrm{j}\boldsymbol{J}_c=\sigma\boldsymbol{E}+\mathrm{j}\omega\varepsilon\boldsymbol{E} \tag{8.19}$$

由式(8.19)可知，土壤的电导率和位移电流引起的热损失有关，而介电常数与传导电流有关，表示了极化过程中电荷在介质中受到的束缚大小。而介电常数是复数，如式(8.20)所示：

$$\varepsilon=\varepsilon_s-\mathrm{j}\varepsilon_x \tag{8.20}$$

介电常数的实部分量 ε_s 表示土壤的纯极化率，而虚部分量 ε_x 表示极化过程中发生的损耗。在低频范围内，电场变化较为缓慢，对极化过程起推动作用；随着电流频率的上升，某些呈现惯性矩的极化过程不再能够跟随电场的变化而产生极化。随着频率的增加，极化现象不明显，使得 ε_s 的数值逐渐降低。如图 8.8 所示，能量的减小不是跃变的，而是持续一个频率间隔，即在每一个频率过渡段都会存在能量损耗。

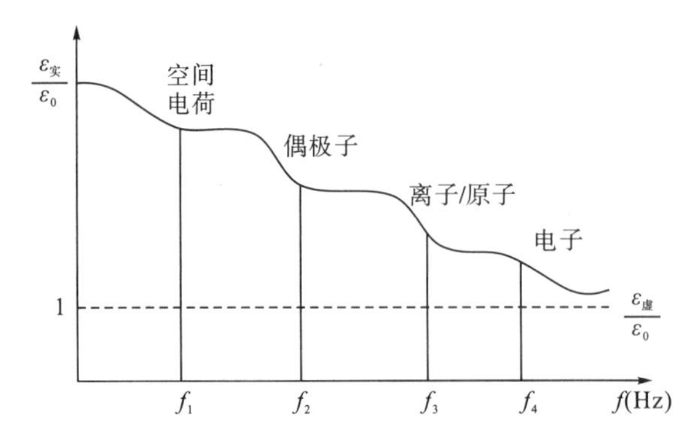

图 8.8 介电常数频率变化趋势图

由图 8.8 可知，在几赫兹到几兆赫兹范围内和极化现象有关的几个过程决定了 ε_s 长时间的连续下降。而 ε_x 的值在整个频率范围内基本保持不变。将式(8.20)代入全电流定律，有

$$\nabla\times\boldsymbol{H}=\sigma_0\boldsymbol{E}+\mathrm{j}\omega\left(\varepsilon_s-\mathrm{j}\varepsilon_x\right)\boldsymbol{E}=\left(\sigma_0+\omega\varepsilon_x\right)\boldsymbol{E}+\mathrm{j}\varepsilon_s\boldsymbol{E}=\sigma_e\boldsymbol{E}+\mathrm{j}\varepsilon_s\boldsymbol{E} \tag{8.21}$$

由式(8.21)可知，土壤等效电导率 $\sigma_e=\sigma_0+\omega\varepsilon_x$，相对介电常数 $\varepsilon=\varepsilon_s$，且随着冲击电流频率的增加，土壤的等效电导率增加，相对介电常数则不断降低。

8.2.2 土壤电阻率和介电常数计算方法

为了得到土壤电阻率和相对介电常数、频率之间的具体关系，需要进行大量的实验。近些年，Visacro 和他的团队致力于研究土壤参数和注入电流频率之间的关系。Visacro 在 5 个月的时间内测量了 31 个地区的土壤参数在不同频率下的变化趋势，根据测量的数据拟合出土壤电气参数和频率的函数关系式，以预测土壤参数的变化[6,7]。根据土壤等效电导率 $\sigma_e=\sigma_0+\omega\varepsilon_x$ 可知，土壤等效电导率是由初始土壤电导率和极化过程中损失的相关频率分量 $\sigma_\omega=\omega\varepsilon_x$ 组成。因此电导率的变化可通过研究其相对分量增量 σ_ω/σ_0 来表示，为得到准确的土壤电导率增量情况，采用两个独立函数 h 和 g 来表征相对分量增量，如下：

$$\frac{\sigma_\varepsilon(\omega)}{\sigma_0}=h(\sigma_0)\cdot g(\omega) \tag{8.22}$$

通过拟合测量数据可得到 h 和 g 函数的具体表达式，如下：

$$\begin{cases}h(\sigma_0)=1.5\cdot\sigma_0^{-0.73}\\ g(f)=\left(\dfrac{f-100}{10^6}\right)^{0.65}\end{cases} \tag{8.23}$$

根据测量的数据可知，土壤相对介电常数的频变特性在低频范围内变化不大，进而得到频率范围为 100Hz～4MHz 的土壤电阻率和相对介电常数 ε_r 分别为

$$\begin{cases}\rho(f)=\rho_0\left\{1+\left[1.2\cdot10^{-6}\cdot\rho_0^{0.73}\right]\cdot\left[\left(f-100\right)^{0.65}\right]\right\}^{-1}, & f=100\text{Hz}\sim10\text{kHz}\\ \varepsilon_r(f)=7.6\cdot10^3\cdot f^{-0.4}+1.3, & f=10\text{kHz}\sim4\text{MHz}\end{cases} \tag{8.24}$$

式中，ρ_0为注入电流频率为100Hz时的土壤电阻率；ρ为土壤电阻率；f为注入电流频率。由式(8.24)可知，当电流频率超过10kHz时，土壤的相对介电常数发生变化。根据8.1节分析结果可知，雷电流能量和频谱主要集中于0～10kHz频率范围之内，可认为在该频率范围内，土壤介电常数是不发生变化的。假设ρ_0=100Ω·m，根据式(8.24)可知在0～10kHz频率范围内，土壤电阻率的变化如图8.9所示。

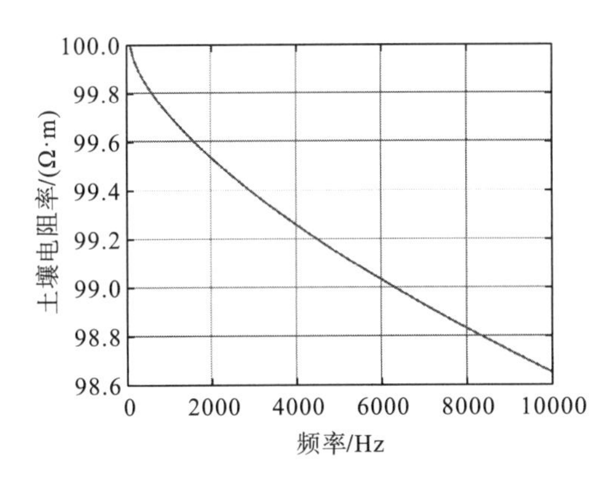

图8.9 土壤电阻率的频变特性

由图8.9可知，土壤电阻率随频率的增加逐渐减小，注入电流频率从100Hz增加至10kHz土壤电阻率仅减小了约1.3Ω·m。故在0～10kHz的接地阻抗响应计算频率范围内，可认为土壤电阻率和相对介电常数基本不发生变化。

8.3 经典冲击接地电阻测量法

8.3.1 试验测量法

试验测量法采用雷电流型号发生器模拟真实雷电流，并通过设备测量杆塔接地网上的暂态响应电压，通过对比激励电流和暂态响应电压容易得到杆塔接地网的冲击接地电阻。该方法存在以下两方面缺点：第一，雷电流的波前时间在微秒级别，该类信号发生器通常体积庞大、造价高昂，并且波前时间越短，造价越高。输电杆塔通常架设在各种复杂地形中，现场测量通常难以携带如此大体积的设备。第二，雷电流和冲击电压峰值通常均出现在几十微秒内，测量过程对激励设备和测量设备的同步性提出了较高要求。该方法的优点是可以最大程度上模拟真实的杆塔接地网冲击响应过程，但工程上通常并不采用该方法进行冲击接地电阻测量。

尽管该方法在现场难以实施，但在实验室内仍具有一定科研价值。目前在国内，重庆大学、西南交通大学等多家单位采用类似原理搭建了接地网的冲击试验平台[8-10]。重庆大学冲击接地实验平台如图8.10所示。

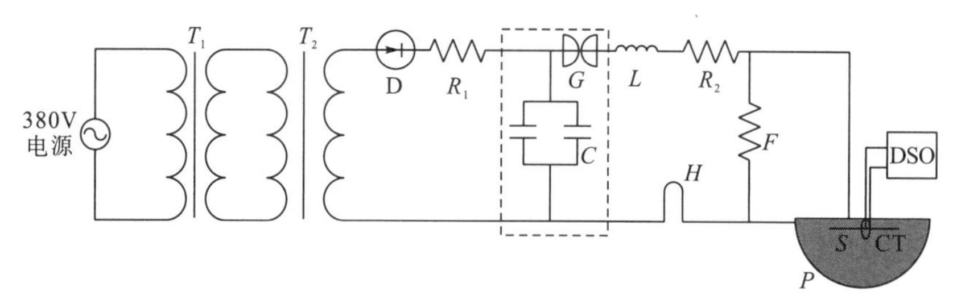

(a)原理图

(b)实物图

图 8.10 冲击接地试验平台

图 8.10 中，T_1 为 3kVA 的调压器，T_2 为 380kV/45kV 的升压变压器，D 为最大允许电流为 1A 的高压整流器，R_1 为保护水阻，C 为充电电容组，G 为点火球隙，L 为 38.97μH 的调波电感，R_2 为 6Ω 的调波电阻，F 为电阻分压器，H 为管式分流器，S 为待测样品；P 为直径 5m 的半球形沙池，外部为 8.5mm 的钢板，作为回流极并模拟无穷远处；CT 为皮尔逊(Pearson)电流传感器，DSO 为高压数字示波器。

模拟实验平台能够比较准确地测量小尺寸接地极的冲击接地电阻，但仍存在一些不足之处。对于接地研究而言，实验室环境通常很难真实还原出实际接地网附近的复杂土壤情况。以图 8.10 中的沙池为例，沙池外部的钢板为模拟无穷远处，此处显然产生了截断误差。为了保持测量准确度，接地极尺寸需要是圆形沙池半径的 1/10～1/5，限制了待测接地极的尺寸。

8.3.2 冲击系数近似法

对于冲击接地电阻的测量而言，工频接地电阻的测量方法更为成熟便捷。在实际接地工程中，通常根据土壤环境因素定义一个冲击系数，近似认为冲击接地电阻为工频接地电阻和冲击系数的乘积，该方法称为冲击系数近似法，其表达式为

$$R_{ch} = \alpha R_{50Hz} \tag{8.25}$$

式中，R_{ch} 为冲击接地电阻；α 为冲击系数；R_{50Hz} 为工频接地电阻。R_{50Hz} 可通过章节 7.1 中的三极法进行测量。冲击系数 α 的计算需要基于杆塔接地网的工频接地电阻计算方法，根据《交流电气装置的接地设计规范》(GB/T 50065—2011)可知，杆塔接地网的工频接地

电阻可通过下式计算[11]：

$$R_{50\mathrm{Hz}}=\frac{\rho}{2\pi L}\left(\ln\frac{L^2}{hd}+A_{\mathrm{t}}\right) \tag{8.26}$$

式中，ρ 为土壤电阻率；h 为埋设深度；d 为导体直径；L 为等效长度；A_{t} 为形状系数。L 和 A_{t} 与杆塔接地网的具体结构有关，下面介绍两类典型接地网(图 8.11)的参数求解方法。

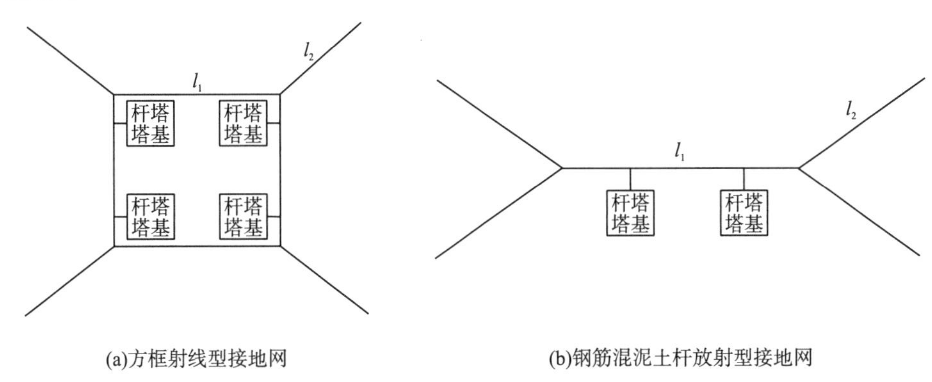

(a)方框射线型接地网　(b)钢筋混泥土杆放射型接地网

图 8.11　典型杆塔接地网

对于图 8.11(a)中方框射线型接地网，假定接地导体组成的方框为正方形，边长为 l_1，4 根放射状导体长度相等，均为 l_2。对应的 A_{t} 为 1.76，其 L 和 α 分别为

$$L=4\left(l_1+l_2\right) \tag{8.27}$$

$$\alpha=0.74\rho^{-0.4}\left(7+\sqrt{L}\right)\left[1.56-\mathrm{e}^{-3I^{-0.4}}\right] \tag{8.28}$$

式中，I 为注入方框射线型接地网的冲击电流。

对于图 8.12(b)中钢筋混凝土杆放射型接地网，假定 4 根放射状导体长度相等，均为 l_2。对应的 A_{t} 为 8.0，其 L 和 α 分别为

$$L=4l_1+l_2 \tag{8.29}$$

$$\alpha=1.36\rho^{-0.4}\left(1.3+\sqrt{L}\right)\left[1.55-\mathrm{e}^{-4I^{-0.4}}\right] \tag{8.30}$$

结合式(8.25)～式(8.30)可求得杆塔接地网的冲击接地电阻。

根据上述冲击接地电阻的求解过程可知，实际的冲击系数和杆塔接地网的结构尺寸密切相关。对于已经投运的接地网，运维人员通常难以准确获取杆塔接地网的结构参数。同时，实际施工可能存在和设计图纸不完全相符等情况。综上所述，冲击系数法给出的冲击接地电阻往往仍存在一定误差，仅可作为接地网设计过程中的一个参考值。

8.4　基于离散异频的冲击接地电阻测量方法

8.4.1　典型杆塔接地网的冲击接地电阻计算

8.1 节中的 3 种波形参数的雷电流是我国国标中推荐防雷计算的雷电流波形，本节主

要分析在 3 种波形参数的雷电流作用下接地极冲击接地电阻的测量方法。冲击接地电阻是指冲击电压幅值与注入接地极的雷电流幅值之比，需要求解接地极电压响应的时域函数。常用双指数函数表示雷电流的特征参数，根据相关文献可知，接地极电压时域响应波形和雷电流波形具有相似的波形特征，本节提出含有未知特征参数的双指数函数表征接地极电压时域响应，即[12,13]

$$U(t)=a\cdot \mathrm{e}^{b\cdot t}+c\cdot \mathrm{e}^{d\cdot t} \tag{8.31}$$

根据冲击接地电阻的定义可知，在电流幅值确定的情况下，计算冲击接地电阻需得到接地极的电压响应，对式(8.31)求一阶导数得

$$\frac{\mathrm{d}U(t)}{\mathrm{d}t}=ab\cdot \mathrm{e}^{b\cdot t}+cd\cdot \mathrm{e}^{d\cdot t}=0 \tag{8.32}$$

求解式(8.32)，可得电压时域函数达到电压幅值的时间为

$$t=\frac{\ln\left(-\dfrac{cd}{ab}\right)}{b-d} \tag{8.33}$$

将式(8.33)代入式(8.31)，可得到接地极电压时域函数的电压幅值为

$$U_{\mathrm{m}}=a\cdot \mathrm{e}^{b\cdot\frac{\ln\left(-\frac{cd}{ab}\right)}{b-d}}+c\cdot \mathrm{e}^{d\cdot\frac{\ln\left(-\frac{cd}{ab}\right)}{b-d}} \tag{8.34}$$

已知雷电流峰值为 I_{m}，根据冲击接地电阻的定义可知：

$$R_{\mathrm{ch}}=\frac{U_{\mathrm{m}}}{I_{\mathrm{m}}}=\left(a\cdot \mathrm{e}^{b\cdot\frac{\ln\left(-\frac{cd}{ab}\right)}{b-d}}+c\cdot \mathrm{e}^{d\cdot\frac{\ln\left(-\frac{cd}{ab}\right)}{b-d}}\right)\cdot I_{\mathrm{m}}^{-1} \tag{8.35}$$

在分析接地极在雷电流作用下特征参数的变化规律之前，需要确定两种典型结构接地极的尺寸参数。根据国家电网公司 110～500kV 接地装置敷设标准可知，不同电压等级输电线路接地极装置的根开及散射接地极长度在不同土壤电阻率下均不同。因此，在分析水平接地极时选取了 3 种典型电压等级(110kV、220kV 和 330kV)的接地极结构，其结构参数如表 8.4 所示[14]。

表 8.4 水平接地极结构参数

电压等级	土壤电阻率/(Ω·m)	L/m	埋设深度 h/m
110kV	100	12	
220kV	300	26	0.8
330kV	600	44	

同样，选取了 3 种典型电压等级(110kV、220kV 和 330kV)输电线路的杆塔方框射线型接地网结构进行分析，其结构参数如表 8.5 所示，其中 L_1 为散射接地极长度，L_2 为根开的长度，$L=4(L_1+L_2)$ 表示方框射线型杆塔接地网总长度。

表 8.5　方框射线型杆塔接地网结构参数

电压等级/kV	土壤电阻率/(Ω·m)	L_1/m	L_2/m	总长 L/m	埋设深度 h/m
110	100	8		40	
220	300	10	2	48	0.8
330	600	12		56	

不同土壤环境中接地极长度不同，难以一一列举。因此，基于典型水平接地极和方框射线型杆塔接地网的结构参数，采用长度作为划分接地极结构大小的标准，研究在 8.1 节中波形 1、波形 2 和波形 3 雷电流作用下不同结构参数水平接地极和方框射线型杆塔接地网的冲击接地电阻计算方法。

8.4.2　水平接地极冲击接地电阻计算方法

首先分析在 3 种波形参数的雷电流作用下水平接地极冲击电压响应特征参数的变化情况，基于 CDEGS 计算结果和工程允许误差确定适用于小、中、大 3 种结构参数的水平接地极冲击接地电阻计算方法。

1. 波形 1 雷电流作用下水平接地极冲击接地电阻计算

0.8/48μs 雷电流满足波前时间足够短、上升沿足够陡的特点，且该波形参数的雷电流波形为雷电流初次波的典型波形。本节分析幅值为 30kA 的 0.8/48μs 雷电流作用下接地极冲击接地电阻的计算方法。

1) 小尺寸接地极冲击接地电阻计算方法

我国地质条件复杂，各地土壤电阻率变化较大，选择典型土壤电阻率应尽可能涵盖实际土壤情况。本节选择 L 为 15m 的水平接地极，分析土壤电阻率在 50～950Ω·m 范围内水平接地极冲击电压时域响应函数中特征参数的变化规律，提出适用于小尺寸接地极冲击接地电阻的计算公式。接地极在 10 种土壤环境下不同频率点的阻抗值如表 8.6 所示。

表 8.6　不同土壤环境下接地极的阻抗响应

土壤电阻率/(Ω·m)	f_0	f_1	f_2	f_3
50	5.10	5.20+0.21i	5.28+0.42i	5.36+0.51i
150	15.31	15.62+0.21i	15.84+0.43i	16.08+0.52i
250	25.52	25.64+0.22i	25.73+0.44i	25.75+0.54i
350	35.71	36.41+0.22i	36.96+0.45i	37.52+0.55i
450	45.89	45.93+0.23i	46.05+0.45i	46.13+0.57i
550	56.12	57.2+0.24i	58.08+0.46i	58.96+0.75i
650	66.31	67.6+0.26i	68.64+0.46i	69.68+0.95i
750	76.52	78.02+0.27i	79.21+0.47i	80.41+1.12i
850	86.71	88.41+0.29i	89.76+0.48i	91.12+1.15i
950	96.92	98.8+0.31i	100.32+0.49i	101.84+1.17i

接地极冲击电压响应在不同频率点为

$$U_{\rho}\left(f_{k}\right)=Z_{\rho}\left(f_{k}\right)\cdot I\left(f_{k}\right) \tag{8.36}$$

式中，k 的取值为 0、1、2、3；ρ 的取值为 $50\,\Omega\cdot\text{m}$、$150\,\Omega\cdot\text{m}$、$250\,\Omega\cdot\text{m}$、$350\,\Omega\cdot\text{m}$、$450\,\Omega\cdot\text{m}$、$550\,\Omega\cdot\text{m}$、$650\,\Omega\cdot\text{m}$、$750\,\Omega\cdot\text{m}$、$850\,\Omega\cdot\text{m}$、$950\,\Omega\cdot\text{m}$。为得到不同频率点下接地极的电压，对表征接地极电压响应的时域函数进行正向傅里叶变换，即将式(8.31)代入式(8.12)得

$$c_{k}=\frac{1}{T}\int_{-T/2}^{T/2}U(t)\mathrm{e}^{-\mathrm{j}k\omega_{0}t}\mathrm{d}t=\frac{1}{T}\int_{0}^{T}\left(a\cdot\mathrm{e}^{bt}+c\cdot\mathrm{e}^{dt}\right)\mathrm{e}^{-\mathrm{j}k\omega_{0}t}\mathrm{d}t \quad (k=1,2,\cdots) \tag{8.37}$$

当土壤电阻率为 $50\,\Omega\cdot\text{m}$ 时，根据接地极工频接地电阻的计算公式，可得接地极长度为 15m、埋深为 0.8m 时，工频接地电阻值为 5.1Ω，即满足公式 $U=R\cdot I$，设置注入电流幅值为 1A，令 $\mathrm{e}^{T}=k$，可得

$$\frac{1}{T}\cdot\left[\frac{a}{b}\left(k^{b}-1\right)+\frac{c}{d}\left(k^{d}-1\right)\right]=5.1\times 2.061 \tag{8.38}$$

当注入电流的谐波频率为 $f_{1}=\omega_{0}/(2\pi)=2500\text{Hz}$ 时，一次谐波的接地极电压响应为

$$\frac{1}{T}\cdot\left[\frac{a}{b-\mathrm{j}\omega_{1}}\left(k^{(b-\mathrm{j}\omega_{1})}-1\right)+\frac{c}{d-\mathrm{j}\omega_{2}}\left(k^{(d-\mathrm{j}\omega_{2})}-1\right)\right]=\left(5.20+0.21\mathrm{i}\right)\times 0.385 \tag{8.39}$$

注入电流频率增加，当注入电流的谐波频率为 $f_{2}=2\times f_{1}=5000\text{Hz}$ 时，二次谐波的接地极电压响应满足 $U\left(f_{2}\right)=Z\left(f_{2}\right)\cdot I\left(f_{2}\right)$，如下：

$$\frac{1}{T}\cdot\left[\frac{a}{b-\mathrm{j}\omega_{2}}\left(k^{(b-\mathrm{j}\omega_{2})}-1\right)+\frac{c}{d-\mathrm{j}\omega_{2}}\left(k^{(d-\mathrm{j}\omega_{2})}-1\right)\right]=\left(5.28+0.42\mathrm{i}\right)\times 0.193 \tag{8.40}$$

同理，可得到接地极在注入电流频率为 f_{3}=7500Hz 时的电压响应，如下：

$$\frac{1}{T}\cdot\left[\frac{a}{b-\mathrm{j}\omega_{3}}\left(k^{(b-\mathrm{j}\omega_{3})}-1\right)+\frac{c}{d-\mathrm{j}\omega_{3}}\left(k^{(d-\mathrm{j}\omega_{3})}-1\right)\right]=\left(5.36+0.51\mathrm{i}\right)\times 0.129 \tag{8.41}$$

联立式(8.38)～式(8.41)，可求得接地极电压时域响应函数中的特征参量为

$$a=3.99\times 10^{5}, b=-7.03\times 10^{4}, c=-3.93\times 10^{5}, d=-1.69\times 10^{7}$$

同理，可列写接地极在其余土壤环境下不同频率点的电压响应等式，并计算在其余土壤环境下接地极电势时域响应的特征参量，如表 8.7 所示。

表 8.7 不同土壤电阻率下接地极长度为 15m 时特征参数

土壤电阻率/(Ω·m)	a	b	c	d
50	399000	−70290	−393300	−16930000
150	781900	−57520	−756175	−15932500
250	1109000	−44220	−1068000	−14820000
350	1380500	−30680	−1329975	−13772500
450	1597000	−16020	−1540000	−12630000
550	1756700	−12240	−1701375	−11532500
650	1861400	−10580	−1811175	−10382500
750	1910500	−9800	−1870375	−9212500
850	1914000	−8420	−1878975	−8022500
950	1914900	−6440	−1836975	−6812500

由表 8.7 可知，土壤电阻率改变，特征参数也随之变化，土壤电阻率增大，特征参数 a、b 和 d 均增大，且特征参数 d 的绝对值远小于其他特征参数。采用数据拟合的方法，可得到特征参数和土壤电阻率之间的函数关系式：

$$\begin{cases} a=-2.78\cdot\rho^2+4383\cdot\rho+1.87\times10^5 \\ b=0.02\cdot\rho^2+124.2\cdot\rho-7.66\times10^4 \\ c=2.53\cdot\rho^2-4134\cdot\rho-1.93\times10^5 \\ d=\rho^2+1.03\times10^4\cdot\rho-1.75\times10^7 \end{cases} \tag{8.42}$$

式(8.42)得到的特征参量和土壤电阻率的函数关系是基于接地极长度为 15m 的情况，为确定和土壤电阻率相关的电压时域响应函数的接地极尺寸参数适用范围，以工程上允许误差范围±5%以内为标准，得到在误差范围内本章方法适用的接地极长度。

将 ρ=200Ω·m 代入式(8.42)，可确定在土壤电阻率为 200Ω·m 的土壤环境下特征参量的数值大小，进而确定接地极电势时域响应函数和冲击接地电阻值，见式(8.43)。

$$\begin{cases} U(t)=9.52\times10^5\cdot \mathrm{e}^{-5.09\times10^4 t}-9.19\times10^5\cdot \mathrm{e}^{-1.54\times10^7 t} \\ R_{\mathrm{ch}}=31.03 \end{cases} \tag{8.43}$$

已知工程上允许的测量误差为±5%，从接地极长度为 15m 开始增加，增加步长为 1m，采用本章计算方法和 CDEGS 分别计算接地极的电压响应，计算结果如图 8.12 所示。

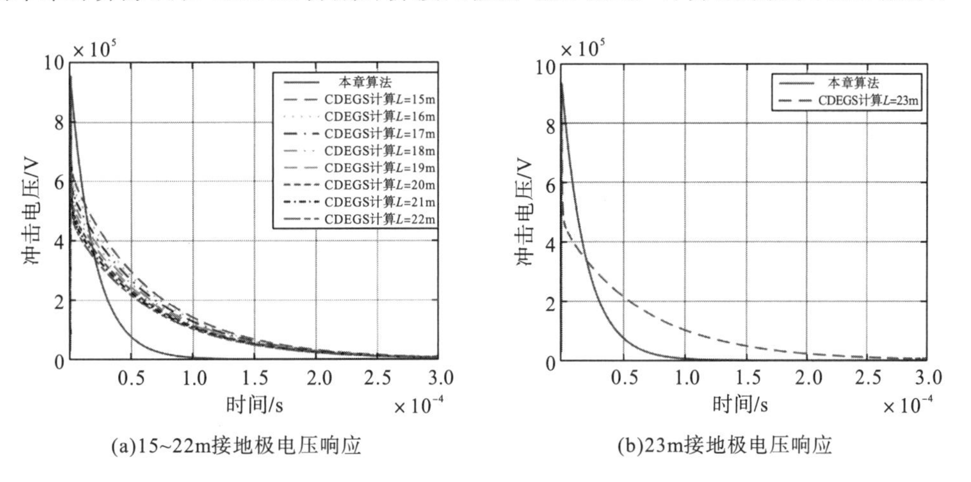

(a)15~22m接地极电压响应　　(b)23m接地极电压响应

图 8.12　两种计算方法计算不同长度的接地极电压响应结果比较(见彩版)

由图 8.12(a)可知，计算土壤电阻率为 200Ω·m，长度在 15～22m 范围内的接地极电压响应时，本章算法和 CDEGS 仿真软件在计算不同长度接地极冲击电压响应情况时基本保持一致，能准确计算出不同长度接地极的冲击电压幅值，需指出的是接地极冲击电压响应的衰减速率并不影响电压幅值和冲击接地电阻的准确计算。由图 8.12(b)可知，增加接地极长度至 23m，端部电势最大值与 CDEGS 计算结果存在较大误差。本章算法和 CDEGS 的计算误差如表 8.8 所示，式(8.43)在接地极长度为 15～20m 范围内具有更加良好的计算精度，与 CDEGS 的计算结果相差小于 4%，即小尺寸接地极冲击接地电阻可以通过式(8.42)准确计算。

表 8.8　15～23m 接地极冲击接地电阻及计算相对误差

长度/m	CDEGS/Ω	相对误差/%
15	31.82	2.5
16	31.32	0.9
17	30.87	0.5
18	30.46	1.8
19	30.01	3.3
20	29.53	3.9
21	29.51	4.8
22	29.49	4.9
23	29.46	5.3

2) 中尺寸接地极冲击接地电阻计算方法

根据表 8.8 的结果可知，接地极长度超过 20m 时，计算误差已超过 4%，接地极长度越长，小尺寸接地极冲击接地电阻的计算方法产生的误差就越大，式(8.43)无法在工程允许误差的范围内计算长度超过 20m 的接地极冲击接地电阻。为得到较为准确的接地极端部电势时域响应表达式，选择长为 25m 的水平接地极，保持接地极半径 0.006m、埋深 0.8m 不变，研究土壤电阻率在 50～950Ω·m 时接地极电势时域函数特征参数的变化情况。同理，可列写土壤电阻率为 50Ω·m 时接地极的阻抗响应方程，如下：

$$\begin{cases}\dfrac{1}{T}\cdot\left[\dfrac{a}{b}\left(k^{b}-1\right)+\dfrac{c}{d}\left(k^{d}-1\right)\right]=3.37\times 2.061\\ \dfrac{1}{T}\cdot\left[\dfrac{a}{b-\mathrm{j}\omega_1}\left(k^{(b-\mathrm{j}\omega_1)}-1\right)+\dfrac{c}{d-\mathrm{j}\omega_1}\left(k^{(d-\mathrm{j}\omega_1)}-1\right)\right]=(3.56+0.38\mathrm{i})\times 0.385\\ \dfrac{1}{T}\cdot\left[\dfrac{a}{b-\mathrm{j}\omega_2}\left(k^{(b-\mathrm{j}\omega_2)}-1\right)+\dfrac{c}{d-\mathrm{j}\omega_2}\left(k^{(d-\mathrm{j}\omega_2)}-1\right)\right]=(3.78+0.63\mathrm{i})\times 0.193\\ \dfrac{1}{T}\cdot\left[\dfrac{a}{b-\mathrm{j}\omega_3}\left(k^{(b-\mathrm{j}\omega_3)}-1\right)+\dfrac{c}{d-\mathrm{j}\omega_3}\left(k^{(d-\mathrm{j}\omega_3)}-1\right)\right]=(3.87+0.83\mathrm{i})\times 0.129\end{cases} \tag{8.44}$$

求解式(8.44)可得到在土壤电阻率为 50Ω·m 时，接地极电压响应表达式中特征参数，如下：

$$a=3.89\times10^{5}, b=-3.03\times10^{4},\ c=-3.78\times10^{5}, d=-2.75\times10^{7}$$

同样，可列写在其他土壤环境下接地极在不同频率点的阻抗响应，计算可得在其他土壤环境下接地极电势时域响应中特征参量，如表 8.9 所示。

表 8.9　不同土壤电阻率下接地极长度为 25m 时特征参数

土壤电阻率/(Ω·m)	a	b	c	d
50	389000	−30300	−353300	−27530000
150	736800	−27621	−691175	−23407500
250	919000	−25190	−1072000	−20820000
350	1094400	−23450	−1080375	−19847500

续表

土壤电阻率/(Ω·m)	a	b	c	d
450	1167000	-21520	-1091675	-19630000
550	1384800	-20877	-1308400	-18456000
650	1547500	-20191	-1505000	-18049700
750	1729200	-19905	-1612250	-17954500
850	1937100	-20019	-1835600	-17056810
950	2015700	-20533	-1958100	-16897500

根据表 8.9 可知，不同土壤电阻率下的特征参数和土壤电阻率有一定函数关系，以土壤电阻率为变量，采用数据拟合可得到特征参量和土壤电阻率之间的函数表达式：

$$\begin{cases} a=-5.84\cdot\rho^2+4708\cdot\rho+1.62\times10^5 \\ b=-0.02\cdot\rho^2+30.86\cdot\rho-3.18\times10^4 \\ c=5.11\cdot\rho^2-4401\cdot\rho-1.46\times10^5 \\ d=-69\cdot\rho^2+5.43\times10^4\cdot\rho-3\times10^7 \end{cases} \tag{8.45}$$

本节研究接地极长度 L 为 20m，增加步长为 2m 的不同长度接地极电压响应。同样，以工程相对误差 5%为标准，确定式(8.45)适用的接地极长度范围。将土壤电阻率 200Ω·m 代入式(8.45)，得到接地极时域响应函数表达式和冲击接地电阻值分别为

$$\begin{cases} U(t)=8.71\times10^5\cdot \mathrm{e}^{-2.64\times10^4 t}-8.22\times10^5\cdot \mathrm{e}^{-2.19\times10^7 t} \\ R_{\mathrm{ch}}=28.76 \end{cases} \tag{8.46}$$

将计算结果与 CDEGS 仿真软件的计算结果比较，如图 8.13 所示。

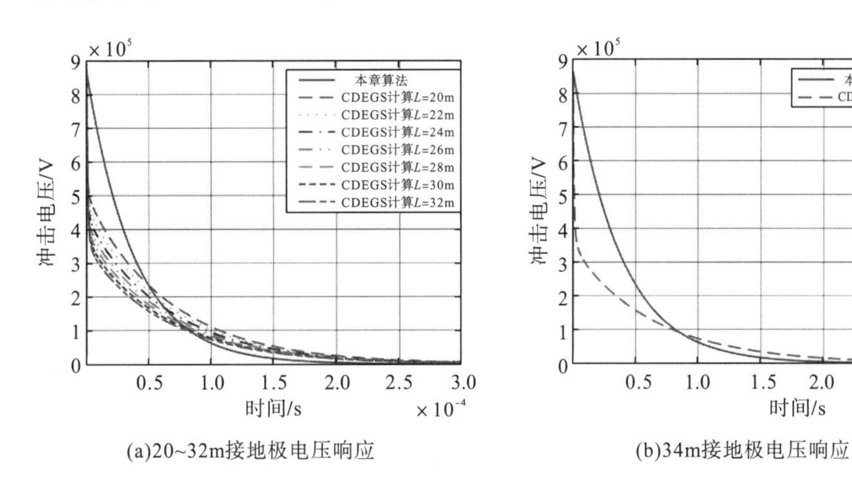

(a)20~32m接地极电压响应　(b)34m接地极电压响应

图 8.13　两种计算方法计算不同长度的接地极电压响应结果比较(见彩版)

由图 8.13(a)可以看出，本章的计算方法和 CDEGS 的计算结果基本保持一致，能较为准确地计算出接地极电压响应的峰值。同样，接地极电压衰减的时间和速率对冲击接地电阻的计算影响非常小，无须精确计算接地极电压时域响应的衰减过程。本章算法和 CDEGS 的计算误差如表 8.10 所示，长度范围为 20～32m 的接地极的冲击接地电阻计算

结果误差均在 5%以内，其中，接地极长度范围在 20～30m 内计算误差小于 4%，计算精度更高。故式(8.45)可以准确计算接地极长度范围在 20～30m 内的冲击接地电阻。

表 8.10 20～34m 长度的冲击接地电阻及计算相对误差

长度/m	CDEGS/Ω	相对误差/%
20	29.53	2.6
22	29.49	2.5
24	29.11	1.2
26	28.51	0.9
28	28.12	2.2
30	27.77	3.4
32	27.52	4.3
34	27.31	5.1

3) 大尺寸接地极冲击接地电阻计算方法

根据前文的分析可知，接地极长度越长，冲击接地电阻越小，但减小速率逐渐衰减。由表 8.10 可见，接地极长度为 34m 时，适用于中尺寸接地极冲击接地电阻的计算公式无法在误差范围内准确计算尺寸较长的接地极冲击接地电阻值。为得到适用于较大尺寸的接地极冲击接地电阻计算公式，选择长为 40m 的水平接地极，保持接地极半径 0.006m、埋深 0.8m 不变，研究土壤电阻率范围在 50～950Ω·m 时接地极电压响应特征参数的变化情况。同理，求解长度为 40m 的接地极在 10 种土壤环境下的阻抗响应，可得到在不同土壤环境下接地极电势时域响应函数的特征参数，如表 8.11 所示。

表 8.11 不同土壤电阻率下接地极长度为 40m 时特征参数

土壤电阻率/(Ω·m)	a	b	c	d
50	347400	−61800	−365200	−29160000
150	688025	−54438	−688575	−27715320
250	930100	−45270	−917375	−25820000
350	1073650	−34322	−1051580	−23450500
450	1218500	−21520	−1191175	−20630000
550	1385400	−18006	−1327500	−17336000
650	1475450	−16048	−1398420	−15585800
750	1567510	−14574	−1475640	−13578000
850	1604570	−13978	−1528710	−12457000
950	1645740	−13541	−1542057	−11258700

基于表 8.11 的数据，采用数据拟合方式得到特征参数和土壤电阻率之间的函数关系为

$$\begin{cases} a = -1.52 \cdot \rho^2 + 2895 \cdot \rho + 2.52 \times 10^5 \\ b = 0.08 \cdot \rho^2 + 139.6 \cdot \rho - 7.15 \times 10^4 \\ c = 1.5 \cdot \rho^2 - 2731 \times \rho - 2.79 \times 10^5 \\ d = -5.5 \times \rho^2 + 2.7 \times 10^4 \cdot \rho - 3.14 \times 10^7 \end{cases} \tag{8.47}$$

由于接地极长度越长，冲击接地电阻减小的速率越慢，为清晰看出接地极冲击接地电阻的数值变化，本节研究接地极长度 L 为 30m，增加步长为 10m 的不同长度接地极电压响应。同样，以计算相对误差 5%为标准，确定式(8.47)适用的接地极长度范围。将土壤电阻率 $200\,\Omega\cdot\text{m}$ 代入式(8.47)，得到接地极时域响应函数表达式和冲击接地电阻值分别为

$$\begin{cases} U(t)=8.21\times10^{5}\cdot e^{-5.01\times10^{4}t}-8.15\times10^{5}\cdot e^{-2.68\times10^{7}t} \\ R_{\text{ch}}=26.97 \end{cases} \tag{8.48}$$

将接地极长度 L 为 30m、40m 和 50m 的计算结果与 CDEGS 仿真软件的计算结果进行比较，结果如图 8.14 所示。

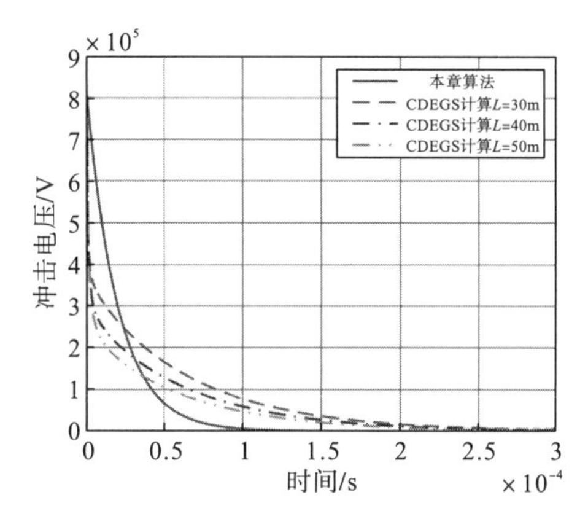

图 8.14　本章算法和接地极长度 30～50m 计算结果比较

根据图 8.14 可以看出，本章算法和 CDEGS 仿真软件在计算不同长度接地极冲击电压的幅值情况时基本保持一致，能准确计算出不同长度的接地极冲击电压幅值。长度范围在 30～50m 的接地极冲击电压响应在电压达到峰值后迅速衰减，衰减速率大于本章的计算方法。其中接地极冲击电压响应的衰减速率并不影响电压幅值和冲击接地电阻的准确计算。本章算法和 CDEGS 的计算误差如表 8.12 所示，可见式(8.48)在接地极长度为 30～50m 范围内具有良好的精度，与 CDEGS 的计算结果相差小于 3%，即式(8.48)可准确计算出适用于大尺寸接地极的冲击接地电阻数值大小。

表 8.12　不同长度的冲击接地电阻及计算相对误差

长度/m	CDEGS/Ω	相对误差/%
30	27.71	2.7
40	27.02	0.2
50	26.51	1.7

2. 波形 2 雷电流作用下水平接地极冲击接地电阻计算

2.6/50μs 雷电流是我国国标中推荐的防雷计算的雷电流波形，本节研究在该波形参数且幅值为 10kA 的 2.6/50μs 雷电流作用下水平接地极冲击接地电阻的计算方法。

1) 小尺寸接地极冲击接地电阻计算方法

同样，本节选择 10 种土壤环境研究长度为 15m 的水平接地极电势时域响应函数中特征参数的变化规律，研究土壤电阻率在 50～950Ω·m 范围内变化时接地极电势时域响应函数中特征参数的变化规律，提出适用于小尺寸接地极冲击接地电阻的计算公式。接地极在不同土壤环境下不同测量频率点的阻抗值如表 8.13 所示。

表 8.13 不同土壤环境下长为 15m 接地极的阻抗响应

土壤电阻率/(Ω·m)	f_0	f_1	f_2	f_3
50	5.11	5.20+0.22i	5.29+0.41i	5.35+0.52i
150	15.21	15.32+0.22i	15.74+0.42i	16.17+0.52i
250	25.49	25.62+0.23i	25.71+0.37i	25.73+0.51i
350	35.61	36.27+0.23i	35.97+0.38i	37.52+0.55i
450	45.82	45.92+0.24i	46.02+0.42i	46.12+0.54i
550	56.31	57.18+0.24i	58.08+0.46i	58.52+0.75i
650	66.52	67.54+0.26i	68.64+0.46i	69.67+0.95i
750	76.54	78.15+0.27i	79.21+0.48i	80.27+1.11i
850	86.13	88.29+0.29i	89.76+0.49i	91.23+1.14i
950	96.89	98.27+0.31i	100.32+0.51i	101.57+1.18i

不同测量频率点下接地极冲击电压响应为

$$U_\rho\left(f_k\right)=Z_\rho\left(f_k\right)\cdot I\left(f_k\right) \tag{8.49}$$

式中，k 的取值为 0、1、2、3；ρ 的取值为 50Ω·m、150Ω·m、250Ω·m、350Ω·m、450Ω·m、550Ω·m、650Ω·m、750Ω·m、850Ω·m、950Ω·m。为得到接地极在不同频率点下的电压大小，对表征接地极电压响应的时域函数进行正向傅里叶变换，即将式(8.31)代入式(8.12)得

$$c_k=\frac{1}{T}\int_{-T/2}^{T/2}U(t)\mathrm{e}^{-\mathrm{j}k\omega_0 t}\mathrm{d}t=\frac{1}{T}\int_0^T\left(a\cdot\mathrm{e}^{bt}+c\cdot\mathrm{e}^{dt}\right)\mathrm{e}^{-\mathrm{j}k\omega_0 t}\mathrm{d}t\quad(k=1,2,\cdots) \tag{8.50}$$

当土壤电阻率为 50Ω·m 时，结合表 8.14 的数据并将式(8.50)代入式(8.49)，令 $\mathrm{e}^T=k$，可得

$$\begin{cases}\dfrac{1}{T}\cdot\left[\dfrac{a}{b}\left(k^b-1\right)+\dfrac{c}{d}\left(k^d-1\right)\right]=5.11\times0.7026\\ \dfrac{1}{T}\cdot\left[\dfrac{a}{b-\mathrm{j}\omega_1}\left(k^{(b-\mathrm{j}\omega_1)}-1\right)+\dfrac{c}{d-\mathrm{j}\omega_1}\left(k^{(d-\mathrm{j}\omega_1)}-1\right)\right]=(5.20+0.22\mathrm{i})\times0.0656\\ \dfrac{1}{T}\cdot\left[\dfrac{a}{b-\mathrm{j}\omega_2}\left(k^{(b-\mathrm{j}\omega_2)}-1\right)+\dfrac{c}{d-\mathrm{j}\omega_2}\left(k^{(d-\mathrm{j}\omega_2)}-1\right)\right]=(5.29+0.41\mathrm{i})\times0.0326\\ \dfrac{1}{T}\cdot\left[\dfrac{a}{b-\mathrm{j}\omega_3}\left(\mathrm{k}^{(b-\mathrm{j}\omega_3)}-1\right)+\dfrac{c}{d-\mathrm{j}\omega_3}\left(k^{(d-\mathrm{j}\omega_3)}-1\right)\right]=(5.35+0.52\mathrm{i})\times0.0214\end{cases} \tag{8.51}$$

求解式(8.51)，得到接地极电势时域响应函数中的特征参量为

$$a=8.311\times10^4,b=-1.896\times10^4,c=-8.121\times10^4,d=-6.468\times10^6$$

同理，计算在其他土壤环境下接地极在不同频率点的阻抗响应及其特征参量，如表 8.14 所示。

表 8.14　不同土壤环境下接地极长 15m 时电势时域响应函数的特征参数

土壤电阻率/(Ω·m)	a	b	c	d
50	83110	−18960	−81210	−6468000
150	171100	−16840	−169830	−5177500
250	266000	−15370	−264700	−4151000
350	368180	−14315	−366800	−3278000
450	476800	−13950	−474200	−2710000
550	593180	−12580	−590300	−2257000
650	716200	−11025	−711900	−2078000
750	846200	−10025	−839500	−1925800
850	983200	−9025	−974520	−1857100
950	112800	−8925	−102400	−1802540

由表 8.14 可知，土壤电阻率改变的同时，特征参数也随之变化，土壤电阻率增大，特征参数 a、b 和 d 均增大，c 逐渐减小，且特征参数 b 的绝对值远小于其他特征参数。采用数据拟合的方法，得到特征参数和土壤电阻率之间的函数关系式为

$$\begin{cases} a=0.35\cdot\rho^2+810\cdot\rho+4.18\times10^4 \\ b=-0.004\cdot\rho^2+15.45\cdot\rho-1.94\times10^4 \\ c=-0.33\cdot\rho^2-820\cdot\rho-3.94\times10^4 \\ d=-8.2\cdot\rho^2+1.3\times10^4\cdot\rho-6.98\times10^6 \end{cases} \tag{8.52}$$

式(8.52)得到的特征参量和土壤电阻率的函数关系是基于接地极长度为 15m 的情况。为分析和土壤电阻率相关的特征参数时域响应函数的接地极尺寸参数适用范围，以工程上允许误差范围±5%以内为标准，得到在误差范围内本章方法适用的接地极长度。

将 ρ=200Ω·m 代入式(8.52)，可确定在土壤电阻率为 200Ω·m 的土壤环境下的特征参量，进而得到接地极电势时域响应函数和冲击接地电阻分别为

$$\begin{cases} U(t)=2.177\times10^5\cdot \mathrm{e}^{-1.6\times10^4 t}-2.164\times10^5\cdot \mathrm{e}^{-4.648\times10^6 t} \\ R_{\mathrm{ch}}=21.27 \end{cases} \tag{8.53}$$

已知工程上允许的测量误差为±5%，从接地极长度为 15m 开始，增加步长为 1m，不同长度接地极电压响应如图 8.15 所示。

由图 8.15(a)可知，计算土壤电阻率为 200Ω·m，长度在 15～20m 范围内的接地极电压响应时，本章算法与 CDEGS 计算接地极电势响应函数的结果基本保持一致。由图8.15(b)可知，增加接地极长度至 21m，端部电势最大值与 CDEGS 计算结果存在较大误差。本章算法和 CDEGS 的计算误差如表 8.15 所示，可知式(8.53)在接地极长度为 15～20m 范围内具有良好的精度，与 CDEGS 的计算结果相差小于 5%，即小尺寸接地极冲击接地电阻可以通过式(8.53)准确计算。

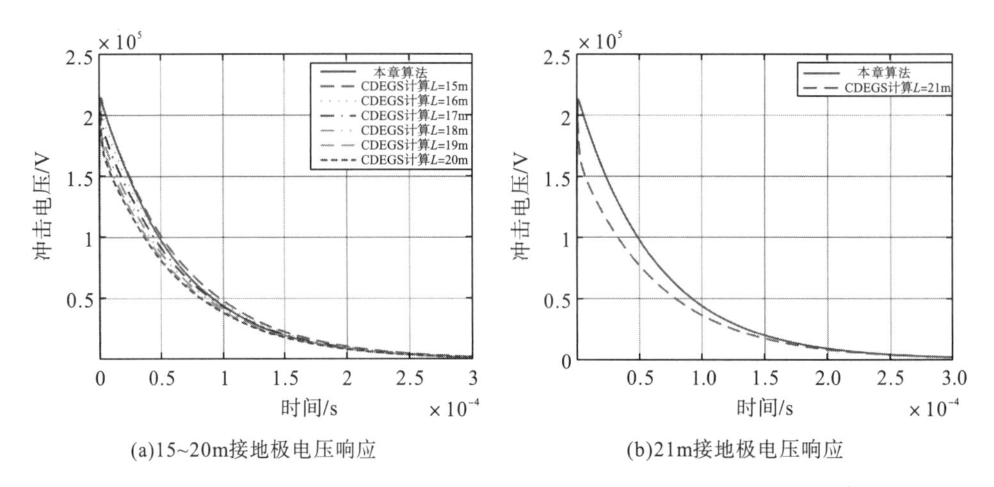

(a)15~20m接地极电压响应　　(b)21m接地极电压响应

图 8.15　两种计算方法计算不同长度的接地极电压响应结果比较(见彩版)

表 8.15　15～21m 长度的冲击接地电阻及计算相对误差

长度/m	CDEGS/Ω	相对误差/%
15	21.13	0.94
16	20.72	2.7
17	20.61	3.1
18	20.48	3.7
19	20.38	4.2
20	20.21	4.9
21	19.99	6.1

2) 中尺寸接地极冲击接地电阻计算方法

根据表 8.15 可知，接地极长度为 21m 时，计算误差已超过 5%，因此式(8.53)无法在工程允许误差的范围内计算长度超过 20m 的接地极冲击接地电阻的数值大小。为得到较为准确的接地极端部电势时域响应表达式，选择长为 25m 的水平接地极，保持接地极半径 0.006m、埋深 0.8m 不变，研究土壤电阻率为 50～950Ω·m 时接地极电势时域函数特征参数的变化情况。同理，求解 10 种土壤环境下接地极时域响应函数的特征参数，如表 8.16 所示。

表 8.16　不同土壤环境下接地极长 25m 时电势时域响应函数的特征参数

土壤电阻率/(Ω·m)	a	b	c	d
50	84380	−35760	−83040	−5057000
150	164700	−25430	−161600	−6615000
250	229600	−18960	−228000	−7214000
350	288470	−15230	−285120	−7926800
450	332800	−14225	−330800	−8861000
550	368400	−13250	−366330	−9256200
650	394700	−12350	−391020	−10254680
750	408900	−11985	−399500	−11202600
850	412500	−10257	−408600	−12456000
950	423400	−10035	−412500	−13546400

根据表 8.16 可知，不同土壤电阻率下的特征参数和土壤电阻率有一定函数关系。以土壤电阻率为变量，采用数据拟合得到特征参量和土壤电阻率之间的函数表达式分别为

$$\begin{cases} a=-0.53\cdot\rho^2+884\cdot\rho+4.4\times10^4 \\ b=-0.05\cdot\rho^2+69.6\cdot\rho-3.6\times10^4 \\ c=0.53\cdot\rho^2-883\cdot\rho-4.1\times10^4 \\ d=-1.64\cdot\rho^2-7123\cdot\rho-5.13\times10^6 \end{cases} \tag{8.54}$$

本节研究接地极长度 L 为 20m，增加步长为 2m 的不同长度接地极电压响应。同样，以计算相对误差 5%为标准，确定式(8.54)适用的接地极长度范围。将土壤电阻率 200Ω·m 代入式(8.54)，得到接地极时域响应函数表达式和冲击接地电阻值分别为

$$\begin{cases} U(t)=1.99\times10^5\cdot\mathrm{e}^{-2.19\times10^4 t}-1.957\times10^5\cdot\mathrm{e}^{-3.64\times10^6 t} \\ R_{\mathrm{ch}}=19.88 \end{cases} \tag{8.55}$$

将计算结果与 CDEGS 仿真软件的计算结果比较，如图 8.16 所示。

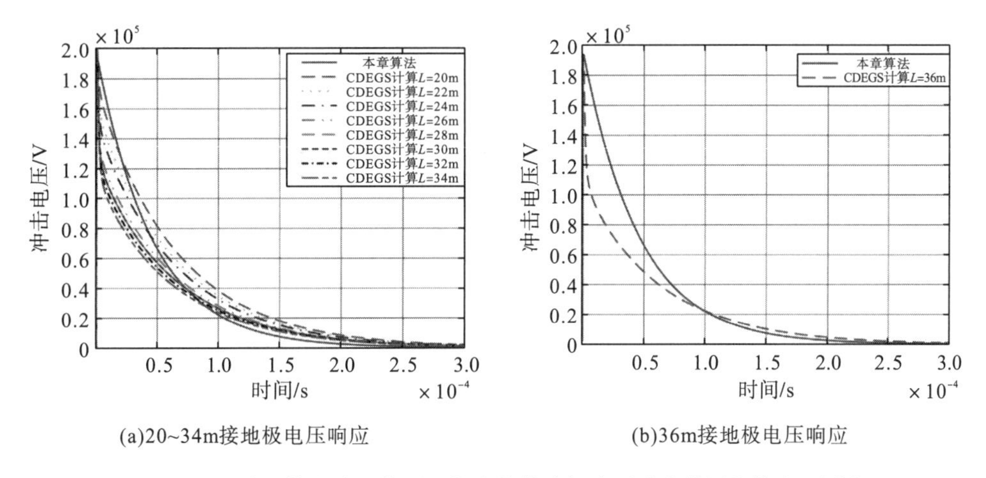

(a)20~34m接地极电压响应　(b)36m接地极电压响应

图 8.16　两种计算方法计算不同长度的接地极电压响应结果比较(见彩版)

由图 8.16(a)可以看出，本章的计算方法和 CDEGS 的计算结果基本保持一致，能较为准确地计算出电压峰值。接地极电压衰减的时间和速率对冲击接地电阻的计算影响非常小，无须精确计算接地极电压时域响应的衰减过程。本章算法和 CDEGS 的计算误差如表 8.17 所示，可知长度范围在 20～34m 的接地极的冲击接地电阻计算结果误差均在 5%以内，其中中尺寸接地极长度范围大致在 20～30m，故式(8.55)可以准确计算中尺寸接地的极冲击接地电阻。

表 8.17　20～36m 长度的冲击接地电阻及计算相对误差

长度/m	CDEGS/Ω	相对误差/%
20	20.21	1.7
22	20.02	0.7
24	19.81	0.35
26	19.65	1.2

续表

长度/m	CDEGS/Ω	相对误差/%
28	19.46	2.1
30	19.29	2.9
32	19.06	4.1
34	18.89	4.9
36	18.72	5.9

3) 大尺寸接地极冲击接地电阻计算方法

根据前文的分析可知，接地极长度越长，冲击接地电阻越小，但减小速率逐渐衰减。由表 8.18 可见，接地极长度为 36m 时，适用于中尺寸接地极冲击接地电阻的计算公式无法在误差范围内准确计算接地极冲击接地电阻值。为得到适用于大尺寸的接地极冲击接地电阻计算公式，选择长为 40m 的水平接地极，保持接地极半径 0.006m、埋深 0.8m 不变，研究土壤电阻率在 50～950Ω·m 时接地极电压响应特征参数的变化情况。同理，求解长度为 40m 的接地极在不同土壤环境下的阻抗响应，得到在不同土壤环境下接地极电势时域响应函数特征参数，如表 8.18 所示。

表 8.18 不同土壤环境下接地极长 40m 时电势时域响应函数的特征参数

土壤电阻率/(Ω·m)	*a*	*b*	*c*	*d*
50	85740	−49900	−83932	−9093000
150	159000	−41420	−141080	−8920700
250	223400	−33500	−196500	−8611000
350	278500	−26760	−250100	−7569500
450	324600	−20100	−301600	−5988000
550	365210	−15310	−351900	−3876500
650	387500	−10790	−374520	−2226300
750	405200	−7060	−385420	−1988300
850	414500	−4140	−398540	−1786500
950	419800	−2012	−401260	−1658420

根据表 8.18 中的数据，采用数据拟合方式得到特征参数和土壤电阻率之间的函数关系为

$$\begin{cases} a=-0.46\cdot\rho^2+825\cdot\rho+4.563\times10^4 \\ b=-0.04\cdot\rho^2+93.25\cdot\rho-5.45\times10^4 \\ c=0.41\cdot\rho^2-774\times\rho-3.74\times10^4 \\ d=-2.5\cdot\rho^2+1.26\cdot\rho-1.1\times10^7 \end{cases} \tag{8.56}$$

由于接地极长度越长，冲击接地电阻减小的速率越小，为清晰看出接地极冲击接地电阻的数值变化，本节研究接地极长度 L 为 30m，增加步长为 10m 的不同长度接地极电压响应。同样，以计算相对误差 5%为标准，确定式(8.56)适用的接地极长度范围。将土壤

电阻率 200 Ω·m 代入式(8.56)，得到接地极时域响应函数表达式和冲击接地电阻值分别为

$$\begin{cases} U(t)=1.924\times10^5\cdot \mathrm{e}^{-3.73\times10^4 t}-1.69\times10^5\cdot \mathrm{e}^{-1.1\times10^7 t} \\ R_{\mathrm{ch}}=18.54 \end{cases} \tag{8.57}$$

将本章计算接地极长度 L 为 30m、40m 和 50m 的计算结果与 CDEGS 仿真软件的计算结果进行比较，如图 8.17 所示。

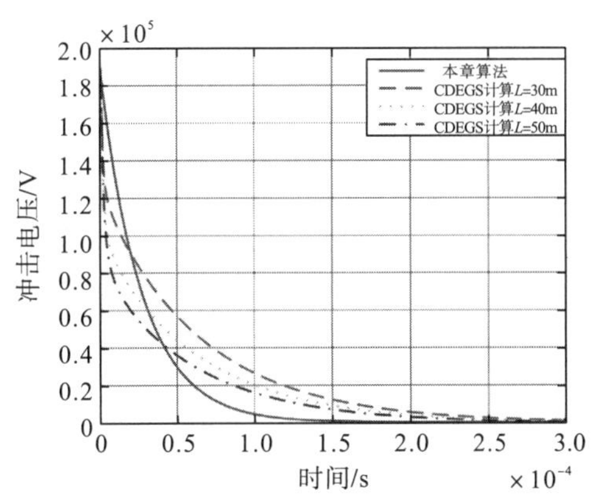

图 8.17 本章算法和接地极长度 30～50m 计算结果比较

由图 8.17 可以看出，本章算法和 CDEGS 仿真软件在计算不同长度接地极冲击电压的幅值情况时基本保持一致，能准确计算出不同长度接地极的冲击电压幅值。长度在 30～50m 范围内的接地极冲击电压响应在电压达到峰值后迅速衰减，衰减速率大于本章的计算方法。需指出接地极冲击电压响应的衰减速率并不影响电压幅值和冲击接地电阻的准确计算。本章算法和 CDEGS 的计算误差如表 8.19 所示，式(8.57)在接地极长度为 30～50m 范围内具有良好的精度，与 CDEGS 的计算结果相差小于 2%，即式(8.57)可准确计算出适用于大尺寸接地极的冲击接地电阻数值大小。

表 8.19 不同长度的冲击接地电阻及计算相对误差

长度/m	CDEGS/Ω	相对误差/%
30	19.01	1.5
40	18.34	0.9
50	18.31	1.2

3. 波形 3 雷电流作用下水平接地极冲击接地电阻计算

8/20μs 雷电流是电气电子设备绝缘耐受性能实验中常用的标准雷电过电压脉冲波形。本节选择研究该波形参数下幅值为 12kA 雷电流作用下水平接地极的冲击接地电阻计算方法。

1) 小尺寸接地极冲击接地电阻计算方法

同样，本节选择 10 种土壤环境研究长度为 15m 的水平接地极电势时域响应函数中特征参数的变化规律，提出适用于小尺寸接地极冲击接地电阻的计算公式。其中接地极在不同土壤环境下不同计算频率点的阻抗值如表 8.20 所示。

表 8.20　不同土壤环境下长度为 15m 的接地阻抗响应

土壤电阻率/(Ω·m)	f_0	f_1	f_2	f_3
50	5.12	5.21+0.21i	5.32+0.39i	5.37+0.49i
150	15.19	15.31+0.22i	15.72+0.42i	16.19+0.52i
250	25.53	25.59+0.22i	25.72+0.29i	25.81+0.52i
350	35.58	36.26+0.23i	35.87+0.38i	37.51+0.55i
450	45.72	45.91+0.24i	46.17+0.43i	46.18+0.62i
550	56.26	57.17+0.25i	58.14+0.45i	58.58+0.76i
650	66.49	67.49+0.27i	68.69+0.47i	69.62+0.99i
750	76.48	78.14+0.28i	79.23+0.49i	80.24+1.08i
850	86.08	88.28+0.28i	89.75+0.49i	91.21+1.12i
950	96.87	98.26+0.32i	100.31+0.52i	101.15+1.17i

不同测量频率点的接地极冲击电压响应为

$$U_\rho\left(f_k\right)=\mathrm{Z}_\rho\left(f_k\right)\cdot I\left(f_k\right) \tag{8.58}$$

式中，k 的取值为 0、1、2、3；ρ 的取值为 $50\Omega\cdot\mathrm{m}$、$150\Omega\cdot\mathrm{m}$、$250\Omega\cdot\mathrm{m}$、$350\Omega\cdot\mathrm{m}$、$450\Omega\cdot\mathrm{m}$、$550\Omega\cdot\mathrm{m}$、$650\Omega\cdot\mathrm{m}$、$750\Omega\cdot\mathrm{m}$、$850\Omega\cdot\mathrm{m}$、$950\Omega\cdot\mathrm{m}$。为得到接地极在不同频率点下的电压大小，对表征接地极电压响应的时域函数进行正向傅里叶变换，即将式(8.31)代入式(8.12)得

$$c_k=\frac{1}{T}\int_{-T/2}^{T/2}U(t)\mathrm{e}^{-\mathrm{j}k\omega_0 t}\mathrm{d}t=\frac{1}{T}\int_0^T\left(a\cdot\mathrm{e}^{bt}+c\cdot\mathrm{e}^{dt}\right)\mathrm{e}^{-\mathrm{j}k\omega_0 t}\mathrm{d}t \quad (k=1,2,\cdots) \tag{8.59}$$

当土壤电阻率为 $50\Omega\cdot\mathrm{m}$时，结合表 8.21 的数据并将式(8.59)代入式(8.58)，并令 $\mathrm{e}^T=k$，可得

$$\begin{cases}\dfrac{1}{T}\cdot\left[\dfrac{a}{b}\left(k^b-1\right)+\dfrac{c}{d}\left(k^d-1\right)\right]=5.12\times0.27\\ \dfrac{1}{T}\cdot\left[\dfrac{a}{b-\mathrm{j}f_1}\left(k^{(b-\mathrm{j}f_1)}-1\right)+\dfrac{c}{d-\mathrm{j}\omega_1}\left(k^{(d-\mathrm{j}f_1)}-1\right)\right]=\left(5.21+0.21\mathrm{i}\right)\times0.19\\ \dfrac{1}{T}\cdot\left[\dfrac{a}{b-\mathrm{j}f_2}\left(k^{(b-\mathrm{j}f_2)}-1\right)+\dfrac{c}{d-\mathrm{j}\omega_2}\left(k^{(d-\mathrm{j}f_2)}-1\right)\right]=\left(5.32+0.39\mathrm{i}\right)\times0.07\\ \dfrac{1}{T}\cdot\left[\dfrac{a}{b-\mathrm{j}f_3}\left(k^{(b-\mathrm{j}f_3)}-1\right)+\dfrac{c}{d-\mathrm{j}f_3}\left(k^{(d-\mathrm{j}f_3)}-1\right)\right]=\left(5.37+0.49\mathrm{i}\right)\times0.03\end{cases} \tag{8.60}$$

求解式(8.60)可得接地极电势时域响应函数中特征参量的具体数值：

$$a=1.12\times10^5,b=-2.6\times10^4,\ c=-1.11\times10^5,d=-1.79\times10^7$$

同理，可列写土壤电阻率在 150～950$\Omega\cdot\mathrm{m}$ 范围内接地极在不同频率点的阻抗响应，计算在其余土壤环境下接地极电势时域响应函数特征参数，如表 8.21 所示。

表 8.21　不同土壤环境下接地极电势时域响应函数的特征参数

土壤电阻率/(Ω·m)	*a*	*b*	*c*	*d*
50	534700	−91070	−520100	−192010
150	602700	−91980	−593900	−190190
250	619300	−92570	−602300	−180900
350	792300	−92890	−786200	−179800
450	1148000	−93620	−1071000	−178300
550	1462000	−93870	−1396000	−175900
650	1603000	−93910	−1497000	−174200
750	2013000	−94020	−1963000	−173900
850	2494000	−94210	−2315000	−172020
950	2904000	−94390	−2837000	−169800

由表 8.21 可知，土壤电阻率改变的同时，特征参数也随之变化，土壤电阻率增大，特征参数 a、b 和 d 均增大，c 逐渐减小，且特征参数 b 的绝对值远小于其他特征参数。采用数据拟合的方法，可得到特征参数和土壤电阻率之间的函数关系式：

$$\begin{cases} a = 2.49\cdot\rho^2 + 195.8\cdot\rho + 4.92\times10^5 \\ b = 0.004\cdot\rho^2 - 7.87\cdot\rho - 9.08\times10^4 \\ c = -2.53\cdot\rho^2 - 25.84\cdot\rho - 5.04\times10^5 \\ d = -0.02\cdot\rho^2 + 46.47\cdot\rho - 1.94\times10^5 \end{cases} \tag{8.61}$$

式(8.61)得到的特征参量和土壤电阻率的函数关系是基于接地极长度为 15m 的情况，为确定和土壤电阻率相关的特征参数时域响应函数的接地极尺寸参数适用范围，以工程上允许误差范围±5%以内为标准，得到在误差范围内本章方法适用的接地极长度。

将 ρ=200Ω·m 代入式(8.61)，可确定在土壤电阻率为 200Ω·m 的土壤环境下的特征参数，得到接地极电势时域响应函数和冲击接地电阻分别为

$$\begin{cases} U(t) = 2.65\times10^5\cdot \mathrm{e}^{-1.97\times10^4 t} - 2.55\times10^5\cdot \mathrm{e}^{-1.98\times10^7 t} \\ R_{\mathrm{ch}} = 26.3 \end{cases} \tag{8.62}$$

已知工程上允许的测量误差为±5%，从接地极长度为 15m 开始，增加步长为 1m，研究不同长度接地极的电压响应，计算结果如图 8.18 所示。

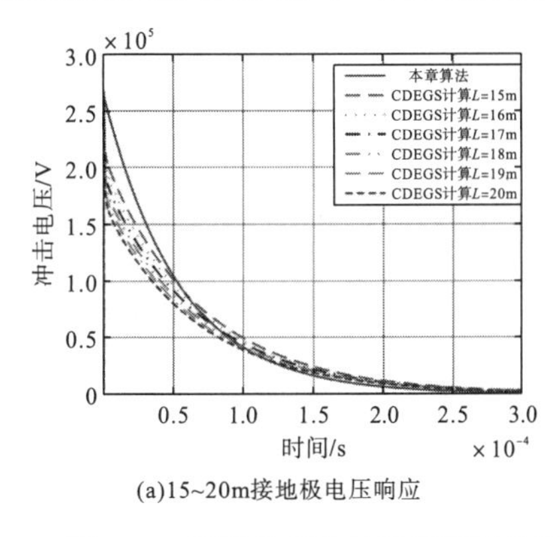

(a)15~20m接地极电压响应

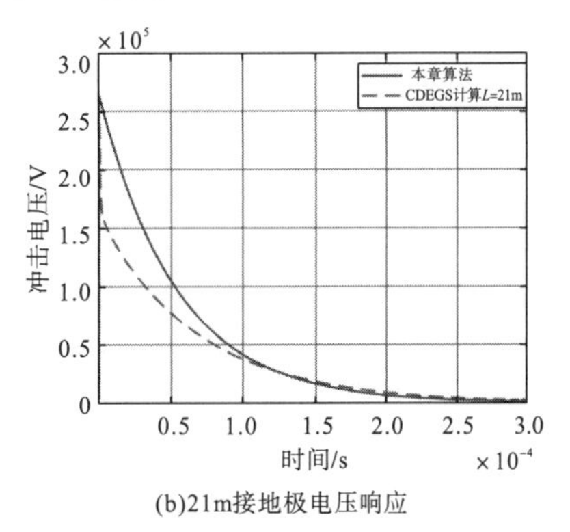

(b)21m接地极电压响应

图 8.18　两种计算方法计算不同长度的接地极电压响应结果比较(见彩版)

由图 8.18(a)可知，土壤电阻率为 200Ω·m，长度在 15～20m 范围内的接地极电压响应时，本章算法与 CDEGS 计算接地极电势响应函数的结果基本保持一致。由图 8.18(b)可知，增加接地极长度至 21m，端部电势最大值与 CDEGS 计算结果存在较大误差。本章算法和 CDEGS 的计算误差如表 8.22 所示，可知式(8.62)在接地极长度为 15～20m 范围内具有良好的精度，与 CDEGS 的计算结果相差小于 5%，即小尺寸接地极冲击接地电阻可以通过式(8.62)准确计算。

表 8.22　15～21m 长度的冲击接地电阻及计算相对误差

长度/m	CDEGS/Ω	相对误差/%
15	26.77	1.8
16	26.35	0.2
17	25.94	1.4
18	25.56	2.8
19	25.36	3.6
20	25.11	4.5
21	24.91	5.3

2) 中尺寸接地极冲击接地电阻计算方法

根据波形 2 小尺寸接地极的结果分析可知，接地极长度为 21m 时，计算误差已超过 5%，因此式(8.62)无法在工程允许误差的范围内计算长度超过 20m 的接地极冲击接地电阻的数值大小。为得到较为准确的接地极端部电势时域响应表达式，选择长为 25m 的水平接地极，保持接地极半径 0.006m、埋深 0.8m 不变，研究土壤电阻率在 50～950Ω·m 范围内变化时接地极电势时域函数特征参数的变化情况。同理，求解不同土壤环境下接地极时域响应函数的特征参数如表 8.23 所示。

表 8.23　不同土壤环境下接地极长 25m 时电势时域响应函数的特征参数

土壤电阻率/(Ω·m)	a	b	c	d
50	512500	−90050	−502100	−181020
150	593200	−90170	−590100	−180200
250	623100	−90250	−622300	−179200
350	831000	−90430	−803200	−178300
450	1061000	−90620	−1033000	−175900
550	1327000	−90800	−1298000	−173400
650	1591000	−90900	−1562000	−173000
750	1973000	−91020	−1862000	−172900
850	2386000	−91230	−2305000	−170120
950	2851000	−91430	−2803000	−167100

根据表 8.23 可知，不同土壤电阻率下的特征参数和土壤电阻率有一定函数关系，以土壤电阻率为变量，采用数据拟合方式得到特征参量和土壤电阻率之间的函数表达式为

$$\begin{cases} a = 2.55 \cdot \rho^2 + 51.74 \cdot \rho + 5 \times 10^5 \\ b = -0.5 \times 10^{-3} \cdot \rho^2 - 1.14 \cdot \rho - 8.99 \times 10^4 \\ c = -2.55 \cdot \rho^2 - 3.1 \cdot \rho - 5 \times 10^5 \\ d = 0.02 \cdot \rho^2 - 4.2 \cdot \rho - 1.81 \times 10^5 \end{cases} \tag{8.63}$$

本节研究接地极长度 L 为 20m，增加步长为 2m 的不同长度接地极电压响应。同样，以计算相对误差 5%为标准，确定式(8.63)适用的接地极长度范围。将土壤电阻率 200Ω·m 代入式(8.63)，得到接地极时域响应函数表达式和冲击接地电阻值分别为

$$\begin{cases} U(t) = 2.52 \times 10^5 \cdot e^{-3.94 \times 10^4 t} - 2.47 \times 10^5 \cdot e^{-2.01 \times 10^7 t} \\ R_{ch} = 24.97 \end{cases} \tag{8.64}$$

将计算结果与 CDEGS 仿真软件的计算结果比较，结果如图 8.19 所示。

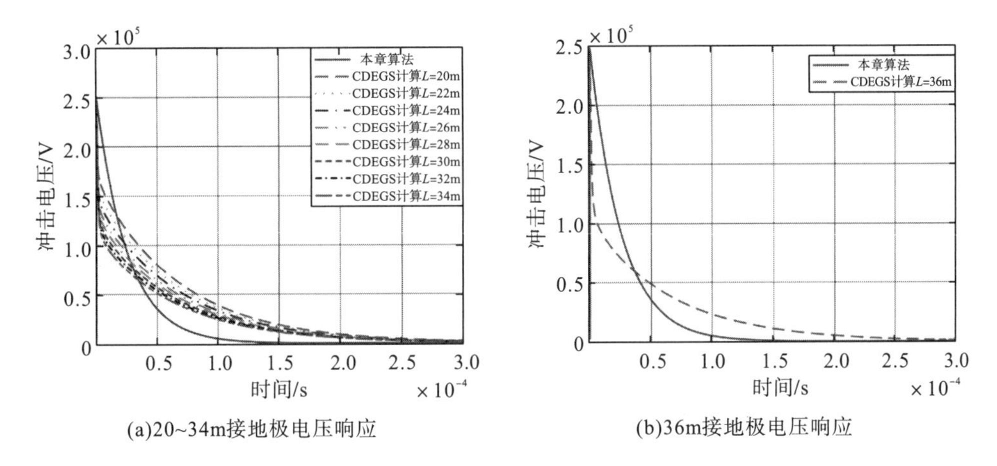

(a)20~34m接地极电压响应　　(b)36m接地极电压响应

图 8.19　两种计算方法计算不同长度的接地极电压响应结果比较(见彩版)

由图 8.19(a)可以看出，本章的计算方法和 CDEGS 的计算结果基本保持一致，能较为准确地计算出电压峰值。接地极电压衰减的时间和速率对冲击接地电阻的计算影响非常小，无须精确计算接地极电压时域响应的衰减过程。本章算法和 CDEGS 的计算误差如表 8.24 所示，长度范围在 20～34m 的接地极的冲击接地电阻计算结果误差均在 5%以内。其中，中尺寸接地极长度范围为 20～30m，故式(8.63)可以准确计算中尺寸接地极冲击接地电阻的数值大小。

表 8.24　20～36m 长度的冲击接地电阻及计算相对误差

长度/m	CDEGS/Ω	相对误差/%
20	25.11	0.56
22	24.88	0.36
24	24.67	1.21
26	24.48	1.96
28	24.3	2.68
30	24.12	3.41
32	23.97	4.01

续表

长度/m	CDEGS/Ω	相对误差/%
34	23.83	4.57
36	23.7	5.12

3）大尺寸接地极冲击接地电阻计算方法

根据前文的分析可知，接地极长度越长，冲击接地电阻越小，且减小速率逐渐衰减。由表 8.24 可见，接地极长度为 36m 时，适用于中尺寸接地极冲击接地电阻的计算公式无法在误差范围内准确计算冲击接地电阻值。为得到适用于大尺寸的接地极冲击接地电阻计算公式，选择长为 40m 的水平接地极，保持接地极半径 0.006m、埋深 0.8m 不变，研究土壤电阻率在 50～950 Ω·m 范围内接地极电压响应特征参数的变化情况。同理，求解长度为 40m 的接地极在不同土壤环境下的阻抗响应，得到在不同土壤环境下接地极电势时域响应函数特征参数，如表 8.25 所示。

表 8.25 不同土壤环境下接地极长 40m 时电势时域响应函数的特征参数

土壤电阻率/（Ω·m）	a	b	c	d
50	493700	−88030	−490300	−193020
150	582700	−89420	−570500	−190100
250	610200	−89790	−607300	−189100
350	799200	−90120	−782400	−187900
450	1027000	−90370	−932000	−177900
550	1253000	−90420	−1172000	−175300
650	1497000	−90590	−1398000	−174700
750	1837000	−90990	−1811000	−173500
850	2299000	−91020	−2193000	−172120
950	2732000	−91220	−2705000	−169900

基于表 8.25 的数据，采用数据拟合可得到特征参数和土壤电阻率之间的函数关系。

$$\begin{cases} a = 2.52\cdot\rho^2 - 62.1\cdot\rho + 5.1\times10^5 \\ b = 0.003\cdot\rho^2 - 6.54\cdot\rho - 8.82\times10^4 \\ c = -2.77\cdot\rho^2 + 386.4\cdot\rho - 5.37\times10^5 \\ d = -0.01\cdot\rho^2 + 42.21\cdot\rho - 1.97\times10^5 \end{cases} \tag{8.65}$$

由于接地极长度越长，冲击接地电阻减小的速率越小，为清晰看出接地极冲击接地电阻的数值变化，本节研究接地极长度 L 为 30m，增加步长为 10m 的不同长度接地极电压响应。同样，以计算相对误差 5%为标准，确定式(8.65)适用的接地极长度范围。将土壤电阻率 200 Ω·m 代入式(8.65)，得到接地极时域响应函数表达式和冲击接地电阻值分别为

$$\begin{cases} U(t) = 24.4\times10^5\cdot \mathrm{e}^{-4.57\times10^4 t} - 2.41\times10^5\cdot \mathrm{e}^{-1.95\times10^7 t} \\ R_{\mathrm{ch}} = 23.96 \end{cases} \tag{8.66}$$

将本章计算接地极长度 L 为 30m、40m 和 50m 的计算结果与 CDEGS 仿真软件的计

算结果进行比较，结果如图 8.20 所示。

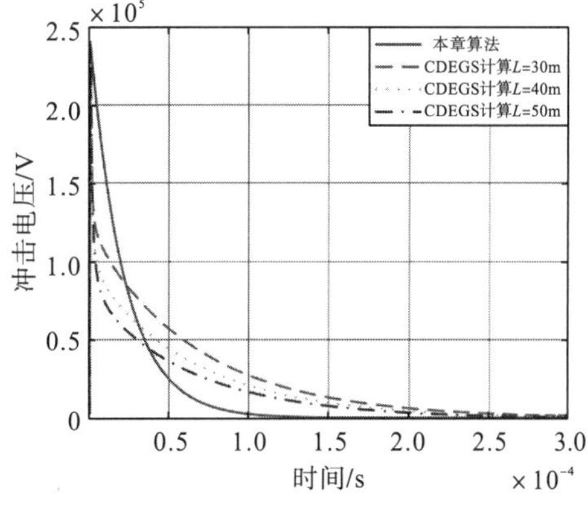

图 8.20　两种算法计算接地极长度 30～50m 的结果比较

根据图 8.20 可得，本章算法和 CDEGS 仿真软件在计算不同长度接地极冲击电压的幅值时基本保持一致，能准确计算出不同长度的接地极冲击电压幅值。长度范围在 30～50m 的接地极冲击电压响应在电压达到峰值后迅速衰减，衰减速率大于本章的计算方法。需指出接地极冲击电压响应的衰减速率并不影响电压幅值和冲击接地电阻的准确计算。本章算法和 CDEGS 的计算误差如表 8.26 所示，可知公式(8.65)在接地极长度为 30～50m 时具有良好的精度，与 CDEGS 的计算结果相差小于 1%，即式(8.65)可准确计算出适用于大尺寸接地极的冲击接地电阻数值大小。

表 8.26　不同长度的冲击接地电阻及计算相对误差

长度/m	CDEGS/Ω	相对误差/%
30	24.12	0.63
40	23.97	0.04
50	23.85	0.45

8.4.3　方框射线型杆塔接地网冲击接地电阻计算方法

方框射线型杆塔接地网冲击接地性能良好，适用于各种复杂地形，因此我国输电线路的接地装置多采用该结构的接地装置。根据 8.4.1 节中方框射线型杆塔接地网的结构参数，本节主要研究根开为 2m，散射接地极长度为 8～12m 的方框射线型杆塔接地网冲击接地电阻计算方法。

1. 波形 1 雷电流作用下方框射线型杆塔接地网冲击接地电阻计算

本节主要研究 0.8/48μs 波形参数且幅值为 30kA 的雷电流作用下方框射线型杆塔接地网冲击接地电阻的计算方法。选择散射接地极长度 L 为 10m 的方框射线型杆塔接地网，研究土壤电阻率在 50～950Ω·m 范围内方框射线型杆塔接地网电势时域响应函数中特征参数的变化规律，提出适用于方框射线型杆塔接地网冲击接地电阻的计算公式。其中接地极在 10 种土壤环境下不同频率点的阻抗值如表 8.27 所示。

表 8.27 不同土壤环境下接地极的阻抗响应

土壤电阻率/(Ω·m)	f_0	f_1	f_2	f_3
50	2.55	2.59+0.07i	2.62+0.14i	2.65+0.18i
150	7.67	7.71+0.07i	7.75+0.14i	7.83+0.18i
250	12.78	12.79+0.07i	12.85+0.15i	12.86+0.19i
350	17.93	17.98+0.08i	18.03+0.15i	18.21+0.19i
450	23.01	23.03+0.09i	23.07+0.15i	23.08+0.20i
550	28.05	28.13+0.11i	28.47+0.16i	29.12+0.21i
650	33.23	33.27+0.13i	33.42+0.17i	33.51+0.22i
750	38.27	38.53+0.13i	38.72+0.17i	38.91+0.22i
850	43.39	43.42+0.14i	43.49+0.18i	43.57+0.23i
950	48.52	48.73+0.14i	48.82+0.18i	48.91+0.23i

不同测量频率点下接地极冲击电压响应为

$$U_\rho\left(f_k\right)=\mathrm{Z}_\rho\left(f_k\right)\cdot I\left(f_k\right) \tag{8.67}$$

式中，k 的取值为 0、1、2、3；ρ 的取值为 $50\,\Omega\cdot\mathrm{m}$、$150\,\Omega\cdot\mathrm{m}$、$250\,\Omega\cdot\mathrm{m}$、$350\,\Omega\cdot\mathrm{m}$、$450\,\Omega\cdot\mathrm{m}$、$550\,\Omega\cdot\mathrm{m}$、$650\,\Omega\cdot\mathrm{m}$、$750\,\Omega\cdot\mathrm{m}$、$850\,\Omega\cdot\mathrm{m}$、$950\,\Omega\cdot\mathrm{m}$。为得到接地极在不同频率点下的电压大小，对表征接地极电压响应的时域函数进行正向傅里叶变换，即将式(8.31)代入式(8.12)得

$$c_k=\frac{1}{T}\int_{-T/2}^{T/2}U(t)\mathrm{e}^{-\mathrm{j}k\omega_0 t}\mathrm{d}t=\frac{1}{T}\int_0^T\left(a\cdot\mathrm{e}^{bt}+c\cdot\mathrm{e}^{dt}\right)\mathrm{e}^{-\mathrm{j}k\omega_0 t}\mathrm{d}t\quad(k=1,2,\cdots) \tag{8.68}$$

当土壤电阻率为 $50\,\Omega\cdot\mathrm{m}$ 时，结合表 8.28 的数据并将式(8.68)代入式(8.67)，令 $\mathrm{e}^T=k$，可得

$$\begin{cases}\dfrac{1}{T}\cdot\left[\dfrac{a}{b}\left(k^b-1\right)+\dfrac{c}{d}\left(k^d-1\right)\right]=2.55\times 2.061\\ \dfrac{1}{T}\cdot\left[\dfrac{a}{b-\mathrm{j}\omega_1}\left(k^{(b-\mathrm{j}\omega_1)}-1\right)+\dfrac{c}{d-\mathrm{j}\omega_1}\left(k^{(d-\mathrm{j}\omega_1)}-1\right)\right]=\left(2.59+0.07i\right)\times 0.385\\ \dfrac{1}{T}\cdot\left[\dfrac{a}{b-\mathrm{j}\omega_2}\left(k^{(b-\mathrm{j}\omega_2)}-1\right)+\dfrac{c}{d-\mathrm{j}\omega_2}\left(k^{(d-\mathrm{j}\omega_2)}-1\right)\right]=\left(2.62+0.14i\right)\times 0.193\\ \dfrac{1}{T}\cdot\left[\dfrac{a}{b-\mathrm{j}\omega_3}\left(k^{(b-\mathrm{j}\omega_3)}-1\right)+\dfrac{c}{d-\mathrm{j}\omega_3}\left(k^{(d-\mathrm{j}\omega_3)}-1\right)\right]=\left(2.65+0.18i\right)\times 0.129\end{cases} \tag{8.69}$$

求解式(8.69)可得接地极电势时域响应函数中特征参数为

$$a=6.71\times10^4,b=-4.72\times10^4,\ c=-6.57\times10^4,d=-4.69\times10^7$$

同理，求解其他土壤环境下接地极在不同频率点的阻抗响应，并计算在其他土壤环境下接地极电势时域响应函数特征参数，如表 8.28 所示。

表 8.28 波形 1 作用下散射接地极长 10m 时电势时域响应函数的特征参数

土壤电阻率/(Ω·m)	a	b	c	d
50	67100	−47240	−65706	−46930000
150	296100	−31780	−272025	−44034800
250	482000	−21340	−441000	−39820000
350	624500	−15220	−612300	−33342000
450	724300	−14990	−718000	−25900000
550	780100	−13270	−770600	−20354100
650	793100	−12350	−782300	−18354200
750	802700	−11080	−791620	−17356500
850	813900	−10980	−802100	−16952100
950	834700	−10270	−822300	−16820100

由表 8.28 可知，土壤电阻率改变的同时，特征参数也随之变化，土壤电阻率增大，特征参数 a、b 和 d 均增大，c 逐渐减小，且特征参数 b 的绝对值远小于其他特征参数。采用数据拟合的方法，得到特征参数和土壤电阻率之间的函数关系式为

$$\begin{cases} a = -1.49\cdot\rho^2 + 2256\cdot\rho - 1.19\times10^4 \\ b = -0.08\cdot\rho^2 + 109.4\cdot\rho - 4.8\times10^4 \\ c = 1.48\cdot\rho^2 - 2253\cdot\rho + 2.83\times10^4 \\ d = -40.6\cdot\rho^2 + 7.84\times10^4\cdot\rho - 5.37\times10^7 \end{cases} \tag{8.70}$$

式(8.70)得到的特征参数和土壤电阻率的函数关系是基于散射接地极长度为 10m 的情况，为确定和土壤电阻率相关的特征参数时域响应函数的接地极尺寸参数适用范围，以工程上允许误差范围±5%以内为标准，得到在误差范围内本章方法适用的接地极长度。

将 ρ=200Ω·m 代入式(8.70)，可确定在土壤电阻率为 200Ω·m 的土壤环境下的特征参数，得到接地极电势时域响应函数和冲击接地电阻分别为

$$\begin{cases} U(t) = 3.94\times10^5\cdot \mathrm{e}^{-2.58\times10^4 t} - 3.61\times10^5\cdot \mathrm{e}^{-4.19\times10^7 t} \\ R_{\mathrm{ch}} = 13.06 \end{cases} \tag{8.71}$$

已知工程上允许的测量误差为±5%，从方框射线型杆塔接地网长度为 8m 开始增加，步长 2m，研究不同长度接地极的电压响应，计算结果如图 8.21 所示。

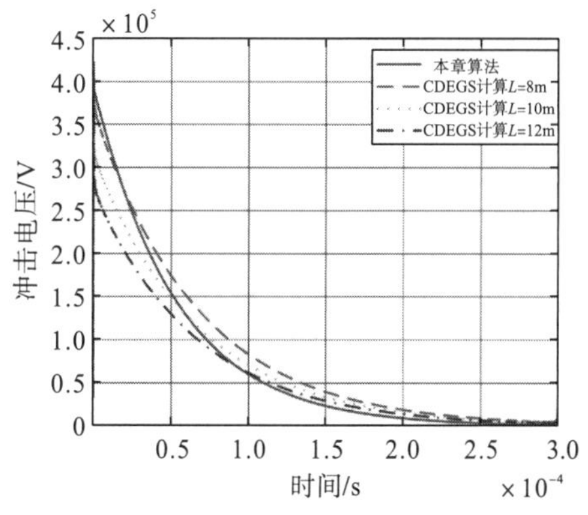

图 8.21 两种计算方法计算不同长度的接地极电压响应结果比较

由图 8.21 可知，计算土壤电阻率为 200Ω·m，散射接地极长度在 8～12m 范围内的接地电压响应时，本章算法与 CDEGS 计算接地极电势响应函数的结果基本保持一致。本章算法和 CDEGS 的计算误差如表 8.29 所示，式(8.71)在散射接地极长度为 8～12m 范围内具有良好的精度，与 CDEGS 的计算结果相差小于 5%，即小尺寸接地极冲击接地电阻可以通过式(8.71)准确计算。

表 8.29　不同长度方框射线型杆塔接地网冲击接地电阻及计算相对误差

长度/m	CDEGS/Ω	相对误差/%
8	13.61	4.21
10	13.45	2.99
12	13.32	1.99

2. 波形 2 雷电流作用下方框射线型杆塔接地网冲击接地电阻计算

本节选择研究波形参数为 2.6/50μs 且幅值为 10kA 的雷电流作用下方框射线型杆塔接地网冲击接地电阻的计算方法。选择长为 10m 的散射接地极，保持方框射线型杆塔接地网根开为 2m，接地极半径 0.006m、埋深 0.8m 不变，研究土壤电阻率在 50～950Ω·m 范围内时接地极电势时域函数特征参数的变化情况。同理，求解不同土壤环境下接地极时域响应函数的特征参数，如表 8.30 所示。

表 8.30　波形 2 作用下散射接地极长 10m 时电势时域响应函数的特征参数

土壤电阻率/(Ω·m)	a	b	c	d
50	36900	−20800	−36200	−10900000
150	85180	−17300	−84100	−5713000
250	136000	−14900	−133000	−2480000
350	187200	−14390	−138500	−2245000
450	242000	−14300	−236000	−2100000
550	296400	−13970	−287700	−1987000
650	353700	−13240	−341600	−1931200
750	412800	−12980	−401200	−1865400
850	473700	−12530	−462300	−1798400
950	536400	−12230	−521500	−1703000

根据表 8.30 可知，不同土壤电阻率下的特征参数和土壤电阻率有一定函数关系，以土壤电阻率为变量，采用数据拟合方式得到特征参数和土壤电阻率之间的函数表达式为

$$\begin{cases} a = 0.09\cdot\rho^2 + 465\cdot\rho + 1.34\times10^4 \\ b = -0.01\cdot\rho^2 + 20.38\cdot\rho - 2.06\times10^4 \\ c = -0.06\cdot\rho^2 - 467\cdot\rho - 1.27\times10^4 \\ d = -21.8\cdot\rho^2 + 2.87\times10^4\cdot\rho - 1.04\times10^7 \end{cases} \tag{8.72}$$

本节研究散射接地极长度 L 为 8m，增加步长为 2m 的不同长度接地极电压响应。同样，以计算相对误差 5%为标准，确定式(8.72)适用的接地极长度范围。将土壤电阻率 200Ω·m 代入式(8.72)，得到接地极时域响应函数表达式和冲击接地电阻值分别为

$$\begin{cases} U(t) = 1.1\times10^5 \cdot \mathrm{e}^{-1.6\times10^4 t} - 1.09\times10^5 \cdot \mathrm{e}^{-1.83\times10^7 t} \\ R_{\mathrm{ch}} = 10.92 \end{cases} \tag{8.73}$$

将计算结果与 CDEGS 仿真软件的计算结果比较，结果如图 8.22 所示。

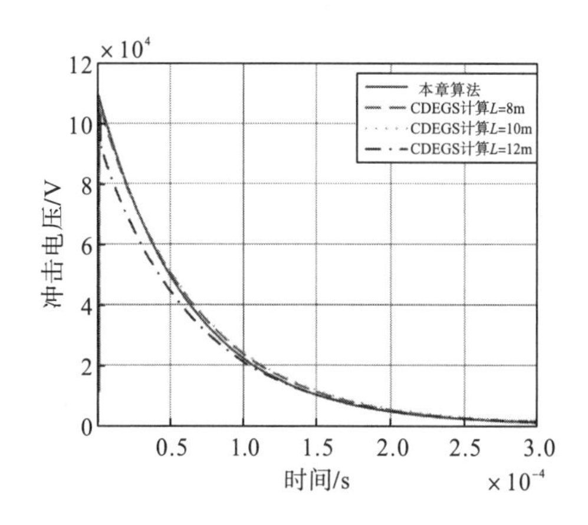

图 8.22　两种计算方法计算不同长度的方框射线型杆塔接地网电压响应结果比较

由图 8.22 可以看出，本章的计算方法和 CDEGS 的计算结果基本保持一致，能较为准确地计算出电压峰值。本章算法和 CDEGS 的计算误差如表 8.31 所示，可知散射接地极长度范围在 8～12m 的方框射线型杆塔接地网冲击接地电阻计算结果误差均在 5%以内，即通过式(8.73)可以准确计算中尺寸接地极冲击接地电阻的数值大小。

表 8.31　不同长度方框射线型杆塔接地网冲击接地电阻及计算相对误差

长度/m	CDEGS/Ω	相对误差/%
8	11.22	2.74
10	10.51	3.75
12	10.42	4.58

3. 波形 3 雷电流作用下方框射线型杆塔接地网冲击接地电阻计算

本节选择研究 8/20μs 波形参数且幅值为 12kA 的雷电流作用下方框射线型杆塔接地网冲击接地电阻的计算方法。选择长为 10m 的散射接地极，保持方框射线型杆塔接地网根开为 2m，接地极半径 0.006m、埋深 0.8m 不变，研究土壤电阻率在 50～950Ω·m 时接地极电势时域函数特征参数的变化情况。同理，求解 10 种土壤环境下接地极时域响应函数的特征参数，如表 8.32 所示。

表 8.32　波形 3 作用下散射接地极长 10m 时电势时域响应函数的特征参数

土壤电阻率/(Ω·m)	*a*	*b*	*c*	*d*
50	99750	−91180	−97420	−168100
150	302600	−91030	−300400	−167900
250	507800	−90970	−505900	−167200
350	709050	−90920	−708580	−167180
450	911748	−90870	−910700	−167120
550	1117000	−90810	−1116000	−167100
650	1312700	−90805	−1301000	−167092
750	1518300	−90800	−1498200	−167050
850	1721000	−90790	−1702000	−167030
950	1932000	−90770	−1931580	−167000

根据表 8.32 可知，不同土壤电阻率下的特征参数和土壤电阻率之间有一定函数关系，以土壤电阻率为变量，采用数据拟合方式得到特征参数和土壤电阻率之间的函数表达式为

$$\begin{cases} a=-0.01\cdot\rho^2+2035\cdot\rho-1977 \\ b=-0.01\cdot\rho^2+0.94\cdot\rho-9.12\times10^4 \\ c=-0.003\cdot\rho^2-2036\cdot\rho+4391 \\ d=-0.002\cdot\rho^2+3.58\cdot\rho-1.68\times10^5 \end{cases} \tag{8.74}$$

本节研究散射接地极长度 L 为 8m，增加步长为 2m 时不同长度接地极的电压响应。同样，以计算相对误差 5%为标准，确定式(8.74)适用的接地极长度范围。将土壤电阻率 200Ω·m 代入式(8.74)，得到接地极时域响应函数表达式和冲击接地电阻值分别为

$$\begin{cases} U(t)=4.05\times10^5\cdot e^{-9.09\times10^4 t}-4.03\times10^5\cdot e^{-1.67\times10^5 t} \\ R_{ch}=7.48 \end{cases} \tag{8.75}$$

将计算结果与 CDEGS 仿真软件的计算结果比较，结果如图 8.23 所示。

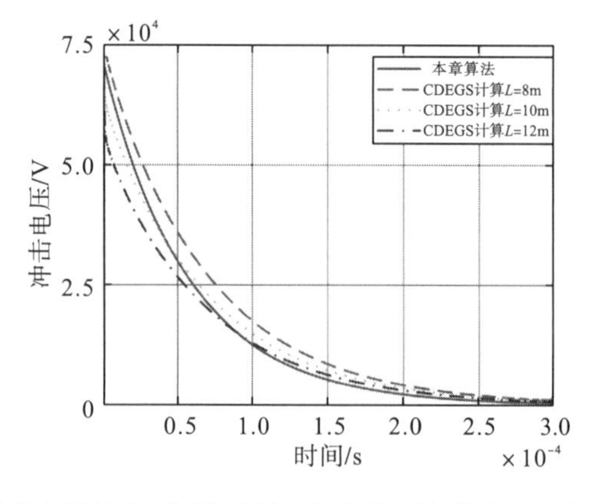

图 8.23　两种计算方法计算不同长度的方框射线型杆塔接地网电压响应结果比较

由图 8.23 可以看出，本章的计算方法和 CDEGS 的计算结果基本保持一致，能准确地计算出电压峰值。接地极电压衰减的时间和速率对冲击接地电阻的计算影响非常小，无须精确计算接地极电压时域响应的衰减过程。本章算法和 CDEGS 的计算误差如表 8.33 所示，散射接地极长度范围为 8～12m 的方框射线型杆塔接地网冲击接地电阻计算结果误差均在 3%以内，故式(8.75)可以准确计算中尺寸接地极的冲击接地电阻。

表 8.33　不同长度方框射线型杆塔接地网冲击接地电阻及计算相对误差

长度/m	CDEGS/Ω	相对误差/%
8	7.49	0.01
10	7.26	2.83
12	7.17	1.78

综上所述，本章的接地极冲击接地电阻测量方法需通过本书 3.2.2 节中的等间距 Wenner 四极法和 7.3 节中的短距离布极法测量接地极周围土壤的土壤电阻率和不同频率下接地极的接地阻抗。根据工频接地电阻的计算公式推导出接地极的敷设长度，结合 8.4.2 节和 8.4.3 节提出的适用于不同接地极尺寸的冲击接地电阻计算方法，得到接地极冲击接地电阻的测量方法。

8.5　工程实例分析

本章主要选择波形参数为 2.6/50μs 的雷电流，以电阻率 ρ=300Ω·m 的土壤中的水平接地极和方框射线型杆塔接地网为研究对象，对比 CDEGS 计算结果和基于离散异频的冲击接地电阻测量方法的计算结果。

8.5.1　水平接地极冲击接地电阻测量

选择不同长度的水平接地极进行研究，计算接地极长度 L 为 18m 的水平接地极冲击电压响应，将本章计算结果和 CDEGS 计算结果进行对比，验证小尺寸接地极冲击接地电阻的计算方法；计算接地极长度 L 为 23m 和 28m 的水平接地极冲击电压响应并和 CDEGS 计算结果进行对比，验证中尺寸接地极冲击接地电阻的计算方法；计算接地极长度 L 为 33m 和 38m 的水平接地极冲击电压响应，和 CDEGS 计算结果进行对比，验证大尺寸接地极冲击接地电阻的计算方法。

将 ρ=300Ω·m 分别代入式(8.42)、式(8.45)和式(8.47)，可确定在土壤电阻率为 300Ω·m 的土壤环境下 3 种尺寸接地极冲击响应特征参数，并得出接地极电压响应函数如下：

$$\begin{cases} U(t)_S = 2.87\times10^5\cdot \mathrm{e}^{-1.47\times10^4 t} - 2.85\times10^5\cdot \mathrm{e}^{-3.67\times10^6 t} \\ U(t)_M = 2.62\times10^5\cdot \mathrm{e}^{-1.65\times10^4 t} - 2.58\times10^5\cdot \mathrm{e}^{-7.23\times10^6 t} \\ U(t)_L = 2.52\times10^5\cdot \mathrm{e}^{-3.01\times10^4 t} - 2.24\times10^5\cdot \mathrm{e}^{-8.16\times10^6 t} \end{cases} \tag{8.76}$$

采用本章提出的不同尺寸水平接地极冲击接地电阻计算方法的计算结果和CDEGS计算的结果如图8.24所示。

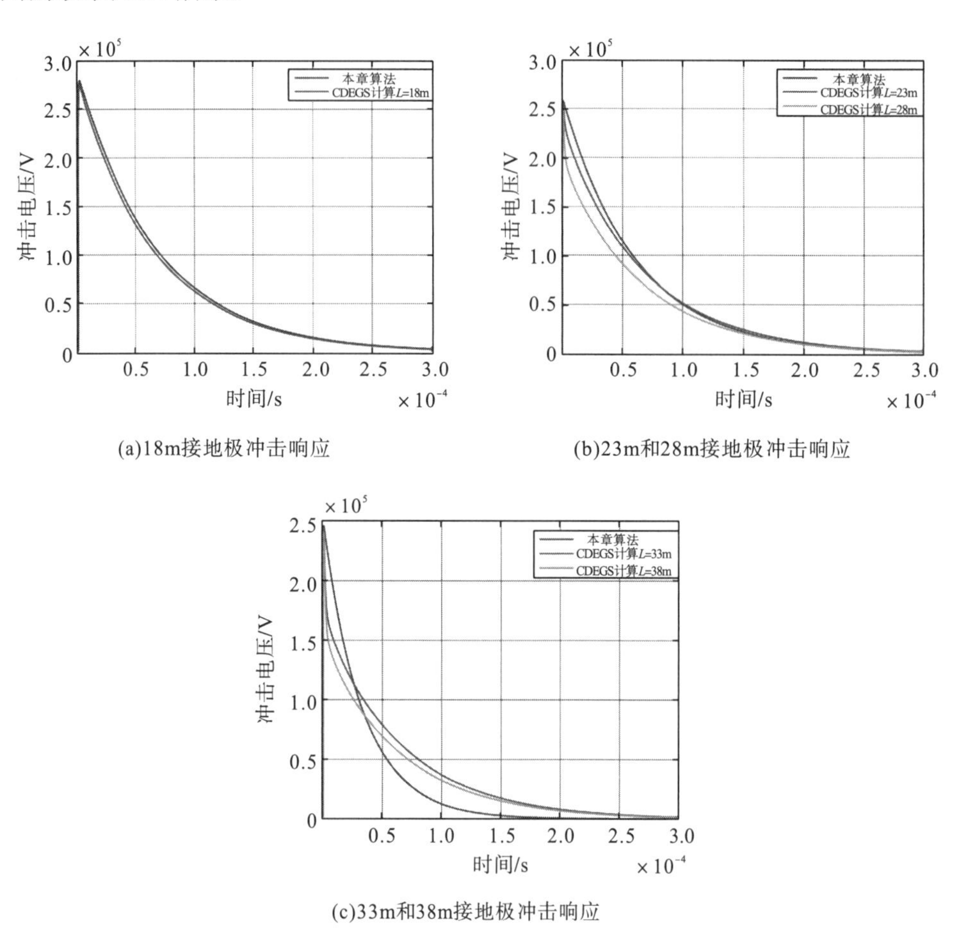

(a)18m接地极冲击响应

(b)23m和28m接地极冲击响应

(c)33m和38m接地极冲击响应

图8.24 计算不同尺寸参数接地极冲击响应(见彩版)

根据图8.24可知，本章算法在计算3种结构尺寸的接地极冲击电压响应时，接地极电压响应的整体趋势和CDEGS的计算结果保持一致。由图8.24(a)和(b)可知，在接地极尺寸较小时本章算法可以很好地计算接地极电压响应幅值和电压下降趋势，能准确计算小尺寸和中尺寸接地极的冲击接地电阻值。由图8.24(c)可知，本章算法可以准确计算大尺寸接地极电压响应幅值，不能很好地反映接地极电压衰减情况，但需要指出的是，接地极电压衰减速率的大小并不影响冲击接地电阻的准确计算，在计算冲击接地电阻时只需准确计算出接地极电压响应的幅值。

通过两种算法计算5种不同尺寸长度接地极的冲击接地电阻值，如表8.34所示。本章方法的计算结果和CDEGS计算结果的误差均在4%以内，有良好的计算精度，验证了本章算法的正确性。

表 8.34　水平接地极冲击接地电阻计算值对比

类别	接地极长度/m	本章方法/Ω	CDEGS/Ω	相对误差/%
小尺寸	18	27.95	27.62	1.2
中尺寸	23	25.78	25.59	0.7
	28	25.78	24.81	3.9
大尺寸	33	24.6	24.4	0.8
	38	24.6	24.1	2.1

8.5.2　方框射线型杆塔接地网冲击接地电阻测量

同样，本节选择不同结构参数的方框射线型杆塔接地网进行分析。根据 8.1.1 节可知，不同电压等级的方框射线型杆塔接地网散射长度不同，本节选择土壤电阻率为 300Ω·m，散射接地极长度为 8m、10m 和 12m 三种尺寸的方框射线型杆塔接地网进行研究，将 ρ=300Ω·m 代入式(8.72)，可确定在土壤电阻率为 300Ω·m 的土壤环境下 3 种结构尺寸的方框射线型杆塔接地网冲击响应特征参数，并得出方框射线型杆塔接地网电压响应函数如下：

$$\begin{cases} U(t) = 1.26\times10^{5}\cdot \mathrm{e}^{-1.46\times10^{4}t} - 1.24\times10^{5}\cdot \mathrm{e}^{-1.67\times10^{6}t} \\ R_{\mathrm{ch}} = 12.57 \end{cases} \tag{8.77}$$

采用本章提出的方框射线型杆塔接地网冲击接地电阻计算方法计算 3 种结构尺寸的方框射线型杆塔接地网冲击响应，并将计算结果和 CDEGS 计算结果进行对比，对比结果如图 8.25 所示。

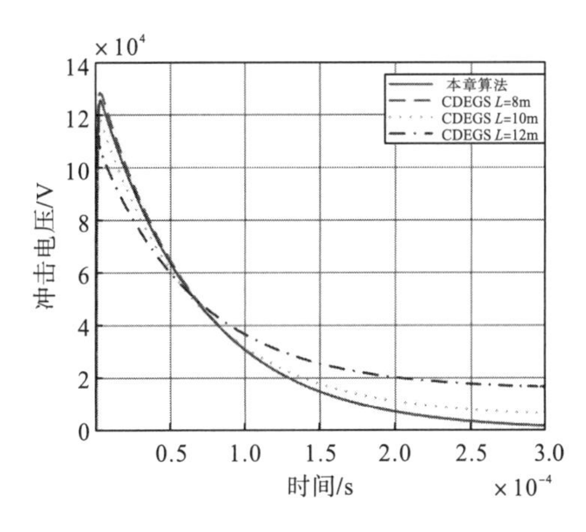

图 8.25　计算不同尺寸参数方框射线型杆塔接地网冲击响应

图 8.25 可知，本章算法在计算 3 种结构尺寸的方框射线型杆塔接地网的冲击接地电阻时，接地极电压响应的整体趋势和 CDEGS 的计算结果基本保持一致，能准确计算出不同散射长度的方框射线型杆塔接地网电压响应的幅值，可进一步准确计算出不同结构尺寸的方框射线型杆塔接地网冲击接地电阻值。

通过两种算法计算 3 种不同散射长度的方框射线型杆塔接地网的冲击接地电阻值，如表 8.35 所示。本章方法的计算结果和 CDEGS 计算结果的误差均在 5%以内，满足工程实际测量误差要求，有良好的计算精度，验证了本章算法的正确性。

表 8.35 方框射线型杆塔接地网冲击接地电阻计算值对比

散射接地极长度/m	本章方法/Ω	CDEGS/Ω	相对误差/%
8	12.81	12.79	1.9
10	12.78	12.03	4.3
12	12.51	11.97	4.8

参考文献

[1] 姜皓月, 王晟旻. 基于 Matlab 的 FFT 算法研究[J]. 电子制作, 2020(1): 52-54.

[2] 冉为, 籍雁南, 苏洪玉. 基于频域分析的接地网接地点雷电压波形数值计算方法[J]. 电工技术, 2020(8): 66-67+69.

[3] 赵宇杰, 石海丽, 赵彦敏, 等. 基于 Matlab 的数字图像离散傅里叶变换及应用[J]. 数码世界, 2018(1): 304.

[4] 王传虎, 邵文建, 居易. 基于 FFT 变换的 LFM 信号检测方法研究[J]. 舰船电子对抗, 2020, 43(6): 76-82.

[5] 王磊磊. 考虑土壤频变性的接地装置频域性能研究[D]. 郑州: 郑州大学, 2016.

[6] Visacro S, Alipio R. Frequency dependence of soil parameters: experimental results, predicting formula and influence on the lightning response of grounding electrodes[J]. IEEE Transactions on Power Delivery, 2012, 27(2): 927-935.

[7] Visacro S, Guimaraes N, Araujo R A, et al. Experimental impulse response of grounding grids[C]. 2011 7th Asia-Pacific International Conference on Lightning, 2011: 637-641.

[8] 李景丽. 接地网频域性能及杆塔接地极冲击特性的数值分析及试验研究[D]. 重庆: 重庆大学, 2011.

[9] 杜俊乐. 云南典型土壤冲击特性研究与火花放电现象分析[D]. 成都: 西南交通大学, 2017.

[10] 高竹青. 杆塔接地极冲击散流效率影响因素及多频率组合测量方法研究[D]. 成都: 西南交通大学, 2017.

[11] 中国电力企业联合会. 交流电气装置的接地设计规范: GB/T 50065-2011[S]. 北京: 中国电力出版社, 2012.

[12] 王建国, 夏长征, 文习山, 等 . 垂直接地体冲击电流作用下接地电阻的测量[J]. 高电压技术, 2000(5): 45-47.

[13] 司马文霞, 李晓丽, 袁涛, 等. 不同结构土壤中接地网冲击特性的测量与分析[J]. 高电压技术, 2008(7): 1342-1346.

[14] 刘振亚. 国家电网公司输变电工程典型设计: 110～500kV 接地装置分册[M]. 2006 年增补版. 北京: 中国电力出版社, 2007.

第九章　杆塔接地网的腐蚀诊断方法

杆塔接地网通过接地引下线和杆塔塔身相连，主要为雷电流和故障电流提供泄流通道，以保障电网的稳定运行和人员的生命安全。然而采用碳钢材质的杆塔接地装置由于长期埋设于土壤中而极易发生腐蚀，影响接地导体的散流功能，威胁线路的安全运行。腐蚀导致接地导体发生溶解，金属材料结构遭到破坏，过小的导体截面不能承受幅值较高的雷电流和故障电流，存在安全隐患，严重时甚至会引发导体断裂，致使接地装置失效。同时，腐蚀产物覆盖在接地导体表面阻碍了正常散流，引起接地电阻增大，接地性能降低。当电流到达接地装置时，接地装置失效或接地性能无法达标致使杆塔处电位过高，进而引发严重的电力事故，带来不可估量的经济损失。当输电线路杆塔处电位过高时，一方面，反击过电压可能引起输电线路跳闸，影响线路的稳定运行；另一方面，地电位梯度导致跨步电压和接触电压升高，严重威胁线路附近人员的生命安全。因此，准确评估杆塔接地网腐蚀程度具有重要工程意义。

然而，现有杆塔接地网腐蚀程度判断方法以定期抽样开挖方式为主，即根据不同地区的土壤腐蚀率，经验性地预估接地导体的腐蚀状态，然后周期性抽样开挖检查。在开挖检查发现存在腐蚀后，接地装置是否仍满足电力工程安全要求，能否继续使用或还能服役多久等并不能给出明确判断。而且由于输电线路杆塔分布范围极广，大多位于郊区野外，采用开挖方式检查接地腐蚀费时费力，运维成本极高，对于腐蚀较快的区域更是难以及时进行更换。

为解决上述问题，本章介绍了杆塔接地导体方位判断方法、杆塔接地引下线腐蚀断裂诊断方法、基于相对接地电阻的杆塔接地网腐蚀程度判断方法及杆塔接地网腐蚀程度综合评估方法。

9.1　杆塔接地导体方位判断方法

9.1.1　杆塔接地导体方位判断原理

杆塔的接地装置多采用水平接地极，常用钢质材料或铜质材料焊接而成。水平接地极通常埋深为 0.6m 左右，为了实现散流和减小接地电阻的作用，杆塔水平接地极通过接地引线与杆塔连接[1,2]。考虑到杆塔接地极可以等效为有限长直导线，首先建立了有限长直载流导线计算模型并对磁感应强度进行了计算。

1. 有限长直载流模型的建立及求解

设长为L的直导线，载有电流为$i = I\cos\omega t$，假设$t = 0$时刻进行计算。因为其结构上的对称性，载流直导线产生的磁场应该是子午面场。以导线轴线为 z 轴，电流注入端为其原点，建立一个圆柱坐标系，如图 9.1 所示，为载流导线在真空产生的磁感应强度模型。几个典型区域中的磁场感应强度 $\boldsymbol{B}$ 如下[3]。

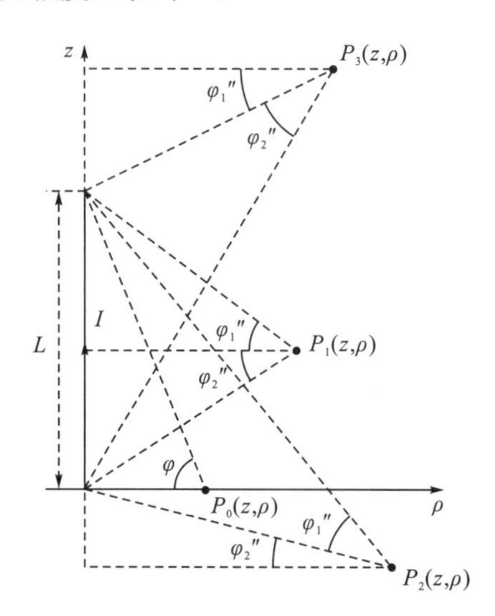

图 9.1 载流直导线在真空中产生的磁场

1) 在 $P_0(\rho,0)$ 点处的磁感应强度

在导线上任取一元电流段 $I\mathrm{d}\boldsymbol{l}'=I\mathrm{d}z'\boldsymbol{e}_z$，$\boldsymbol{r}'=z'\boldsymbol{e}_z$，$\boldsymbol{r}=\rho\boldsymbol{e}_\rho$，其中 $\boldsymbol{R}=\boldsymbol{r}-\boldsymbol{r}'=\rho\boldsymbol{e}_\rho-z'\boldsymbol{e}_z$，$R=\sqrt{\rho^2+z'^2}$。

该电流元段在点 P_0 处产生的磁感应强度：

$$\mathrm{d}\boldsymbol{B}=\frac{\mu_0}{4\pi}\frac{I\mathrm{d}\boldsymbol{l}'\times\boldsymbol{R}}{R^3}=\frac{\mu_0}{4\pi}\frac{I\mathrm{d}z'\mathbf{e}_z\times(\rho\boldsymbol{e}_\rho-z'\boldsymbol{e}_z)}{(\rho^2+z'^2)^{3/2}}=\frac{\mu_0I\rho\mathrm{d}z'\boldsymbol{e}_\phi}{4\pi(\rho^2+z'^2)^{3/2}} \tag{9.1}$$

直载流导线在点 P_0 处产生的磁感应强度：

$$\boldsymbol{B}_P=\int_0^L\frac{\mu_0I\rho\mathrm{d}z'\boldsymbol{e}_\phi}{4\pi(\rho^2+z'^2)^{3/2}}=\frac{\mu_0I\rho}{4\pi}\left[\frac{z'}{\rho^2\sqrt{\rho^2+z'^2}}\right]_0^L\boldsymbol{e}_\phi=\frac{\mu_0I}{4\pi\rho}\sin\varphi\cdot\boldsymbol{e}_\phi \tag{9.2}$$

2) 在 $P_1(\rho,z)(0<z<L)$ 点处的磁感应强度

由点 P_1 作坐标轴 ρ 的平行线，将导线 L 分为两段，分别对应两个角 φ_1' 和 φ_2'，应用线性叠加的原理得

$$\boldsymbol{B}_{P_1}=\frac{\mu_0I}{4\pi\rho}\left(\sin\varphi_1'+\sin\varphi_2'\right)\boldsymbol{e}_\phi \tag{9.3}$$

3) 在 $P_2(\rho,z)(z<0)$ 点处的磁感应强度

从点 P_2 作 z 轴的垂线，与导线的延长线相交。基于上述计算公式，减去辅助延长的载流导线产生的磁感应强度。设它们对应的角度分别为 φ_1'' 和 φ_2''，得

$$\boldsymbol{B}_{P_2}=\frac{\mu_0I}{4\pi\rho}\left(\sin\varphi_1''-\sin\varphi_2''\right)\boldsymbol{e}_\phi \tag{9.4}$$

4) 在 $P_3(\rho,z)(z>L)$ 点处的磁感应强度

$$\boldsymbol{B}_{P_3}=\frac{\mu_0 I}{4\pi\rho}\left(\sin\varphi_1'''-\sin\varphi_2'''\right)\boldsymbol{e}_\phi \tag{9.5}$$

式(9.1)～式(9.5)中，μ_0 为真空中介质的磁导率（$\mu_0=4\pi\times10^{-7}\,\mathrm{H/m}$），$I$ 为导线中的电流强度。由此可以得出，计算某处的磁感应强度，需要知道的参数为距离载流直导线的距离 ρ，以及该点与载流直导线两端连线与该点与载流直导线的垂直线所成夹角 φ_1 与 φ_2。只要获取到这 3 个参数，便能够得出磁感应强度的数值大小。而磁感应强度的方向，通过右手法则可以得出。通过对有限长直载流导线在真空中产生的磁场强度的计算，为后续分析注入电流后水平杆塔接地极在土壤表面的磁场强度奠定了理论基础。

2. 注入电流后地表磁感应强度大小计算

上文提到杆塔接地极通常为钢质或铜质材料，为判断杆塔接地极的方位提供了有利的判断条件。磁场法并不能直接找到杆塔接地极，而是通过测量注入杆塔接地极中的交流电流产生的磁感应强度，从而找到接地极的方位。杆塔水平接地极的简易模型如图 9.2 所示。

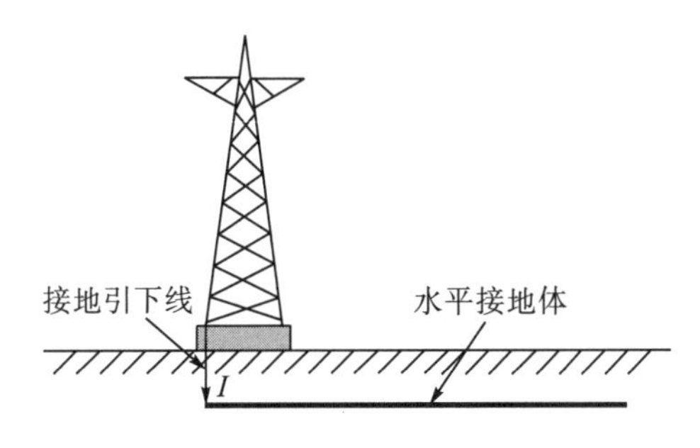

图 9.2　水平接地极简易模型

通过杆塔接地引线，注入电流信号进入杆塔水平接地极，由于杆塔水平接地极多选择截面为矩形的扁钢或圆形的圆钢，电流流经接地极时，可将杆塔水平接地极等效为有限长直载流导线模型进行计算，等效后的模型如图 9.3 所示。

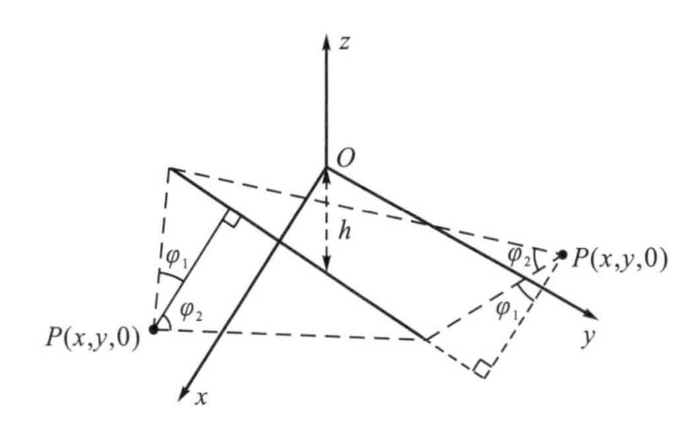

图 9.3　杆塔水平接地极在土壤表面产生的磁场

如图 9.3 所示，以杆塔水平接地极中点正上方 h 长度处为坐标原点，y 轴方向与接地极埋设方向平行，以此来建立直角坐标系，其中杆塔接地极长度为 L。P 点到杆塔接地极的

直线长度为$\sqrt{x^2+h^2}$，P 点和杆塔接地极两端连线与 P 点和接地极的垂直线所成夹角为

$$\begin{cases}\varphi_1=\tan^{-1}\dfrac{\left|\dfrac{L}{2}+y\right|}{\sqrt{x^2+h^2}}\\\varphi_2=\tan^{-1}\dfrac{\left|\dfrac{L}{2}-y\right|}{\sqrt{x^2+h^2}}\end{cases}\tag{9.6}$$

则根据式(9.1)～式(9.5)的磁场强度公式，可以得出土壤表面任意一点$P(x,y,0)$处磁感应强度大小的表达式：

$$B=\begin{cases}\dfrac{\mu I}{4\pi\sqrt{x^2+h^2}}(\sin\varphi_1+\sin\varphi_2) & |y|\leqslant\dfrac{L}{2}\\\dfrac{\mu I}{4\pi\sqrt{x^2+h^2}}|\sin\varphi_1-\sin\varphi_2| & |y|>\dfrac{L}{2}\end{cases}\tag{9.7}$$

式中，μ 为土壤的磁导率。如图 9.4 所示，取$y=0$时杆塔水平接地极的截面，即 xoz 平面，在该截面所在的土壤水平线上，其 P 点和杆塔接地极两端连线与 P 点和接地极的垂直线所成夹角 φ_1 和 φ_2 是固定的，而考虑土壤均匀，则式中唯一的变化量即为 P 点到杆塔接地极的直线长度 ρ 。

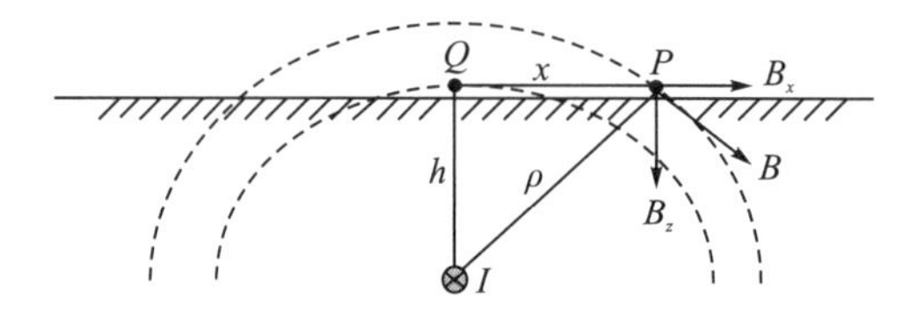

图 9.4 xoz 平面磁感应强度分布示意图

根据理论推导的式(9.7)，此时$\varphi_1=\varphi_2=45°$，代入典型的参数，即杆塔水平接地极埋深$h=0.6\text{m}$，电流大小$I=1\text{A}$，土壤的相对磁导率$\mu_r=1$，利用 MATLAB 仿真软件绘制出土壤表面$y=0$平面处磁感应强度分布情况，如图 9.5 所示。

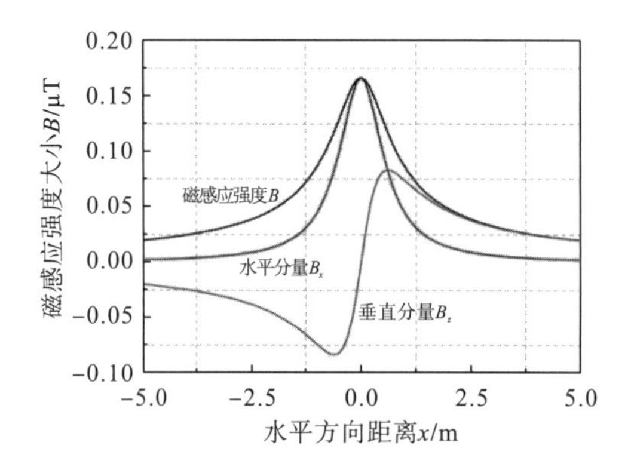

图 9.5 $y=0$平面处磁场强度分布图

根据式(9.7)和图9.5可以看出，B 与 B_x 均在 $x=0$ 时得到最大值，即磁感应强度以及水平磁感应强度在杆塔水平接地极正上方达到最大值，并随距中心水平位置的偏移增大而变小。同时，B_z 在 $x=0$ 时得到最小值，即垂直磁感应强度在杆塔水平接地极正上方达到最小值，且两端的磁感应强度垂直分量方向相反，由于施加的是交流信号，单观察这一信号对接地极埋设方位的判断意义不大，因此，需要通过寻找磁感应强度 B 的峰值来判断接地极的埋设方位。

仅仅观察 $y=0$ 平面上磁感应强度的分布情况是不足以判断杆塔水平接地极的埋设方位的，为了进一步验证这一关系，需要对注入电流后土壤整个表面的磁感应强度分布情况有一个更为直观的反映。通过上述理论分析，编写 MATLAB 程序，利用 Mesh 函数绘制出土壤表面磁场强度大小的三维色图，其参数均取上述典型值。最后得到，杆塔水平接地极表面磁感应强度分布情况如图9.6所示。

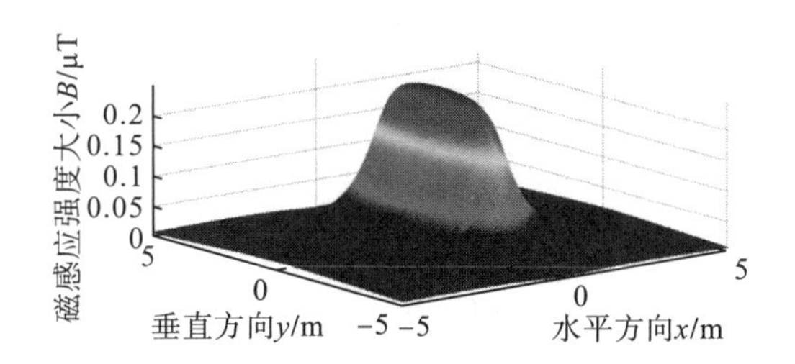

图9.6　杆塔水平接地极上地面磁感应强度分布情况(见彩版)

从图9.6中可以看出，通过接地引线注入电流进入杆塔水平接地极后，在土壤表面形成了磁感应强度分布，其中磁感应强度最大的值位于杆塔水平接地极的正上方，随着距中心水平位置的偏移，磁感应强度逐渐减小。

由此，可以得到判断杆塔水平接地极埋设方位的方法，即注入电流后，通过测量接地极上方土壤表面磁感应强度分布情况，找到磁感应强度值最大的地方，则对应于杆塔水平接地极的埋设方位，进而可实现接地电阻测量前的准确布极。

3. 杆塔接地导体电路模型体轴向电流分布模型的建立及求解

由式(9.7)可以看出，土壤表面磁感应强度的分布情况与注入电流的大小 I 以及杆塔水平接地极的埋深 h 有关，而杆塔水平接地极的埋深均为 0.6m 左右，因此，埋深对接地极正上方土壤表面磁感应强度影响不大。然而，土壤为良导体，当电流流过水平杆塔接地极时，必然会存在散流情况，导致流经杆塔水平接地极的电流值越来越小，即杆塔接地极轴向电流值逐渐减小，表面磁感应强度会存在一定的衰减，当电流降低到一定程度时，其产生的磁感应强度将难以测量。根据式(9.7)，磁感应强度值与接地极轴向电流值线性正相关，下文对接地极轴线电流分布情况的分析，直接反映了磁感应强度的分布情况。

任何导体之间都有电容存在，杆塔水平接地极与大地之间也有电容，当注入交流信号流入接地极中时，一部分电流流经接地极本身，另一部分电流通过电容散流流入大地。由于电容的容抗值与电流的频率反相关，当频率越高时，容抗值越低，其电容电流越大，接地极轴线电流衰减得越快。如图 9.7 所示，将接地极视为有损长线，即可以等效为基本单位为 π 型等效电路的集中参数 *RLCG* 模型。

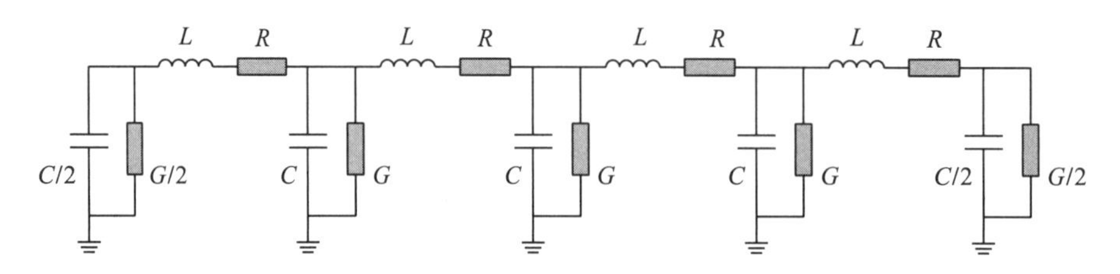

图 9.7　杆塔接地极等效电路模型 I

图 9.7 中将水平接地极人为地分为若干段，每一段视为一个基本单元，每个基本单元采用自电阻 R 、自电感 L、对地电容 C 和对地电导 G 来描述。其中，自电阻 R 可以采用轴向电阻表达式[4]：

$$R=\frac{\rho_0 l}{S}=\frac{\rho_0 l}{\pi r^2} \tag{9.8}$$

式中，ρ_0 是杆塔接地极的电阻率；l 是接地极的轴向长度；S 是接地极截面积；r 是接地极等效半径。本章选取圆铜的水平接地极作为参考，其电阻率为 $1.75\times10^{-8}\Omega\cdot\text{m}$，半径 r 选取 0.005m，由此可以计算出单位长度铜质接地极的电阻为 0.000223Ω，可以看出其电阻值非常小，因此下文的模型中可以忽略自电阻的影响。

忽略导体的内自感，则导体自电感 L 表达式如下[5]：

$$L=\frac{\mu_0}{2\pi}(\ln\frac{2l}{r}-1) \tag{9.9}$$

式中，μ_0 为真空导磁系数，$\mu_0=4\pi\times10^{-7}$；l 是接地极的长度；r 是接地极的半径。

接地极对地电导公式为[6]

$$G=\frac{2\pi}{\rho(\ln\frac{l^2}{2hr}-0.61)} \tag{9.10}$$

式中，ρ 是土壤电阻率；l 是接地极的长度；h 是接地极埋深；r 是接地极的半径。接地

极对地电容公式为[6]

$$C=\varepsilon\rho G \tag{9.11}$$

式中，ε 是土壤介电常数，一般取 $\varepsilon=9\times8.86\times10^{-12}$。

根据上述公式可以得到接地极等效参数模型的值，在理论上将原本并不均匀的参数看成均匀分布于回路的微段，若把其分为 n 个微段，取第 i 个微段进行分析，电压电流信号在接地极轴向的变化情况如图 9.8 所示。

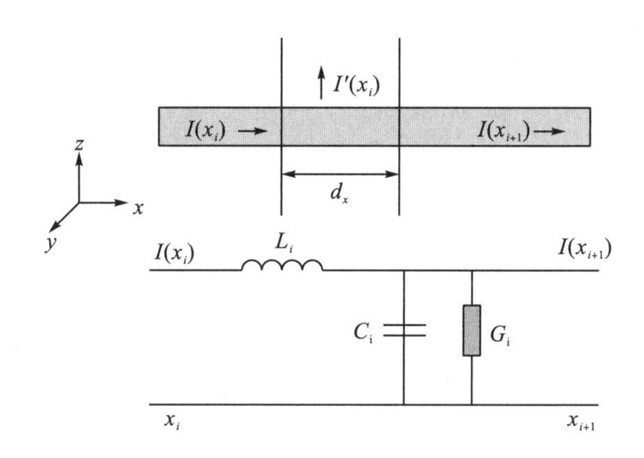

图 9.8 接地极微段的等效模型

该等效电路图中，对地电导等效为一个导抗 $Y_i = G_i + \mathrm{j}wC_i$，其中 $i = 0,1,2,\cdots,n$，将图 9.7 重绘为图 9.9。

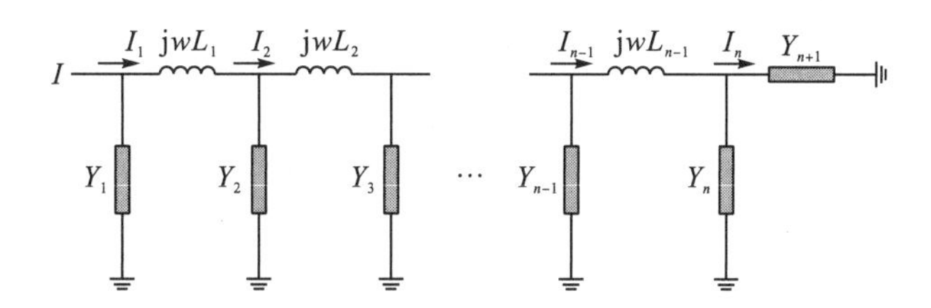

图 9.9 杆塔接地极等效电路模型示意图 II

图 9.9 中给出了 n 段接地极的等效电路图，计算流经接地极电感的电流则可以算出接地极轴向电流的分布情况，可以知道，当 $n \to \infty$ 时，则能够准确地计算出每一微段的值，则电流分布的情况更为精确。

根据该等效电路图，每一微段的电流都可以通过分流原理进行求解，已知每微段接地极的电导、电容和电感值，分别求得每微段电流 I_i 的计算公式如下：

$$\begin{cases} I_1 = \dfrac{Y_1}{\left\{\left[(Y_{n+1} \parallel Y_n + \mathrm{j}wL_{n-1}) \parallel Y_{n-1} + \cdots + \mathrm{j}wL_2\right] \parallel Y_2\right\} + \mathrm{j}wL_1 + Y_1} I \\ I_2 = \dfrac{Y_1}{\left\{\left[(Y_{n+1} \parallel Y_n + \mathrm{j}wL_{n-1}) \parallel Y_{n-1} + \cdots + \mathrm{j}wL_3\right] \parallel Y_3\right\} + \mathrm{j}wL_2 + Y_2} I_1 \\ \vdots \\ I_{n-1} = \dfrac{Y_{n-1}}{(Y_{n+1} \parallel Y_n + \mathrm{j}wL_{n-1}) + Y_{n-1}} I_{n-2} \\ I_n = \dfrac{Y_{n-1}}{Y_{n+1} + Y_n} I_{n-1} \end{cases} \tag{9.12}$$

根据上述公式，若将接地极长度 l 分为 n 段，将分段后求得的各参数值分别代入式(9.12)，则可以求出各微段的电流值。关于 n 的取值问题，若接地极导体分段数越多，会越接近于实际的接地极情况，进而计算结果会越趋近真实值，但在导体参数的实际计算过程中，若分段过多会累积误差。因此，本章采用 0.5m 作为每个接地极微段长度。

由此，可以得出通过杆塔接地极散流后，接地极轴向电流分布的情况，进而反映出接地极正上方的磁感应强度大小。

9.1.2 杆塔接地极导体方位判断影响因素

接地极上的电流随着距离的增大而逐渐减小，且减小的速率与模型的参数相关。影响模型参数最重要的两个因素是注入电流频率 f 与土壤电阻率值 ρ 。因此，有必要对二者进行分析比较，找到影响规律。

1. 注入电流频率的影响

首先分析注入电流频率 f 对接地极轴向电流分布的影响。当频率为 $f(f<1\text{MHz})$ 的电流作用于接地极时，有接地极尺寸 $L \ll \lambda = v/f$（其中，v 为光速，λ 为注入电流产生的电磁波波长），满足准静态电磁场的假设[7]。于是设定接地极的数据为：注入电流的大小 $I=1\text{A}$，土壤电阻率值 $\rho=100\Omega\cdot\text{m}$，分段数 $n=20$，导体长度 $l=10\text{m}$，导体半径 $r=0.005\text{m}$，导体埋深 $h=0.6\text{m}$，另将设定好的参数代入式(9.8)～式(9.11)中，将分别得到自电阻 R 、自电感 L、对地电容 C 和对地电导 G 的值，代入式(9.12)中，为了直观地显示频率对接地极散流情况的影响，取几个典型的频率值(1kHz，5kHz，10kHz，20kHz，50kHz，100kHz，200kHz)进行分析，通过 MATLAB 仿真软件绘制出在此参数设置下，接地极轴向电流的分布情况，如图 9.10 所示。

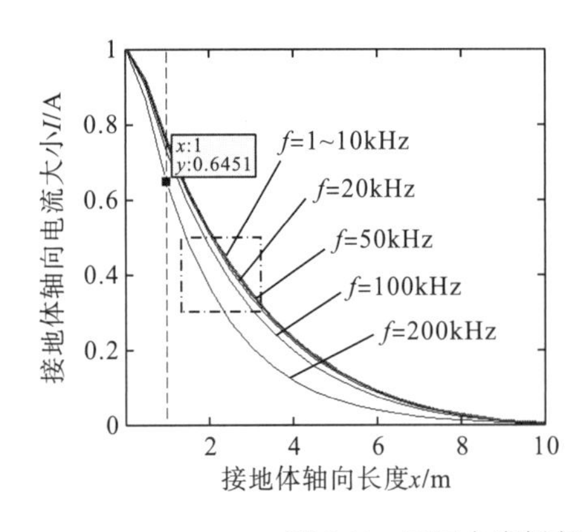

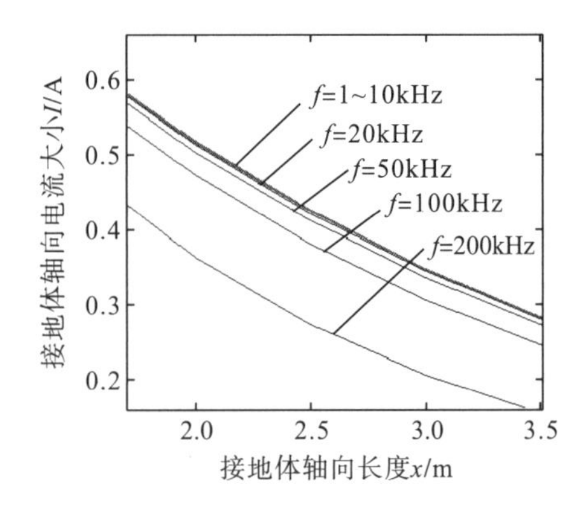

图 9.10 不同电流频率下接地极轴向电流分布图

图 9.10 给出了接地极在不同频率下的散流情况，可知在不同频率下，接地极轴向电流整体上随着距离的增大而逐渐减小，同时，在频率 $f\leqslant 10\text{kHz}$ 时，对接地极轴向电流衰减速率的影响很小，频率 f 对其几乎没有影响；而当频率 $f\geqslant 20\text{kHz}$ 时，频率 f 的影响逐渐增大，随着频率的增大，接地极轴向电流整体变小。这是由于接地极电流通过电导和电容流入土壤，当频率较低时，电导起主要作用，此时电容效应不明显，频率对轴向电流衰减情况的影响很弱。随着频率的增大，电容效应逐渐增大，频率的影响也随之增大。但总体上来看，在距离杆塔 1m 处，接地极轴向电流大小为注入电流值的 70%～80%，因此

测量时可选择在 1m 左右处，此处的磁感应强度衰减较小，在可测量的范围以内。

通过上述分析可以得出如下结论：注入电流频率 $f \leqslant 10\text{kHz}$ 时，对杆塔接地极上方磁感应强度的衰减速率影响相对较小，对杆塔接地极埋设方位的判断几乎没有影响；当 $f \geqslant 20\text{kHz}$ 时，随着电流频率增大，接地极上方的磁感应强度的衰减速率增大，即对杆塔接地极埋设方位的判断影响较为明显。

2. 土壤电阻率的影响

由于杆塔所处的地理位置不同，其所在的土壤类型也不同，土壤电阻率的改变会影响杆塔散流情况。为了研究土壤电阻率对杆塔接地极散流的影响，在注入不同频率电流的情况下，设置土壤电阻率为变量，取几个典型的土壤电阻率值（50Ω·m，100Ω·m，200Ω·m，500Ω·m，1000Ω·m，2000Ω·m）进行分析，通过 MATLAB 仿真软件仿真，绘制出在这 6 个土壤电阻率下，接地极轴向电流的情况，如图 9.11 所示。

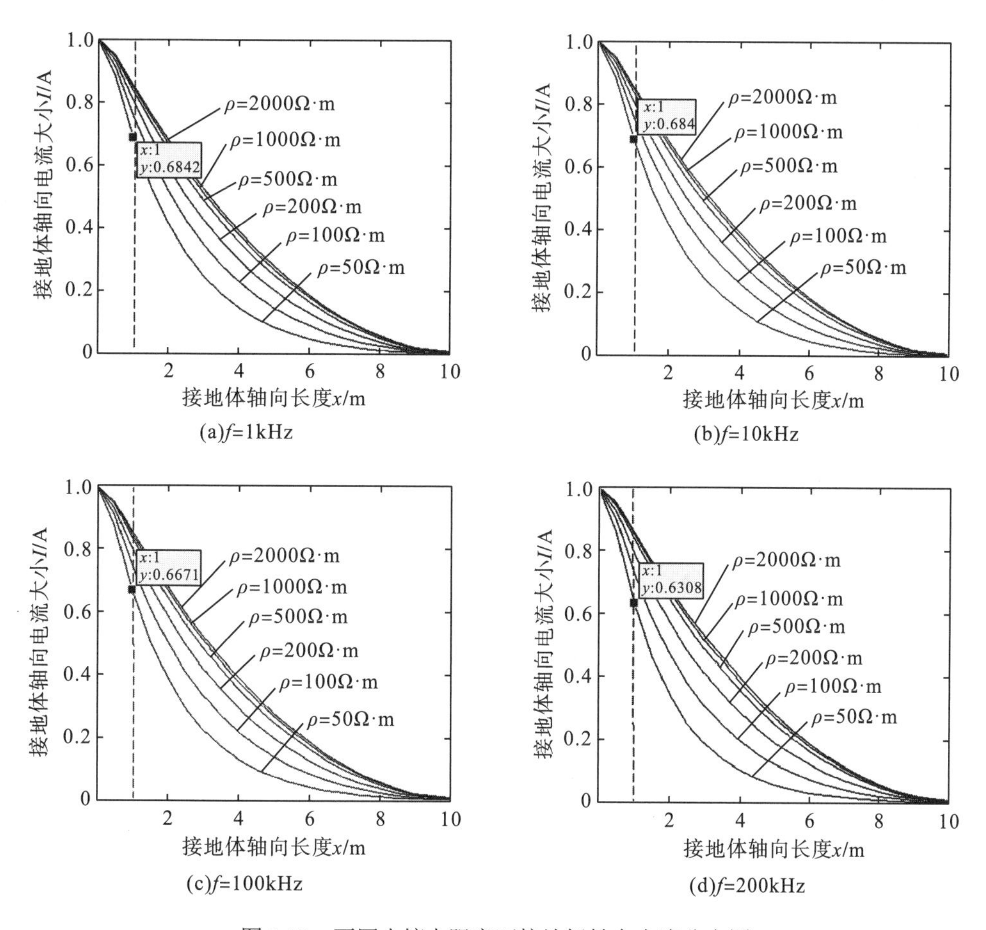

(a)f=1kHz　(b)f=10kHz　(c)f=100kHz　(d)f=200kHz

图 9.11　不同土壤电阻率下接地极轴向电流分布图

根据图 9.11 中不同频率与不同土壤电阻率下的接地极轴向电流分布情况得出，当电流频率一定时，随着土壤电阻率的增大，接地极轴向电流整体减小，不同电流频率下，土壤电阻率 $\rho \leqslant 200\Omega\cdot\text{m}$ 时，电流衰减的速率明显大于土壤电阻率 $\rho > 200\Omega\cdot\text{m}$ 时的速率，说明较低的土壤电阻率值对接地极轴向电流衰减速率的影响更为明显。这主要是由于当杆塔接地极周围的土壤电阻率高时，土壤的导电性能差，电流不易从杆塔接地极流入土壤中。但总体上来看，在距离杆塔1m处，接地极轴线电流大小是注入电流值的70%～80%，此时，相应地接地极上方的磁感应强度衰减比较小，因此测量时可选择在1m左右处，此时的磁感应强度仍具有较好的强度。

土壤电阻率$\rho \leqslant 200\Omega \cdot m$时，对杆塔接地极电流衰减速率影响大，即对杆塔接地极埋设方位的判断影响明显；土壤电阻率$\rho > 200\Omega \cdot m$时，对杆塔接地极轴向电流衰减速率影响相对较小，即对杆塔接地极埋设方位的判断影响并不明显。

综上所述，电流频率与土壤电阻率均对杆塔接地极轴向电流衰减情况有一定的影响。考虑衰减最严重的情况，即注入电流频率$f \geqslant 20kHz$且土壤电阻率$\rho \leqslant 200\Omega \cdot m$时，接地极轴向电流的衰减很大，但在距离接地极中心1m处的电流仍有注入电流的70%左右。因此，尽可能地选择在杆塔周围1m左右处测量，此处接地极上方土壤表面磁感应强度值仍在可测范围内。

9.1.3 算例分析

为了进一步验证杆塔接地极埋设方位判断方法的可行性，从模拟仿真角度出发，建立了杆塔接地极埋设方位判断的物理模型，验证了注入电流后水平接地极上方土壤表面磁感应强度的分布特性，并分析了注入电流频率以及土壤电阻率对接地极中轴向电流的影响。

1. 杆塔接地极埋设方位判断模型的建立

在COMSOL Multiphysics软件中建立了如图9.12所示的杆塔接地极埋设方位判断的物理仿真模型，其中半球体为模拟的土壤模型，接地极模型采用材料为铜的圆柱体等效。图中，土壤参数设置为：半径$r = 50m$，相对介电常数$\varepsilon_r = 16$，电导率$c = 1 \times 10^{-3}S/m$。具体参数设置为：电导$G = 8.41S$，相对介电常数$\varepsilon_r = 1$，相对磁导率为$\mu_r = 636$，接地极长度$l = 10m$，半径$a = 0.02m$，注入电流值$I = 1A$。

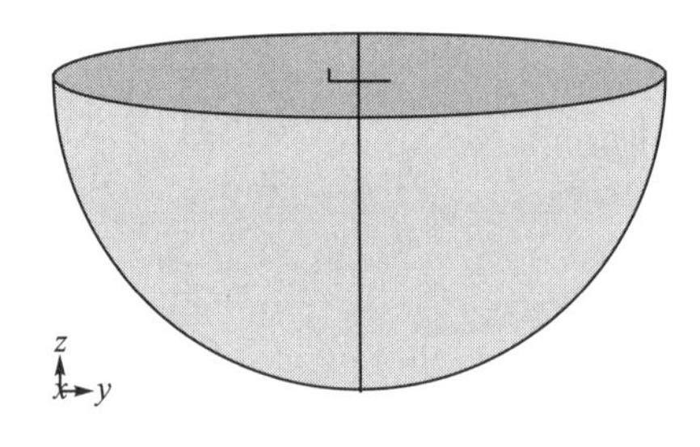

图9.12 杆塔接地极仿真模型

注入电流频率的范围为$1 \sim 10kHz$，设置注入频率为$1kHz$，求解地表磁感应强度分布图，求解结果如图9.13所示。

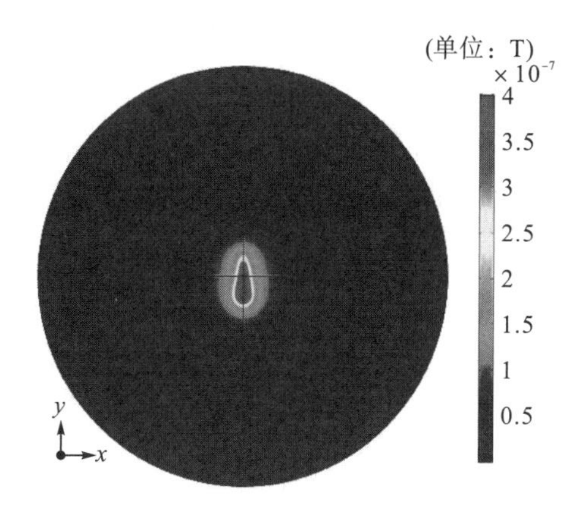

图 9.13　地表磁感应强度分布图(见彩版)

图 9.13 直观地给出了接地极上方磁感应强度的分布情况，即地表磁感应强度的最大值处对应于接地极的埋设方位。根据图 9.13 可知，随着接地极长度的增大，磁感应强度的值逐渐衰减。这是由于该模型中，充分考虑了土壤的散流效应，接地极的轴向电流是逐渐减小的，而导致接地极上方土壤表面磁感应强度的分布情况整体呈现一个水滴形状。此外，在仿真结果中，根据图例看到，磁感应强度的数量级为 0.1μT，这与理论分析图 9.5 中的值相符合，进一步验证了杆塔接地极埋设方位判断方法的正确性。

为了进一步验证理论分析的正确性，分析了接地极轴向电流的分布图，如图 9.14 所示。

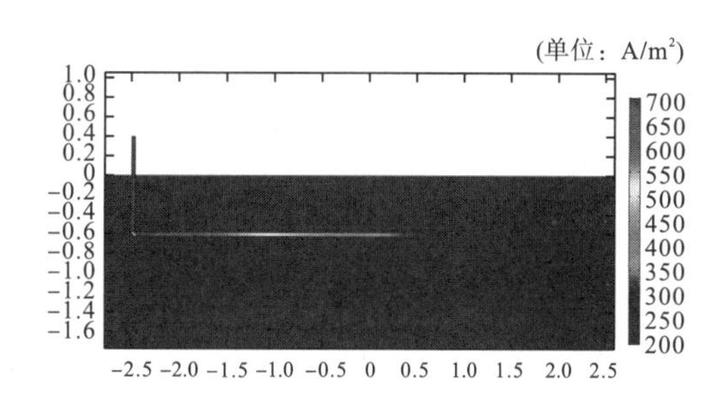

图 9.14　接地极轴向电流分布图(见彩版)

图 9.14 中给出了接地极轴向电流的分布情况，可以直观地看出随着长度的增大，接地极轴向电流是逐渐减小的，在接地极的末端衰减到某个很小的值，该软件中只能给出电流密度 σ 的分布情况，而电流的值 $I=\pi a^2\sigma$，由图例可以大概计算出在接地极 1m 处的电流大小为0.75A 左右，与前文分析的值保持一致，验证了仿真结果的正确性。

上述仿真仅仅定性地分析了接地极轴向电流的衰减情况，由理论分析可知，杆塔接地极埋设方位判断方法的主要影响因素是注入电流频率以及土壤电阻率。因此，针对上述两个影响因素进行仿真分析，与理论分析进行对比，探究杆塔接地极轴向电流分布的影响因素，从而直接反映接地极上方磁感应强度的变化情况。

2. 不同注入电流频率值的影响分析

注入电流频率值是影响杆塔接地极散流特性的重要参数，直接影响杆塔接地极地表磁感应强度的分布。分别对 4 个不同的注入电流频率值进行了仿真，此时土壤电阻率值取 $\rho = 100\Omega\cdot\text{m}$，每隔 0.5m 测量杆塔接地极的轴向电流密度，并计算得出电流值，共取了 20 个点，绘制出杆塔接地极轴向电流随电流频率的变化曲线，如图 9.15 所示。

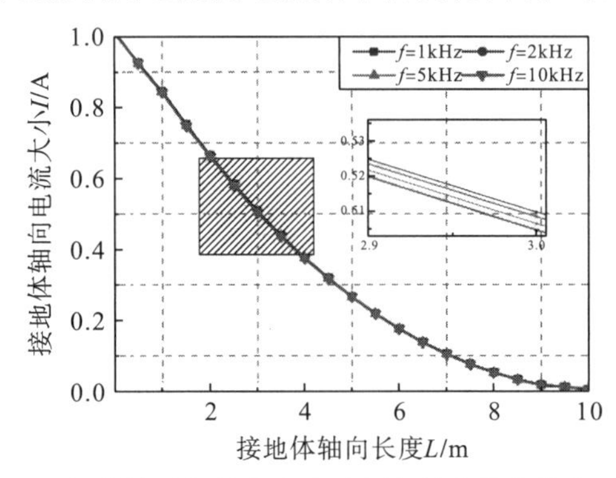

图 9.15 杆塔接地极轴向电流随频率的变化曲线(见彩版)

由图 9.15 可以看出，接地极轴向电流大小随着轴向长度的增大逐渐减小，注入频率范围在 1～10kHz。电流频率对接地极轴向电流的衰减速率几乎没有影响，且该曲线与图 9.11 所示的变化趋势相吻合。因此，在电流频率很大的情况下杆塔附近 1m 处的接地极轴向电流仍有注入电流值的 70%～80%，即地表土壤磁感应强度值也能很好满足测量精度，进一步验证了本测量方法的可行性。

3. 不同土壤电阻率值的影响分析

土壤电阻率值是表征土壤特性的重要参数，直接影响杆塔接地极电流的散流情况，从而导致地表磁感应强度发生改变。设注入电流频率为1kHz，分别对 6 个典型的土壤电阻率值($50\Omega\cdot\text{m}$，$100\Omega\cdot\text{m}$，$200\Omega\cdot\text{m}$，$500\Omega\cdot\text{m}$，$1000\Omega\cdot\text{m}$，$2000\Omega\cdot\text{m}$)进行仿真分析。同样，每隔0.5m 测量杆塔接地极的轴向电流密度，并计算得出电流值，共取了 20 个点，测量杆塔接地极轴向电流随土壤电阻率的变化曲线，如图 9.16 所示。

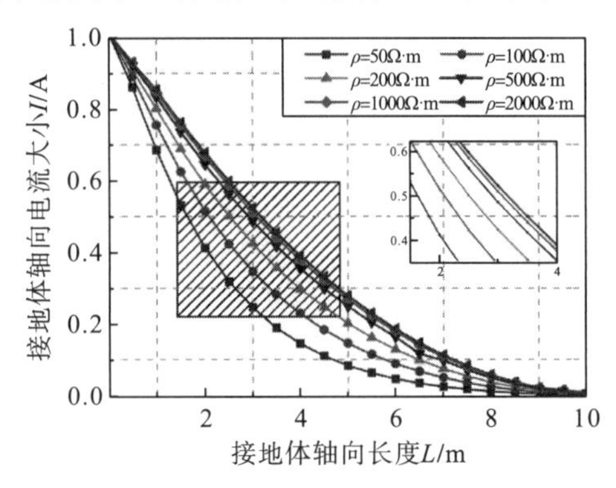

图 9.16 杆塔接地极轴向电流随频率的变化曲线(见彩版)

由图 9.16 可以看出，接地极轴向电流的衰减速率随着土壤电阻率的增大而减小，即注入电流频率 f 一定时，土壤电阻率值越大，接地极轴向电流整体变小，该曲线与图 9.11 所示的变化趋势一致。同样，也可以看出，在杆塔周围 1m 处，接地极的轴向电流的大小仍有注入电流值的 70%～80%，地表磁感应强度的值都在可测范围内，体现出了接地极埋设方位判断方法的准确性和可行性。

9.2 杆塔接地引下线腐蚀断裂诊断方法

杆塔接地网是通过接地引下线和杆塔塔腿连接。杆塔接地引下线长期处于土壤和空气的交界面，容易发生腐蚀断裂。接地引下线的连通性是输电线路杆塔接地装置有效接地，确保接地极发挥其正常散流作用的前提。

9.2.1 接地引下线断裂识别原理

接地装置在土壤中进行散流时相当于很多点电流源，在静电场中，当场源和边界条件一定时，场域中任一点的电位分布是唯一确定的。若将长为 L 的接地装置均匀划分为 n 个微段，设第 i 个微段长度为 L_i，将第 i 个微段的中间位置作为等效中心，记为 O_i。当电流 I 通过接地装置泄流到土壤中时，从第 i 段表面泄漏的电流为 I_i，则利用点电源在空间任意一点的电位分布采用叠加定理可求得地表任意一点 P 的电位，如式(9.13)所示，式中，$G(P,O_i)$ 表示第 i 个微段系统在 P 点产生的电位。

$$V_{\mathrm{p}} = \sum_{i=1}^{n} G(P,O_i) I_i \tag{9.13}$$

地表电位大小与接地导体各点的泄漏电流密切相关。当输电线路杆塔接地引下线存在断裂故障时，施加激励后的场源即发生变化，场域内的电场与电位分布也随之改变。因此，接地装置附近地表电位分布的变化可以体现接地导体泄漏电流的变化，进而反映出场源的改变。依据引下线断裂故障后接地系统的地表电位变化，可实现对接地引下线的断裂故障识别。

9.2.2 算例分析

为了观察接地引下线断裂故障对地表电位分布造成的影响，在 CDEGS 软件中采用 1T-FK1 型方框射线型杆塔接地网的设计参数进行建模：方框边长 L_1=8m，射线长 L_2=2m，埋深 h=0.8m，接地引下线长度也为 0.8m；金属材料采用碳钢，接地导体直径 0.012m，土壤电阻率为 $100\Omega\cdot\mathrm{m}$。模型示意图如图 9.17 所示，从接地装置的 a 端引下线注入 1A 工频电流，以地表为观测面，观测面以方框射线型接地装置的中心为中心，大小为 $6\mathrm{m}\times6\mathrm{m}$。

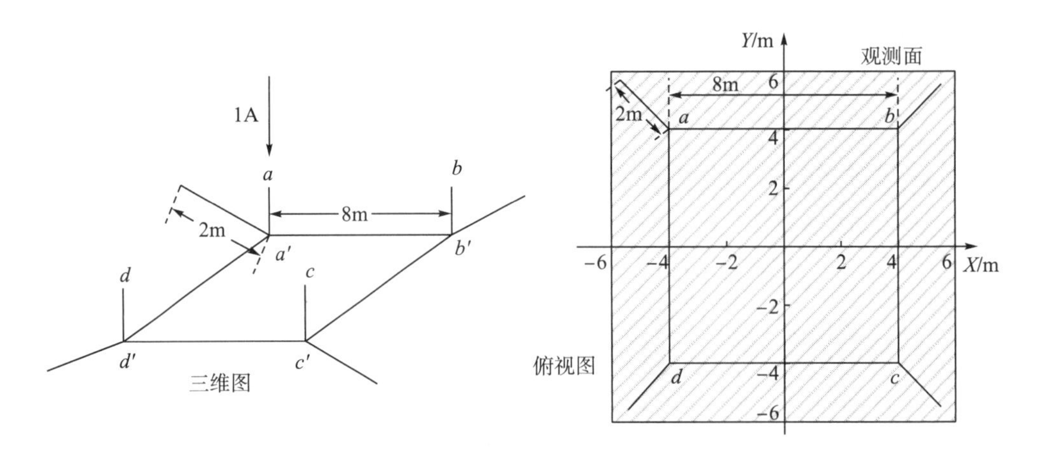

图 9.17　模型示意图及观测面

当接地装置完好、4 根引下线均无断裂时，仿真得到该接地系统的接地电阻大小为 5.39Ω，地表电位仿真结果如图 9.18 所示。

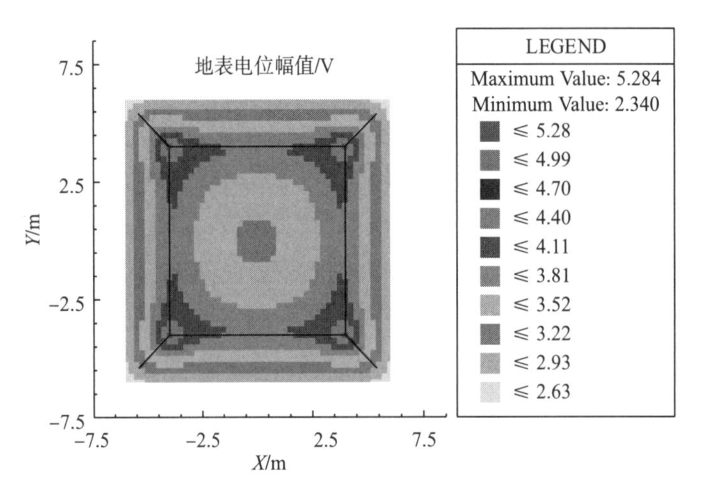

图 9.18　地表电位分布(无断裂)(见彩版)

从图 9.18 中可以看出，当接地引下线均无断裂时，地表电位呈对称分布，引下线处电位幅值最大，达到 5.284V，在数值上与接地电阻一致。远离引下线，地表电位随之降低。若接地引下线发生断裂，且断裂发生在注入电流的 a 端时，设置断裂长度为 0.1m，此时地表电位的分布如图 9.19 所示。

从图 9.19 中可以看出，当注入电流端(a 端)接地引下线发生断裂后，断裂处的地表电位骤升，远离引下线的地方地表电位降低。该仿真模型的断裂引下线处电位幅值已高达 117.81V，若注入电流幅值增大，电位幅值也将更大。由于接地引下线不再直接与水平接地极连接，当电流注入引下线时，接地装置缺少足够的散流通道，只能以引下线与土壤之间有限的接触面向大地中散流，等效散流电阻骤增，从而导致电流注入处地表电位幅值骤升。此时水平接地极已无散流能力，因此，无论 b、c、d 端引下线是否断裂，地表电位分布规律均如此。

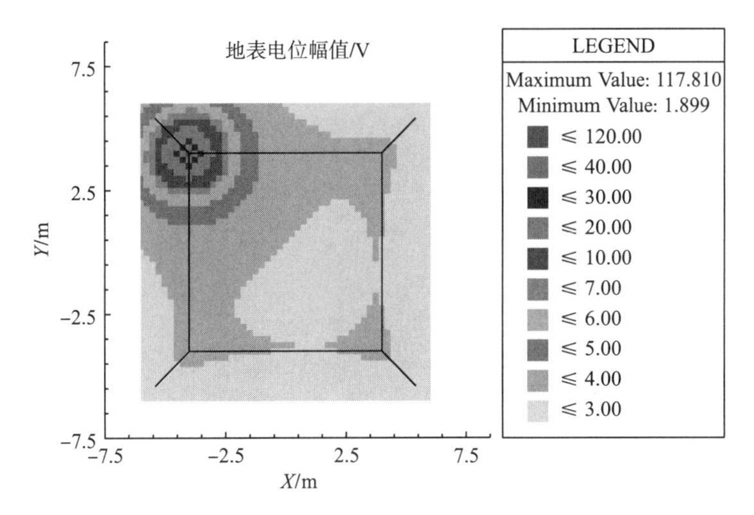

图 9.19　地表电位分布(*a* 端断裂)(见彩版)

若接地引下线断裂发生在非电流注入端，同样设置断裂长度为 0.1m，当 *b* 端单独断裂时，地表电位的分布如图 9.20 所示；当 *c* 端单独断裂时，地表电位的分布如图 9.21 所示。

从图 9.20 和图 9.21 看出，非电流注入端引下线发生断裂时，断裂处地表电位降低；非断裂处地表电位不受影响，且在数值上与接地电阻一致。图 9.20 中 *b* 端处电位幅值由图 9.18 的 5.275V 下降为 3.909V，图 9.21 中 *c* 端处电位幅值由图 9.18 的 5.272V 下降为 3.906V。由于注入电流端(*a* 端)引下线完好，接地装置的基本散流能力不受影响，断裂处受下方土壤内流通电流的导体结构改变引起地表电位变化。因此，*b*、*c*、*d* 端无论单独还是同时断裂，断裂端附近都有相似的电位降低现象。

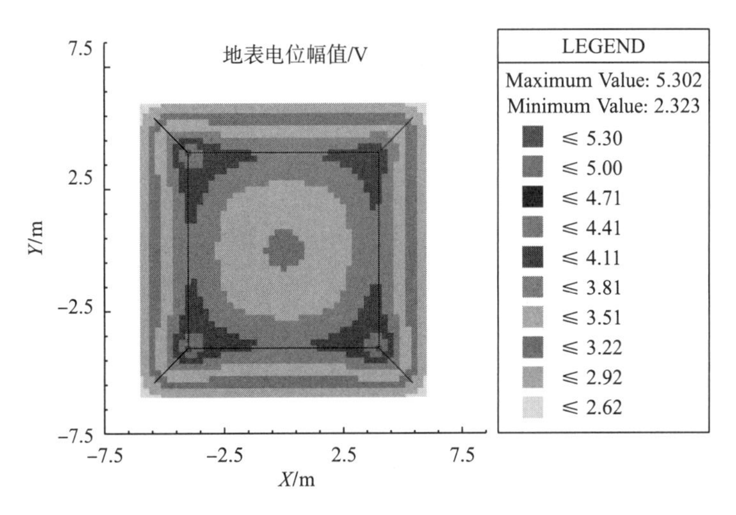

图 9.20　地表电位分布(*b* 端断裂)(见彩版)

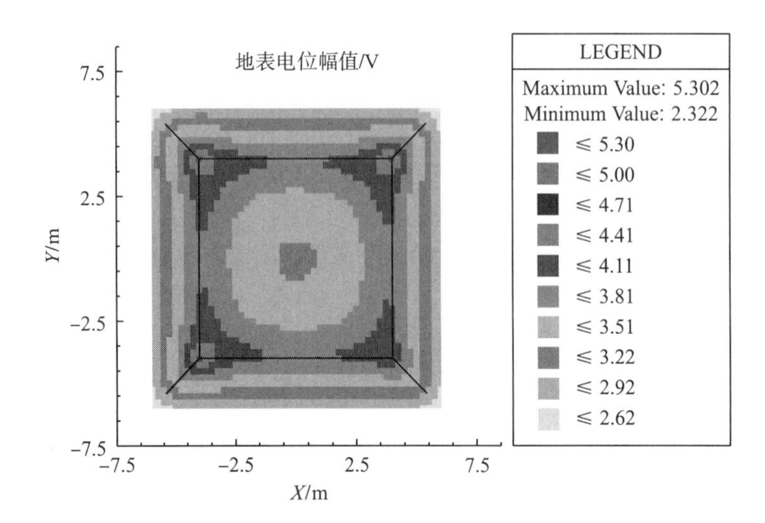

图 9.21 地表电位分布(*c* 端断裂)(见彩版)

设置 3 条观测线 *B*、*C*、*D* 分别用来观测 *b*、*c*、*d* 端接地引下线断裂时接地极正上方的地表电位情况，3 条观测线的起点分别为$(-6,4)$、$(-6,6)$、$(-4,6)$，终点分别为$(6,4)$、$(6,-6)$、$(-4,-6)$，其中，*B*、*D* 观测线对称，仅给出观测线 *B* 上的电位，如图 9.22 所示。

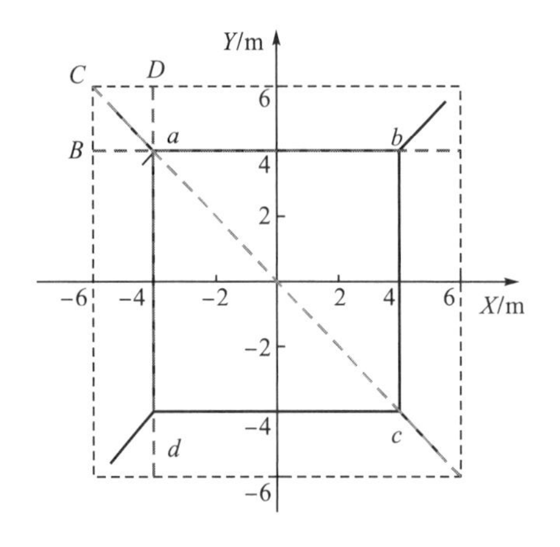

图 9.22 3 条观测线示意图

当电流注入端(*a* 端)完好时，*b*、*c*、*d* 端接地引下线断裂与否对观测线上地表电位的影响如图 9.23 所示。从图中可以看出，当电流注入端引下线无断裂时，其余 3 根接地引下线若存在断裂故障则会引起断裂处地表电位的明显降低。在该接地系统中，无论是相邻端(*b*、*d* 端)还是相对端(*c* 端)，无断裂情况下地表电位均与电流注入端(*a* 端)一致，数值上等于接地电阻值；而若存在断裂故障，断裂端与电流注入端(*a* 端)之间则存在 1.34V 的电位差。

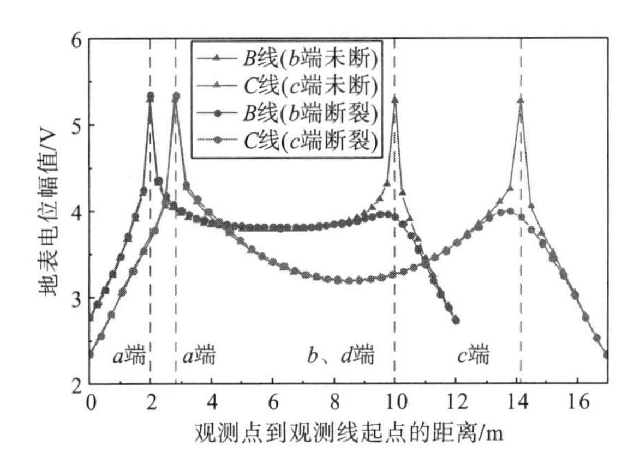

图 9.23 3 条观测线上的地表电位

根据以上分析，输电线路杆塔接地引下线的断裂会影响接地系统地表电位的分布，因此基于地表电位的变化可实现对接地引下线的断裂故障识别。该方法选择接地装置的某端引下线注入电流，当接地装置无断裂故障时，4 根引下线处的地表电位值理论上应都为接地电阻与注入电流幅值的乘积。若电流注入端地表电位出现骤升，则应考虑该处引下线发生断裂故障；若电流注入端地表电位正常，但其余引下线处有出现地表电位降低的现象，则应考虑该处存在引下线断裂的可能。对于日常的输电运维工作来说，必须定期对杆塔接地引下线进行检查，一旦发现异常，则应尽快采取措施进行维修与更换。只有在确保接地引下线导通的前提下，才能确保输电线路杆塔接地的有效性。

9.3 基于相对接地电阻的杆塔接地网腐蚀程度方法

目前杆塔接地网腐蚀程度判断方法主要以接地电阻判断法为主。经过多年的发展，接地电阻判断法能够实现对杆塔接地电阻的准确测量，且具有一定的诊断效率。然而，由于接地电阻的影响因素众多(主要为土壤电阻率)，接地电阻与接地极的腐蚀程度存在关联，但是不同时期接地电阻测量值的变化不能完全反映接地极腐蚀程度的改变。由于土壤电阻率受土壤环境等因素的影响通常无法保持恒定，仅通过接地电阻判断接地极腐蚀程度存在一定的片面性，仅通过接地电阻的临界值判断接地极腐蚀程度可靠性较差[8-10]。综合考虑接地极腐蚀程度和土壤电阻率对接地电阻的影响，本节介绍一种基于相对接地电阻的杆塔接地网腐蚀程度判断方法。

9.3.1 相对接地电阻计算方法

1. 考虑腐蚀产物层的接地电阻简化计算方法

根据接地极腐蚀形变分析与接地极散流特性分析可知，接地极在端部以外的大部分位置腐蚀较为均匀，且金属的腐蚀溶解量与腐蚀产物的沉积量近似相等。因此对含腐蚀产物接地极进行物理建模时，将接地极的腐蚀近似视作均匀腐蚀，且认为接地极金属部位腐蚀溶解后完全转化为等厚的均匀腐蚀层。

建立如图 9.24 所示含腐蚀产物的圆钢接地极物理模型，其中，d_0 为接地极的初始直径，d 为接地极发生腐蚀后金属部分的有效直径。

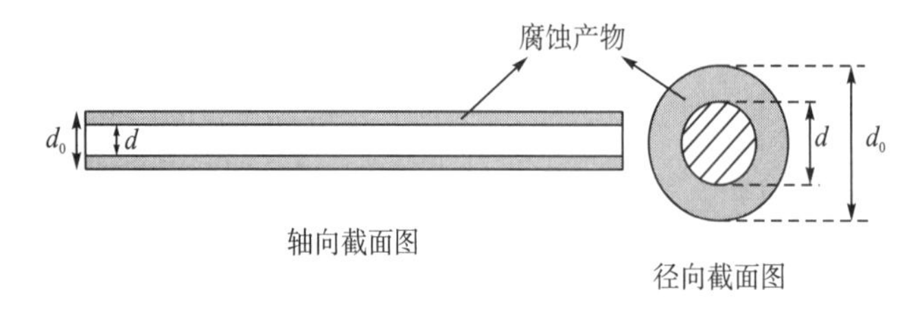

图 9.24　含腐蚀产物的圆钢接地极物理模型

接地极发生腐蚀后，接地电阻的增量主要来源于两个部分：一方面，碳钢接地极由于腐蚀溶解，有效直径 d 减小，导致其有效散流面积减小，接地电阻增大；另一方面，腐蚀产物附着于接地极表面，抑制了接地极表面的散流过程，导致接地电阻增大。

拆分含腐蚀产物接地极物理模型中的接地极金属部分与腐蚀产物部分，如图 9.25 所示。图 9.25 中，含腐蚀产物接地极接地电阻亦可被拆分为两部分：不含腐蚀产物接地极金属部分，电阻值为 R_1；附着于接地极表面的腐蚀产物，电阻值为 R_2。

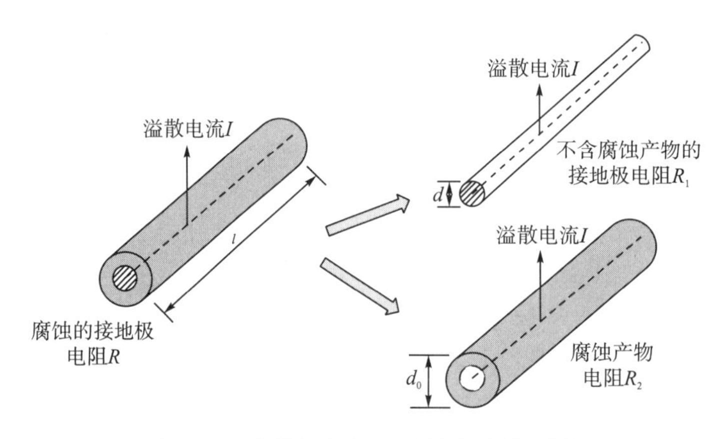

图 9.25　含腐蚀产物的圆钢接地极分解图

由于接地极的主要作用是增大入地电流的散流面积，因此接地极的入地电流主要通过接地极的径向进行散流，根据电流流经路径可知，接地极金属部分的散流电阻 R_1 与腐蚀产物电阻 R_2 在电路结构上为串联关系，可得含腐蚀产物接地极的接地电阻等效电路如图 9.26 所示。

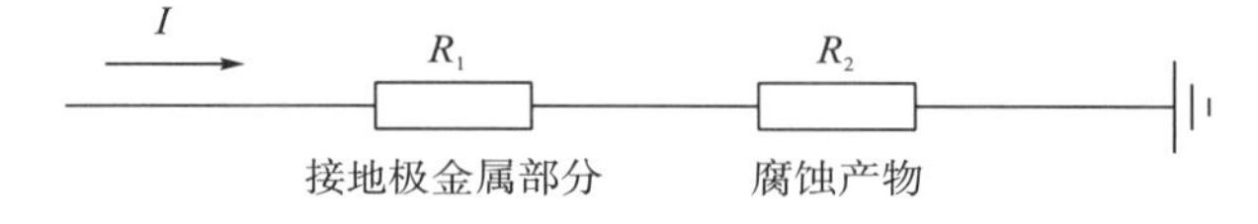

图 9.26　含腐蚀产物的接地电阻等效电路

未发生腐蚀的接地极金属部分电阻 R_1 的计算，可直接采用本书第四章中的方法求解；对于 R_2 的求解，根据上文分析可知，由腐蚀产物构成的空心圆柱形电阻 R_2 为沿接地极径向电阻，其电阻值为

$$R_2 = \int \mathrm{d}R_2 = \int_r^{r_0} \rho_{\mathrm{corr}} \frac{\mathrm{d}r}{2\pi r l} = \frac{\rho_{\mathrm{corr}}}{2\pi l} \ln\frac{r_0}{r} = \frac{\rho_{\mathrm{corr}}}{2\pi l} \ln\frac{d_0}{d} \tag{9.14}$$

式中，$\dfrac{d_0}{d}$ 为腐蚀系数 λ；ρ_{corr} 为腐蚀产物电阻率。由于电阻 R_1 与电阻 R_2 在电路结构上为串联关系，根据串联电路规律，可得考虑腐蚀产物影响的水平圆钢接地极与垂直圆钢接地极接地电阻修正计算方法。水平圆钢接地极接地电阻为

$$R = R_1 + R_2 = \frac{\rho}{2\pi l}\left(\ln\frac{l^2}{hd} - 0.6\right) + \frac{\rho_{\mathrm{corr}}}{2\pi l}\ln\frac{d_0}{d} \tag{9.15}$$

垂直圆钢接地极接地电阻为

$$R = R_1 + R_2 = \frac{\rho}{2\pi l}\left(\ln\frac{8l}{d} - 1\right) + \frac{\rho_{\mathrm{corr}}}{2\pi l}\ln\frac{d_0}{d} \tag{9.16}$$

对于初始埋设的杆塔接地网，由于未发生腐蚀，$d = d_0$，$\dfrac{\rho_{\mathrm{corr}}}{2\pi l}\ln\dfrac{d_0}{d}=0$；当接地极发生腐蚀后，式(9.15)、式(9.16)则考虑了接地极金属的腐蚀溶解和腐蚀产物的沉积对接地电阻带来的双重影响。

2. 相对接地电阻基本理论

前文通过对含腐蚀产物接地极的物理模型进行拆分，得出了考虑腐蚀产物影响的接地电阻修正计算方法，即式(9.15)和式(9.16)。其中，接地电阻被拆分为两个串联电阻：不含腐蚀产物接地极金属部分的散流电阻，阻值为 R_1；附着于接地极表面的腐蚀产物电阻，阻值为 R_2。

当接地极的敷设方式确定时，接地极的有效长度 l、接地极的有效埋设深度 h 即为已知量。根据第五章的分析，可将腐蚀产物电阻率 ρ_{corr} 近似视为确定值。综上所述，电阻 R_2 的值仅受到接地极腐蚀程度的影响，电阻 R_1 的值受到接地极腐蚀程度和环境土壤电阻率 ρ 的影响。因此，对接地极腐蚀程度进行诊断时，为了消除土壤电阻率对诊断结果造成的干扰，亦可对电阻进行拆分。

相同腐蚀程度下接地电阻随土壤电阻率的变化符合一次函数关系，因此，式(9.15)中，令 $k = \dfrac{1}{2\pi l}\left(\ln\dfrac{l^2}{hd} - 0.6\right)$，$b = \dfrac{\rho_{\mathrm{corr}}}{2\pi l}\ln\dfrac{d_0}{d}$；同样地，式(9.16)中，令 $k = \dfrac{1}{2\pi l}\left(\ln\dfrac{8l}{d} - 1\right)$，$b = \dfrac{\rho_{\mathrm{corr}}}{2\pi l}\ln\dfrac{d_0}{d}$，则式(9.15)和式(9.16)可被化简为

$$R = k\rho + b \tag{9.17}$$

工程实际中，对接地极腐蚀程度进行诊断时，当诊断对象确定后，其腐蚀程度即为确定的，即式(9.17)中的 k、b 为固定值，接地电阻的测量值 R_{m} 与环境土壤电阻率的测量值 ρ_{m} 呈一次函数关系，且随着土壤电阻率的增大而增大，此时存在唯一影响诊断结果的变

量 ρ_{m}；而当土壤电阻率固定时，接地电阻测量值的变化则能够反映接地极腐蚀程度的改变。因此为了消除土壤电阻率对诊断结果的影响，选择参考土壤电阻率为 ρ_{r} 时的接地电阻标准作为接地极腐蚀程度诊断标准即可消除土壤电阻率对腐蚀程度诊断结果的影响。

定义相对接地电阻 R_{r}：

$$R_{\mathrm{r}} = k\rho_{\mathrm{r}} + b \tag{9.18}$$

根据土壤电阻率 ρ_{m} 与接地电阻 R_{m}，可得相对接地电阻 R_{r} 为

$$R_{\mathrm{r}} = k\rho_{\mathrm{r}} + b = k\left(\rho_{\mathrm{r}} - \rho_{\mathrm{m}}\right) + k\rho_{\mathrm{m}} + b = k\left(\rho_{\mathrm{r}} - \rho_{\mathrm{m}}\right) + R_{\mathrm{m}} \tag{9.19}$$

式中，k 值为与接地极腐蚀程度有关的变量。接地极腐蚀程度的改变对斜率 k 的影响较小，因此，在诊断过程中，近似认为 k 值恒定，且取接地极未发生腐蚀时对应的 k 值作为其近似值。

根据《交流电气装置的接地设计规范》(GB/T 50065—2011)及国网浙江衢州供电公司提供的水平接地极施工数据，水平接地极工程尺寸如下：初始直径 d=0.012m，$\rho \leqslant 100\Omega \cdot \mathrm{m}$ 时，接地极初始埋设长度 $l = 20\mathrm{m}$，埋深 $h = 0.8\mathrm{m}$；$100\Omega \cdot \mathrm{m} < \rho \leqslant 500\Omega \cdot \mathrm{m}$ 时，接地极初始埋设长度 $l = 40\mathrm{m}$，埋深 $h = 0.7\mathrm{m}$。由于 $\rho > 500\Omega \cdot \mathrm{m}$ 时，接地装置的设计会采取相应的降阻措施，对接地极腐蚀程度诊断时需要考虑更多因素，本章主要研究 $\rho \leqslant 500\Omega \cdot \mathrm{m}$ 时的接地极腐蚀诊断方法。

单根垂直接地极尺寸参考文献[11]中的相关定义，初始直径 d=0.022m，接地极的初始埋设长度 $l = 4\mathrm{m}$，且忽略顶端与离地面间的距离对诊断结果的影响。

《交流电气装置的接地设计规范》(GB/T 50065—2011)中对不同土壤电阻率区间的划分标准如表 9.1 所示[12]。为了确保参考土壤电阻率的选取具有较好的适用性，对水平接地极进行腐蚀诊断时，取 $\rho \leqslant 100\Omega \cdot \mathrm{m}$ 时的参考土壤电阻率 ρ_{r}=50Ω·m，$100\Omega \cdot \mathrm{m} < \rho \leqslant 500\Omega \cdot \mathrm{m}$ 时的参考土壤电阻率 ρ_{r}=300Ω·m。对垂直接地极进行腐蚀诊断时，取参考电阻率 ρ_{r}=100Ω·m。

表 9.1 不同土壤电阻率下杆塔接地电阻标准值

土壤电阻率 ρ/(Ω·m)	0～100	100～500	500～1000	1000～2000	>2000
接地电阻标准 R/Ω	≤10	≤15	≤20	≤25	≤30

将接地极不同埋设方式下的具体参数代入式(9.15)、式(9.16)计算腐蚀程度诊断的参数 k 值，可得不同情况下的相对接地电阻计算方法。水平接地极相对接地电阻计算方法如下。

$\rho \leqslant 100\Omega \cdot \mathrm{m}$：

$$R_{\mathrm{r}} = 0.07988\left(50 - \rho_{\mathrm{m}}\right) + R_{\mathrm{m}} \tag{9.20}$$

$100\Omega \cdot \mathrm{m} < \rho \leqslant 500\Omega \cdot \mathrm{m}$:

$$R_{\mathrm{r}} = 0.04598\left(300 - \rho_{\mathrm{m}}\right) + R_{\mathrm{m}} \tag{9.21}$$

垂直接地极相对接地电阻计算方法如下：

$$R_{\mathrm{r}} = 0.24997\left(100 - \rho_{\mathrm{m}}\right) + R_{\mathrm{m}} \tag{9.22}$$

对接地极腐蚀程度进行诊断时，测得接地电阻R_m与土壤电阻率ρ_m后，根据接地极的埋设方式与环境土壤电阻率ρ_m所对应的区间选择相应的公式，即可求得相对接地电阻R_r。当参考土壤电阻率下接地极不同腐蚀程度对应的接地电阻标准确定时，对比即可得到接地极的腐蚀程度。

9.3.2　基于相对接地电阻的腐蚀程度判断方法

1. 接地极腐蚀程度诊断判据的确定

含腐蚀产物的接地极物理模型中，与接地极腐蚀程度直接对应的物理量为接地极的有效直径d，因此，对有效直径d的范围进行划分以区分接地极不同腐蚀程度。对式(9.15)中的d分别求一阶、二阶导数可得

$$R'(d) = -\frac{1}{2\pi ld}(\rho + \rho_{corr}) \tag{9.23}$$

$$R''(d) = \frac{1}{2\pi ld^2}(\rho + \rho_{corr}) \tag{9.24}$$

式中，参数l、d、ρ、ρ_{corr}均大于0，因此$R'(d)<0$、$R''(d)>0$，可知对于水平接地极而言，接地电阻的变化随接地极腐蚀程度的改变不是线性变化的：接地极腐蚀发生的初期，接地电阻随接地极腐蚀程度加深的变化较小；当接地极腐蚀程度严重时，接地极进一步的腐蚀对接地电阻改变幅度较大。

同样，对式(9.16)中的d分别求一阶、二阶导数可得

$$R'(d) = -\frac{1}{2\pi ld}(\rho + \rho_{corr}) \tag{9.25}$$

$$R''(d) = \frac{1}{2\pi ld^2}(\rho + \rho_{corr}) \tag{9.26}$$

因此，对垂直接地极而言，接地电阻随腐蚀深度的变化与水平接地极具有相同的趋势。为进一步得到接地电阻随腐蚀程度的变化规律，分别将水平接地极与垂直接地极的典型参数代入式(9.15)、式(9.16)。水平接地极：土壤电阻率ρ=50Ω·m时，埋深h=0.8m，长度l=20m；土壤电阻率ρ=300Ω·m，埋深h=0.7m，长度l=40m。垂直接地极：土壤电阻率ρ=100Ω·m，长度l=4m。

腐蚀产物近似取$\rho_{corr}\approx 955\Omega\cdot m$，利用MATLAB仿真软件绘制接地电阻随接地极腐蚀深度的变化趋势，如图9.27所示。

图9.27的结果进一步说明，接地电阻随腐蚀程度的变化具有非线性特点，这种特点导致不能直接通过划分相对接地电阻的区间来区分接地极的不同腐蚀程度，而应以接地极有效直径d作为接地极腐蚀程度诊断标准，通过有效直径d推算接地极不同腐蚀程度下对应的相对接地电阻，实现对腐蚀程度诊断标准的划分，得到腐蚀诊断判据。

根据工程中接地极运营维护的实际情况，将接地极的腐蚀程度划分为“轻度腐蚀”“中度腐蚀”“重度腐蚀”三种[13-15]，其中，“轻度腐蚀”对应腐蚀程度较轻、无须开挖更换的接地极状况，“中度腐蚀”对应腐蚀程度较重但仍能继续投入使用的接地极状况，“重度腐

蚀”对应腐蚀程度严重、存在腐蚀断裂风险、需要及时开挖更换的接地极状况。

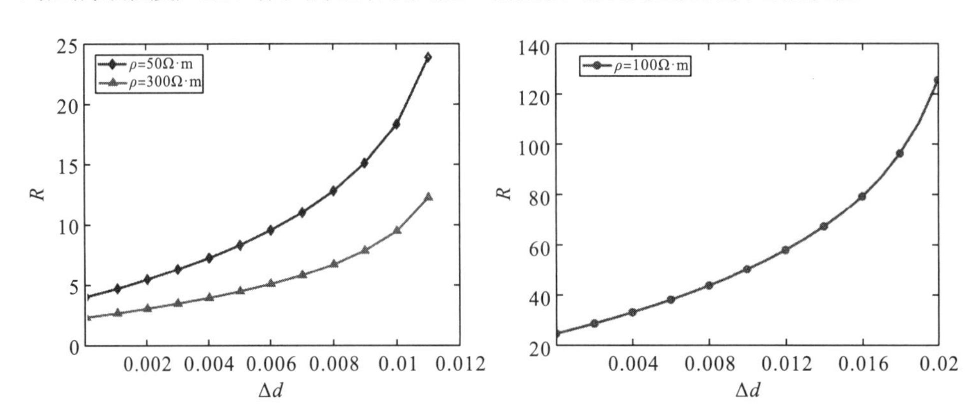

(a)水平接地极仿真结果

(b)垂直接地极仿真结果

图 9.27 接地电阻随接地极腐蚀深度的变化趋势图

文献[13]通过实验的方法研究得出 Q235 碳钢腐蚀深度 $\Delta d = d_0 - d$ 与电阻变化倍率 $k_R = R/R_0$ 的关系：$\Delta d = \dfrac{2(k_R - 1.029)}{0.21 + 0.311(k_R - 1.029) - 0.008(k_R - 1.029)^2}(\mathrm{mm})$。并根据实验结果绘制出相应的曲线。因此，本章参照文献[13]对 Q235 碳钢不同腐蚀程度下腐蚀深度的界定，划分相应的区间。

定义水平接地极“轻度腐蚀”对应的接地极有效直径 $d \geqslant 0.008\mathrm{m}$，“中度腐蚀”对应的接地极有效直径 $0.004\mathrm{m} \leqslant d < 0.008\mathrm{m}$，“重度腐蚀”对应的接地极有效直径 $d < 0.004\mathrm{m}$。

定义垂直接地极“轻度腐蚀”对应的接地极有效直径 $d \geqslant 0.015\mathrm{m}$，“中度腐蚀”对应的接地极有效直径 $0.008\mathrm{m} \leqslant d < 0.015\mathrm{m}$，“重度腐蚀”对应的接地极有效直径 $d < 0.008\mathrm{m}$。

分别将水平接地极与垂直接地极相关参数代入式(9.15)、式(9.16)，可得接地极不同埋设方式下对应的接地极腐蚀程度诊断判据，如表 9.2、表 9.3、表 9.4 所示。

表 9.2 $\rho \leqslant 100\Omega \cdot \mathrm{m}$ 时水平接地极腐蚀程度诊断判据

	轻度腐蚀	中度腐蚀	重度腐蚀
接地极有效直径 d	$d \geqslant 0.008\mathrm{m}$	$0.004\mathrm{m} \leqslant d < 0.008\mathrm{m}$	$d < 0.004\mathrm{m}$
相对接地电阻 R_r	$R_r \leqslant 7.24\Omega$	$7.24\Omega < R_r \leqslant 12.78\Omega$	$R_r > 12.78\Omega$

表 9.3 $100\Omega \cdot \mathrm{m} < \rho \leqslant 500\Omega \cdot \mathrm{m}$ 时水平接地极腐蚀程度诊断判据

	轻度腐蚀	中度腐蚀	重度腐蚀
接地极有效直径 d	$d \geqslant 0.008\mathrm{m}$	$0.004\mathrm{m} \leqslant d < 0.008\mathrm{m}$	$d < 0.004\mathrm{m}$
相对接地电阻 R_r	$R_r \leqslant 15.82\Omega$	$15.82\Omega < R_r \leqslant 19.28\Omega$	$R_r > 19.28\Omega$

表 9.4　垂直接地极腐蚀程度诊断判据

	轻度腐蚀	中度腐蚀	重度腐蚀
接地极有效直径 d	$d \geqslant 0.015\text{m}$	$0.008\text{m} \leqslant d < 0.015\text{m}$	$d < 0.008\text{m}$
相对接地电阻 R_r	$R_r \leqslant 41.07\Omega$	$41.07\Omega < R_r \leqslant 67.46\Omega$	$R_r > 67.46\Omega$

进行接地极腐蚀程度诊断时，求得相对接地电阻 R_r 后，根据其埋设方式与土壤电阻率选择相应的腐蚀程度诊断判据进行对比，即可得到对应的腐蚀程度，实现对接地极腐蚀程度的诊断。

2. 腐蚀程度诊断判据变化趋势分析

对接地极腐蚀程度进行诊断时，本章中接地极尺寸的选取标准均根据浙江衢州供电公司提供的施工图纸以及相关参考文献进行确定，并基于此得出了相应的腐蚀程度诊断判据，该方法能够适用于接地极腐蚀程度的现场诊断。在实验室环境中，由于环境受限等因素，实验中的接地极尺寸并不能达到实际工程尺寸标准，因此对应的腐蚀程度诊断判据亦会随之发生改变。因此，对腐蚀程度诊断判据随接地极埋设尺寸的改变进行分析。

1) 水平接地极相对接地电阻

由于水平接地极处于不同土壤电阻率环境下腐蚀程度诊断方法相同，因此以土壤电阻率 $\rho \leqslant 100\Omega\cdot\text{m}$ 为例，分析诊断判据随接地极埋设尺寸的变化趋势。在 MATLAB 软件中编写程序分析水平接地极有效长度 $1\text{m} \leqslant l \leqslant 20\text{m}$、埋设深度 $0.1\text{m} \leqslant h \leqslant 0.8\text{m}$ 时诊断判据随接地极埋设尺寸的变化趋势，如图 9.28 所示。

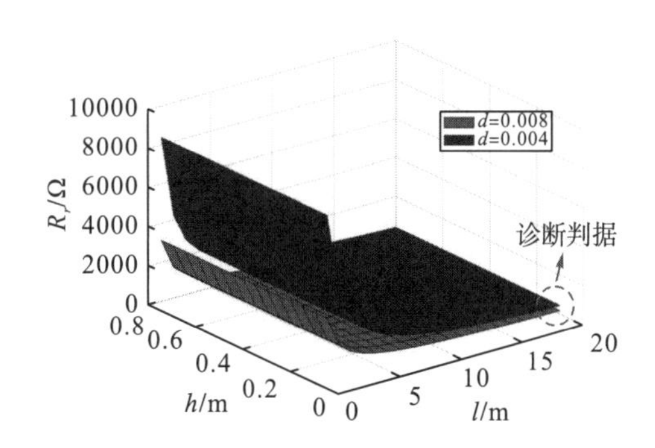

图 9.28　水平接地极诊断判据变化趋势

图 9.28 中，$d = 0.008\text{m}$ 代表接地极腐蚀程度由“轻度腐蚀”转为“中度腐蚀”的临界腐蚀状况，即诊断判据的临界值；$d = 0.004\text{m}$ 代表接地极腐蚀程度由“中度腐蚀”转为“重度腐蚀”的临界腐蚀状况。由图 9.28 可知，接地极有效长度越短、埋设深度越浅，诊断判据的值越大，当接地极埋设尺寸与工程实际相同时，诊断判据与表 9.2 一致。因此，在实验室环境下进行实验时，当对接地极埋设尺寸进行缩小时，接地极腐蚀程度诊断判据会随之增大。

2) 垂直接地极相对接地电阻

在 MATLAB 软件中编写程序分析垂直接地极有效长度 $0.1\text{m} \leqslant l \leqslant 4\text{m}$ 时诊断判据随接地极埋设尺寸的变化趋势，如图 9.29 所示。

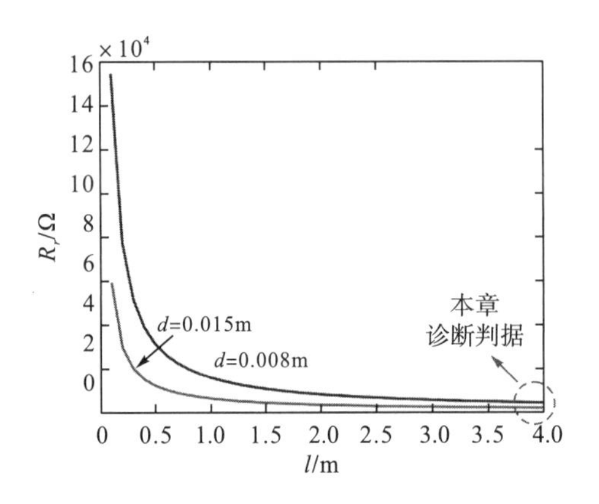

图 9.29 垂直接地极诊断判据变化趋势

图 9.29 中，$d = 0.015\text{m}$ 代表接地极腐蚀程度由“轻度腐蚀”转为“中度腐蚀”的临界腐蚀状况，即诊断判据的临界值；$d = 0.008\text{m}$ 代表接地极腐蚀程度由“中度腐蚀”转为“重度腐蚀”的临界腐蚀状况。由图 9.29 可知，诊断判据随着接地极有效长度的增加而减小，当接地极尺寸与工程实际尺寸相同时，诊断判据与表 9.4 一致。

9.3.3 影响因素分析

本章分析接地极腐蚀程度诊断方法时，基于 9.3.2 节中接地电阻随土壤电阻率变化趋势仿真结论，对式(9.19)中参数 k 取值时进行了简化。因此，本节对接地极腐蚀程度、接地极埋设深度、接地极有效长度 3 个主要影响接地极腐蚀程度诊断结果可靠性的参数进行了分析，验证本章介绍的诊断方法的准确性和可行性。

1. 接地极腐蚀程度的影响分析

根据 9.3.2 节分析，接地电阻与土壤电阻率关系曲线的斜率 k 随接地极的腐蚀程度加深变化不大，因此在接地极腐蚀程度诊断过程中，近似认为 k 值恒定。而实际上 k 值随腐蚀程度的改变有轻微变化，因此有必要对接地极不同腐蚀程度对腐蚀诊断结果带来的影响进行分析。

分析水平接地极，土壤电阻率 $10\Omega\cdot\text{m} \leqslant \rho \leqslant 100\Omega\cdot\text{m}$ 、$120\Omega\cdot\text{m} \leqslant \rho \leqslant 480\Omega\cdot\text{m}$ 情况下，接地极不同腐蚀程度(有效直径 $0.002\text{m} \leqslant d \leqslant 0.01\text{m}$ ，步长 $\Delta d = 0.002\text{m}$)对腐蚀诊断的影响，定义误差 $|\Delta R| = |R_{\text{rm}} - R_{\text{r}}|$，其中 R_{rm} 为相对接地电阻的测量值，R_{r} 为相对接地电阻的实际值，如图 9.30 所示。

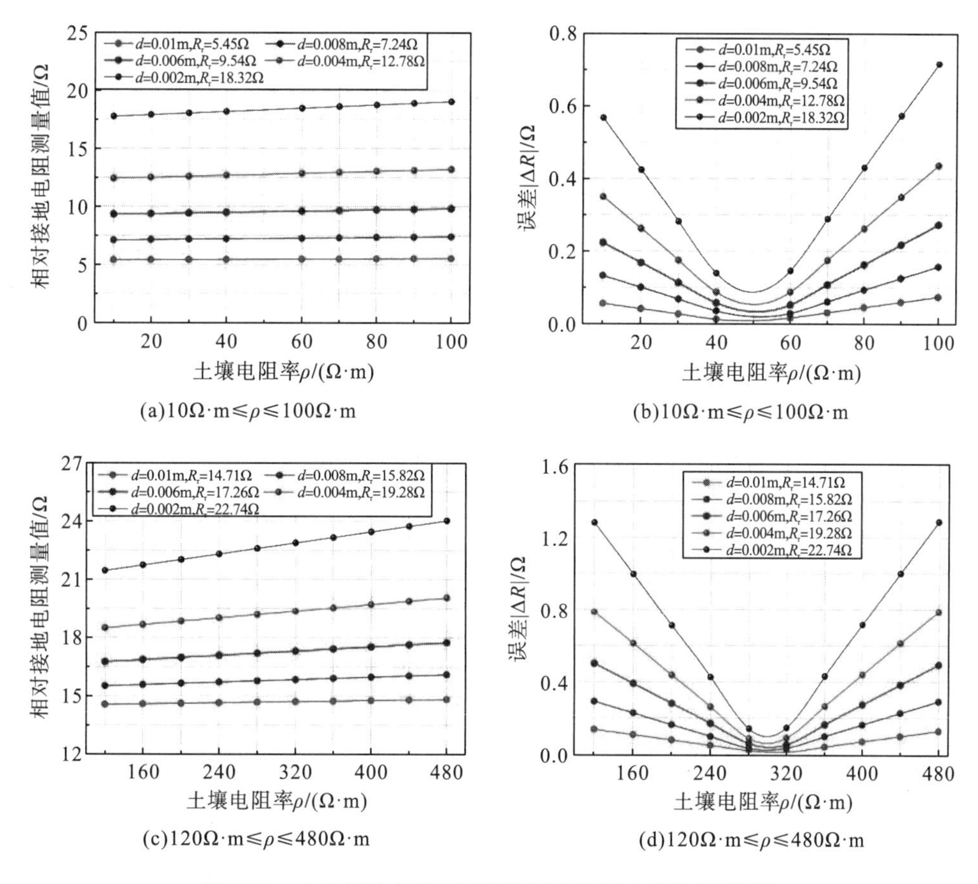

(a)10Ω·m≤ρ≤100Ω·m　　(b)10Ω·m≤ρ≤100Ω·m

(c)120Ω·m≤ρ≤480Ω·m　　(d)120Ω·m≤ρ≤480Ω·m

图 9.30　水平接地电极不同腐蚀程度的影响曲线(见彩版)

分析垂直接地极，$10\Omega\cdot m \leqslant \rho \leqslant 190\Omega\cdot m$ 情况下，接地极不同腐蚀程度(有效直径 $0.002m \leqslant d \leqslant 0.018m$，步长 $\Delta d = 0.004m$)对腐蚀诊断的影响，如图 9.31 所示。

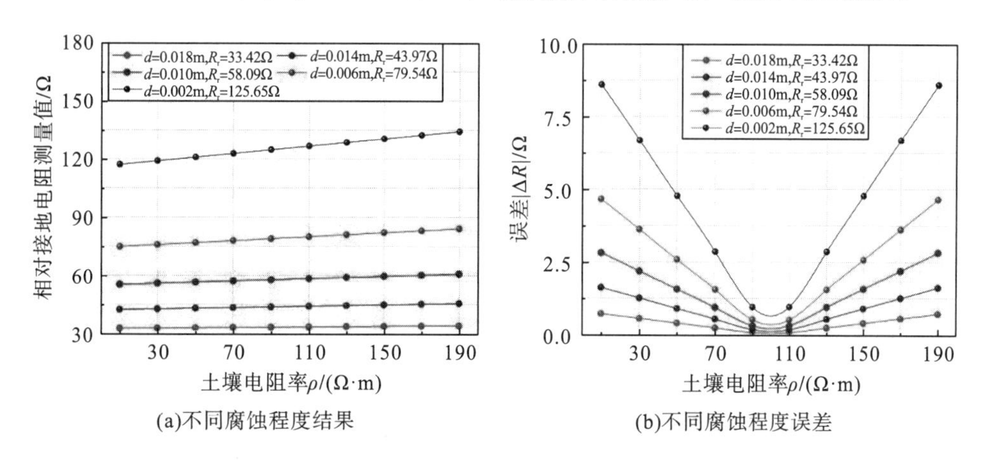

(a)不同腐蚀程度结果　　(b)不同腐蚀程度误差

图 9.31　垂直接地电极不同腐蚀程度的影响曲线(见彩版)

对比图 9.30 和图 9.31 可以看出，接地极的腐蚀程度越轻，诊断方法的准确性越高。且参考土壤电阻率分别选择 $\rho_r = 50\Omega\cdot m$、$\rho_r = 300\Omega\cdot m$ 和 $\rho_r = 100\Omega\cdot m$ 能够保证诊断方法的整体误差在较小的范围之内。诊断方法的误差受到环境土壤电阻率的影响，具体表现为环境土壤电阻率处于诊断区间两端时，诊断结果的误差最大。

根据图 9.30(a)、(c)和图 9.31(a)中接地极不同腐蚀程度下的相对接地电阻可知，接地极腐蚀程度不同给相对接地电阻带来的误差并不会让相对接地电阻落入与接地极腐蚀程度不相符的诊断判据区间中。该结果有效验证了基于相对接地电阻的接地极腐蚀程度诊断方法的可行性与准确性。

2. 接地极埋设深度的影响分析

实际工程中，由于现场地形受限等因素，导致水平接地极的实际埋深 h 不是恒定值，通常情况下接地极埋深 $0.6\text{m} \leqslant h \leqslant 1\text{m}$，因此分析接地极不同埋设深度对腐蚀程度诊断带来的影响。本章研究垂直接地极腐蚀程度诊断方法时，为了简化分析，不考虑垂直接地极埋深的影响，即只分析垂直接地极顶端位于地表的情况。因此本部分内容只分析水平敷设情况下，接地极不同埋深对腐蚀诊断的影响。

根据前文的分析，土壤电阻率处于诊断区间两端时，诊断结果的误差最大，因此分析水平接地极土壤电阻率 ρ=100Ω·m 和 ρ=500Ω·m 情况下，接地极不同埋设深度($0.6\text{m} \leqslant h \leqslant 1\text{m}$，步长 Δh=0.04m)对腐蚀诊断的影响，如图 9.32 所示。

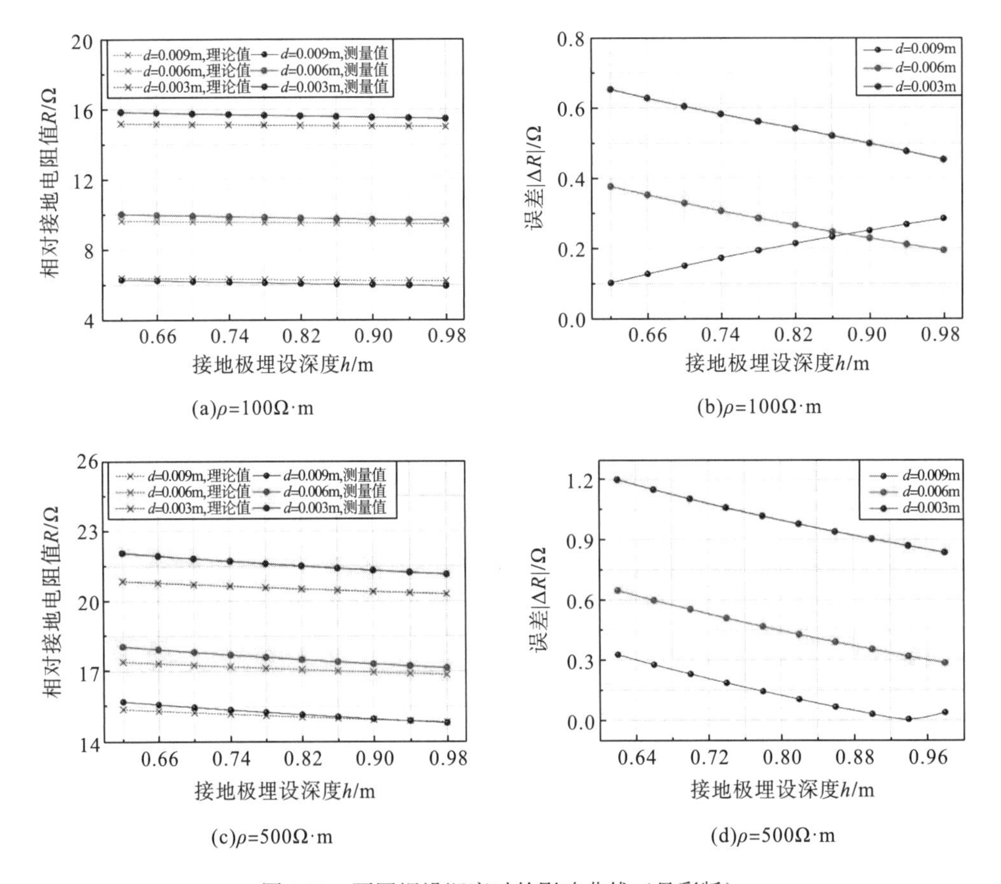

(a)ρ=100Ω·m (b)ρ=100Ω·m

(c)ρ=500Ω·m (d)ρ=500Ω·m

图 9.32 不同埋设深度时的影响曲线（见彩版）

由图 9.32 可知，当接地极腐蚀程度较轻（有效直径 d=0.009m）时，接地极腐蚀程度和埋设深度共同影响相对接地电阻计算结果的准确性，$\rho \leqslant 100\Omega \cdot \text{m}$ 时，诊断方法的准确性随着埋设深度的增加而降低；$100\Omega \cdot \text{m} < \rho \leqslant 500\Omega \cdot \text{m}$ 时，$|\Delta h| = |h - h'|$（$h' \approx 0.9\text{m}$）越小，精度越高。随着接地极腐蚀程度的加深，影响诊断方法准确性的主要因素为接地极的腐蚀程度，此时诊断方法的准确性随着接地极的埋设深度增加而略有提高。

接地极处于“中度腐蚀”和“重度腐蚀”状况下，相对接地电阻测量结果误差较大，但是结果仍然保持在对应判据“中度腐蚀”和“重度腐蚀”对应的取值范围内，验证了通过相对接地电阻诊断接地极腐蚀程度的可行性。

3. 接地极有效长度的影响分析

实际工程中，由于环境地形受限、接地极制作尺寸差异、接地极末端发生腐蚀断裂等因素，导致接地极实际有效长度 l 不是恒定值，因此分析接地极不同长度对腐蚀诊断结果造成的影响。同样地，取土壤电阻率 ρ=100Ω·m 和 ρ=500Ω·m，分析水平接地极不同有效长度（ρ=100Ω·m，$19\text{m} \leqslant l \leqslant 21\text{m}$，步长 Δl=0.4m；ρ=500Ω·m，$39\text{m} \leqslant l \leqslant 41\text{m}$，步长 Δl=0.4m）对腐蚀诊断的影响，结果如图 9.33 所示。

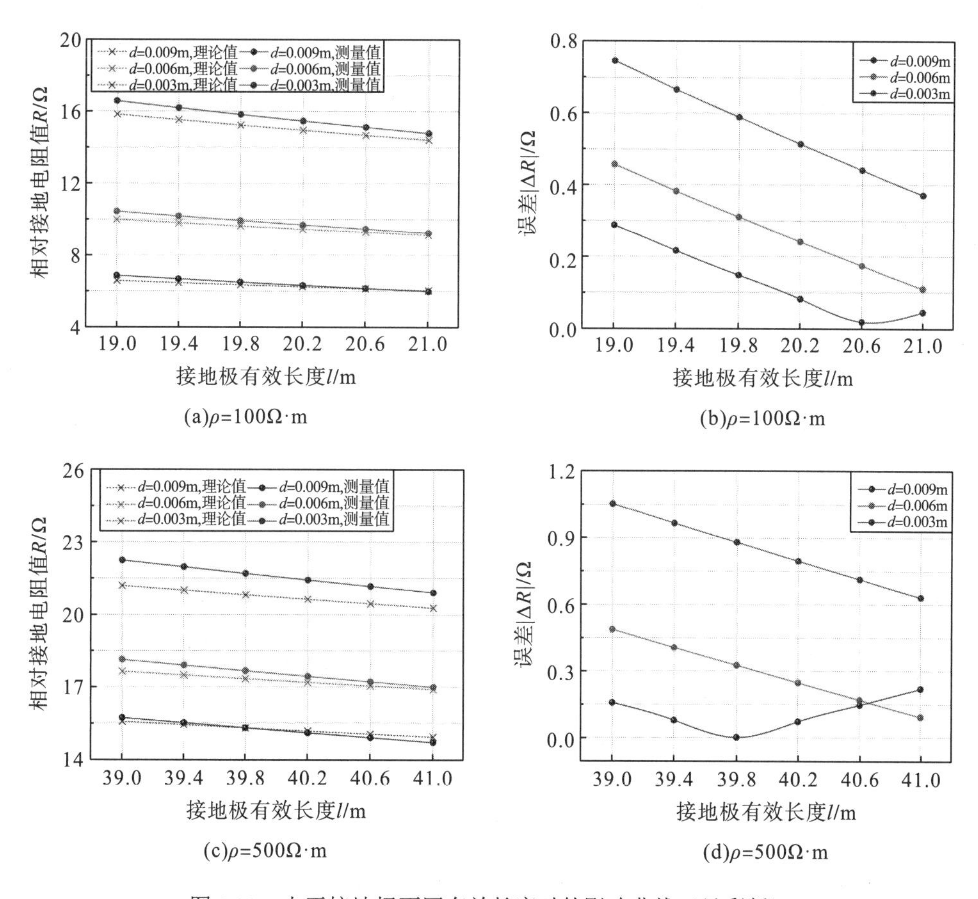

图 9.33 水平接地极不同有效长度时的影响曲线（见彩版）

分析垂直接地极在土壤电阻率 ρ=200Ω·m 情况下，不同有效长度（$3.5\text{m} \leqslant l \leqslant 4.5\text{m}$，步长 Δl=0.2m）对腐蚀诊断的影响，结果如图 9.34 所示。

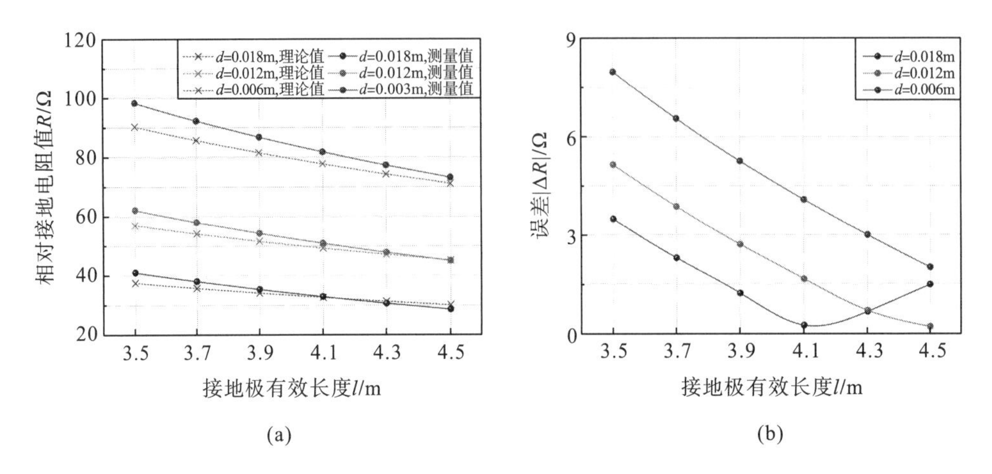

(a) (b)

图 9.34 垂直接地极不同有效长度时的影响曲线（见彩版）

对比图 9.33 和图 9.34 可知，接地极腐蚀程度较轻时，$|\Delta l|=|l-l'|$（水平接地极：$\rho \leqslant 100\Omega\cdot\text{m}$，$l' \approx 20.6\text{m}$；$100\Omega\cdot\text{m} < \rho \leqslant 500\Omega\cdot\text{m}$，$l' \approx 39.8\text{m}$。垂直接地极：$l' = 4.1\text{m}$）越小，诊断方法的准确性越高；随着接地极腐蚀程度的加深，影响诊断方法准确性的主要因素为接地极的腐蚀程度，此时诊断方法的准确性随着接地极有效长度的增加而略有提高。

接地极处于“中度腐蚀”和“重度腐蚀”状态下，相对接地电阻测量结果误差较大，但是结果仍然保持在判据“中度腐蚀”和“重度腐蚀”对应的取值范围内，进一步验证了采用相对接地电阻诊断接地极腐蚀程度方法的准确性与可行性。

9.3.4 工程实例分析

采用土壤池模拟接地极实际运行环境进行实验室实验，实验平台的土壤池尺寸为 240cm×160cm×70cm，采用接地极运行环境典型土壤进行填充，并注入盐水对土壤进行降阻处理，实验平台如图 9.35 所示。

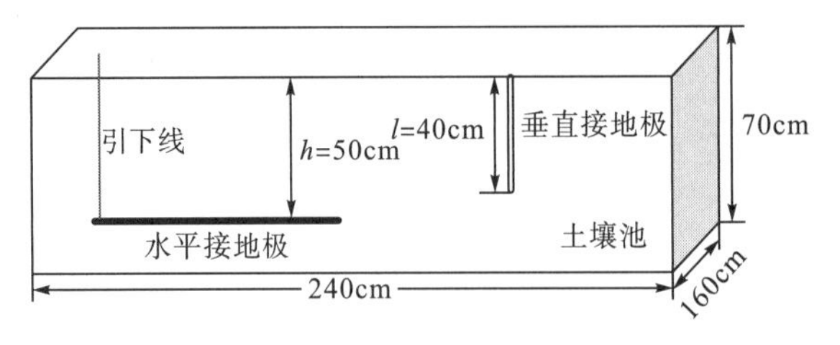

图 9.35 土壤池实验平台

通过基于相对接地电阻的接地极腐蚀程度诊断装置对诊断参数（接地电阻与土壤电阻率）进行测量，并通过 ZC-8 摇表对诊断参数测量结果的准确性进行验证，实验室实验如图 9.36 所示。

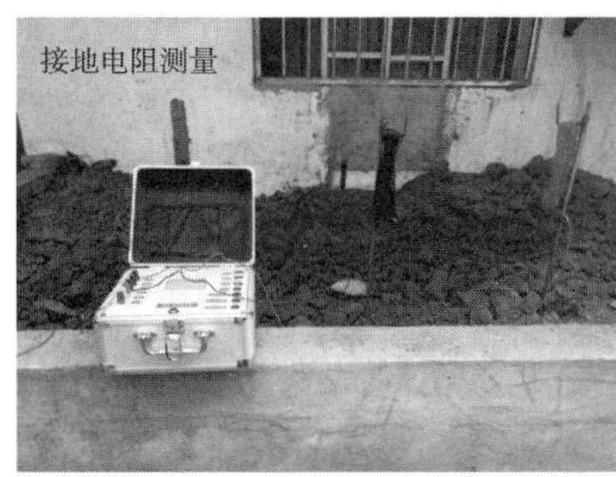

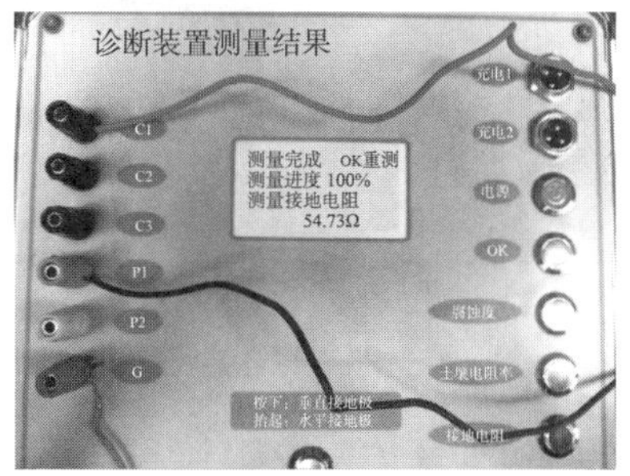

图 9.36 实验室实验图

1. 水平接地极实验

水平接地极长度 $l = 1\text{m}$ ，埋深 $h = 0.5\text{m}$ 。选择无腐蚀接地极、中度腐蚀接地极、重度腐蚀接地极作为实验材料。其中无腐蚀接地极为购买的直径 $d = 0.012\text{m}$ 的碳钢，中度腐蚀与重度腐蚀接地极为浙江衢州供电公司提供的不同投运年限接地极样品，有效直径分别为 0.007m 和 0.004m，水平接地极样品如图 9.37 所示。

通过接地极腐蚀程度诊断仪分别测量三根不同腐蚀程度接地极电阻值，并利用 ZC-8 摇表对测量结果进行对比验证(由于“中度腐蚀”与“重度腐蚀”接地极电阻值超出 ZC-8 测量量程，因此摇表仅对“轻度腐蚀”状况下的接地电阻进行测量验证)。通过本章接地极腐蚀程度诊断装置测量土壤池当前土壤电阻率，并采用逐次注水的方式改变土壤电阻率，在不同土壤电阻率下重复进行测量实验，由于土壤的含水量达到15%～20%时，ρ 的下降幅度很小[17]，因此在不同土壤电阻率环境下依次进行 5 组诊断测量实验，轻度腐蚀、中度腐蚀、重度腐蚀接地极诊断参数测量结果如表 9.5 所示。

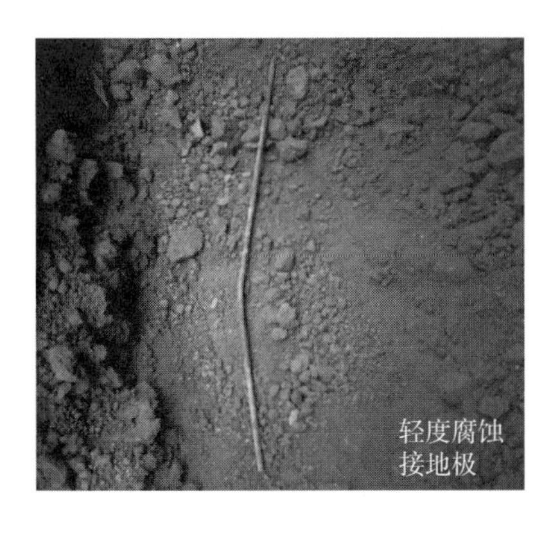

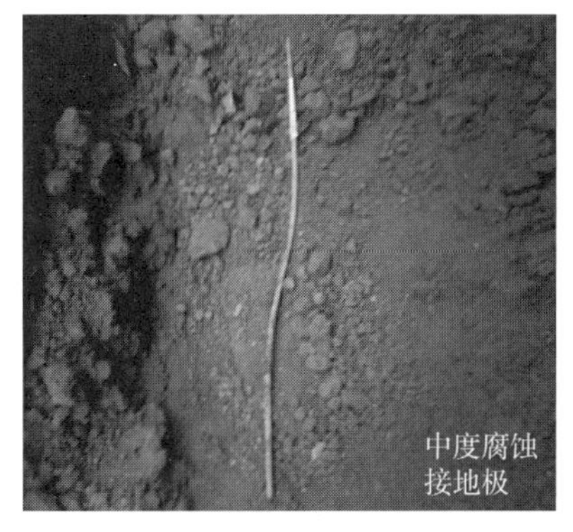

图 9.37 不同腐蚀程度的水平接地极样品(见彩版)

表 9.5 水平接地极诊断参数测量结果

	土壤电阻率/(Ω·m)				
	97	78	65	56	49
轻度腐蚀接地极摇表测量值/Ω	65.7	55.4	43.7	38.5	34.3
轻度腐蚀接地极装置测量值/Ω	63.68	54.73	42.15	37.51	34.96
中度腐蚀接地极装置测量值/Ω	150.93	138.32	132.56	124.87	119.24
重度腐蚀接地极装置测量值/Ω	249.65	230.68	219.06	211.02	205.77

为了直观反映测量结果，作出接地电阻随土壤电阻率的变化曲线；并以 ZC-8 摇表测量数据作为标准值，对本章装置测量结果进行误差分析，结果如图 9.38 所示。

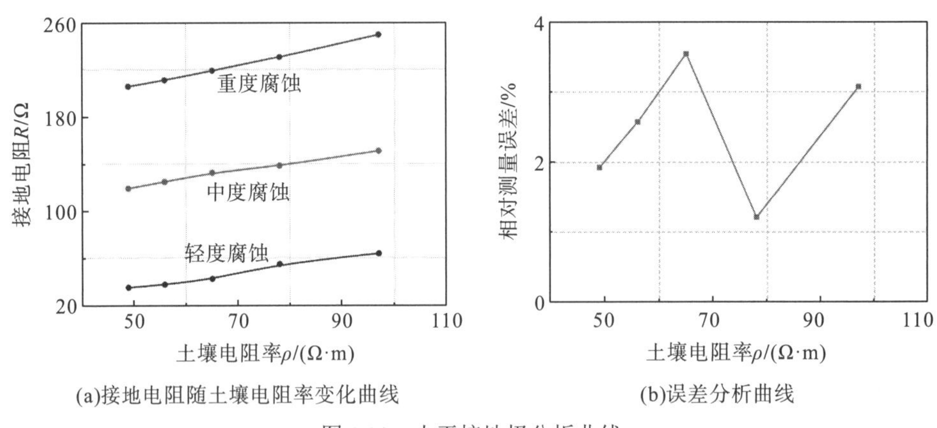

图 9.38 水平接地极分析曲线

图 9.38(a)接地电阻随土壤电阻率变化趋势与 9.3.1 节中的计算结果保持一致，进一步验证了接地电阻修正计算方法的正确性。由图 9.38(b)误差曲线可知，腐蚀诊断装置对诊断参数进行测量时具有较高的测量精度，相对误差最大值为3.55%，在工程允许的误差范围之内。

由于实验室实验中对接地极及土壤环境进行了缩小，因此腐蚀程度诊断中的k值与对应的腐蚀诊断判据均需要作出相应调整。代入水平接地极的实验参数可得：$k=\frac{1}{2\pi}\times\left(\ln\frac{1}{0.5\times0.012}-0.6\right)=0.71874$。

根据 k 值求出腐蚀判据：“轻度腐蚀” $R_{\mathrm{r}} \leqslant 100.79\Omega$，“中度腐蚀” $100.79\Omega < R_{\mathrm{r}} \leqslant 211.66\Omega$，“重度腐蚀” $R_{\mathrm{r}} > 211.66\Omega$。将 k 值代入式(9.19)可得每组数据对应的相对接地电阻，如表 9.6 所示。

表 9.6 水平接地极相对接地电阻计算结果

	土壤电阻率/(Ω·m)				
	97	78	65	56	49
轻度腐蚀相对接地电阻/Ω	29.90	34.61	31.37	33.20	35.68
中度腐蚀相对接地电阻/Ω	117.15	118.20	121.78	120.56	119.96
重度腐蚀相对接地电阻/Ω	215.87	210.56	208.28	206.71	206.49

由表 9.6 可知，虽然接地电阻随着土壤电阻率的降低而减小，但是采用本章介绍的诊断算法计算得到的相对接地电阻能够保持稳定，由相对接地电阻与腐蚀诊断判据对照可知，通过相对接地电阻能够反映接地极的腐蚀程度。“重度腐蚀”接地极样品由于腐蚀厚度处于诊断判据的临界值附近，导致相对接地电阻在两种腐蚀程度之间浮动，但是由于计算得到的相对接地电阻较大，仍然能够通过相对接地电阻反映出接地极的严重腐蚀状况。由此说明通过相对接地电阻反映接地极腐蚀程度相较于接地电阻法更加准确。

2. 垂直接地极实验

垂直接地极长度 $l = 0.4\mathrm{m}$。选择无腐蚀接地极、中度腐蚀接地极、重度腐蚀接地极作为实验材料，接地极具体取材与水平接地极实验相同，垂直接地极样品如图 9.39 所示。

图 9.39 不同腐蚀程度的垂直接地极样品(见彩版)

采用与水平接地极相同的实验方法进行垂直接地极的腐蚀状态诊断实验，诊断参数测量结果如表 9.7 所示。

表 9.7 垂直接地极诊断参数测量结果

	土壤电阻率/(Ω·m)				
	97	78	65	56	49
无腐蚀接地极装置测量值/Ω	171.25	133.53	110.90	92.83	81.73
中度腐蚀接地极装置测量值/Ω	395.13	356.35	329.85	314.03	297.78
重度腐蚀接地极装置测量值/Ω	630.85	587.76	568.64	538.13	522.83

类似地，作出接地电阻随土壤电阻率的变化曲线，如图 9.40 所示。

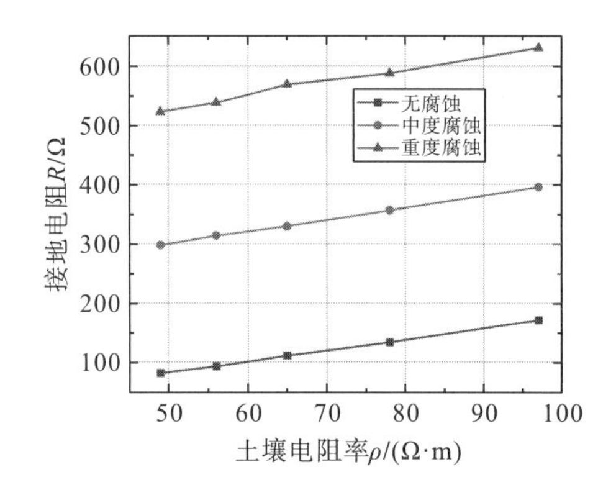

图 9.40 垂直接地极分析曲线

图 9.40 中接地电阻随土壤电阻率的变化趋势与 9.3.1 节的计算结果保持一致，验证了 9.3.1 节修正计算方法对垂直接地极接地电阻计算的适用性。代入垂直接地极的实验参数可得：$k=\dfrac{1}{2\pi\times 0.4}\times\left(\ln\dfrac{8\times 0.4}{0.012}-1\right)=1.82471$。

根据 k 值求出腐蚀判据：“轻度腐蚀” $R_r \leqslant 352.67\Omega$，“中度腐蚀” $352.67\Omega < R_r \leqslant 643.64\Omega$，“重度腐蚀” $R_r > 643.64\Omega$。将 k 值代入式(9.19)可得每组数据对应的相对接地电阻，如表 9.8 所示。

表 9.8 垂直接地极相对接地电阻计算结果

	土壤电阻率/(Ω·m)				
	97	78	65	56	49
轻度腐蚀相对接地电阻/Ω	176.72	173.67	171.26	173.12	174.79
中度腐蚀相对接地电阻/Ω	400.60	396.49	393.71	394.32	390.84
重度腐蚀相对接地电阻/Ω	636.32	627.90	632.50	618.42	615.89

对比表 9.7 和表 9.6 数据可知，当土壤电阻率发生改变时，腐蚀程度固定的接地极接地电阻随土壤电阻率变化的幅度较大，而采用本章介绍的诊断算法计算得到的相对接地电阻保持稳定，且不同腐蚀程度下相对接地电阻差异较大，因此能够通过相对接地电阻反映接地极腐蚀状况，进一步验证了本章介绍方法的可靠性。

9.4　杆塔接地网腐蚀程度综合评估方法

9.3 节提出了在非开挖情况下对输电线路杆塔接地装置进行腐蚀诊断的方法，以确保接地引下线的有效连接并准确掌握接地极的腐蚀程度。腐蚀诊断是为了实现对接地装置腐蚀状况的了解，而腐蚀是一个长期的动态过程，不同的腐蚀体系造就了不同的腐蚀过程，导致接地金属导体在土壤中的腐蚀速率也各不相同。腐蚀速率是评估接地装置腐蚀快慢和预测使用寿命的重要参数，由于输电线路杆塔接地装置数量及埋设位置的特殊性，现阶段难以实现直接采用电化学方法对接地金属的腐蚀速率进行准确的监测。而腐蚀速率与接地金属在土壤中的腐蚀性强弱密切相关，土壤环境中的众多影响因素直接导致接地装置腐蚀速率的不同，进而决定接地装置的使用寿命。因此，实现接地装置的腐蚀性评估，并结合接地极当下腐蚀程度预测其剩余使用寿命，对输电线路杆塔接地装置的运维改造有着重要意义。

本节介绍一种杆塔接地网腐蚀程度综合评估方法。从评价接地装置埋设环境土壤腐蚀性的角度出发，首先对腐蚀性的各影响因素进行分析，选取现场容易定量获取的土壤电阻率、pH、含水量、含盐量作为评估因素，并建立接地装置腐蚀性模糊综合评估模型。基于灰色关联理论确定各评估因素的客观权重，基于模糊层次分析法确定主观权重，再以博弈论的方法将主客观权重集成，获得综合权重。根据各评估因素与腐蚀性之间的关系，对腐蚀性隶属度进行计算，采取模糊评判方法获得腐蚀性评价矩阵，并提出腐蚀性指数 S 对腐蚀性强弱进行量化。最终，根据腐蚀性与圆钢接地极腐蚀速率之间的对应关系，并结合输电线路杆塔接地网腐蚀程度诊断结果，实现接地极的剩余寿命范围预测。

9.4.1　基于模糊理论的腐蚀程度综合评估模型

1. 腐蚀性评估因素的选取

我国幅员广阔，地质资源丰富，因此土壤性质变化范围巨大，对接地装置的腐蚀性也存在差异。而腐蚀是一个异常复杂的体系，土壤中影响接地金属腐蚀速率的各因素之间相互影响，存在着模糊性，导致腐蚀速率和各影响因素之间无法建立明确的函数关系。

关于影响土壤环境腐蚀性的因素，《接地网土壤腐蚀性评价导则》(DL/T 1554—2016)曾根据土壤的理化性质提出“八指标法”，指标包括土壤质地、土壤电阻率、土壤 pH、土壤含盐量、土壤含水量、金属腐蚀电位、土壤 Cl^- 含量、土壤 SO_4^{2-} 含量。在 8 个指标中，金属腐蚀电位属于电化学参数范畴，与金属性质相关。由于主要针对输电线路杆塔接地装置，金属电极对象都为碳钢，因此该参数意义不大，不适合作为评估因素。其余土壤各因素对腐蚀性的影响如图 9.41 所示。

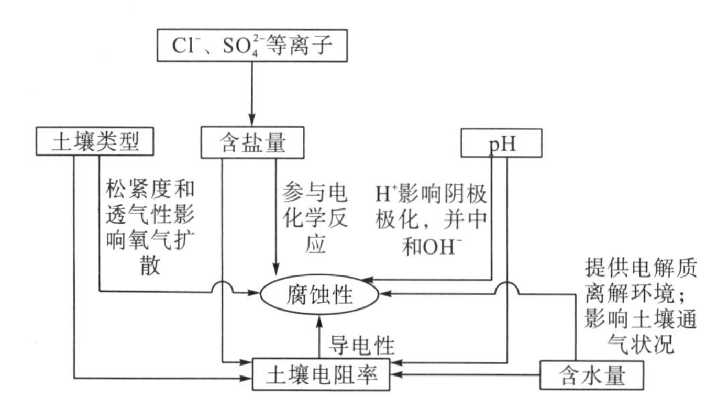

图 9.41 土壤各因素对腐蚀性的影响

7 个土壤指标中，Cl^-、SO_4^{2-} 的含量直接决定含盐量大小，而土壤类型又为定性指标，难以测量及量化。因此，考虑到评估因素应为现场容易准确获取的参数，选取可现场定量测量的土壤电阻率、pH、含水量、含盐量作为接地装置腐蚀性评估因素。选取的各评估因素与土壤腐蚀性的关系如下。

1) 土壤电阻率对腐蚀的影响

根据电磁场基本原理可知，接地环境的土壤电阻率越低，接地装置的散流效果越好，但从腐蚀领域来看，土壤电阻率越低，意味着电荷转移更容易，腐蚀更容易进行，接地装置的腐蚀速率可能越大。一方面，土壤电阻率的大小由土壤质地和疏松度直接决定，即受土壤颗粒大小、种类、黏重等影响；另一方面，土壤含盐量和含水量的增加也会降低土壤电阻率的大小。除此之外，温度的波动对土壤电阻率的影响尤其明显，为了便于横向比较，测量得到的土壤电阻率应统一换算至 15℃下，校正公式为

$$\rho_{15}=\rho_{\mathrm{m}}\left[1+2\%(T-15)\right] \tag{9.27}$$

式中，ρ_{15} 为 15℃时的土壤电阻率；ρ_{m} 为土壤电阻率测量值；T 为土壤实测温度值；2% 是温度系数。由于土壤电阻率相对来说是一个较综合的参数，因此目前也是各国以单指标判断土壤腐蚀性最普遍采用的因素。

2) 土壤 pH 对腐蚀的影响

我国土壤分布最大的特点是“南酸北碱”，酸性土壤中的 H^+ 不仅影响阴极的极化反应，同时还可以中和阴极反应中产生的 OH^-。另外，pH 与土壤的导电性也有一定关系。因此，土壤酸性越高，腐蚀电位相对越高，腐蚀速率增大，土壤将显示较强的腐蚀性。

3) 土壤含水量对腐蚀的影响

水分是土壤中金属发生腐蚀的先决条件，但并不直接参与腐蚀过程，而是通过影响其他因素来间接影响腐蚀速率。土壤中原电池腐蚀的形成和电解质的离解等过程都离不开水分，含水量影响着土壤导电性、碳钢电极电位、极化电阻等。另外，土壤中的水分填充在土壤颗粒之间的缝隙中，其变化也会带来土壤通气性能的改变。因此，在土壤水分未饱和时，腐蚀性通常随着土壤含水量的增大而增强；当水分达到饱和之后，氧气的扩散受到抑

制，去极化作用下降，土壤腐蚀性反而随之降低。

4) 土壤含盐量对腐蚀的影响

土壤中的含盐量影响土壤的导电性，同时又是电解液的主要成分，直接参与腐蚀反应。可溶性盐中对腐蚀影响作用最大的是 Cl^- 和 SO_4^{2-} 。Cl^- 和 SO_4^{2-} 会破坏金属表面的保护性氧化膜，对金属的阳极反应有促进作用。土壤含盐量越高，导电性越好，对接地装置的腐蚀性越强。

根据国内相关标准与腐蚀数据[16,17]，4 个评估因素与土壤腐蚀等级之间的对应关系如表 9.9 所示，表中 5 个土壤腐蚀等级分别对应碳钢不同的腐蚀速率。

表 9.9　各参数与土壤腐蚀等级的对应关系

土壤腐蚀等级	土壤电阻率 (15℃)/(Ω·m)	pH	含水量/%	含盐量/%
5	<5	<4.5	12~25	>1.2
4	5～20	4.5～5.5	10～12 或 25～30	0.5～1.2
3	20～100	5.5～7	7～10 或 30～40	0.2～0.5
2	100～300	7～8.5	3～7 或>40	0.05～0.2
1	>300	>8.5	<3	<0.05

单指标评价法过于简单，容易出现误判，许多场合表明腐蚀性随单指标的变化趋势存在反例，单指标的变化并不足以准确反映土壤腐蚀性的变化。因此，采用多指标进行综合评估才能更加合理地对接地装置腐蚀性进行评估预测。

2. 腐蚀性综合评估模型的建立

土壤中影响接地金属腐蚀速率的各因素之间相互影响，互为因果。因此，接地装置在土壤中的腐蚀性评估本身是一个模糊系统。当涉及多个不确定因素时，可采用基于模糊理论的综合评判方法[18]。模糊综合评判利用权重反映各评估因素在整体评估中所占有的地位，通过隶属度函数反映腐蚀性变化与各评估因素之间的模糊关系，从而确定综合评判结果来表征接地装置在土壤中的腐蚀性。

因此，基于模糊理论建立接地装置腐蚀性的评估因素集 $\boldsymbol{U}=[u_1, u_2, u_3, u_4]$=[土壤电阻率，pH，含水量，含盐量]，形成腐蚀性的评估框架 $\boldsymbol{F}=[\boldsymbol{f}_1, \boldsymbol{f}_2, \boldsymbol{f}_3]$=[弱，中，强]，其中，$\boldsymbol{f}_1$、$\boldsymbol{f}_2$、$\boldsymbol{f}_3$ 为建立在评估因素集 $\boldsymbol{U}$ 上的三个模糊子集。基于模糊理论的腐蚀性综合评估模型的结构示意图如图 9.42 所示，评估分为三个层次：评估对象为方案层，4 个评估因素为准则层，评估得到的腐蚀性结果为目标层。

为了依据评估对象的土壤电阻率、pH、含水量、含盐量大小(准则层)得到评估对象(方案层)的腐蚀性模糊综合评估结果(目标层)，一方面需要根据各评估因素影响腐蚀性的程度确定权重分布，另一方面需要找寻评估对象的腐蚀性变化与各评估因素之间的关系，即对腐蚀性隶属度进行计算。

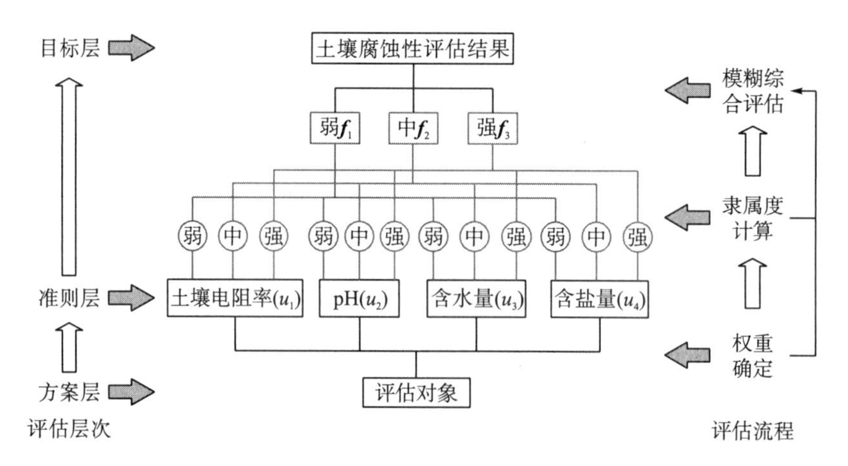

图 9.42　腐蚀性模糊综合评估模型

9.4.2　综合主客观赋权的评估因素权重确定

各评估因素的权重分布是腐蚀性模糊综合评估的重要部分，权重确定方法中，主观赋权法依赖专家或经验的主观性判断。客观赋权法依赖对现有样本数据的分析计算。综合集成赋权法则集成主客观权重，充分发挥主、客观赋权法的各自优势并弥补不足[19]。

1. 基于灰色关联理论的客观权重计算

客观赋权法为保证权重的绝对客观性，完全依赖现有的样本数据。灰色关联度法[20]是客观赋权法的一种，其基本思想是利用各评估因素对系统主行为的贡献程度确定相应关联度，从而确定各评估因素的权重值。该方法无须使用大量样本数据进行学习训练，只需反映系统特性的典型数据即可。选取我国土壤腐蚀试验数据共享网站和典型土壤腐蚀工作站的 15 组实验数据作为灰色关联的基础样本，样本碳钢(扁钢试样)在不同土壤中的腐蚀数据如表 9.10 所示。

表 9.10　典型碳钢腐蚀数据[17,21]

序号	站名	土壤类型	土壤电阻率(15℃)/(Ω·m)	pH	含水量/%	含盐量/%	扁钢腐蚀速率/[g/(dm^2·a)]
1	成都 1	草甸土	13.5	7.4	25.3	0.025	1.44
2	大港	滨海盐渍土	10.5	8.05	27.65	2.493	2.756
3	大庆	苏打盐土	11.8	7.25	20.7	1.967	2.608
4	敦煌	灰棕荒漠土	6.1	8.8	16.1	1.11	3.2
5	格尔木	盐渍土	54.3	8.22	19.34	5.715	2.19
6	华南	红壤土	566	5.5	20.2	0.055	5.98
7	济南	冲积土	29.3	8	13.7	0.215	2.31
8	冷湖	砾石灰棕荒漠土	15.3	8.7	4.6	2.699	1
9	泸州 1	冲积土	73.6	8.3	16.9	0.014	1.36
10	南充	紫色土	13.3	8.2	24.1	0.039	1.03

续表

序号	站名	土壤类型	土壤电阻率(15℃)/(Ω·m)	pH	含水量/%	含盐量/%	扁钢腐蚀速率/[g/(dm^2·a)]
11	西安 2	黑垆土(黄土)	24.8	8.5	19.8	0.059	2.49
12	新疆中心站	棕漠土	69.2	8.7	10.4	0.373	9.398
13	鹰潭	红壤土	628	4.9	24.8	0.013	6.995
14	玉门 1	灰钙土	50	8.6	21.9	0.04	0.62
15	长辛店	草甸褐土	110	8	21.1	0.085	0.94

1) 腐蚀数据处理

设系统有 p 个对象(共 15 组数据，p=15)，n 个影响指标(共 4 个评估因素，n=4)，1 个参考指标。若 $x_i(k)$ 为第 i 个影响指标的第 k 个数据值，则有 $1\leqslant k\leqslant p$，$1\leqslant i\leqslant n$。参考指标为腐蚀速率，用 $\boldsymbol{X_0}=\left[x_0(1),x_0(2),\cdots,x_0(k),\cdots,x_0(p)\right]$ 表示，影响指标分别为土壤电阻率（$\boldsymbol{X_1}$）、pH（$\boldsymbol{X_2}$）、含水量（$\boldsymbol{X_3}$）、含盐量（$\boldsymbol{X_4}$），如下：

$$\boldsymbol{X_i}=\left[x_i(1),x_i(2),\cdots,x_i(k),\cdots,x_i(p)\right] \quad (1\leqslant k\leqslant p,\ 1\leqslant i\leqslant n) \tag{9.28}$$

各评估因素具有不同的数量级和量纲，因此需要首先对数据进行无量纲处理。根据各评估因素与系统主行为之间的关系，设 $x_i(k)$ 无量纲处理后数据值为 $r_i(k)$，指标的无量纲变换方法可分为以下三类。

(1) 效益型指标(指标越大，腐蚀性越强)：

$$r_i(k)=\frac{x_i(k)-\min\limits_i x_i(k)}{\max\limits_i x_i(k)-\min\limits_i x_i(k)} \quad (1\leqslant k\leqslant p,\ 0\leqslant i\leqslant n) \tag{9.29}$$

(2) 成本型指标(指标越小，腐蚀性越强)：

$$r_i(k)=\frac{\max\limits_i x_i(k)-x_i(k)}{\max\limits_i x_i(k)-\min\limits_i x_i(k)} \quad (1\leqslant k\leqslant p,\ 0\leqslant i\leqslant n) \tag{9.30}$$

(3) 固定型指标(指标越接近某个固定值，腐蚀性越强)：

$$r_i(k)=1-\frac{\left|x_i(k)-x_i^0\right|}{\max\limits_i\left|x_i(k)-x_i^0\right|} \quad (1\leqslant k\leqslant p,\ 0\leqslant i\leqslant n) \tag{9.31}$$

式中，x_i^0 是关于该指标的固定值。

根据各评估因素对腐蚀性的影响分析，腐蚀速率（$\boldsymbol{X_0}$）和含盐量（$\boldsymbol{X_4}$）属于效益型指标，土壤电阻率（$\boldsymbol{X_1}$）和 pH（$\boldsymbol{X_2}$）属于成本型指标，含水量（$\boldsymbol{X_3}$）（以 20%为固定值）属于固定型指标。

2) 权重确定

根据灰色关联度理论，采用邓氏关联度方法[20]，计算第 k 个对象的第 i 个指标 $x_i(k)$ 在无量纲处理后的关联系数为

$$\gamma(r_0(k),r_i(k))=\frac{\min_i\min_k|r_0(k)-r_i(k)|+\rho\max_i\max_k|r_0(k)-r_i(k)|}{|r_0(k)-r_i(k)|+\rho\max_i\max_k|r_0(k)-r_i(k)|} \tag{9.32}$$

式中，ρ 为分辨系数，一般取 0.5。第 i 个影响指标 $\boldsymbol{X}_i$ 与 $\boldsymbol{X}_0$ 的关联度为

$$\gamma(\boldsymbol{X}_0,\boldsymbol{X}_i)=\frac{1}{p}\sum_{k=1}^{p}\gamma(r_0(k),r_i(k)) \tag{9.33}$$

根据以上方法，对表 9.10 中数据进行分析计算，得到土壤电阻率、pH、含水量、含盐量 4 个影响指标与参考之间的灰色关联度分别为 $\gamma(\boldsymbol{X}_0,\boldsymbol{X}_1)$=0.4145、$\gamma(\boldsymbol{X}_0,\boldsymbol{X}_2)$=0.7741、$\gamma(\boldsymbol{X}_0,\boldsymbol{X}_3)$=0.5158、$\gamma(\boldsymbol{X}_0,\boldsymbol{X}_4)$=0.6978，该关联度体现了各评估因素对腐蚀速率的影响程度，归一化之后确定 4 个评估因素的客观权重向量为 $\boldsymbol{W}_{\text{ob}}=[0.1726,0.3222,0.2147,0.2905]$。

2. 基于模糊层次分析法的主观权重计算

主观赋权采用模糊层次分析法[22]，该方法通过主观比较评估因素之间的重要程度对权重进行确定。设模糊互补矩阵 $\boldsymbol{A}=(a_{ij})_{4\times4}$ 如式(9.34)，$\boldsymbol{A}$ 中元素 a_{ij} 由评估因素两两比较得到，以 0～1 的数字表示因素 a_i 相对于 a_j 的重要程度。当 a_{ij} 为 0.5 时，两个评估要素具有同等重要性，a_{ij} 越接近 1，表示与 a_j 相比，a_i 越重要。因此，模糊互补矩阵满足：$a_{ii}=0.5$，$a_{ij}+a_{ji}=1$，其中 $i,j\in\{1,2,3,4\}$。

$$\boldsymbol{A}=\begin{bmatrix} a_{11} & a_{12} & a_{13} & a_{14} \\ a_{21} & a_{22} & a_{23} & a_{24} \\ a_{31} & a_{32} & a_{33} & a_{34} \\ a_{41} & a_{42} & a_{43} & a_{44} \end{bmatrix} \tag{9.34}$$

设土壤电阻率、pH、含水量、含盐量对应的主观权重分别为 ξ_1、ξ_2、ξ_3、ξ_4，通过模糊互补判断矩阵 $\boldsymbol{A}$，用关系排序法[23]计算各因素的权重，见式(9.35)。

$$\xi_i=\frac{1}{n}-\frac{1}{2\alpha}+\frac{1}{n\alpha}\sum_{k=1}^{n}a_{ik}=\frac{1}{6}\sum_{k=1}^{4}a_{ik}-\frac{1}{12}\quad(i\in\{1,2,3,4\}) \tag{9.35}$$

式中，n=4 为矩阵维数，即评估因素的个数；$\alpha=(n-1)/2=1.5$ 为调整参数，表明对元素间重要程度差异的重视。权重值之和满足 $\xi_1+\xi_2+\xi_3+\xi_4=1$。模糊互补矩阵 $\boldsymbol{A}$ 表示主观对事物认知的模糊判断，由于问题的复杂性及人们对事物认识的片面性和主观性，容易存在模糊互补矩阵不一致的问题，因此需要进行一致性检验。构造特征矩阵 $\boldsymbol{W}_t=(w_{ij})_{4\times4}$，$\boldsymbol{W}_t$ 中的各元素计算如式(9.36)所示。

$$w_{ij}=\frac{\xi_i}{\xi_i+\xi_j}\quad(i,j\in\{1,2,3,4\}) \tag{9.36}$$

检验模糊互补判断矩阵与特征矩阵的一致性公式为

$$I(\boldsymbol{A},\boldsymbol{W}_t)=\frac{1}{n^2}\sum_{i=1}^{n}\sum_{j=1}^{n}|a_{ij}+w_{ij}-1|=\frac{1}{16}\sum_{i=1}^{4}\sum_{j=1}^{4}|a_{ij}+w_{ij}-1|\leqslant\beta \tag{9.37}$$

式中，β 表示决策者的态度，β 值越小表示决策者对模糊互补判断矩阵的一致性要求越高，

取 β=0.2 。若模糊互补矩阵没有达到一致性，需要进行调整，$\boldsymbol{A}=(a_{ij})_{4\times4}$ 调整为 $\boldsymbol{A'}=(a'_{ij})_{4\times4}$，$\boldsymbol{A'}=(a'_{ij})_{4\times4}$ 中的元素计算如式(9.38)和式(9.39)所示。

$$a'_i=\sum_{k=1}^{4}a_{ik}\ \ (i\in\{1,2,3,4\}) \tag{9.38}$$

$$a'_{ij}=\frac{\left(a'_i-a'_j\right)}{2(n-1)}+0.5=\frac{1}{6}\left(a'_i-a'_j\right)+0.5\quad (i,j\in\{1,2,3,4\}) \tag{9.39}$$

调整后再次通过式(9.35)计算权重，直到一致性检验通过，如式(9.40)所示。

$$\xi'_i=\frac{1}{6}\sum_{k=1}^{4}a'_{ik}-\frac{1}{12}\quad (i\in\{1,2,3,4\}) \tag{9.40}$$

结合相关研究[24-27]，设模糊互补矩阵如下：

$$\boldsymbol{A}=\begin{bmatrix}0.5 & 0.3 & 0.2 & 0.3\\ 0.7 & 0.5 & 0.4 & 0.4\\ 0.8 & 0.6 & 0.5 & 0.6\\ 0.7 & 0.6 & 0.4 & 0.5\end{bmatrix} \tag{9.41}$$

计算得到 4 个评估因素的主观权重向量为 $\boldsymbol{W}_{\mathbf{sub}}=\left[0.1722,0.25,0.3056,0.2722\right]$。

3. 基于博弈论的主客观权重集成

客观赋权法的准确性容易受到选择样本数据的影响，当选择样本不同时，计算权重会存在差异，甚至导致权重结果的不同。而主观赋权法则考虑主观的经验知识，具有主观不确定性，且模糊互补矩阵的不同也会带来权重结果的差异。为了最大程度确保结果的科学性，达到主、客观赋权法的优势互补，集成主观权重和客观权重，采用基于博弈论的综合集成赋权法[28]，该方法通过使综合权重与主客观权重的偏差极小化，在主客观权重间寻找一致或妥协，以尽可能保留各自权重信息。

基于博弈论的综合集成赋权法中，综合权重为 t 个权重向量 $\boldsymbol{W}_i$ 的线性组合，如式(9.42)所示。

$$\boldsymbol{W}_{\mathbf{com}}=\sum_{i=1}^{t}\alpha_i\boldsymbol{W}_i \tag{9.42}$$

式中，系数 α_i 为各权重向量的分配系数，$\alpha_i>0$。为了整体上协调均衡，使综合权重与各独立权重偏差最小，需寻找最优的分配系数组合使综合权重与各独立权重的离差极小化，因此存在如式(9.43)所示的对策。

$$\min\left\|\sum_{i=1}^{t}\alpha_i\boldsymbol{W}_i^{\mathrm{T}}-\boldsymbol{W}_j^{\mathrm{T}}\right\|_2\qquad (j=1,2,\cdots,t) \tag{9.43}$$

根据微分性质，得到式(9.43)的最优化一阶导数条件为

$$\sum_{i=1}^{t}\alpha_i\boldsymbol{W}_j\boldsymbol{W}_i^{\mathrm{T}}=\boldsymbol{W}_j\boldsymbol{W}_j^{\mathrm{T}}\qquad (j=1,2,\cdots,t) \tag{9.44}$$

式(9.44)对应的线性方程为

$$\begin{bmatrix} \boldsymbol{W}_1\boldsymbol{W}_1^{\mathrm{T}} & \boldsymbol{W}_1\boldsymbol{W}_2^{\mathrm{T}} & \cdots & \boldsymbol{W}_1\boldsymbol{W}_t^{\mathrm{T}} \\ \boldsymbol{W}_2\boldsymbol{W}_1^{\mathrm{T}} & \boldsymbol{W}_2\boldsymbol{W}_2^{\mathrm{T}} & & \boldsymbol{W}_2\boldsymbol{W}_t^{\mathrm{T}} \\ \vdots & \vdots & & \vdots \\ \boldsymbol{W}_t\boldsymbol{W}_1^{\mathrm{T}} & \boldsymbol{W}_t\boldsymbol{W}_2^{\mathrm{T}} & \cdots & \boldsymbol{W}_t\boldsymbol{W}_t^{\mathrm{T}} \end{bmatrix} \begin{bmatrix} \alpha_1 \\ \alpha_2 \\ \vdots \\ \alpha_t \end{bmatrix} = \begin{bmatrix} \boldsymbol{W}_1\boldsymbol{W}_1^{\mathrm{T}} \\ \boldsymbol{W}_2\boldsymbol{W}_2^{\mathrm{T}} \\ \vdots \\ \boldsymbol{W}_t\boldsymbol{W}_t^{\mathrm{T}} \end{bmatrix} \tag{9.45}$$

满足式(9.45)的分配系数组合所对应的综合权重 $\boldsymbol{W}_{\mathbf{com}}$ 可尽可能保持各独立权重的原始信息。根据上文分析，根据两个权重 $\boldsymbol{W}_{\mathbf{ob}}=[0.1726,0.3222,0.2147,0.2905]$ 和 $\boldsymbol{W}_{\mathbf{sub}}=[0.1722,0.25,0.3056,0.2722]$，计算出分配系数分别为 $\alpha_{\mathrm{ob}}=0.6660$ 和 $\alpha_{\mathrm{sub}}=0.3459$。根据式(9.42)并归一计算，进而得到土壤电阻率、pH、含水量、含盐量 4 个评估因素的综合权重向量为 $\boldsymbol{W}_{\mathbf{com}}=[0.17,0.3,0.25,0.28]$。

9.4.3 腐蚀性隶属度的计算方法

权重分布表示了各评估因素影响腐蚀性的程度，为了实现接地装置腐蚀性的综合评估，还需找寻评估对象的腐蚀性变化与各评估因素之间的关系。设接地装置在土壤中腐蚀性的模糊矩阵为 $\boldsymbol{M}$，$\boldsymbol{F}$ 和 $\boldsymbol{U}$ 分别表示矩阵 $\boldsymbol{M}$ 的行和列，矩阵 $\boldsymbol{M}$ 中的元素代表各评估因素和不同腐蚀性之间的模糊关系，如表 9.11 所示。

表 9.11 土壤腐蚀性模糊矩阵 $\boldsymbol{M}$

评估因素	弱（f_1）	中（f_2）	强（f_3）
土壤电阻率(u_1)	m_{11}	m_{12}	m_{13}
pH（u_2）	m_{21}	m_{22}	m_{23}
含水量(u_3)	m_{31}	m_{32}	m_{33}
含盐量(u_4)	m_{41}	m_{42}	m_{43}

由于各评估因素对土壤腐蚀性的划分较模糊，临近边际的现象不太容易评价，因此矩阵 $\boldsymbol{M}$ 中的参数采用岭型分布隶属度函数[18]进行计算，岭型分布示意图如图 9.43 所示，隶属度函数计算公式如式(9.46)、式(9.47)、式(9.48)所示。

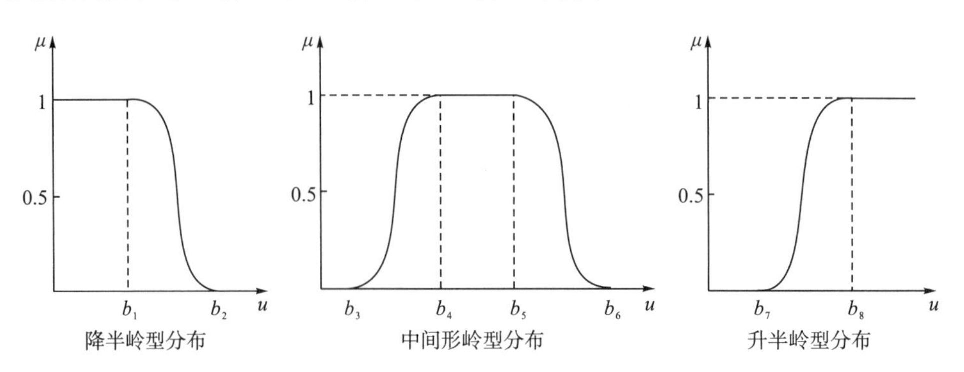

图 9.43 岭型分布示意图

(1) 降半岭型分布：

$$
\mu_1(u)=\begin{cases}1, & u_i\in(\infty,b_1]\\ \dfrac{1}{2}-\dfrac{1}{2}\sin\left[\dfrac{\pi}{b_2-b_1}\times\left(u-\dfrac{b_1+b_2}{2}\right)\right], & u_i\in(b_1,b_2]\\ 0, & u_i\in(b_2,\infty)\end{cases} \tag{9.46}
$$

(2) 中间形岭型分布：

$$
\mu_2(u)=\begin{cases}0, & u_i\in(\infty,b_3]\\ \dfrac{1}{2}+\dfrac{1}{2}\sin\left[\dfrac{\pi}{b_4-b_3}\times\left(u-\dfrac{b_3+b_4}{2}\right)\right], & u_i\in(b_3,b_4]\\ 1, & u_i\in(b_4,b_5]\\ \dfrac{1}{2}-\dfrac{1}{2}\sin\left[\dfrac{\pi}{b_6-b_5}\times\left(u-\dfrac{b_5+b_6}{2}\right)\right] & u_i\in(b_5,b_6]\\ 0 & u_i\in(b_6,\infty)\end{cases} \tag{9.47}
$$

(3) 升半岭型分布：

$$
\mu_3(u)=\begin{cases}0, & u_i\in(\infty,b_7]\\ \dfrac{1}{2}+\dfrac{1}{2}\sin\left[\dfrac{\pi}{b_8-b_7}\times\left(u-\dfrac{b_7+b_8}{2}\right)\right], & u_i\in(b_7,b_8]\\ 1, & u_i\in(b_8,\infty)\end{cases} \tag{9.48}
$$

通过评估因素对土壤腐蚀性的影响，根据表 9.9 中土壤腐蚀等级与各评估因素的对应关系，碳钢接地装置在土壤中的腐蚀性与各评估因素之间的岭型隶属度分布图如图 9.44 所示。表 9.9 中“5”、“3”和“1”的土壤腐蚀等级分别对应隶属度值为 1 的“强”“中”和“弱”腐蚀性；表 9.9 中“4”和“2”的土壤腐蚀等级则分别对应“强”“中”腐蚀性和“中”“弱”腐蚀性的过渡区间。

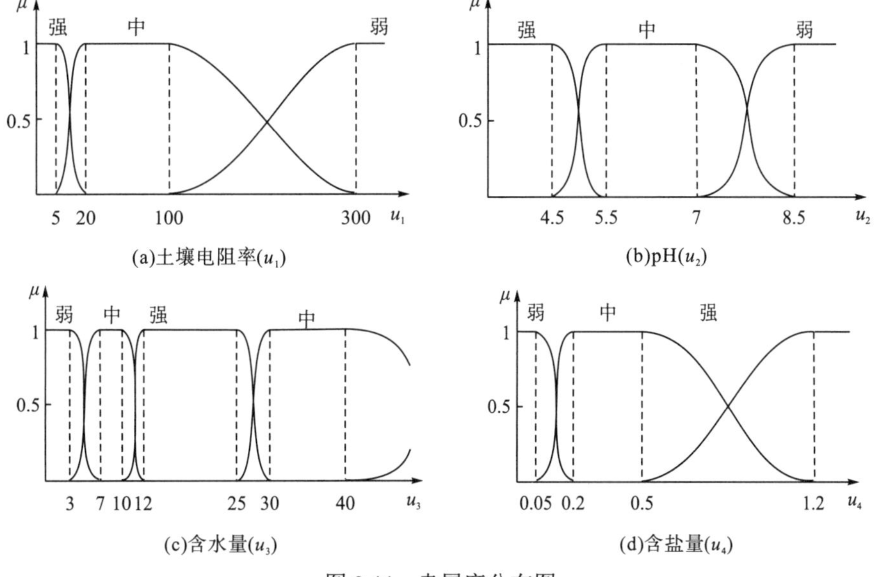

图 9.44　隶属度分布图

因此，矩阵 **M** 中符合降半岭型分布的矩阵系数有 m_{13}、m_{23}、m_{31}(7 以下)、m_{41}。符合中间形岭型分布的矩阵系数有：m_{12}、m_{22}、m_{32}(3~12)、m_{32}(25 以上)、m_{33}、m_{42}。符合升半岭型分布的矩阵系数有：m_{11}、m_{21}、m_{31}(40 以上，只有上升区)、m_{43}。各矩阵系数对应隶属函数的边界值分别如表 9.12、表 9.13、表 9.14 所示。

表 9.12 降半岭型矩阵系数的边界值

边界	m_{13}	m_{23}	m_{31}(7 以下)	m_{41}
b_1	5	4.5	3	0.05
b_2	20	5.5	7	0.2

表 9.13 中间形岭型矩阵系数的边界值

边界	m_{12}	m_{22}	m_{32}(3~12)	m_{32}(25 以上)	m_{33}	m_{42}
b_3	5	4.5	3	25	10	0.05
b_4	20	5.5	7	30	12	0.2
b_5	100	7	10	40	25	0.5
b_6	300	8.5	12	100	30	1.2

表 9.14 升半岭型矩阵系数的边界值

边界	m_{11}	m_{21}	m_{31}(40 以上)	m_{43}
b_7	100	7	40	0.5
b_8	300	8.5	100	1.2

9.4.4 腐蚀程度综合评估与接地极剩余寿命预测方法

1. 接地装置的腐蚀性模糊综合评估

接地装置腐蚀性的模糊综合评估通过模糊关系式 $\boldsymbol{Y}=\boldsymbol{W}\text{o}\boldsymbol{M}$ 完成，其计算公式如式(9.49)所示。式(9.49)中，**Y** 是评价矩阵，o 为模糊算子，**W** 是各评估因素的权重向量，采用前文得到的综合权重 $\boldsymbol{W}_{\text{com}}=[0.17,0.3,0.25,0.28]$，**M** 是根据评估对象的各因素值进行腐蚀性隶属度求解得到的模糊矩阵。评价矩阵 **Y** 中元素的表达式如式(9.50)所示。式(9.50)中，y_j 即为通过模糊综合评估得出的“弱”“中”“强”三种腐蚀性对应的评价值，评价值越大表示为该腐蚀性程度的可能性越大。

$$\boldsymbol{Y}=\boldsymbol{W}\text{o}\boldsymbol{M}=(w_1,w_2,w_3,w_4)\begin{bmatrix} m_{11} & m_{12} & m_{13} \\ m_{21} & m_{22} & m_{23} \\ m_{31} & m_{32} & m_{33} \\ m_{41} & m_{42} & m_{43} \end{bmatrix}=(y_1,y_2,y_3) \tag{9.49}$$

$$y_j=\sum_{i=1}^{4} w_i m_{ij} \quad (j\in\{1,2,3\}) \tag{9.50}$$

评价矩阵 **Y** 中元素满足 $y_1+y_2+y_3=1$，根据评价矩阵 **Y** 的结果对土壤腐蚀性进行量化，定义腐蚀性指数 S 来表达腐蚀性，S 的计算公式为

$$S = y_1 \times 0 + y_2 \times 0.5 + y_3 \times 1 = \frac{1}{2} y_2 + y_3 \tag{9.51}$$

腐蚀性指数 S 的相对大小表示土壤环境对碳钢材质接地装置腐蚀性的相对强弱，该指数大小位于 0～1，且 S 越接近 0，表示腐蚀性越弱；S 越接近 1，表示腐蚀性越强。根据以上分析，土壤中接地装置腐蚀性模糊综合评估的流程如图 9.45 所示。

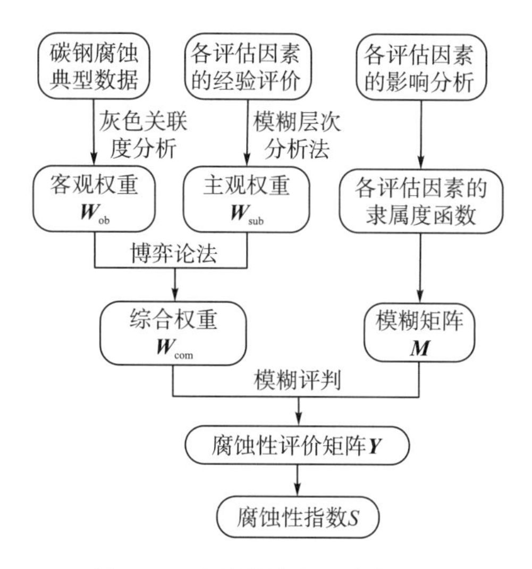

图 9.45　腐蚀性综合评估流程图

2. 基于腐蚀性评估结果的接地极剩余寿命预测

腐蚀性指数 S 的大小体现了土壤环境对碳钢材质接地装置腐蚀性的强弱，与接地金属的腐蚀速率成正相关。而式(9.14)中介绍的输电线路杆塔接地网的腐蚀系数 λ 则体现了接地极的现时腐蚀状态。因此，结合腐蚀性综合评估结果和接地极腐蚀程度诊断结果，可进一步实现杆塔接地网的剩余寿命预测。

表 9.9 中 5 个土壤腐蚀等级分别对应了碳钢不同的腐蚀快慢程度，对于水平埋设的圆钢接地极来说，5 个土壤腐蚀等级所对应的平均年腐蚀速率 v(直径)的范围如表 9.15 所示[17]，表中 v_{min} 和 v_{max} 分别为腐蚀速率范围的下限值和上限值。由于在对腐蚀性进行隶属度求解时，所依据的区间边界值同样来源于这 5 个土壤腐蚀等级，因此，可对腐蚀性指数 S 进行等尺度划分，得到碳素圆钢接地极的平均年腐蚀速率范围与腐蚀性指数 S 之间的对应关系，同样列于表 9.15 中。

表 9.15　腐蚀性指数 S 与腐蚀速率范围的对应关系

土壤腐蚀等级	圆钢接地极腐蚀速率范围/(mm/a)		腐蚀性指数 S
	v_{min}	v_{max}	
5	1	+∞	0.8~1
4	0.3	1	0.6~0.8
3	0.2	0.3	0.4~0.6
2	0.1	0.2	0.2~0.4
1	0	0.1	0~0.2

若根据 9.4.2 节和 9.4.3 节的分析，当输电线路杆塔接地网的腐蚀系数为 0.66 时，需考虑对接地极进行更换。对于腐蚀程度为“Ⅰ级腐蚀”或“Ⅱ级腐蚀”的杆塔接地网来说，依据腐蚀性指数 S 所对应的圆钢接地极腐蚀速率范围和腐蚀程度诊断所得到的接地极腐蚀系数 λ，计算得到接地极剩余寿命（AGE）的范围分别为

$$\mathrm{AGE}_{\min}=\frac{d_0\left(\lambda-0.66\right)}{v_{\max}} \tag{9.52}$$

$$\mathrm{AGE}_{\max}=\frac{d_0\left(\lambda-0.66\right)}{v_{\min}} \tag{9.53}$$

式中，d_0 为杆塔接地网的初始直径，即 12mm；$\mathrm{AGE}_{\min}$ 为接地极剩余寿命预测范围的下限值；$\mathrm{AGE}_{\min}$ 为接地极剩余寿命预测范围的上限值。

在某些腐蚀性极强的土壤中，碳素圆钢的平均腐蚀速率可高达 1mm/a，输电线路杆塔接地网的全寿命只有 4~5 年，非均匀腐蚀下的接地引下线寿命则更短。因此，根据腐蚀性综合评估结果和接地极剩余寿命的预测范围，电力部门可有针对性地对不同地区输电线路杆塔接地装置安排运维和改造计划。对于强腐蚀性地区的输电线路杆塔接地引下线和接地极，应考虑缩短更换和检修周期。

9.4.5 工程实例分析

为了对本章提出的土壤中接地装置腐蚀性综合评估方法进行验证，选取黄土、沙土、红土、盐渍土这 4 种我国的典型土壤进行分析，4 种土壤的理化特性数据采用文献[29]中的实验数据。由于该文献旨在分析碳钢的腐蚀特性与土壤含水量之间的关系，因此各实验组的含水量分别被控制为 5%、15%、25%等情况，而并非四种土壤的实际含水量。考虑这 4 种典型土壤在我国的实际情况：盐渍土一般分布在内陆盐湖或滨海地区，普遍具有丰富的含水量，一般可达到 20%以上；沙土存在于我国西北内陆，水量枯少，含水量基本在 8%以下；黄土和红土则一般分布在华中和华南地区，由于气候适宜，含水量适中，一般为 15%~20% [16]。因此，所选样本的含水量数据分别如下：盐渍土为 25%、沙土为 5%、黄土和红土为 15%，各样本的腐蚀性评估因素数据信息如表 9.16 所示。

表 9.16 样本评估因素数据

样本编号	土壤类型	土壤电阻率/(Ω·m)	pH	含水量/%	含盐量/%
1	黄土	53.39	7.33	15	0.0692
2	沙土	75.19	7.39	5	0.0255
3	红土	180.83	7.79	15	0.0403
4	盐渍土	2.23	8.15	25	1.1328

根据前文提出的腐蚀性评估算法，碳钢接地装置在这 4 种典型土壤中所对应的腐蚀性模糊评价矩阵 $\boldsymbol{Y}$ 和腐蚀性指数 S 的计算结果如表 9.17 所示。

表 9.17　样本评估及预测结果

样本编号	土壤类型	模糊评价矩阵 $\boldsymbol{Y}$			腐蚀性指数 S	圆钢腐蚀速率预测范围/(mm/a)	文献[29]中扁钢腐蚀速率数据/(mm/a)
		弱-y_1	中-y_2	强-y_3			
1	黄土	0.3033	0.4467	0.25	0.4734	0.2~0.3	0.1669
2	沙土	0.4523	0.5477	0	0.2738	0.1~0.2	0.0635
3	红土	0.5023	0.2477	0.25	0.3738	0.1~0.2	0.1006
4	盐渍土	0.2615	0.0448	0.6937	0.7161	0.3~1	0.5700

文献[29]中通过电化学方法测量得到扁钢在 4 种土壤中的腐蚀速率同样列于表 9.17 中。对比发现，文献中扁钢腐蚀速率的测量数据低于或符合对应的圆钢腐蚀速率预测范围。这是由于扁钢材料的年腐蚀速率本身普遍略低于圆钢材料[17]，因此，相同腐蚀性指数所对应的扁钢接地极腐蚀速率预测范围也应低于圆钢。当针对扁钢材料使用表 9.17 中圆钢接地极的预测关系时，则可能会出现腐蚀速率预测范围偏大的正常现象。

根据腐蚀速率测量数据的相对大小，碳钢在 4 种土壤中的腐蚀性排序为：盐渍土>黄土>红土>沙土[29]。而从表 9.17 中的综合评估结果可以看出，接地装置在 4 种土壤中的腐蚀性指数也为：$S_{盐渍土} > S_{黄土} > S_{红土} > S_{沙土}$。我国的这 4 种典型土壤中，盐渍土属于强腐蚀性土壤，黄土和红土属于中等腐蚀性土壤，沙土属于弱腐蚀性土壤，前文中方法的腐蚀性综合评估结果与文献[29]中通过电化学实验分析得到的结论一致，证明了该腐蚀性综合评估及预测方法的可行性和准确性。

参考文献

[1] 陈勇, 万启发, 谷莉莉, 等. 关于我国特高压导线和杆塔结构的探讨[J]. 高电压技术, 2004, 30(6). 38-41.

[2] 杨靖波, 李茂华, 杨风利, 等. 我国输电线路杆塔结构研究新进展[J]. 电网技术, 2008(22): 77-83.

[3] 俞集辉. 电磁场原理(第 2 版)[M]. 重庆: 重庆大学出版社, 2003.

[4] 吴昊. 输电线路杆塔接地系统冲击散流特性及影响因素研究[D]. 成都: 西南交通大学, 2014.

[5] Grover F W. Inductance calculations working formulas and tables[J]. Mathematics of Computation, 1964, 18(85): 563-570.

[6] 杨琳, 吴广宁, 曹晓斌, 等. 接地体雷电暂态响应建模分析[J]. 中国电机工程学报. 2011, 31(13): 142-146

[7] Heimbach M, Grcev L D. Grounding system analysis in transients programs applying electromagnetic field approach[J]. IEEE Transactions on Power Delivery, 1997, 12(1): 186-193

[8] 娄国伟. 土壤电阻率的影响因素及测量方法的研究[J]. 黑龙江气象, 2011, 28(4): 37-38.

[9] 裴世建. 土壤电阻率测试方法的研究[J]. 工程地球物理学报, 2009, 6(S1): 156-158.

[10] 金名惠, 黄辉桃. 金属材料在土壤中的腐蚀速度与土壤电阻率[J]. 华中科技大学学报(自然科学版), 2001, 29(5): 103-106.

[11] 彭国泉, 王海跃. 深层垂直接地法在输电线路杆塔中的应用[J]. 湖南电力, 2003, 23(5): 40-42.

[12] 中国电力企业联合会. 交流电气装置的接地设计规范: GB/T 50065-2011[S]. 北京: 中国计划出版社, 2012.

[13] 陈沂. 接地网的土壤加速腐蚀与防护研究[D]. 西安: 西安理工大学, 2009.

[14] 黄胜鑫. 接地网腐蚀诊断及腐蚀对接地网性能影响评估方法研究[D]. 重庆: 重庆大学, 2015.

[15] 陆培钧, 黄松波, 豆朋, 等. 佛山地区变电站接地网腐蚀状况分析[J]. 高电压技术, 2008, 34(9): 1996-1999.

[16] 王光雍, 王海江, 李兴濂, 等. 自然环境的腐蚀与防护: 大气·海水·土壤[M]. 北京: 化学工业出版社, 1997.

[17] 何金良, 曾嵘. 电力系统接地技术[M]. 北京: 科学出版社, 2007.

[18] 张跃. 模糊数学方法及其应用[M]. 北京: 煤炭工业出版社, 1992.

[19] 刘秋艳, 吴新年. 多要素评价中指标权重的确定方法评述[J]. 知识管理论坛, 2017(6): 500-510.

[20] 邓聚龙. 灰色系统基本方法[M]. 武汉: 华中科技大学出版社, 2005.

[21] 国家材料环境腐蚀平台. 中国腐蚀与防护网[DB/OL]. (2017-04-01)[2018-10-27]. http: //data. ecorr. org/.

[22] 张吉军. 模糊层次分析法(FAHP)[J]. 模糊系统与数学, 2000, 14(2): 80-88.

[23] 吕跃进. 基于模糊一致矩阵的模糊层次分析法的排序[J]. 模糊系统与数学, 2016, 16(2): 80-86.

[24] 宋光铃, 曹楚南, 林海潮, 等. 土壤腐蚀性评价方法综述[J]. 腐蚀科学与防护技术, 1993, 5(4): 268-277.

[25] 国家能源局. 接地网土壤腐蚀性评价导则:DL/T1554-2016[S]. 北京: 中国电力出版社, 2016.

[26] 杨岭, 马贵阳, 罗小虎. 基于综合评价模型的埋地管道土壤腐蚀等级评价[J]. 辽宁石油化工大学学报, 2017, 37(6): 30-35.

[27] 闫爱军. 变电站接地网的腐蚀机理及牺牲阳极防护研究[D]. 西安: 西安理工大学, 2013.

[28] 吴叶科, 宋如顺, 陈波. 基于博弈论的综合赋权法的信息安全风险评估[J]. 计算机工程与科学, 2011, 33(5): 9-13.

[29] 曹英, 刘磊, 曹默, 等. 接地网材料在四种典型土壤中的电化学腐蚀研究[J]. 东北电力大学学报, 2014, 34(1): 35-38.

彩　　版

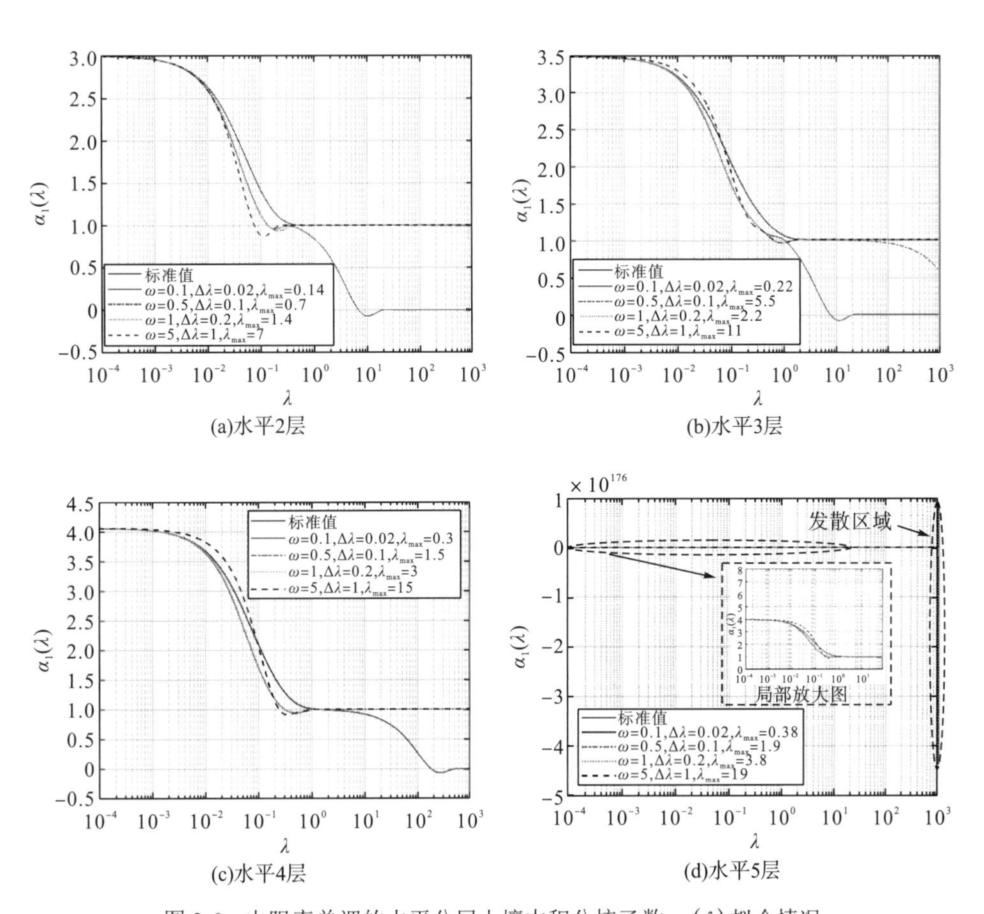

图 2.6　电阻率单调的水平分层土壤中积分核函数 $\alpha_1(\lambda)$ 拟合情况

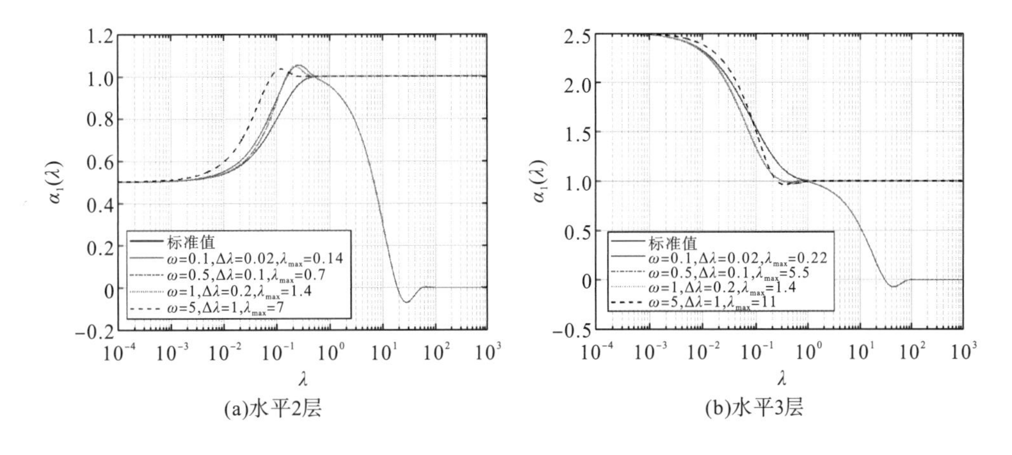

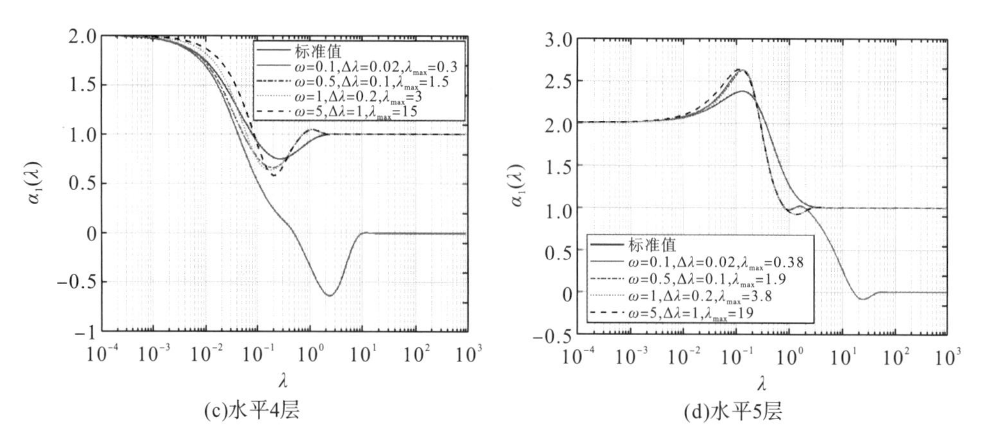

图 2.7 简单分层土壤中积分核函数 $\alpha_1(\lambda)$ 拟合情况

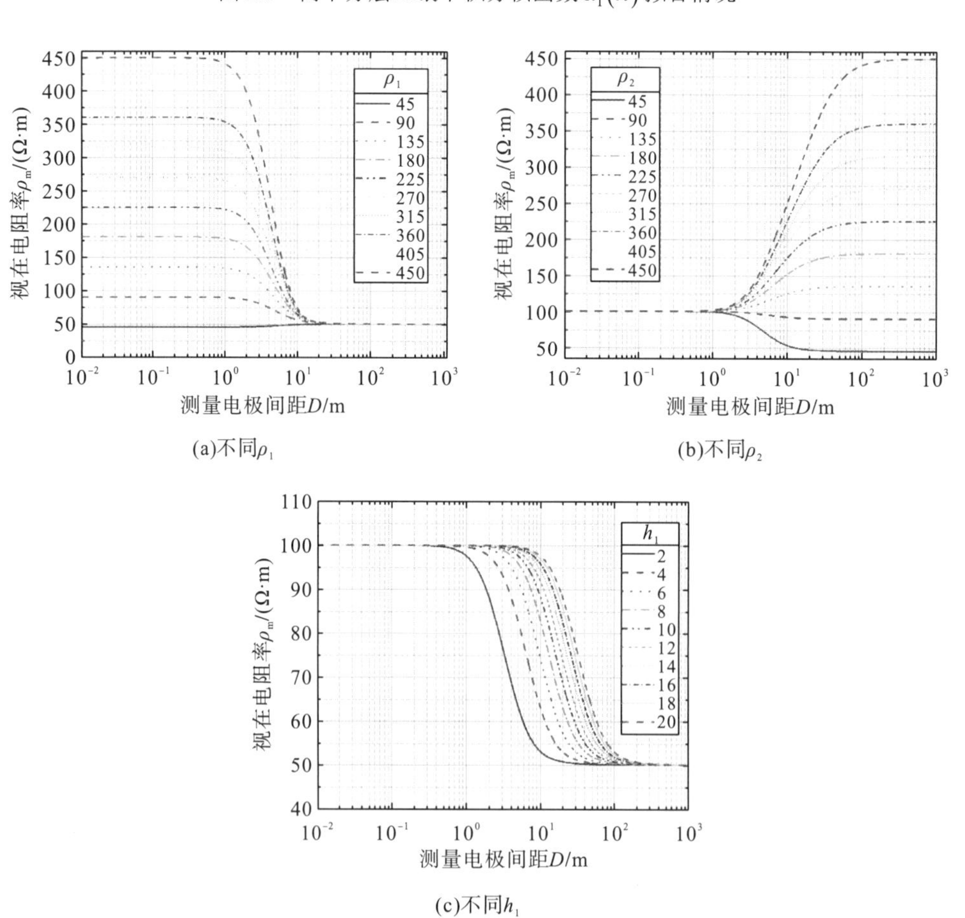

图 3.11 不同土壤参数下水平 2 层土壤视在电阻率的计算曲线

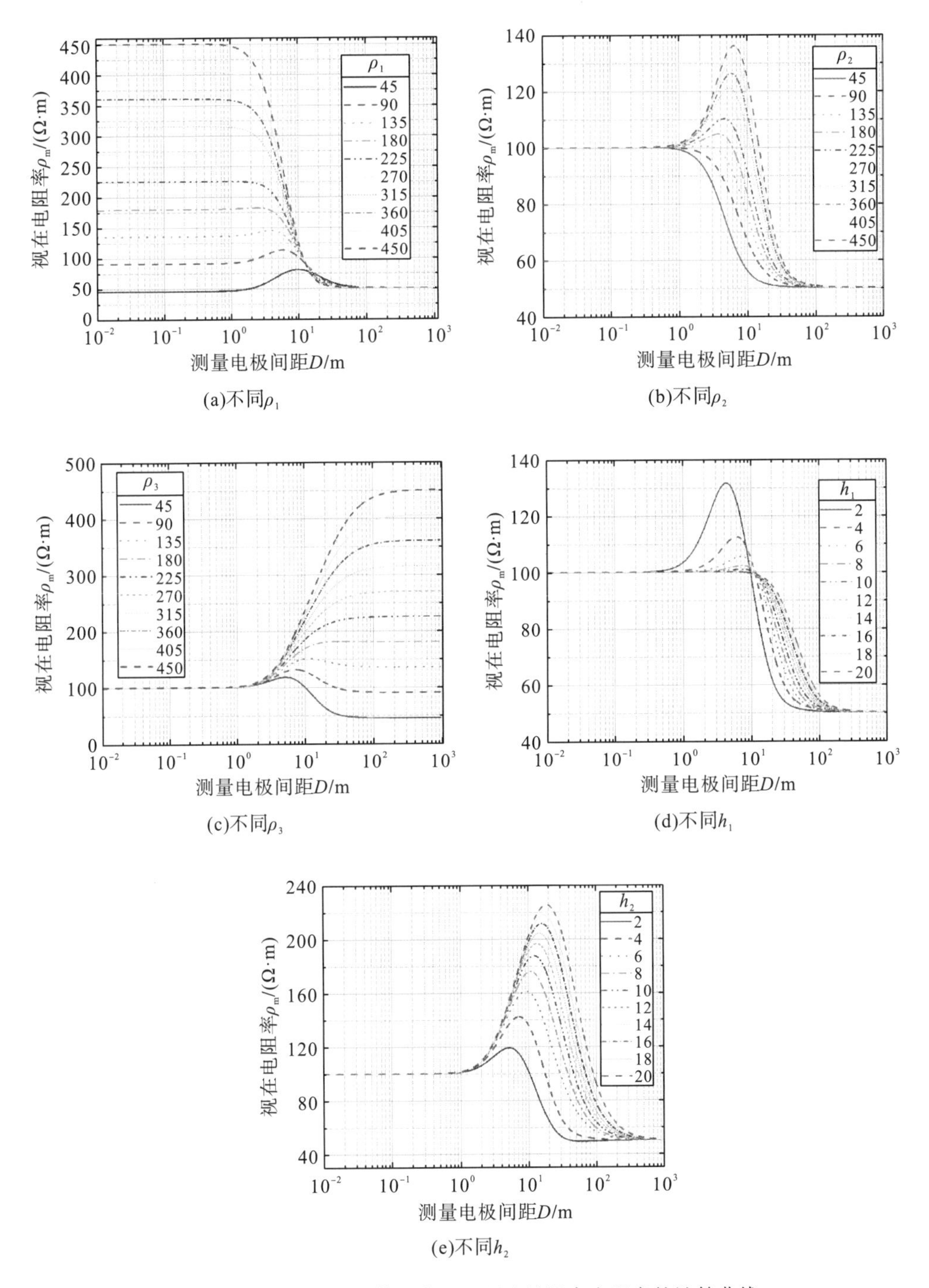

图 3.12　不同土壤参数下水平 3 层土壤视在电阻率的计算曲线

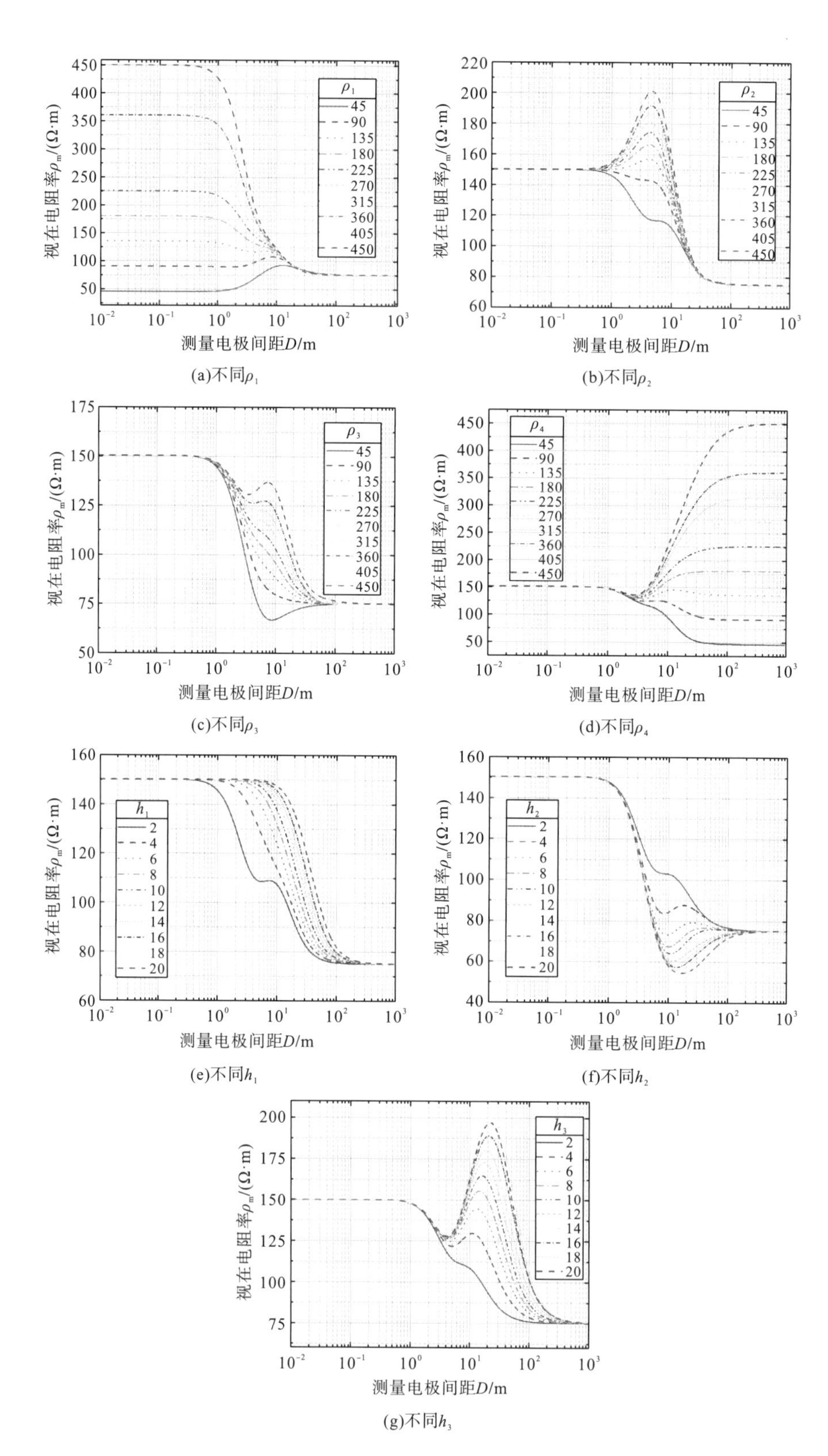

图 3.13　不同土壤参数下水平 4 层土壤视在电阻率的计算曲线

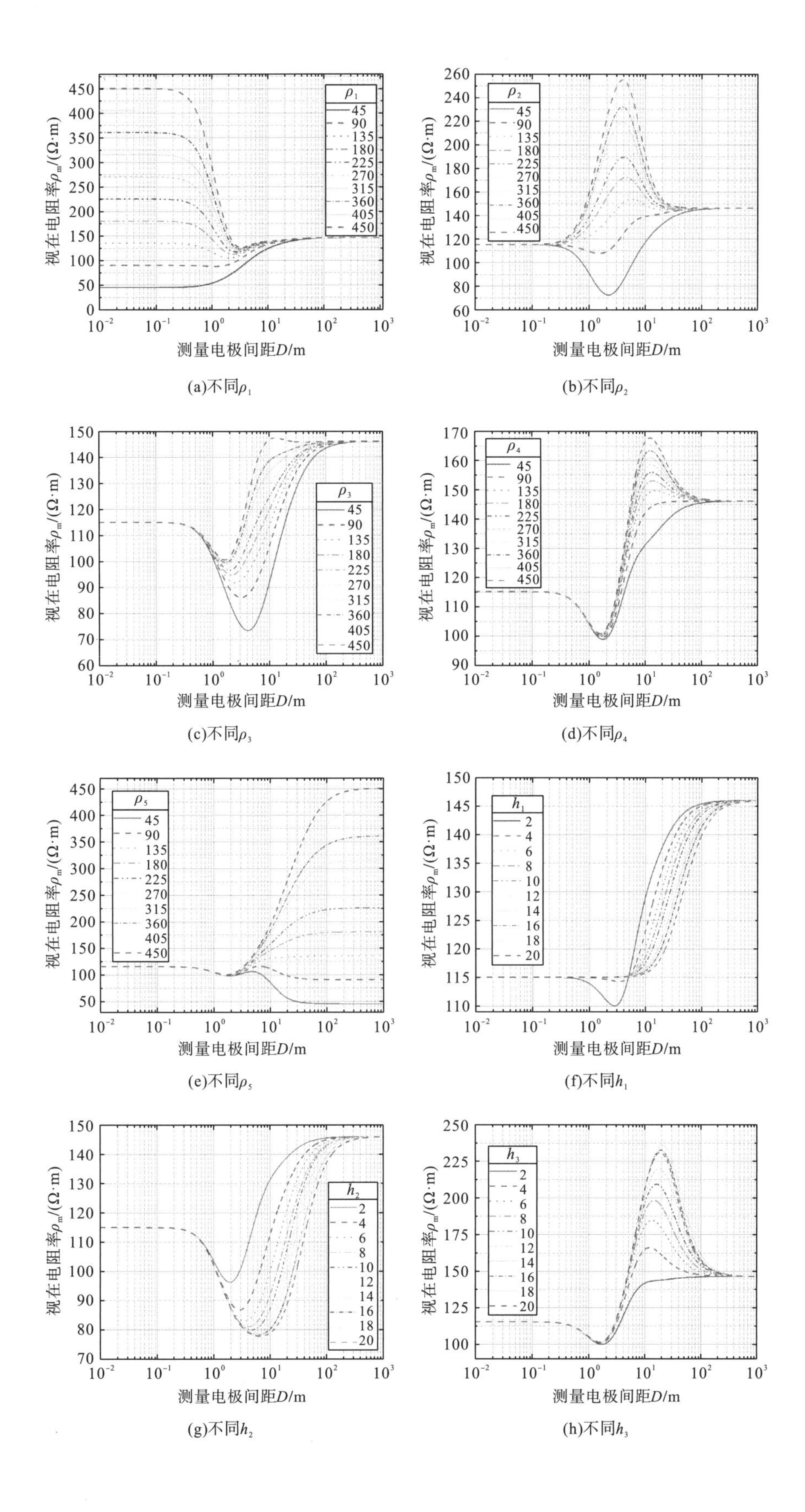

(a)不同ρ_1

(b)不同ρ_2

(c)不同ρ_3

(d)不同ρ_4

(e)不同ρ_5

(f)不同h_1

(g)不同h_2

(h)不同h_3

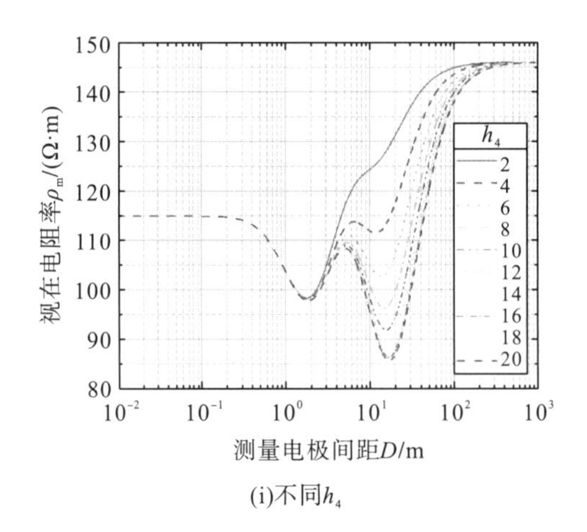

(i)不同h_4

图 3.14 不同土壤参数下水平 5 层土壤视在电阻率的计算曲线

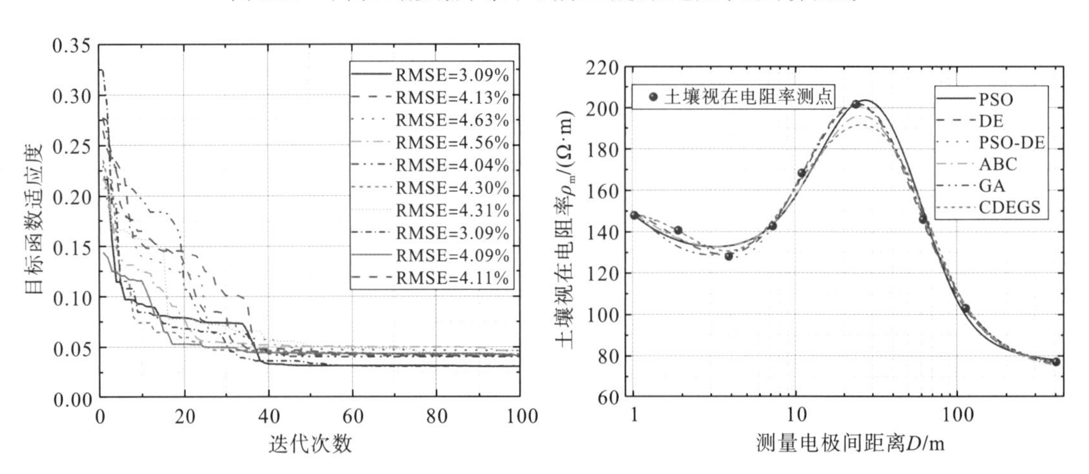

图 3.24 PSO-DE 优化算法 10 次随机计算

图 3.25 水平分层土壤视在电阻率的反演计算曲线

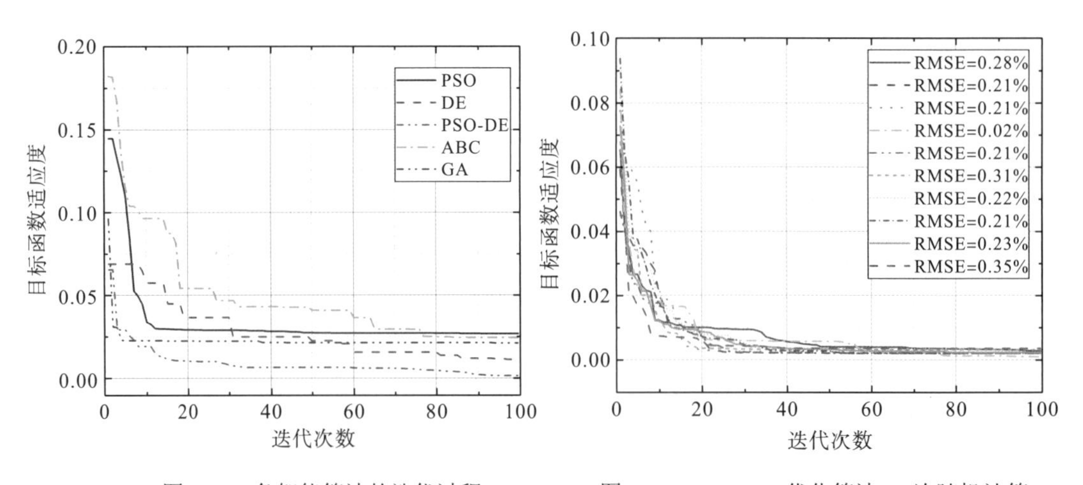

图 3.26 各智能算法的迭代过程

图 3.27 PSO-DE 优化算法 10 次随机计算

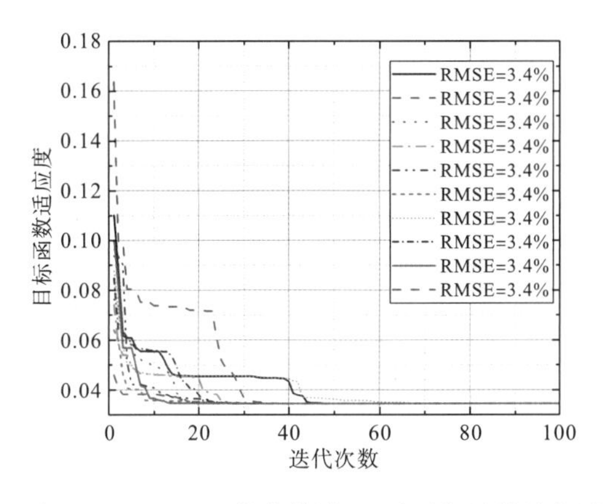

图 3.29　PSO-DE 优化算法 10 次随机计算迭代过程

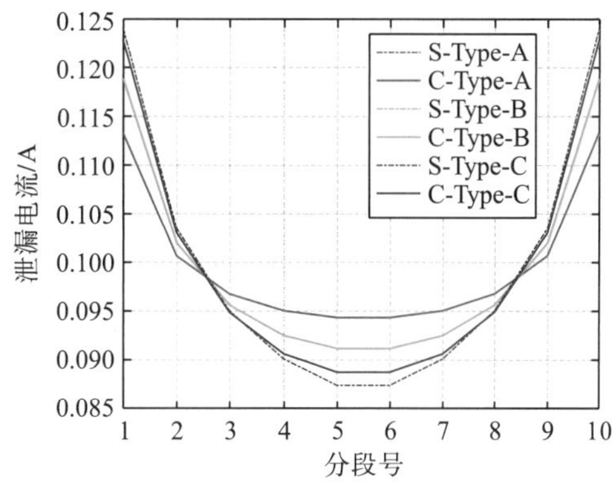

图 4.10　水平接地极泄漏电流计算

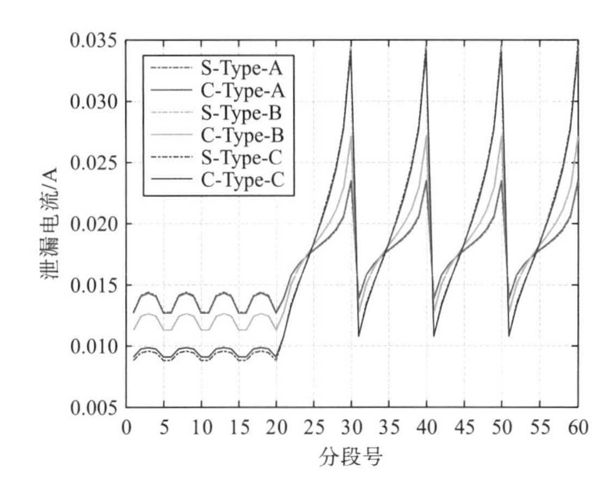

图 4.12　杆塔接地网泄漏电流计算

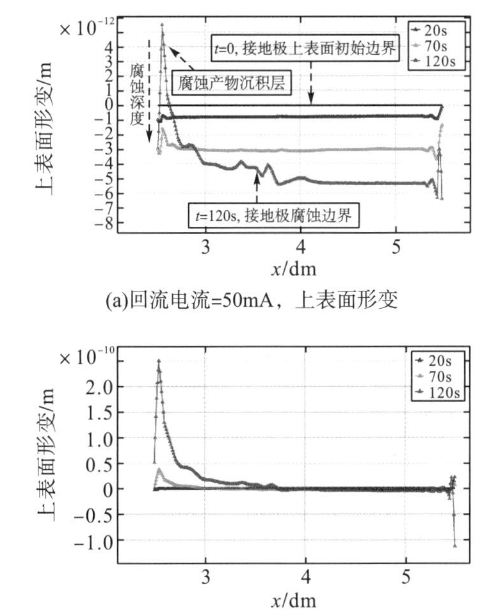

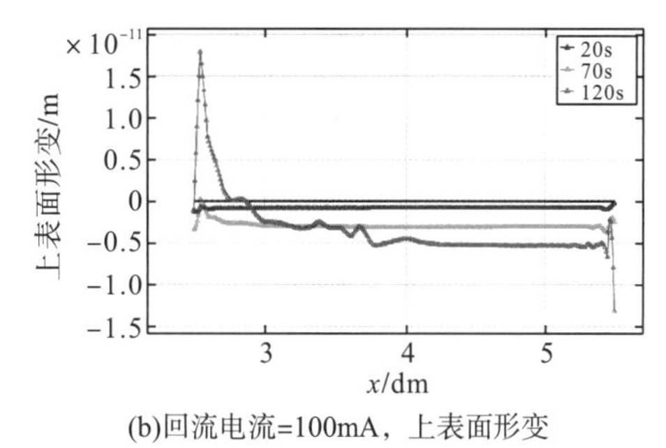

(a)回流电流=50mA，上表面形变

(b)回流电流=100mA，上表面形变

(c)回流电流=500mA，上表面形变

下表面形变/m

t=0,接地极下表面初始边界

腐蚀深度

t=120s,接地极形变边界

t=120s,接地极沉积层

20s

70s

120s

x/dm

(d)回流电流=50mA，下表面形变

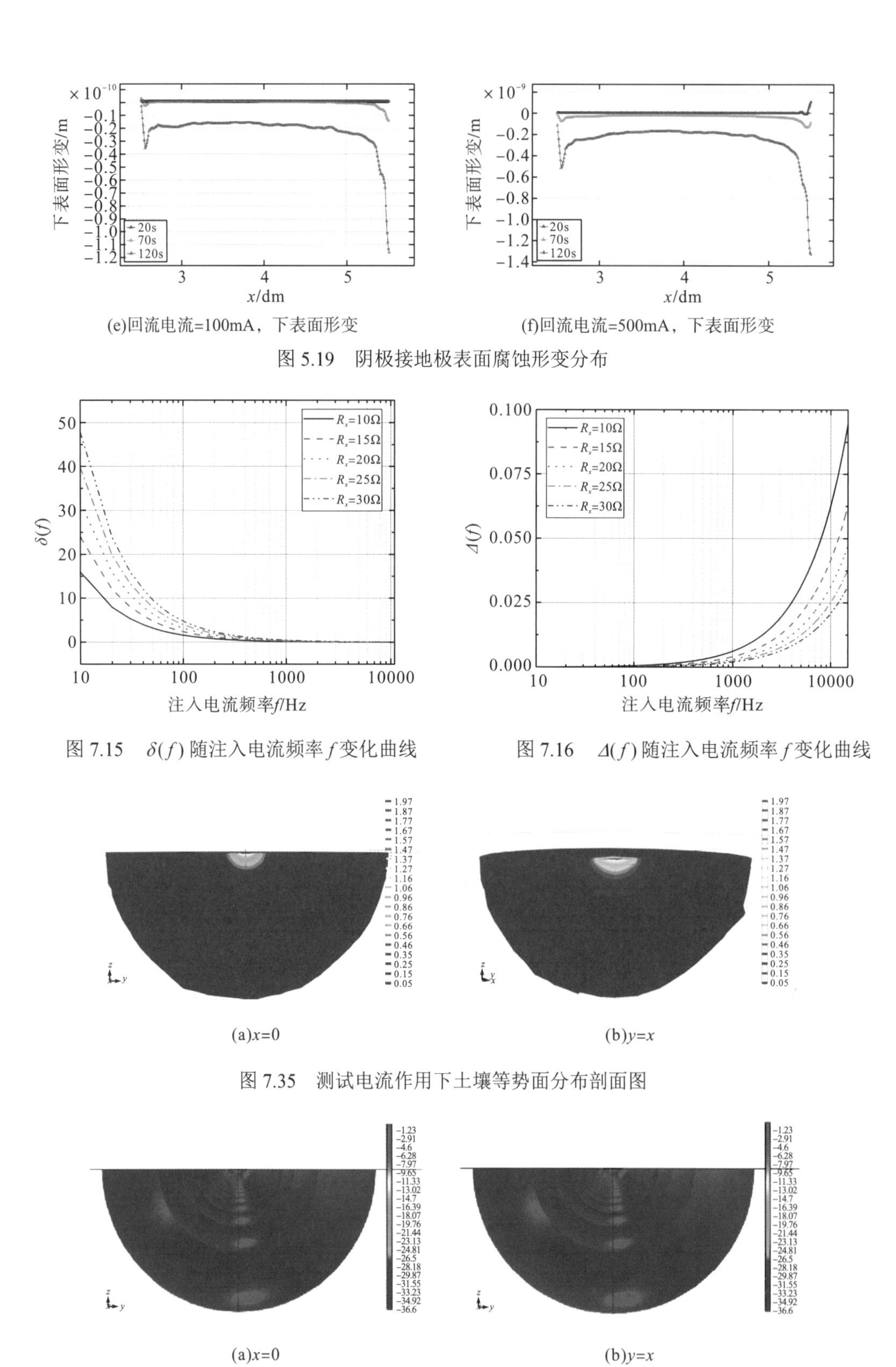

图 5.19　阴极接地极表面腐蚀形变分布

图 7.15　$\delta(f)$ 随注入电流频率 f 变化曲线

图 7.16　$\Delta(f)$ 随注入电流频率 f 变化曲线

图 7.35　测试电流作用下土壤等势面分布剖面图

图 7.36　回收电流作用下土壤等势面分布剖面图

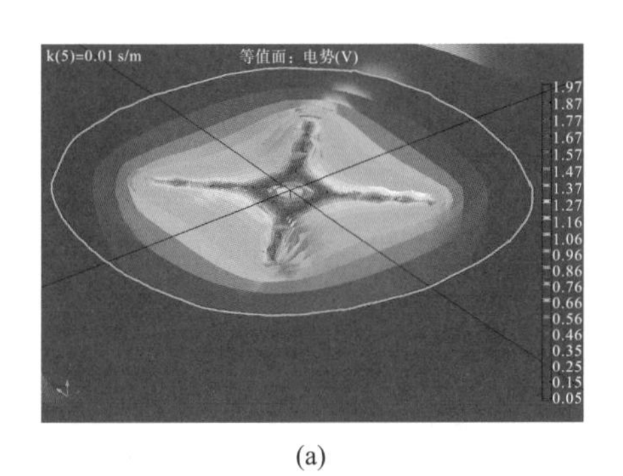

(a)

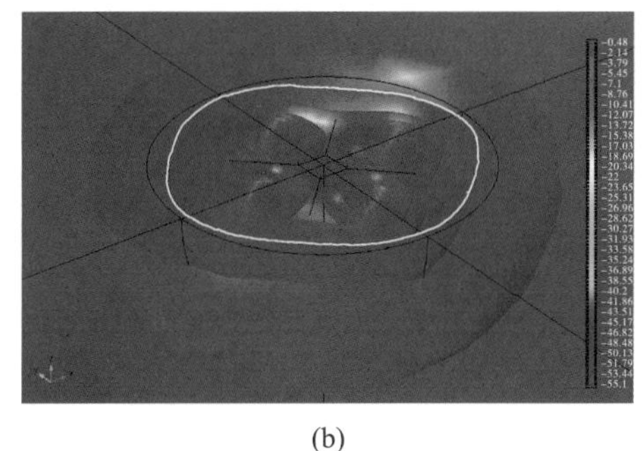

(b)

图 7.37　2L 区域外等势面分布

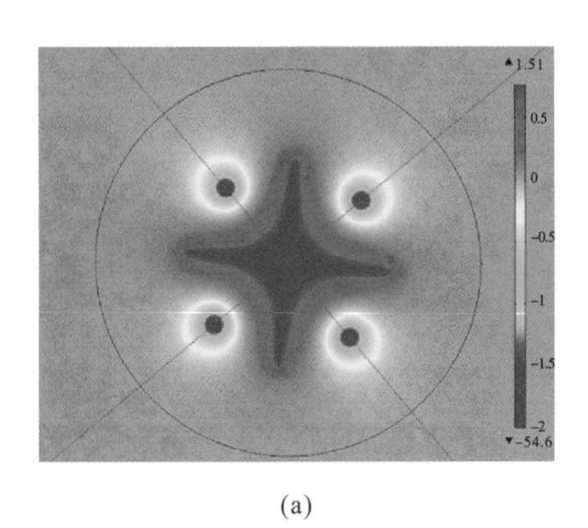

(a)

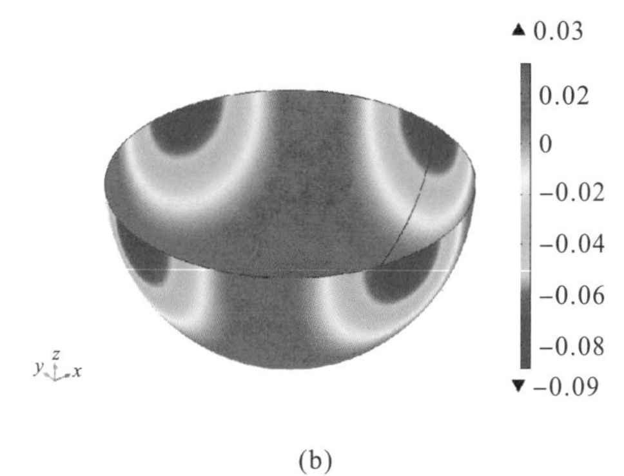

(b)

图 7.38　实际测量接地极时的大地电位分布

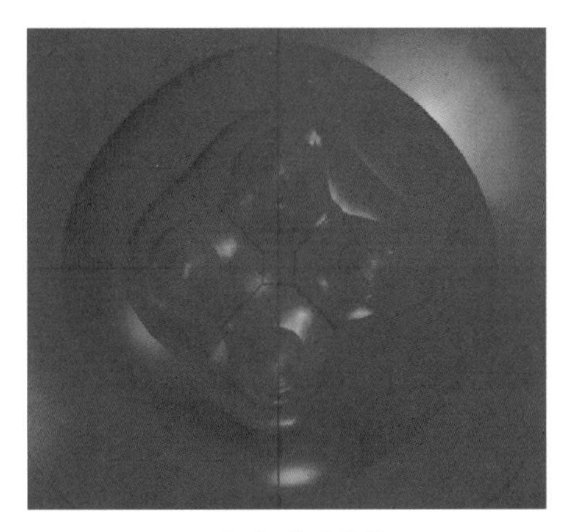

(a)方式A仿真结果

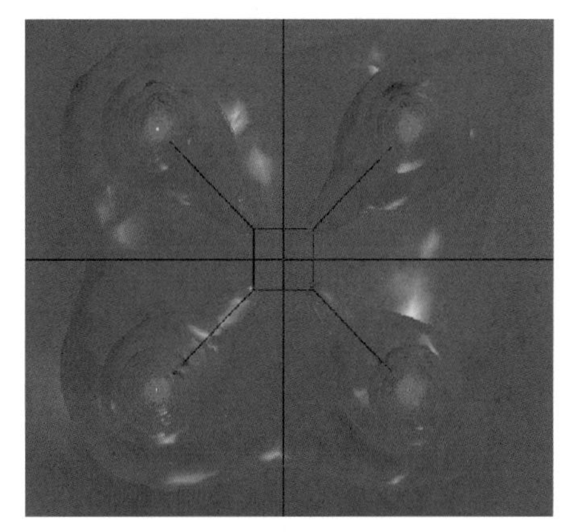

(b)方式B仿真结果

图 7.40　采用不同布极方式时回收电流作用下的土壤电位分布

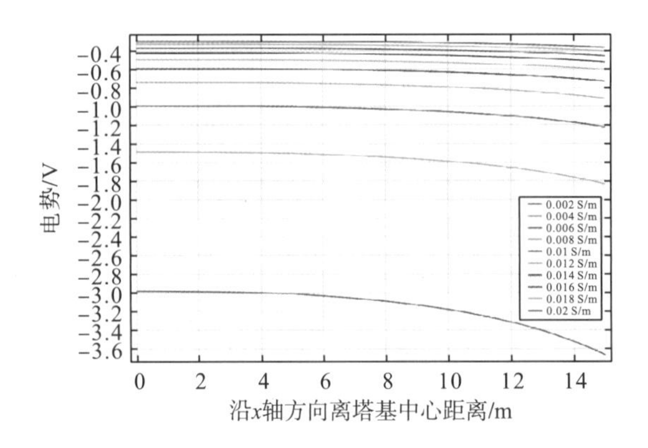

图 7.41　回收电流作用下 x 轴上的电位分布

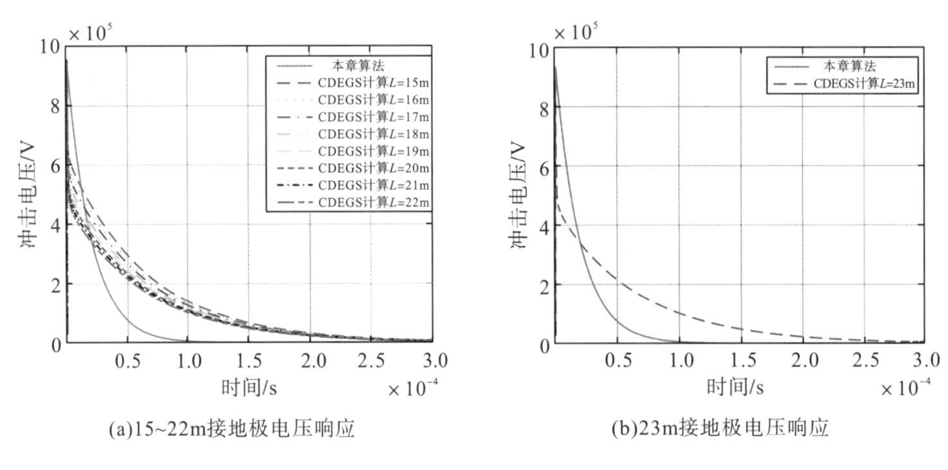

(a)15~22m接地极电压响应　　(b)23m接地极电压响应

图 8.12　两种计算方法计算不同长度的接地极电压响应结果比较

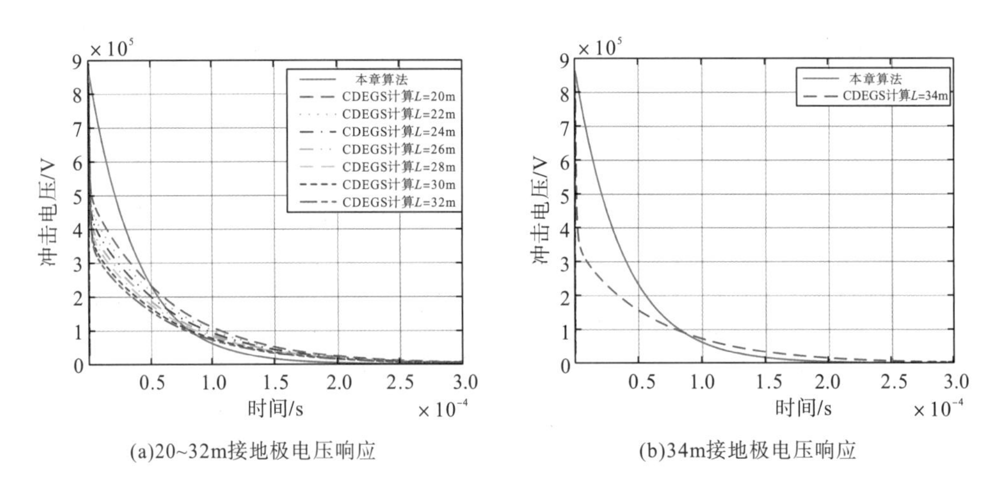

(a)20~32m接地极电压响应　　(b)34m接地极电压响应

图 8.13　两种计算方法计算不同长度的接地极电压响应结果比较

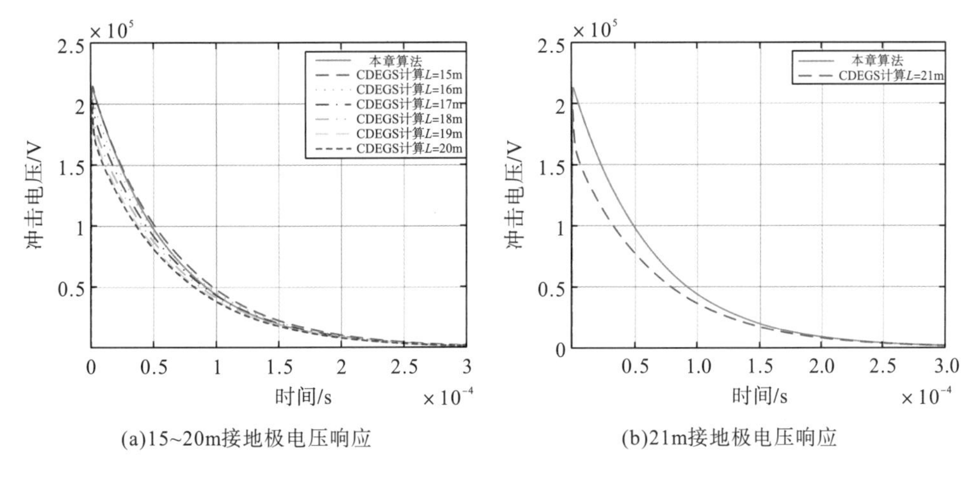

(a)15~20m接地极电压响应　　(b)21m接地极电压响应

图 8.15　两种计算方法计算不同长度的接地极电压响应结果比较

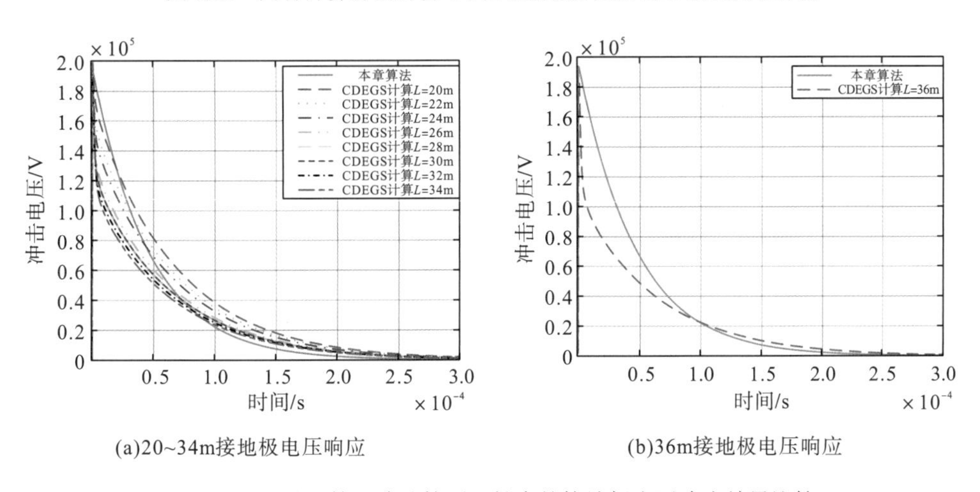

(a)20~34m接地极电压响应　　(b)36m接地极电压响应

图 8.16　两种计算方法计算不同长度的接地极电压响应结果比较

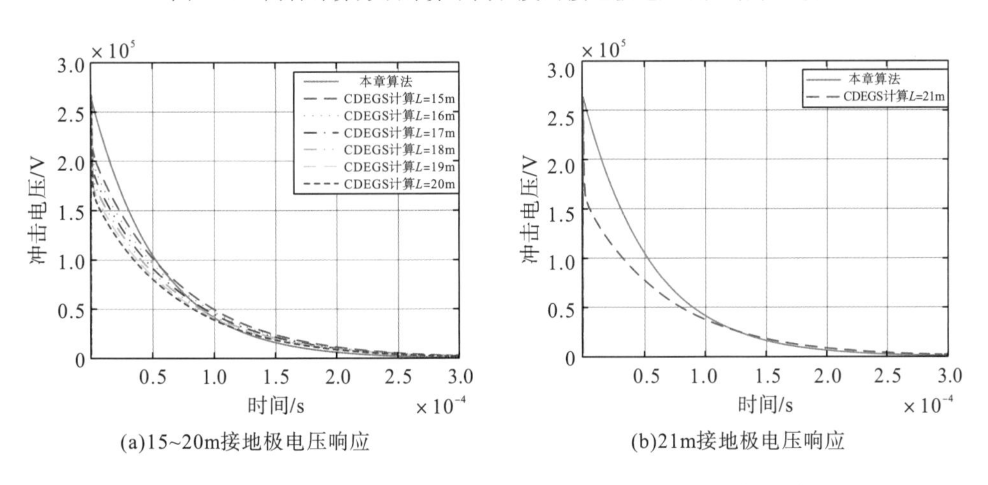

(a)15~20m接地极电压响应　　(b)21m接地极电压响应

图 8.18　两种计算方法计算不同长度的接地极电压响应结果比较

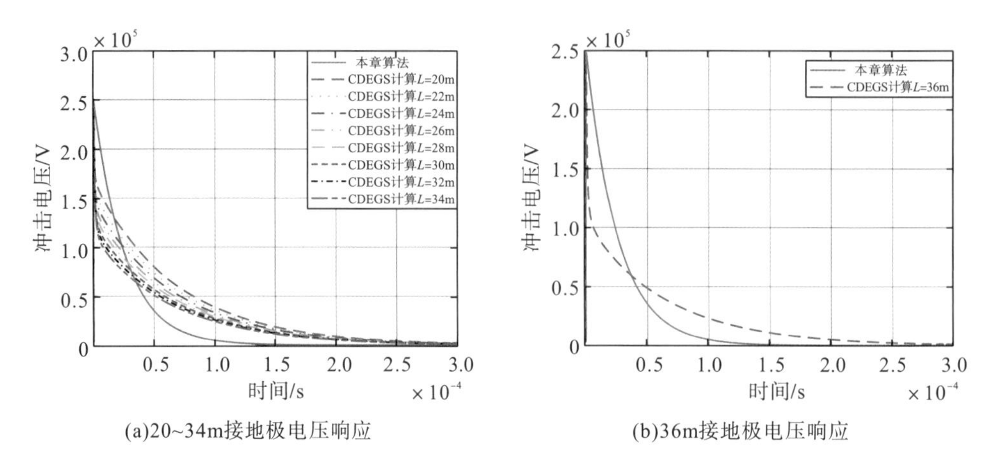

(a)20~34m接地极电压响应

(b)36m接地极电压响应

图 8.19　两种计算方法计算不同长度的接地极电压响应结果比较

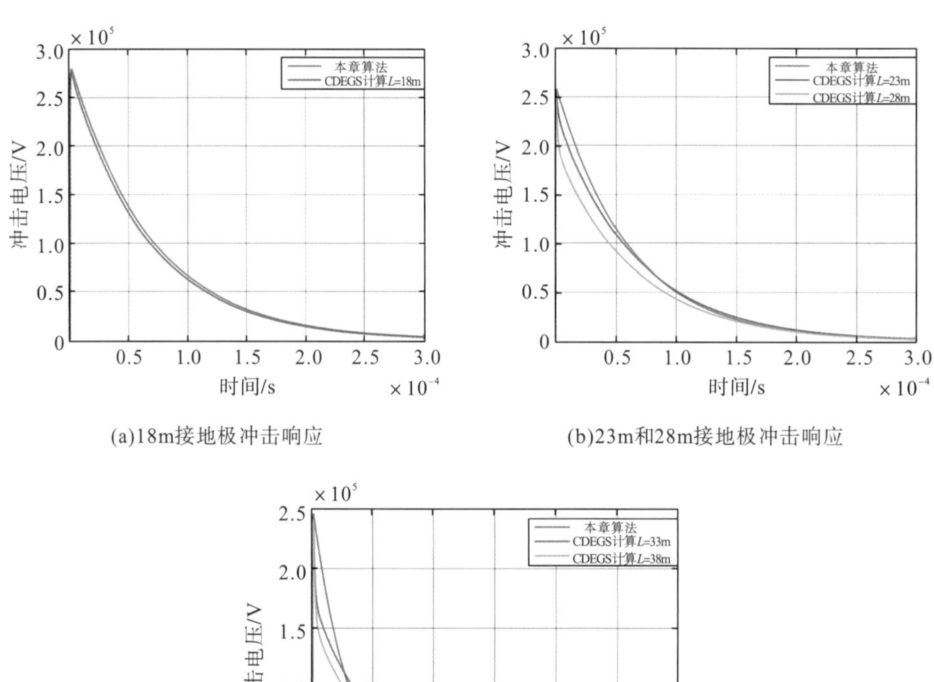

(a)18m接地极冲击响应

(b)23m和28m接地极冲击响应

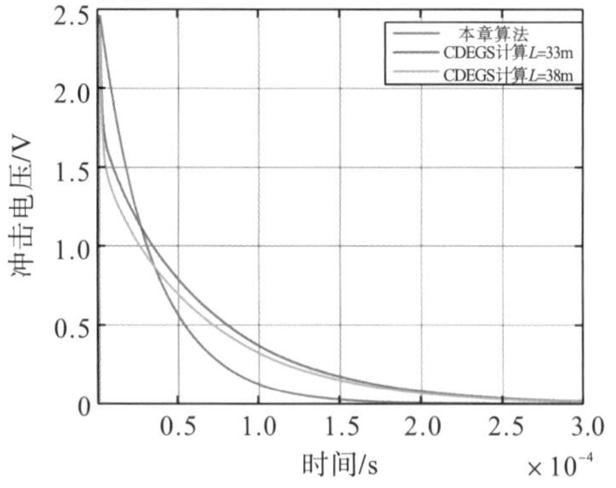

(c)33m和38m接地极冲击响应

图 8.24　计算不同尺寸参数接地极冲击响应

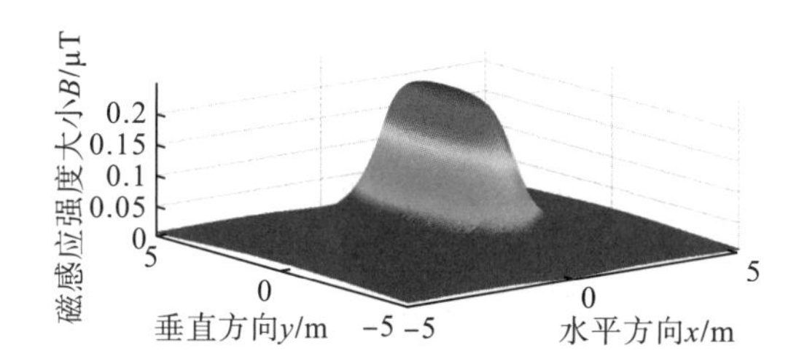

图 9.6　杆塔水平接地极上地面磁感应强度分布情况

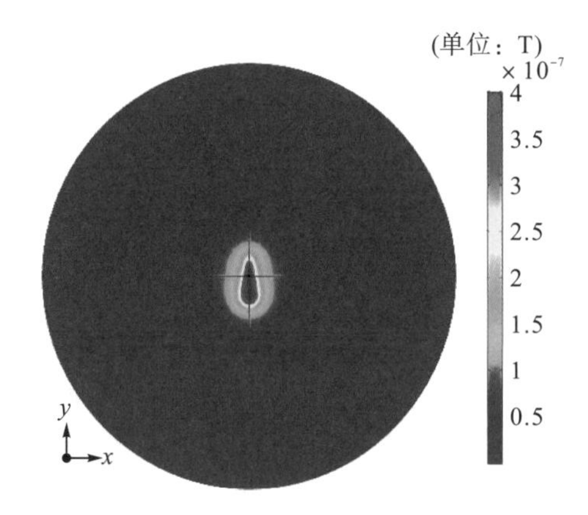

图 9.13　地表磁感应强度分布图

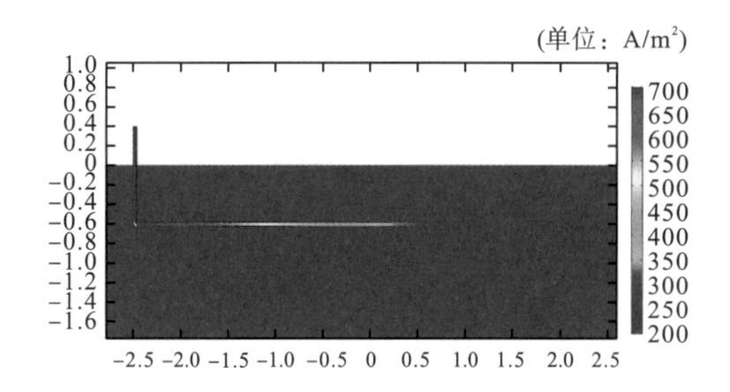

图 9.14　接地极轴向电流分布图

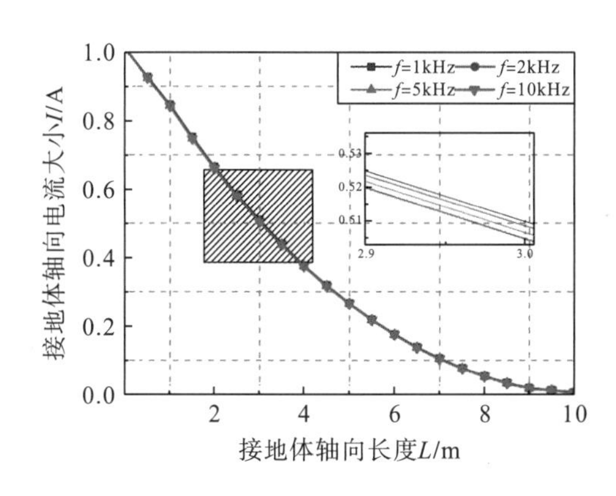

图 9.15　杆塔接地极轴向电流随频率的变化曲线

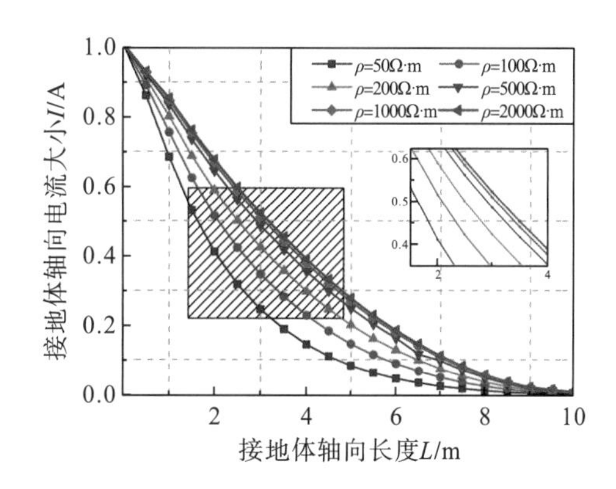

图 9.16　杆塔接地极轴向电流随频率的变化曲线

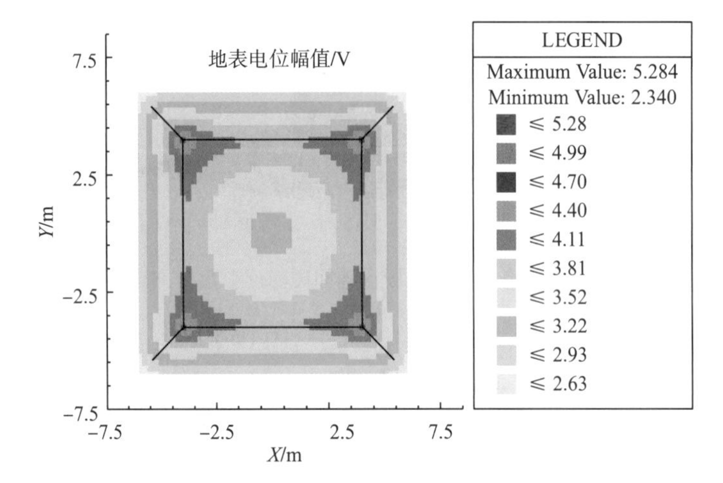

图 9.18　地表电位分布(无断裂)

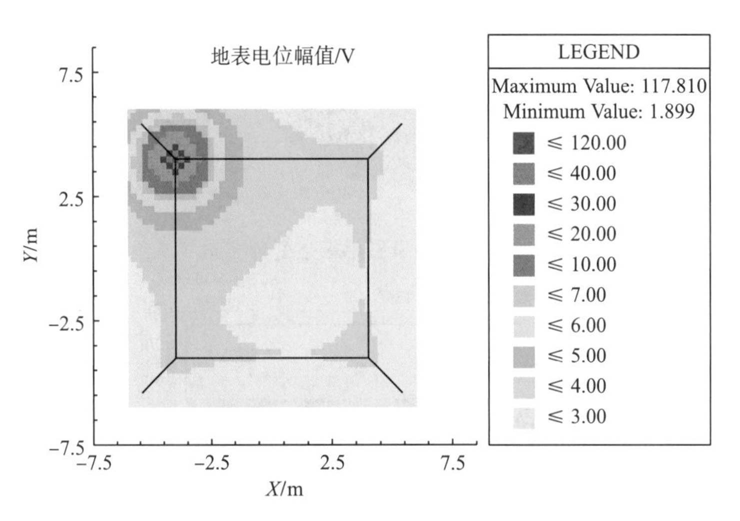

图 9.19　地表电位分布(*a* 端断裂)

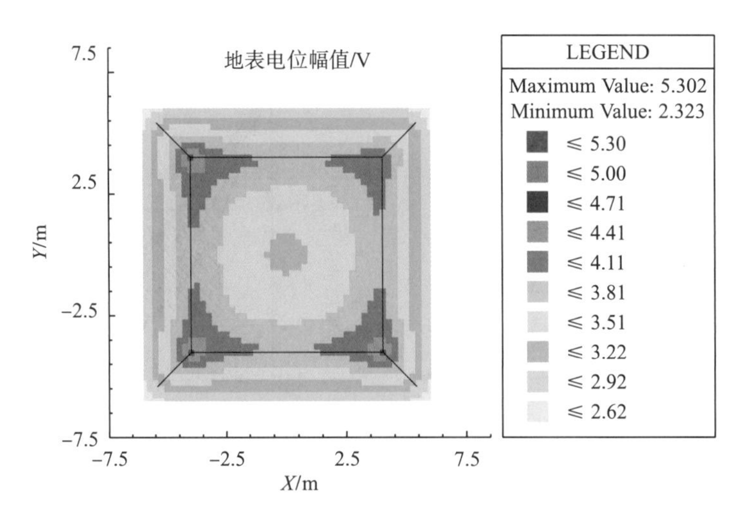

图 9.20　地表电位分布(*b* 端断裂)

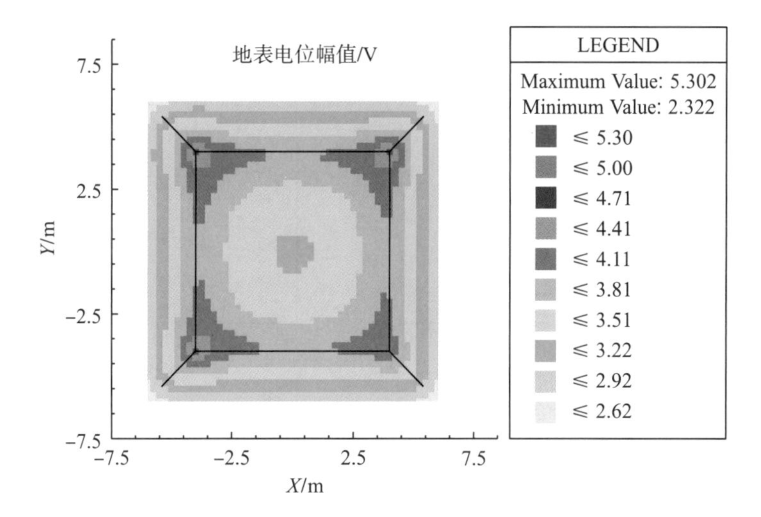

图 9.21　地表电位分布(c 端断裂)

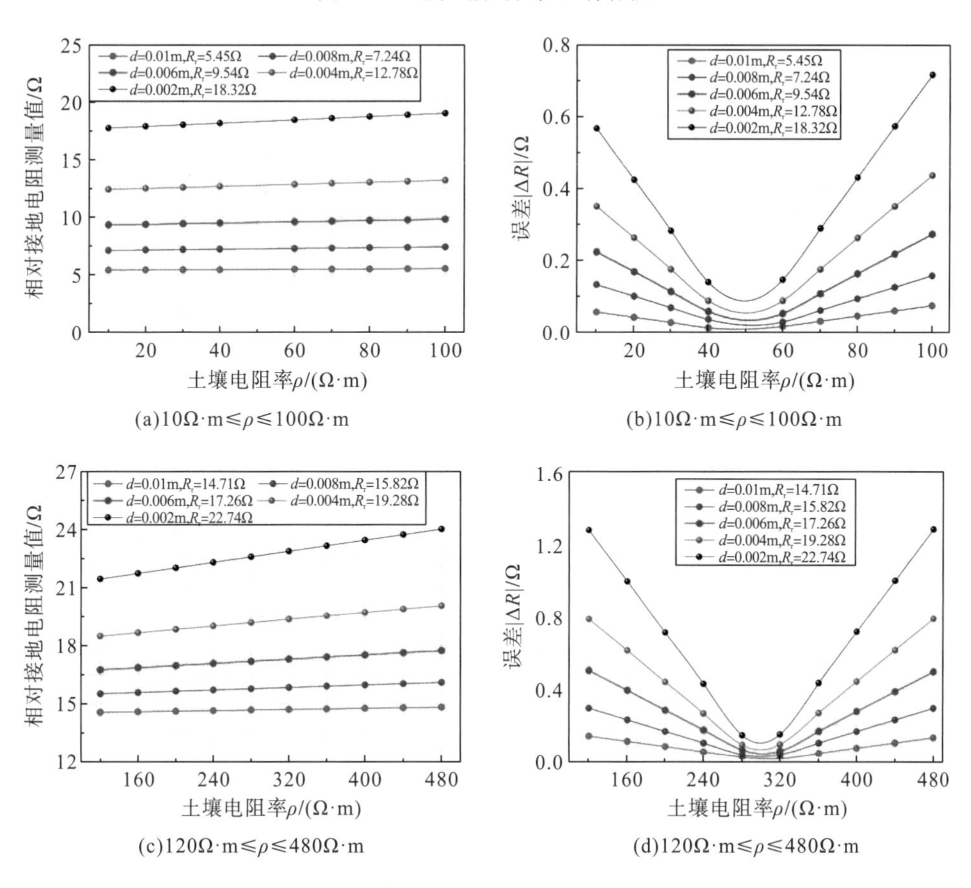

图 9.30　水平接地电极不同腐蚀程度的影响曲线

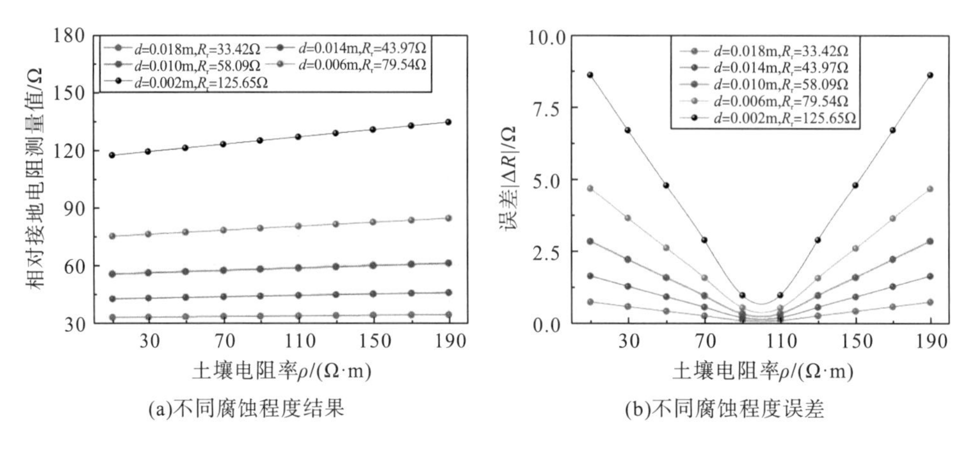

图 9.31　垂直接地电极不同腐蚀程度的影响曲线

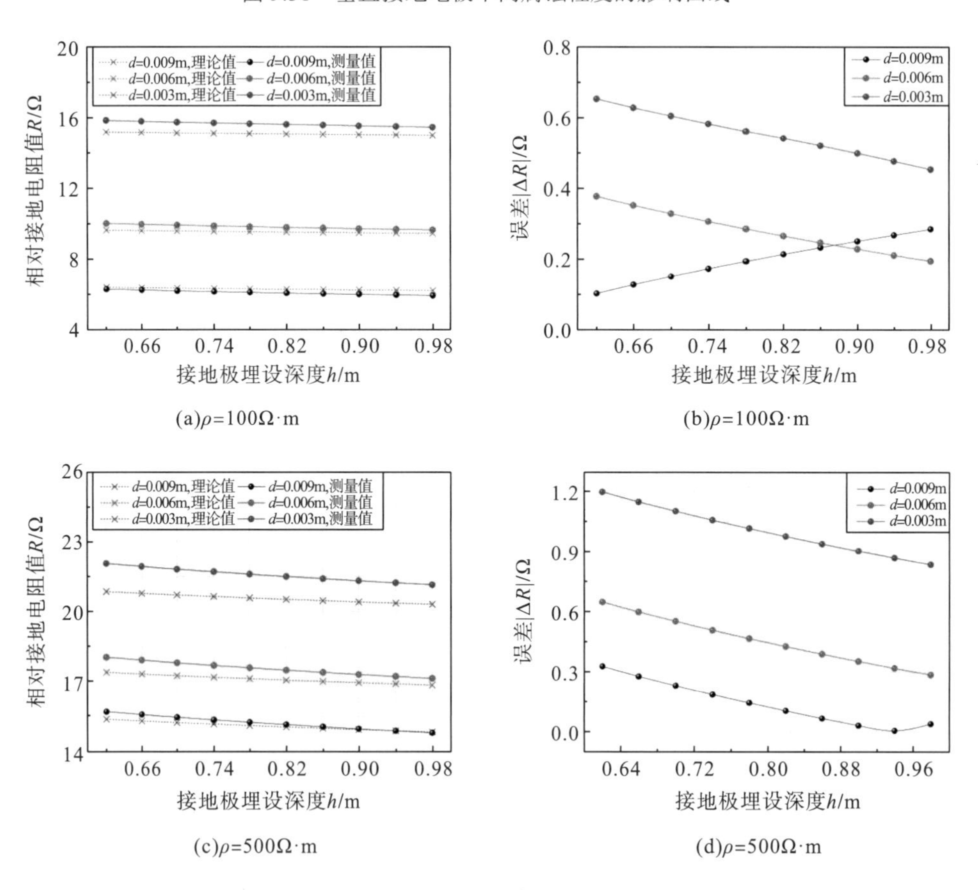

图 9.32　不同埋设深度时的影响曲线

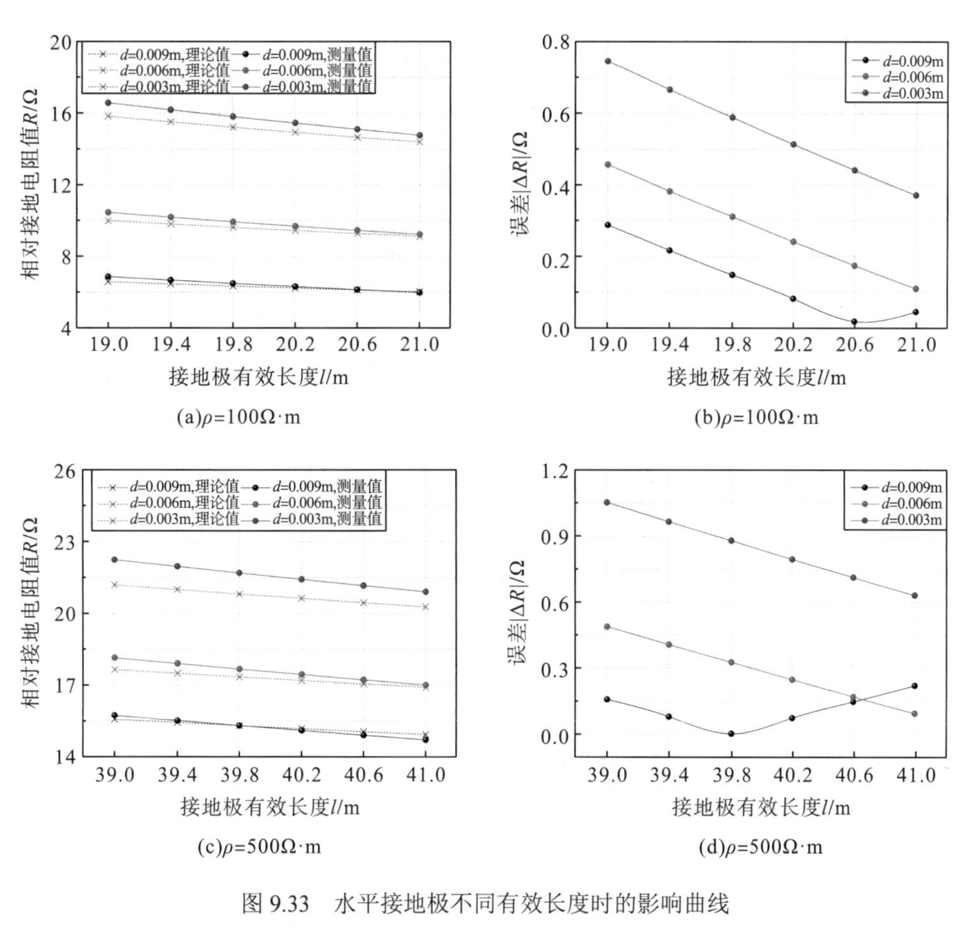

(a)ρ=100Ω·m (b)ρ=100Ω·m

(c)ρ=500Ω·m (d)ρ=500Ω·m

图 9.33 水平接地极不同有效长度时的影响曲线

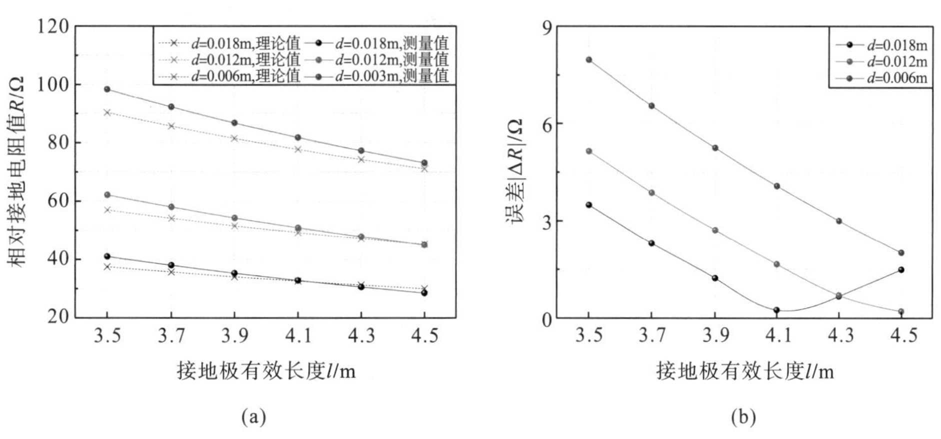

(a) (b)

图 9.34 垂直接地极不同有效长度时的影响曲线

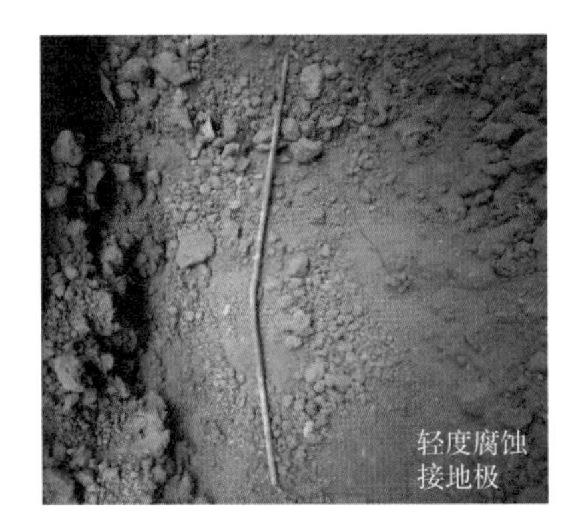

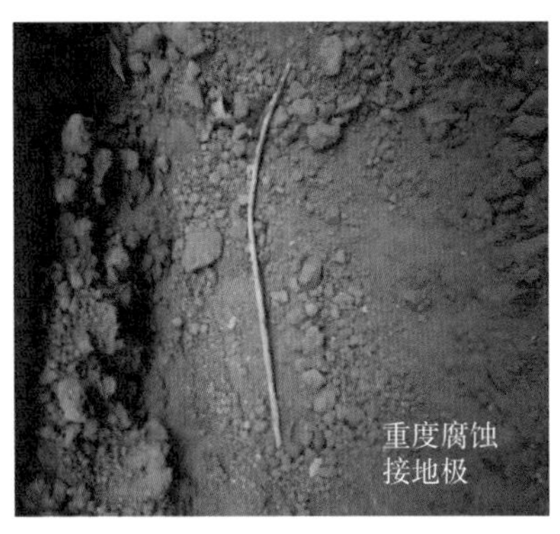

图 9.37　不同腐蚀程度的水平接地极样品

图 9.39　不同腐蚀程度的垂直接地极样品